최근 출제기준 변경 반영

2026

공조냉동기계 산업기사 필기
7개년 과년도
1260제

NCS 반영 | SI 단위 적용

이정근·이주석
김영기·한덕수 공저

YouTube 무료 동영상 강의

실무 및 강의 경험이 풍부한 최상급 저자

정확한 답과 명쾌한 해설

과목별 핵심 요약 수록

핵심요약 + CBT 기출문제

학습지원센터
https://cafe.naver.com/edumediamon
네이버 카페 미디어몬

도서출판 건기원

절찬리 판매 중

최신 기출문제 수록

국가기술자격시험 한 권으로 끝내기

공조냉동기계 산업기사 실기

공학박사 · 공조냉동기계기술사 　이정근 저

합격을 위한 길잡이!

실기시험 완벽대비
실무능력 향상

최신 출제 경향에 맞춘 최고의 수험서

필답 주관식 + 배관 작업형

이 책의 특징

- 최신 출제기준 변경에 따른 이론 및 예상문제 수록
- 국가직무능력표준(NCS)을 반영
- Part별로 이론과 예상문제 수록
- 실기시험 준비 및 현장실무에 도움이 될 수 있도록 구성

본서의 구성

1. 냉동기계
2. 공기조화
3. 전기 자동제어
4. 동관배관 작업형
부록. 최근 기출문제 수록

도서출판 건기원
www.kkwbooks.com

PREFACE | 이 책의 머리말 |

    현재 사용하는 모든 시설물에 있어 실내의 쾌적한 환경 유지를 위해 반드시 필요한 설비가 공기조화설비이다. 또한, 모든 식품을 장기간 신선하게 저장하거나 산업 설비에서 발생하는 열을 제거하기 위하여 필요한 설비가 냉동·냉장·냉각 설비이다. 이렇게 우리의 주변에 없어서는 안 될 공기조화설비나 저온 냉동, 냉방 설비는 고압가스안전관리법에 따라 안전관리자를 법적으로 선임하여야 한다. 또한, 2021년부터 시행된 기계설비법에 따라 건축물의 기계설비 유지관리와 더불어 이러한 설비들을 설계하고 설치 시공, 유지 관리하기 위해서는 광범위한 지식과 기술이 요구된다. 더욱이 최근 실내 환경에 대한 관심과 중요도가 높아져 이 분야의 전문 기술자가 지속적으로 필요할 것이다.

    이에 저자는 공조냉동기계산업기사 필기시험을 짧은 기간에 합격할 수 있도록 그동안의 실무경력과 강의 경험을 바탕으로 각 과목별로 핵심정리와 출제 예상 문제를 수록하여 해설한 교재를 집필하게 되었다.

[본 교재의 특징]으로는
1. 최신 출제기준에 따라 NCS를 반영하고, SI 단위를 적용하였다.
2. 산업기사 필기시험에 자주 출제되는 내용을 핵심정리하였다.
3. 이론 문제도 이해하기 쉽도록 자세히 설명하였다.
4. 계산 문제는 공식부터 풀이 과정을 상세하게 정리하였다.
5. 풀이의 이해를 돕기 위하여 참고적인 해설을 많이 하였다.

    본 교재를 집필하면서 잘못된 부분이 없도록 많은 노력을 기울였으나 본의 아니게 잘못된 부분이 있으면 지속적으로 수정 및 업데이트 할 것을 약속드리며, 공조냉동기계산업기사를 공부하는 수험생 여러분의 필기시험 합격을 기원하고, 이 교재가 출판되도록 도와주신 건기원 관계자분들께 깊은 감사를 드립니다.

저자 올림

출제기준(필기)

직무분야	기계	중직무분야	기계장비설비·설치	자격종목	공조냉동기계산업기사	적용기간	2025.1.1. ~ 2029.12.31.
○직무내용: 산업현장, 건축물의 실내 환경을 최적으로 조성하고, 냉동냉장설비 및 기타 공작물을 주어진 조건으로 유지하기 위해 기술기초이론 지식과 숙련기능을 바탕으로 공조냉동, 유틸리티 등 필요한 설비를 설계, 시공 및 유지 관리하는 직무이다.							
필기검정방법	객관식		문제수	60		시험시간	1시간 30분

필기과목명	주요항목	세부항목	세세항목
공기조화설비	❶ 공기조화의 이론	① 공기조화의 기초	1. 공기조화의 개요 2. 보건공조 및 산업공조 3. 환경 및 설계조건
		② 공기의 성질	1. 공기의 성질 2. 습공기 선도 및 상태변화
	❷ 공기조화 계획	① 공기조화 방식	1. 공기조화방식의 개요 2. 공기조화방식 3. 열원방식
		② 공기조화 부하	1. 부하의 개요 2. 난방부하 3. 냉방부하
		③ 클린룸	1. 클린룸 방식 2. 클린룸 구성 3. 클린룸 장치
	❸ 공조기기 및 덕트	① 공조기기	1. 공기조화기 장치 2. 송풍기 및 공기정화장치 3. 공기냉각 및 가열코일 4. 가습·감습장치 5. 열교환기
		② 열원기기	1. 온열원기기 2. 냉열원기기
		③ 덕트 및 부속설비	1. 덕트 2. 급·환기설비
	❹ 공조프로세스 분석	① 부하적정성 분석	1. 공조기 및 냉동기 선정
	❺ 공조설비운영 관리	① 전열교환기 점검	1. 전열교환기 종류별 특징 및 점검
		② 공조기 관리	1. 공조기 구성 요소별 관리방법
		③ 펌프 관리	1. 펌프 종류별 특징 및 점검 2. 펌프 특성 3. 고장원인과 대책수립 4. 펌프 운전 시 유의사항
		④ 공조기 필터점검	1. 필터 종류별 특성 2. 실내공기질 기초
	❻ 보일러설비 운영	① 보일러 관리	1. 보일러 종류 및 특성
		② 부속장치 점검	1. 부속장치 종류와 기능

필기과목명	주요항목	세부항목	세세항목
		③ 보일러 점검	1. 보일러 점검항목 확인
		④ 보일러 고장 시 조치	1. 보일러 고장원인 파악 및 조치
냉동냉장 설비	❶ 냉동이론	① 냉동의 기초 및 원리	1. 단위 및 용어 2. 냉동의 원리 3. 냉매 4. 신냉매 및 천연냉매 5. 브라인 및 냉동유
		② 냉매선도와 냉동사이클	1. 몰리엘선도와 상변화 2. 냉동사이클
		③ 기초열역학	1. 기체 상태변화 2. 열역학 법칙 3. 열역학의 일반관계식
	❷ 냉동장치의 구조	① 냉동장치 구성 기기	1. 압축기 2. 응축기 3. 증발기 4. 팽창밸브 5. 장치 부속기기 6. 제어기기
	❸ 냉동장치의 응용과 안전관리	① 냉동장치의 응용	1. 제빙 및 동결장치 2. 열펌프 및 축열장치 3. 흡수식 냉동장치 4. 기타 냉동의 응용
	❹ 냉동냉장부하 계산	① 냉동냉장부하 계산	1. 냉동냉장부하
	❺ 냉동설비 설치	① 냉동설비 설치	1. 냉동·냉각설비의 개요
		② 냉방설비 설치	1. 냉방설비 방식 및 설치
	❻ 냉동설비 운영	① 냉동기 관리	1. 냉동기 유지보수
		② 냉동기 부속장치 점검	1. 냉동기·부속장치 유지보수
		③ 냉각탑 점검	1. 냉각탑 종류 및 특성 2. 수질관리
공조냉동 설치·운영	❶ 배관재료 및 공작	① 배관재료	1. 관의 종류와 용도 2. 관이음 부속 및 재료 등 3. 관지지 장치 4. 보온·보냉 재료 및 기타 배관용 재료
		② 배관공작	1. 배관용 공구 및 시공 2. 관 이음방법
	❷ 배관관련설비	① 급수설비	1. 급수설비의 개요 2. 급수설비 배관
		② 급탕설비	1. 급탕설비의 개요 2. 급탕설비 배관
		③ 배수통기설비	1. 배수통기설비의 개요 2. 배수통기설비 배관
		④ 난방설비	1. 난방설비의 개요 2. 난방설비 배관
		⑤ 공기조화설비	1. 공기조화설비의 개요 2. 공기조화설비 배관
		⑥ 가스설비	1. 가스설비의 개요 2. 가스설비 배관

출제기준(필기)

필기과목명	주요항목	세부항목	세세항목
공조냉동 설치·운영		⑦ 냉동 및 냉각설비	1. 냉동설비의 배관 및 개요 2. 냉각설비의 배관 및 개요
		⑧ 압축공기 설비	1. 압축공기 설비 및 유틸리티 개요
	❸ 설비적산	① 냉동설비 적산	1. 냉동설비 자재 및 노무비 산출
		② 공조냉난방 설비적산	1. 공조냉난방설비 자재 및 노무비 산출
		③ 급수급탕오배수 설비적산	1. 급수급탕오배수설비 자재 및 노무비 산출
		④ 기타 설비적산	1. 기타 설비 자재 및 노무비 산출
	❹ 공조급배수설비 설계도면 작성	① 공조, 냉난방, 급배수설비 설계도면 작성	1. 공조·급배수설비 설계도면 작성
	❺ 공조설비점검 관리	① 방음·방진 점검	1. 방음·방진 종류별 점검
	❻ 유지보수공사 안전관리	① 관련법규 파악	1. 고압가스안전관리법(냉동) 2. 기계설비법
		② 안전작업	1. 산업안전보건법
	❼ 교류회로	① 교류회로의 기초	1. 정현파 교류 2. 주기와 주파수 3. 위상과 위상차 4. 실효치와 평균치
		② 3상 교류회로	1. 3상 교류의 성질 및 접속 2. 3상 교류전력(유효전력, 무효전력, 피상전력) 및 역률
	❽ 전기기기	① 직류기	1. 직류전동기의 종류 2. 직류전동기의 출력, 토크, 속도 3. 직류전동기의 속도제어법
		② 변압기	1. 변압기의 구조와 원리 2. 변압기의 특성 및 변압기의 접속 3. 변압기 보수와 취급
		③ 유도기	1. 유도전동기의 종류 및 용도 2. 유도전동기의 특성 및 속도제어 3. 유도전동기의 역운전 4. 유도전동기의 설치와 보수
		④ 동기기	1. 구조와 원리 2. 특성 및 용도 3. 손실, 효율, 정격 등 4. 동기전동기의 설치와 보수
		⑤ 정류기	1. 정류기의 종류 2. 정류회로의 구성 및 파형

필기과목명	주요항목	세부항목	세세항목
공조냉동 설치 · 운영	❾ 전기계측	① 전류, 전압, 저항의 측정	1. 전류계, 전압계, 절연저항계, 멀티메타 사용법 및 전류, 전압, 저항 측정
		② 전력 및 전력량의 측정	1. 전력계 사용법 및 전력 측정
		③ 절연저항 측정	1. 절연저항의 정의 및 절연저항계 사용법 2. 전기회로 및 전기기기의 절연저항 측정
	❿ 시퀀스제어	① 제어요소의 작동과 표현	1. 시퀀스제어계의 기본구성 2. 시퀀스제어의 제어요소 및 특징
		② 논리회로	1. 불대수 2. 논리회로
		③ 유접점 회로 및 무접점 회로	1. 유접점 회로 및 무접점 회로의 개념 2. 자기 유지 회로 3. 선형 우선 회로 4. 순차 작동 회로 5. 정역 제어 회로 6. 한시 회로 등
	⓫ 제어기기 및 회로	① 제어의 개념	1. 제어의 정의 및 필요성 2. 자동제어의 분류
		② 조절기용 기기	1. 조절기용 기기의 종류 및 특징
		③ 조작용 기기	1. 조작용 기기의 종류 및 특징
		④ 검출용 기기	1. 검출용 기기의 종류 및 특성

CONTENTS | 이 책의 차례 |

핵심 요약

CHAPTER 1 공기조화설비
- 01. 공기조화 이론 ·················· 14
- 02. 공기조화 방식 ·················· 18
- 03. 공기조화 부하 ·················· 22
- 04. 공기조화 기기 ·················· 26
- 05. 덕트 및 부속설비 ·············· 34
- 06. 열원기기 ························ 40

CHAPTER 2 냉동냉장설비
- 01. 기초 열역학 ···················· 47
- 02. 냉동의 기본사항 ··············· 51
- 03. 냉매 ······························ 56
- 04. 압축기 ···························· 60
- 05. 응축기 ···························· 69
- 06. 팽창밸브 ························ 72
- 07. 증발기 ···························· 75
- 08. 부속기기 ························ 78
- 09. 안전장치, 자동제어장치 ······ 81
- 10. 저온장치 ························ 84

CHAPTER 3 공조냉동설치·운영
- 01. 배관재료 ························ 87
- 02. 배관공작 ························ 95
- 03. 급수설비 ························ 96
- 04. 급탕설비 ······················· 101
- 05. 난방설비 ······················· 103
- 06. 배수통기설비 ·················· 108
- 07. 가스설비 ······················· 111
- 08. 압축공기설비 ·················· 115
- 09. 설비적산 ······················· 115
- 10. 설계도면작성 ·················· 118
- 11. 전기기초 ······················· 120
- 12. 교류회로 ······················· 126
- 13. 전기기기 ······················· 132
- 14. 전기계측 ······················· 140
- 15. 시퀀스 제어 ··················· 142
- 16. 제어기기 및 회로 ············· 147

7개년 과년도 1260제

week ①
- 01회 CBT 기출문제 ······· 156
- 02회 CBT 기출문제 ······· 172
- 03회 CBT 기출문제 ······· 188

week ②
- 04회 CBT 기출문제 ······· 206
- 05회 CBT 기출문제 ······· 222
- 06회 CBT 기출문제 ······· 238

week ③
- 07회 CBT 기출문제 ······· 256
- 08회 CBT 기출문제 ······· 272
- 09회 CBT 기출문제 ······· 289

week ④
- 10회 CBT 기출문제 ······· 308
- 11회 CBT 기출문제 ······· 325
- 12회 CBT 기출문제 ······· 342

week ⑤
- 13회 CBT 기출문제 ······· 360
- 14회 CBT 기출문제 ······· 378
- 15회 CBT 기출문제 ······· 396

week ⑥
- 16회 CBT 기출문제 ······· 414
- 17회 CBT 기출문제 ······· 430
- 18회 CBT 기출문제 ······· 447

week ⑦
- 19회 CBT 기출문제 ······· 464
- 20회 CBT 기출문제 ······· 481
- 21회 CBT 기출문제 ······· 498

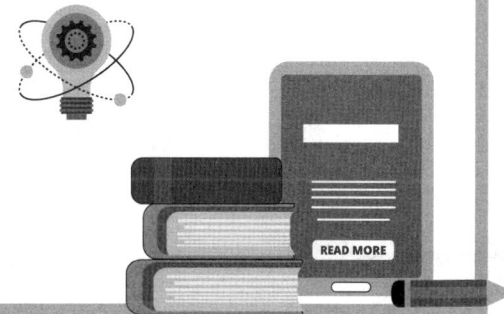

학습플래너

다음의 플랜은 가장 이상적인 것이므로 참고하여 개인의 입장과 일정에 맞춰 준비하시기 바랍니다.

Step 1 핵심요약	● 핵심요약을 정독하면서 중요사항은 외우고, 이해할 건 이해하고 넘어 가세요. ● 핵심요약과 관련된 기출문제가 나오면 핵심요약을 보면서 기출문제를 풀어 보세요.
Step 2 기출문제	● 실제 시험을 치르는 것처럼 기출문제를 풀어 보세요. ● 틀린 문제는 꼭 체크한 후 나중에 다시 풀어보세요.
Step 3 정리	● 핵심요약을 전체적으로 복습합니다. ● 기출문제에서 체크해 두었던 틀린 문제만 다시 풀어보세요.

CBT 필기시험 미리 보기

http://www.q-net.or.kr

처음 방문하셨나요?

큐넷 서비스를 미리 체험해보고
사이트를 쉽고 빠르게 이용할 수 있는
이용 안내, 큐넷 길라잡이를 제공

큐넷 체험하기   CBT 체험하기
이용안내 바로가기   큐넷길라잡이 보기
동영상 실기시험 체험하기
전문자격시험체험학습관 바로 가기

 큐넷에 **접속**한 후, 메인 화면 하단의 **〈CBT 체험하기〉 버튼**을 클릭한다.

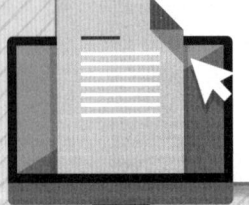

효율적으로 정답을 선택합시다!
(정답을 모르는 문제는 이렇게 골라보면 어떨까요?)

1. 우선 본인이 공부를 하고 50% 정답을 맞힐 수 있는 능력을 갖도록 해야 합니다.

2. 과목별 과락은 넘고 평균 60점이 안 되는 분을 위해 적용하는 것입니다.

3. 확실히 아는 문제의 답만 답안지에 표시합니다.

4. 확실히 정답을 모르는 문제 중 정답이 아닌 지문 2개를 선택합니다.
(예 ① ② ③̸ ④̸)

5. 다시 모르는 문제의 지문 2개를 연구하여 선택합니다. 이때 확신이 없으면 정답으로 선택해서는 안 됩니다(절대 추측은 금물입니다).

6. 답안지에 확실히 정답을 표시한 문제 10개의 정답 분포를 나열합니다.
(예 ① ② ③ ④)
     3 0 2 5

7. 나머지 정답을 모르는 문제 10개를 나열해 봅니다.

1번 ① ② ③̸ ④̸	14번 ①̸ ②̸ ③ ④
5번 ① ②̸ ③̸ ④	15번 ① ② ③̸ ④̸
7번 ①̸ ② ③ ④̸	17번 ①̸ ② ③̸ ④
10번 ①̸ ②̸ ③ ④	19번 ① ②̸ ③̸ ④
12번 ① ②̸ ③ ④̸	20번 ①̸ ② ③̸ ④

8. 위와 같이 정답을 모르는 문제들 중에 2개 지문이 정답이 아닌 것을 사전에 알 정도로 공부가 되어 있어야 합니다.

9. 이제 정답을 모르는 문제의 답을 확실한 정답 분포와 비교하여 선택해 봅니다.
1번 ②, 5번 ①, 7번 ②, 10번 ③, 12번 ③, 14번 ③, 15번 ②, 17번 ②, 19번 ①, 20번 ②

10. 공부를 하시고 이 방법으로 적용하여야 합니다.

효율적으로 공부하여 합격합시다!

1. 특정 과목을 선택하여 문제를 처음부터 끝까지 그 과목만 우선 마무리 진행합니다.
2. 해설의 풀이 과정을 이해하고 관련된 공식을 암기하도록 합니다.
3. 해설이나 보충 내용은 아주 중요한 부분이므로 절대 소홀히 보시면 안 되겠습니다(보충 내용은 시험에 많이 출제된 내용으로 편성되었습니다).
4. 문제를 접하면서 어려운 부분이나 핵심이 되는 내용은 별도의 노트를 준비하여 요약을 간단히 합니다.
5. 또한, 다른 특정 과목을 선택하여 위 방법으로 진행하면서 앞에 공부했던 과목을 같이 병행해 나아가는데, 이때 어려운 부분이나 관련된 핵심의 공식을 점검합니다.
6. 위와 같은 방법으로 반복하여 3회 정도 하면 합격을 하실 수 있습니다.
7. 시험 보기 일주일 전에는 과목별로 노트에 요약된 내용을 총점검하면서 오전, 오후로 나누어 과목별 문제를 가볍고 빠르게 점검합니다.

핵심요약

공조냉동기계산업기사

- I 공기조화설비
- II 냉동냉장설비
- III 공조냉동설치 · 운영

CHAPTER I 공기조화설비

STUDY GUIDE

★공기조화의 4요소
온도, 습도, 기류속도, 청정도

01 공기조화 이론

1 공기조화의 정의

공기의 온도, 습도, 기류속도, 청정도 등을 조절하여 실내를 사용목적에 적합한 상태로 유지하는 것

2 공기조화의 분류

1) 쾌감(보건)용 공조 : 사람을 대상으로 하는 공기조화
   (학교, 사무실, 빌딩 등)
2) 산업용 공조 : 물품, 기계 등을 대상으로 하는 공기조화
   (공장, 전화국, 창고, 전자계산실, 컴퓨터실 등)

3 공기의 성질

1) 습공기의 성분비(용적률) : 질소 78%, 산소 21%, 기타(Ar, CO_2, He) 1%
2) 건공기의 평균 분자량 : 29g/mol(29kg/kmol)
3) 20℃일 때 건공기의 비중량, 밀도 : $\gamma = \rho = 1.2 \text{kg/m}^3$
   (0℃일 때=1.293kg/m³)
4) 0℃ 물의 증발잠열 : $r = 597.5$kcal/kg=2,501kJ/kg(1kcal=4.19kJ)
5) 공기의 종류
   ① 불포화공기 : 상대습도가 100% 미만인 공기
   ② 포화공기 : 상대습도가 100%인 공기(수증기로 충만 된 공기)
   ③ 무입공기 : 습공기 중에 미세한 물방울이 안개상태로 떠돌아다니는 공기

★공기의 밀도(20℃)
$\rho = 1.2 \text{kg/m}^3$

★0℃ 물의 증발잠열
$r = 2,501$kJ/kg

★실내 CO_2 농도기준
1,000ppm 이하

4 실내 환경기준

구 분	기 준	구 분	기 준
온도	17~28℃ 이하	부유 분진량	1m³당 0.15mg 이하
상대습도(RH)	40~70% 이하	일산화탄소(CO)함유량	10ppm 이하(0.001% 이하)
기류속도	0.5m/s 이하	이산화탄소(CO_2)함유량	1,000ppm 이하(0.1% 이하)

5 실내 적정온도

1) 냉방 시 : 건구온도 26~28℃, 상대습도 50~60% 정도
2) 난방 시 : 건구온도 18~22℃, 상대습도 35~40% 정도

6 공기조화 용어

1) 노점온도(DP) : 공기를 냉각하면 습공기 중에 함유된 수증기가 공기로부터 분리되어 이슬이 맺히는 온도
2) 유효온도(ET) : 인체가 느끼는 쾌적온도로 온도, 습도, 기류속도에 의한 체감온도(기류속도 0m/s, 상대습도 100% 기준)
3) 수정유효온도(CET) : 유효온도(온도, 습도, 기류)에 복사열을 고려한 체감온도
4) 평균복사온도(MRT) : 복사난방의 쾌감 기준으로 하는 온도
5) 불쾌지수(DI) : 온도와 습도만으로 쾌적도를 나타내는 지표

$$DI = 0.72(건구온도 + 습구온도) + 40.6$$

6) 인체 대사량(met) : 열적으로 쾌적한 상태에서의 인체 대사열량
7) 의복의 열저항(clo) : 피부표면에서 착의표면까지의 열저항 값
$$(1clo = 0.155℃m^2/W)$$

*유효온도 3요소
온도, 습도, 기류속도

7 습공기의 상태량

1) 절대습도(x, kg/kg')
건공기 1kg' 중에 포함되어 있는 수증기량(kg)

$$x = 0.622\frac{P_v}{P - P_v} = 0.622\frac{P_s\varphi}{P - P_s\varphi}$$

여기서, P : 대기압
P_a : 건공기 분압
P_v : 수증기 분압
P_s : 포화 수증기압
γ_v : 수증기 비중량(kgf/m³)
γ_s : 포화 수증기 비중량(kgf/m³)

2) 상대습도(φ, %)
습공기의 수증기 분압(P_v)과 그 온도에 있어서의 동일 온도의 포화공기의 수증기 분압(P_s)과의 비율

$$\varphi = \frac{\gamma_v}{\gamma_s} \times 100 = \frac{P_v}{P_s} \times 100 = \frac{\varphi P_s}{P_s} \times 100 [\%]$$

STUDY GUIDE

3) 노점온도(DP, ℃)

공기를 냉각하면 습공기 중에 함유된 수증기가 결로(응결)되어 이슬이 맺히기 시작되는 온도

4) 공기의 비체적(20℃ 기준, $v = 0.83\text{m}^3/\text{kg}$)

$$v = (29.27 + 47.06x) \times \frac{T}{P \times 10^4}$$

★ 습공기의 엔탈피(kJ/kg)
$h = 1.01t + x(1.85t + 2,501)$

5) 습공기의 엔탈피

$h =$ 건공기 엔탈피(현열) + 수증기 엔탈피(현열+잠열)

$$\begin{aligned} h &= C_{pa}t + x(C_{pw}t + r) \\ &= 0.24t + x(0.441t + 597.5) \text{ [kcal/kg]} \\ &= 1.01t + x(1.85t + 2,501) \text{ [kJ/kg]} \end{aligned}$$

여기서, x : 절대습도(kg/kg')
T : 절대온도(K)
P : 압력(kg/m²)
r : 0℃ 증발잠열(597.5kcal/kg=2,501kJ/kg)
C_{pa} : 건공기 정압비열
C_{pw} : 수증기 정압비열

6) 현열비

실내 공기의 전열량에 대한 현열량의 변화의 비

$$SHF = \frac{현열}{전열} = \frac{현열}{현열+잠열} = \frac{q_s}{q_T} = \frac{q_s}{q_s + q_L}$$

★ 열수분비
① 수분 변화가 없을 때 : ∞
② 엔탈피 변화가 없을 때 : 0

7) 열수분비(u, kJ/kg)

절대습도의 증가량에 대한 엔탈피의 증가량으로 가습 시 중요한 요소

$$u = \frac{\Delta h}{\Delta x} = \frac{h_2 - h_1}{x_2 - x_1}$$

8 현열과 잠열

1) 현열 : 온도변화에만 필요한 열

공기의 현열(kJ/h)
$q_s = GC\Delta t = \rho QC\Delta t$
$= 1.2 \times 1.01 \times Q \times \Delta t$
$= 1.21 Q\Delta t$

$$\begin{aligned} q_s &= G \cdot C \cdot \Delta t = G \cdot 0.24 \cdot \Delta t = \gamma Q \cdot 0.24 \cdot \Delta t = 1.2 \cdot Q \cdot 0.24 \cdot \Delta t \\ &\fallingdotseq 0.288 \cdot Q \cdot \Delta t \text{[kcal/h]} \fallingdotseq 1.21 \cdot Q \cdot \Delta t \text{ [kJ/h]} \\ &\fallingdotseq 0.34 \cdot Q \cdot \Delta t \text{ [Watt]} \end{aligned}$$

여기서, q : 열량(kcal/h, kJ/h, Watt)
G : 송풍량(kg/h)
Q : 송풍량(m³/h)
γ, ρ : 공기 비중량, 밀도(1.2kg/m³)
C : 비열(0.24kcal/kg·℃=1.01kJ/kg·K)
r : 0℃ 물의 증발잠열(597.5kcal/kg=2,501kJ/kg)
Δt : 온도차(℃)
Δx : 절대습도차(kg/kg')

★ 1 kcal = 4.19 kJ ≒ 4.2 kJ
★ 1 kW = 860 kcal/h
　　　 = 3,600 kJ/h

2) 잠열 : 상태변화에만 필요한 열

$$q_L = G \cdot r \cdot \Delta x = G \cdot 597.5 \cdot \Delta x = 1.2Q \cdot 597.5 \cdot \Delta x$$
$$= 717 \cdot Q \cdot \Delta x \text{ [kcal/h]} = 3,001 \cdot Q \cdot \Delta x \text{ [kJ/h]}$$
$$= 834 \cdot Q \cdot \Delta x \text{ [Watt]}$$

9 습공기선도($h-x$)의 구성요소

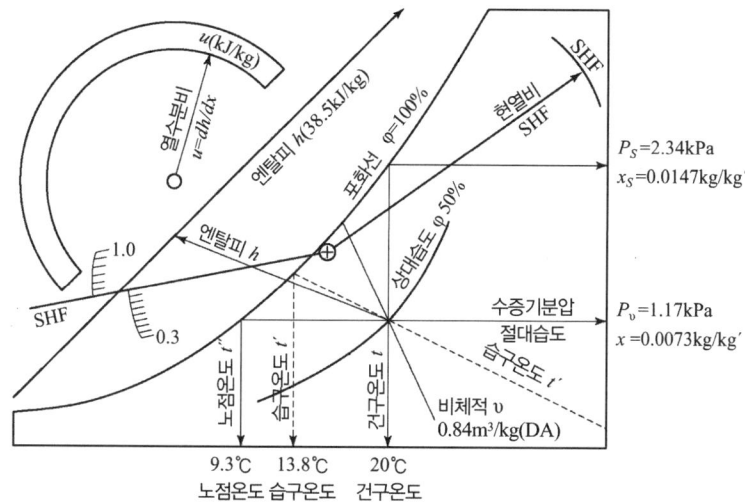

① 건구온도(DB : ℃)
② 습구온도(WB : ℃)
③ 노점온도(DP : ℃)
④ 절대습도(x : kg/kg')
⑤ 상대습도(φ : %)
⑥ 수증기 분압(P_v : kPa, mmHg)
⑦ 엔탈피(h : kJ/kg, kcal/kg)
⑧ 비체적(v : m³/kg)
⑨ 열수분비(u)
⑩ 현열비신(SHF)

10 습공기 선도에서의 상태변화

0-1 : 가열
0-2 : 냉각
0-3 : 가습(등온)
0-4 : 감습, 제습(등온)
0-5 : 가열가습
0-6 : 냉각가습(단열가습)
0-7 : 냉각감습(냉각제습)
0-8 : 가열감습

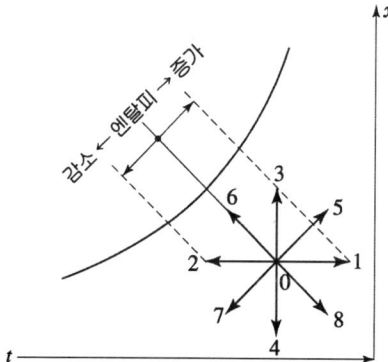

STUDY GUIDE

> **참고**
>
> **○ 혼합공기의 상태변화**
>
> | 상 태 | 건구온도 | 절대습도 | 상대습도 | 엔탈피 |
> |---|---|---|---|---|
> | 가열(0 → 1) | 상승 | 일정 | 감소 | 증가 |
> | 냉각(0 → 2) | 감소 | 일정 | 증가 | 감소 |
> | 가습(0 → 3) | 일정 | 증가 | 증가 | 증가 |
> | 감습(0 → 4) | 일정 | 감소 | 감소 | 감소 |

11 외기와 실내공기(환기)와의 혼합 시 상태값

$$t_3 = \frac{Q_1 t_1 + Q_2 t_2}{Q_1 + Q_2}, \quad h_3 = \frac{Q_1 h_1 + Q_2 h_2}{Q_1 + Q_2}, \quad x_3 = \frac{Q_1 x_1 + Q_2 x_2}{Q_1 + Q_2}$$

12 바이패스 팩터(BF) 및 콘텍트 팩터(CF)

* 바이패스 팩터(BF)가 작아지는 경우
① 코일이 열수가 많을 때
② 코일 간격이 작을 때
③ 전열면적이 클 때
④ 장치노점온도(ADP)가 높을 때
⑤ 송풍량이 적을 때
⑥ 냉수량이 적을수록(간접냉매 방식)

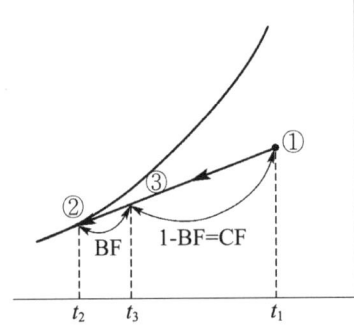

$$BF = \frac{t_3 - t_2}{t_1 - t_2} = \frac{h_3 - h_2}{h_1 - h_2} = \frac{x_3 - x_2}{x_1 - x_2}$$

$$CF = 1 - BF = \frac{t_2 - t_3}{t_1 - t_2} = \frac{h_1 - h_3}{h_1 - h_2}$$

바이패스 팩터(BF)는 공기가 냉각 또는 가열코일과 접촉하지 않고, 그대로 통과하는 공기의 비율로 바이패스 팩터는 작을수록 좋다. (1−BF)는 콘텍트 팩터(CF)이다.

02 공기조화 방식

1 조닝

1) 조닝(Zonning)
   공조설비의 효율적인 제어 및 관리를 위하여 실내의 부하특성에 따라 몇 개의 구역으로 나누어 공조시스템을 구성하는 것

2) 조닝 시 고려사항

① 용도별(실의 사용목적) ② 사용 시간별
③ 부하 특성별 ④ 실의 방위별
⑤ 실내 온습도 조건 등

> STUDY GUIDE
>
> ★오전에는 건물 동쪽의 일사량이 최대가 되므로 냉방부하도 최대가 된다.

2 공조방식의 분류

구 분	열매체에 의한 분류	방 식
중 앙 식	전공기 방식	단일덕트 방식(정풍량, 변풍량)
		2중덕트 방식(멀티존 방식)
		각층유닛 방식
	수-공기 방식 (공기-수방식)	팬코일유닛 방식(덕트 병용)
		유인(인덕션) 유닛 방식
		복사 냉난방 방식
	수 방 식	팬코일유닛 방식
개 별 식	냉매방식	룸쿨러(룸 에어콘) 방식
		패키지유닛 방식
		멀티유닛 방식 등

3 열매체에 따른 각 공조방식의 특징

1) 전공기 방식 : 공조기에서 공급된 냉·온풍을 덕트를 통해 실내로 취출하여 공기에 의해 실내부하를 처리하는 방식

장 점	단 점
① 송풍량이 많아서 실내공기의 오염이 적다 ② 중간기(봄, 가을)에 외기냉방이 가능하다. ③ 바닥의 이용도가 좋다. ④ 수배관이 없어 누수가 없다.	① 덕트 스페이스가 크다. ② 냉·온풍의 유반에 소요되는 동력이 크다. ③ 공조실의 면적이 크다. ④ 개별제어가 어렵다.

2) 전수방식 : 중앙기계실에서 냉온수를 공급하여 실내부하를 물에 의해 처리하는 방식

장 점	단 점
① 덕트 스페이스가 필요없다. ② 열운반 동력이 작다. ③ 각 실 제어가 용이하다. ④ 증설이 용이하다.	① 신선한 외기도입이 어렵고, 고성능 필터를 사용할 수 없다. ② 실내 쾌감도가 떨어진다. ③ 수배관에 의한 누수 우려가 있다. ④ 유닛의 소음발생 및 바닥이용도가 떨어진다.

3) 공기-수 방식 : 중앙기계실에서 공급되는 공기와 물에 실내부하를 처리하는 방식

장 점	단 점
① 덕트 설치공간이 감소된다. ② 송풍동력이 감소된다. ③ 개별제어가 가능하다. ④ 존의 구성이 용이하다.	① 실내공기의 오염우려가 있다. ② 보수 및 유지관리가 어렵다. ③ 유닛에서 소음발생 및 바닥의 이용도가 떨어진다. ④ 수배관에서의 누수 우려가 있다.

4) 냉매 방식 : 냉동기를 내장한 패키지 유닛에 의해 냉방부하를 처리하는 방식으로 개별제어 및 증설이 용이하다.

4 각 공조방식의 특징

1) 단일 덕트 방식(정풍량)
중앙 공조기에서 조화된 냉·온풍의 공기를 1개의 덕트를 통해 실내로 공급하는 방식으로 실내 취출구를 통하여 일정한 풍량으로 송풍온도 및 습도를 변화시켜 부하에 대응하는 방식을 특징은 다음과 같다.
① 급기량이 일정하여 실내가 쾌적하다.
② 변풍량에 비하여 에너지 소비가 크다.
③ 각 실의 개별제어가 어렵다.
④ 존의 수가 적은 규모에서는 타 방식에 비해 설비비가 싸다.

2) 변풍량(VAV) 방식
각실 또는 존마다 부하변동에 따른 송풍온도는 일정하게 유지하고, 부하변동에 따른 취출풍량을 조절하는 변풍량 유닛을 설치하여 공조하는 방식
① 개별 제어가 용이하다.
② 타방식에 비해 에너지가 절약된다.
③ 동시 사용률을 고려하면 공조기 및 덕트가 적어도 된다.
④ 부하감소에 따른 송풍량 감소로 실내공기의 청정도가 떨어진다.
⑤ 운전 및 유지관리가 어렵다.
⑥ 설비비가 많이 든다.

*변풍량 유닛의 종류
바이패스형, 슬롯형, 유인형

*유인형 유닛
교축형을 응용한 것으로 공조기에서 저온의 1차 공기를 공급하고, 실내 유닛에서 실내공기인 2차 공기를 유인하여 서로 혼합하여 실내에 취출

3) 이중 덕트 방식
냉풍과 온풍을 각각의 덕트를 통해 공급한 후 각 실에 설치된 혼합상자에서 실내부하에 알맞게 혼합하여 각 실에 송풍하는 방식으로 개별제어가 가능하나 설비비가 비싸고, 및 에너지 손실이 가장 크다.

4) 멀티존 유닛 방식

공조기 출구의 냉온풍을 혼합댐퍼에 의해 일정한 비율로 혼합한 후 각 존 또는 각 실로 보내는 공조방식

5) 각층 유닛 방식

다층의 건물에서 단일덕트를 변형한 것으로 층마다 공조기를 분산 배치하여 관리가 불편하나 부분운전이 가능하여 임대사무소에 적합하다.

6) 팬코일 유닛 방식

필터, 냉온수코일, 송풍기가 내장된 팬코일 유닛(FCU)에 중앙기계실로부터 냉온수를 공급하여 실내부하를 처리하는 방식으로 개별제어가 가능하다.

장 점	단 점
① 덕트를 설치하지 않아 덕트 샤프트나 스페이스가 필요없고, 설비비가 싸다. ② 각 실의 개별제어가 용이하다. ③ 증설이 간단하고, 동력소비가 적다. ④ 유닛의 위치변경이 쉽다.	① 외기도입이 어려워 실내공기의 오염우려가 있다. ② 수배관으로 누수 우려 및 유지관리가 어렵다. ③ 송풍량이 적어 고성능필터를 사용할 수 없다. ④ 팬코일 유닛 내에 팬의 소음이 있다.

① 2관식 : 냉온수 공급관 1개, 환수관 1개로 냉온수 겸용방식

② 3관식 : 냉수, 온수공급관이 2개이고, 겸용환수관이 1개이므로 환수관에서 냉수와 온수의 혼합 열손실이 발생한다.

③ 4관식 : 냉수, 온수공급관 2개, 환수관 2개의 전용배관으로 설비비가 증가한다.

7) 유인(인덕션) 유닛 방식

중앙에 설치된 공조기에서 1차 공기를 고속으로 유인유닛에 보내 유닛의 노즐에서 불어내고, 그 압력으로 실내의 2차 공기를 유인하여 송풍하는 방식으로 개별제어가 가능하고, 덕트 스페이스가 적으나 유닛에서 소음이 발생한다.

$$\text{유인비} = \frac{\text{전공기}}{\text{1차 공기}} = \frac{\text{1차 공기} + \text{2차 공기}}{\text{1차 공기}}$$

8) 복사 냉난방 방식

중앙 기계실에서 냉·온수를 바닥이나 벽 패널의 파이프로 통과시키고, 천장을 통해 공기를 동시에 송풍하여 냉난방하는 방식으로 시설비가 비싸고, 냉방 시에는 바닥에 결로 우려가 있다.

STUDY GUIDE

*동력비가 가장 큰 방식
- 2중덕트 방식
- 멀티존 방식

*유인비=3~4

STUDY GUIDE

9) 덕트 병용 패키지 방식
실내에 설치되어 있는 패키지 공조기로 냉·온풍을 만들어 덕트를 통해 실내로 송풍하는 방식으로 실내 설치 시 급기를 위한 덕트 샤프트가 필요 없다.

10) 패키지 유닛 방식
취급이 간단하고, 각 층을 독립적으로 운전할 수 있어 에너지 절감효과가 크며 공사기간 및 공사비용이 적게 드는 방식이다.

11) 히트펌프(Heat pump) 방식
① 4방밸브를 이용하여 냉·난방을 동시에 행할 수 있는 냉난방 방식
② 히트펌프 방식의 열원 : 수열원(지하수, 해수, 하수(河水)), 공기열원, 전기, 태양열원, 지열 등

03 공기조화 부하

*현열 및 잠열부하를 고려해야 하는 부하
- 극간풍부하
- 인체부하
- 실내 기구부하
- 외기부하

1 냉방부하 요소

구 분		부하의 발생요인	열의 구분
실내 취득 부하	외부 침입 열량	① 벽체를 통한 취득열량(외벽, 지붕, 내벽, 바닥, 문)	현열
		② 유리창을 통한 취득열량(복사열, 전도열)	현열
		③ 극간풍(틈새바람)에 의한 취득열량	현열, 잠열
	실내 발생 부하	④ 인체의 발생열량	현열, 잠열
		⑤ 조명의 발생열량	현열
		⑥ 실내기구의 발생열량	현열, 잠열
기기취득부하		⑦ 송풍기에 의한 취득열량	현열
		⑧ 덕트로부터의 취득열량	현열
재열부하		⑨ 재열에 따른 취득열량	현열
외기부하		⑩ 외기의 도입에 의한 취득열량	현열, 잠열

2 냉방부하와 기기용량

① 실내 취득부하 ┐
② 기기 취득부하 ┴ 송풍량 결정 ┐
③ 재열부하 ─────────────── ┴ 냉각코일 부하 ┐
④ 외기부하 ──────────────────────────── ┴ 냉동기 용량
⑤ 펌프 및 배관부하 ───────────────────────┘

3 냉방부하의 계산

1) 벽체부하

① 외벽, 지붕(상당외기온도차 이용, Δte = 상당외기온도 − 실내온도)

$$q = K \cdot A \cdot \Delta te$$

② 내벽, 천장, 바닥, 문(인접실과의 온도차 이용, $\Delta t = \dfrac{\text{실외온도} - \text{실내온도}}{2}$)

$$q = K \cdot A \cdot \Delta t$$

> **참고**
>
> ◆ 열통과율(열관류율, kcal/m²h℃, W/m²K)
>
> $$K = \frac{1}{R} = \frac{1}{\dfrac{1}{\alpha_o} + \dfrac{l_n}{\lambda_n} + \dfrac{1}{\alpha_i}}$$

여기서,
- q : 열통과(열관류)열량(W, kcal/h)
- R : 열저항(m²K/W, m²℃/kcal)
- K : 유리창의 열통과율(W/m²K, kcal/m²h℃)
- A : 전열면적(m²)
- α : 실내외 열전달률(W/m²K, kcal/m²h℃)
- λ : 벽체 열전도율(W/mK, kcal/mh℃)
- l : 벽체 두께(m)

2) 유리창 취득부하

① 유리창의 일사열량

$$q_{GR} = I_{GR} \cdot A_g \times k_s$$

여기서,
- q_{GR} : 태양복사에 의한 취득열량(W, kcal/h)
- I_{GR} : 표준 일사열량(W/m², kcal/m²h)
- A_g : 유리창 면적(m²)
- k_s : 차폐계수(3mm 보통유리=1)

② 유리창의 통과열량

$$q_{GC} = K \cdot A_g \cdot \Delta t$$

여기서,
- q_{GC} : 유리창의 취득열량(W, kcal/h)
- K : 유리창의 열통과율(W/m²K, kcal/m²h℃)
- A_g : 유리창의 면적(m²)
- Δt : 실내·외 온도차(℃, K)

3) 틈새바람(극간풍) 부하

① 현열부하

$$q_s = 0.29 \cdot Q \cdot \Delta t \,[\text{kcal/h}] = 1.21 \cdot Q \cdot \Delta t \,[\text{kJ/h}] = 0.34 \cdot Q \cdot \Delta t \,[\text{W}]$$

② 잠열부하

$$q_L = 717 \cdot Q \cdot \Delta x \,[\text{kcal/h}] = 3{,}001 \cdot Q \cdot \Delta x \,[\text{kJ/h}] = 834 \cdot Q \cdot \Delta x \,[\text{W}]$$

STUDY GUIDE

★ **상당외기온도**
태양의 일사를 받는 외벽, 지붕에 기온의 상승에 환산하여 실제의 기온과 합한 것, 즉 외기온도나 태양의 일사량을 고려하여 정한 온도

★ **비난방실의 온도**
$t_n = \dfrac{t_o + t_r}{2}$

★ **비공조실(인접실)과의 온도**
$\Delta t = \dfrac{t_o - t_r}{2}$

★ **열통과율, 열전달률의 단위**
W/m²K(℃), kcal/m²h℃

★ **열전도율의 단위**
W/mK(℃), kcal/mh℃

★ **극간풍량의 산출방법**
① 환기횟수법
$Q = n \cdot V$
(환기량 = 환기횟수 × 실내 체적)
② 창문 면적법
③ 크랙법(틈새길이법)
④ 이용 빈도수에 의한 방법

★ **틈새바람(극간풍)을 줄이기 위한 방법**
① 출입구에 회전문을 설치
② 2중문을 설치(내측문은 수동식)
③ 2중문의 중간에 컨벡터(대류형 방열기)를 설치
④ 에어커튼 설치

4) 인체부하
① 현열부하
$$q_s = 1인당\ 현열량 \times 재실\ 인원수$$
② 잠열부하
$$q_L = 1인당\ 잠열량 \times 재실\ 인원수$$

5) 조명부하
① 백열등의 발열량
$$1kW = 860kcal/h,\ 1W = 0.86kcal/h$$
② 형광등의 발열량
$$1kW = 860 \times 1.2(안정기\ 발열) = 1,000kcal/h,\ 1W = 1kcal/h$$

*조명부하 : 현열부하

6) 기기(장치)취득부하
① 기계만 실내에 있는 경우 취득열량
$$q = 정격출력 \times 대수 \times 가동율 \times 부하율$$
② 전동기와 기계가 모두 실내에 있는 경우 취득열량
$$q = 정격출력 \times 대수 \times 가동율 \times 부하율 \times \left(\frac{1}{전동기\ 효율}\right)$$
③ 전동기만 실내에 있는 경우 취득열량
$$q = 정격출력 \times 대수 \times 가동율 \times 부하율 \times \left(\frac{1 - 전동기\ 효율}{전동기\ 효율}\right)$$

7) 외기부하
① 현열부하
$$q_s = 0.29 \cdot Q_o \cdot \Delta t\ [kcal/h] = 1.21 \cdot Q_o \cdot \Delta t\ [kJ/h] = 0.34 \cdot Q_o \cdot \Delta t\ [W]$$
② 잠열부하
$$q_L = 717 \cdot Q_o \cdot \Delta x\ [kcal/h] = 3,001 \cdot Q_o \cdot \Delta x\ [kJ/h] = 834 \cdot Q_o \cdot \Delta x\ [W]$$

*난방부하를 경감시키는 요소
태양열의 일사부하, 인체부하, 조명부하, 기기 발생 부하

4 난방부하 요소

구분		부하의 발생요인	열의 종류
실내 손실 부하	외부 손실 열량	① 벽체를 통한 손실열량 (외벽, 지붕, 내벽, 바닥, 유리창, 문)	현열
		② 틈새바람(극간풍)에 의한 손실열량	현열, 잠열
기기손실부하		③ 덕트에서의 손실열량	현열
외기부하		④ 외기의 도입에 의한 손실열량	현열, 잠열

5 난방부하의 계산

1) 벽체부하

① 외벽, 지붕, 유리창(방위계수 고려)

$$q = K \cdot A \cdot \Delta t \times k$$

참고

방위계수(k)

방위	동·서	남	북	남동·남서	북동·북서	지붕
방위계수	1.1	1.0	1.2	1.05	1.15	1.2

② 내벽, 천장, 바닥, 문

$$q = K \times A \times \Delta t$$

2) 유리창 손실부하

$$q_{GC} = K \cdot A_g \cdot \Delta t$$

여기서, q_{GC} : 유리창의 취득열량(W, kcal/h)
K : 유리창의 열통과율(W/m²K, kcal/m²h℃)
A_g : 유리창의 면적(m²)
Δt : 온도차(℃, K)

3) 틈새바람(극간풍)부하

① 현열부하

$$q_s = 0.29 \cdot Q \cdot \Delta t \,[\text{kcal/h}] = 1.21 \cdot Q \cdot \Delta t \,[\text{kJ/h}] = 0.34 \cdot Q \cdot \Delta t \,[\text{W}]$$

② 잠열부하

$$q_L = 717 \cdot Q \cdot \Delta x \,[\text{kcal/h}] = 3{,}001 \cdot Q \cdot \Delta x \,[\text{kJ/h}] = 834 \cdot Q \cdot \Delta x \,[\text{W}]$$

4) 외기부하

① 현열부하

$$q_s = 0.29 \cdot Q_o \cdot \Delta t \,[\text{kcal/h}] = 1.21 \cdot Q_o \cdot \Delta t \,[\text{kJ/h}] = 0.34 \cdot Q_o \cdot \Delta t \,[\text{W}]$$

② 잠열부하

$$q_L = 717 \cdot Q_o \cdot \Delta x \,[\text{kcal/h}] = 3{,}001 \cdot Q_o \cdot \Delta x \,[\text{kJ/h}] = 834 \cdot Q_o \cdot \Delta x \,[\text{W}]$$

STUDY GUIDE

＊방위계수
외기를 직접 접하는 부분에서 방위에 따라 일사나 바람의 정도를 고려한 계수

6 송풍량의 계산

실내취득 현열부하 + 기기(팬, 덕트)취득 현열부하에 의해 계산

$$G(\text{kg/h}) = \frac{q_s}{C \cdot \Delta t (\text{취출 온도차})} = \frac{q_s[\text{kcal/h}]}{0.24 \times \Delta t} = \frac{q_s[\text{kJ/h}]}{1.01 \times \Delta t}$$

$$Q(\text{m}^3/\text{h}) = \frac{q_s}{\gamma \cdot C \cdot \Delta t} = \frac{q_s(\text{kcal/h})}{0.29 \times \Delta t} = \frac{q_s(\text{kJ/h})}{1.21 \times \Delta t} = \frac{q_s(\text{Watt})}{0.34 \times \Delta t}$$

04 공기조화 기기

1 공기조화 설비의 구성

1) **열원장치** : 보일러, 냉동기, 흡수식 냉온수기, 빙축열 장치, 히트펌프, 냉각탑 등
2) **공기조화기** : 공기여과기, 공기냉각기(제습기), 공기가열기, 공기세정기(가습기)
3) **열운반장치** : 송풍기, 덕트, 펌프, 배관 등
4) **자동제어장치** : 온도, 습도, CO_2, 풍량 등 제어장치

2 공기조화기

1) 공조기 형태에 따른 분류
   ① 수평형 : 공조기를 수평으로 배치, 공조실의 면적이 충분하나 층고가 낮은 경우 사용
   ② 수직형 : 공조기를 수직으로 배치, 공조실의 면적은 좁고, 층고는 높은 경우 사용
   ③ 복합형 : 수평형과 수직형을 복합
2) 공기조화기의 구성(배치)순서
   공기 여과기 → 냉수코일 → 온수코일 → 가습기

3 공기 여과기

1) 공기 여과기(에어필터)의 성능 표시
   여과효율(제진, 제거효율, 포집률), 집진용량(포집용량), 압력손실 등

2) 여과효율

$$\eta = \frac{C_1 - C_2}{C_1} \times 100(\%) = 1 - \frac{C_2}{C_1} \times 100(\%)$$

여기서, C_1 : 필터 입구의 분진농도
C_2 : 필터 출구의 분진농도

3) 여과효율 측정법

① 중량법 : 필터 사용 전후의 중량에 의해 효율을 측정

② 비색법(변색도법, NBS법) : 비교적 작은 입자를 대상으로 하며 공기를 여과지를 통과 시켜 그 오염도를 광전관으로 측정하는 것

③ DOP법(계수법) : 고성능(HEPA) 필터의 여과효율을 측정하는 방법으로 일정한 크기의 시험입자를 사용하여 먼지의 수를 계측하여 측정하는 방법

4) 여과필터의 종류

① 여과작용에 의해 : 충돌 점착식, 여과식, 전기식, 활성탄 흡착식

② 보수관리상 : 자동 청소형, 자동 재생형, 정기 청소형, 여과재 교환형, 유닛 교환형

③ 정화원리에 따른 종류
  ㉠ 여과식 : 여과매체(무기질 섬유 등)에 의해 분진을 여과 제거
  ㉡ 충돌 점착식 : 철망, 스크린, 섬유류 순으로 구성되어 있으며 이 여과재에 기름이나 그리스 등을 입혀 오염물질을 점착시킴
  ㉢ 정전식 : 정전기에 의해 분진을 포집
  ㉣ 활성탄 필터 : 흡착작용에 의하여 공기 중의 냄새나 아황산가스 등 유해가스 제거

5) 바이오 클린룸(BCR)

병원 수술실, 식품, 제약공장 등 세균, 바이러스 등의 오염을 방지하기 위한 무균실

4 냉온수 코일

1) 냉수 코일의 설계

① 코일 내 유속은 1m/s 전후로 한다.
② 코일의 통과풍속을 2~3m/s 정도로 한다.
③ 공기와 물의 흐름을 대향류로 한다.
④ 냉수의 입출구 온도차를 5℃ 전후로 한다.

STUDY GUIDE

＊여과성능에 따른 필터
프리필터-미디엄필터-헤파필터-울파필터

＊고성능(HEPA) 필터
$0.3\mu m$ 입자를 99.97% 이상의 효율로 제진하는 것으로 값이 비싸기 때문에 사용시간을 연장할 수 있도록 이보다 효율이 떨어지는 필터(프리필터)를 전단에 설치하며 송풍기 출구에 설치

＊1클래스(Class)
$1ft^3$의 공기 중에 함유되는 0.5 μm 이상의 입자 수로 표시

⑤ 물과 공기의 대수평균온도차(MTD)를 크게 한다.
⑥ 코일의 설치는 수평으로 한다.

2) 코일의 배열 방식에서 종류

풀 서킷(full circuit), 더블 서킷(dlublel circuit), 하프 서킷(half circuit)

① 더블 서킷(더블 플로우) 코일 : 유량이 많아서 코일 내 유속이 너무 클 때

② 풀 서킷(싱글 플로우), 하프 서킷 코일 : 유량이 적어 코일 내 유속이 작을 때

※ 더블 서킷 코일

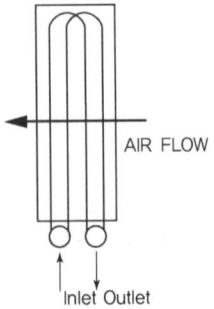

3) 코일의 열수

$$N = \frac{q_t}{FA \times K \times C_{ws} \times MTD}$$

여기서, q_t : 냉각코일부하
FA : 코일의 정면면적
K : 열관류율
C_{ws} : 습면보정계수
MTD : 대수평균온도차

4) 대수평균온도차(LMTD)

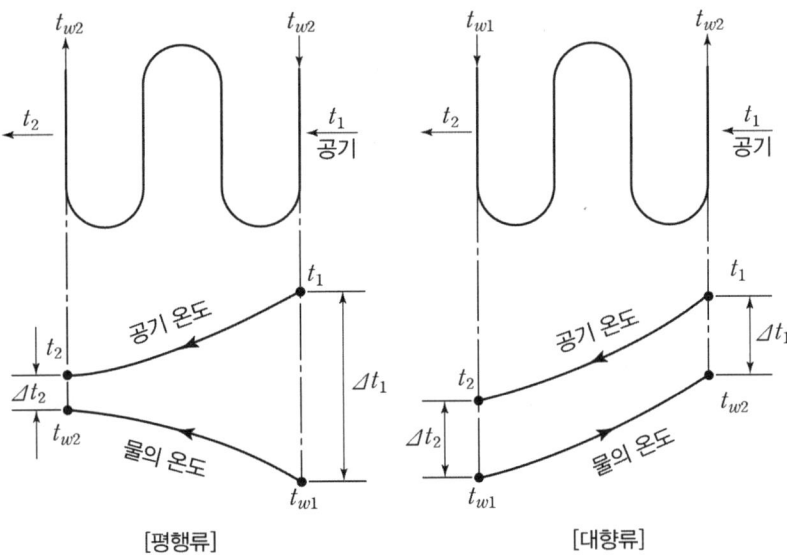

[평행류] [대향류]

$$LMTD = \frac{\Delta t_1 - \Delta t_2}{2.3\log\dfrac{\Delta t_1}{\Delta t_2}} = \frac{\Delta t_1 - \Delta t_2}{\ln\dfrac{\Delta t_1}{\Delta t_2}}$$

5 가열코일의 종류

1) 가열코일의 종류

온수코일, 증기코일, 전열코일, 냉매코일(응축기)

2) 가열코일의 설계기준

① 온수코일의 통과풍속은 2~3.5m/s로 한다.

② 유량 및 온도제어는 2방(2-way)밸브나 3방(3-way)밸브로 한다.

3) 증기코일의 설계기준

① 증기코일은 열수가 적으므로 코일 통과풍속은 3~5m/s로 한다.

② 사용 증기압력은 $0.1~2kg/cm^2$ 정도이다.

③ 증기트랩의 용량은 피크 시 응축수량의 3배 이상으로 한다.

④ 응축수 배출을 위한 배관은 1/50~1/100의 순구배로 한다.

4) 가열코일의 동파방지(동절기)

① 온수코일은 야간 운전정지 중 순환펌프를 운전한다.

② 운전 중에는 전열교환기를 사용하여 외기를 예열하여 도입한다.

③ 외기와 환기가 충분히 혼합되도록 한다.

④ 증기코일의 경우 $0.5kg/cm^2$ 이상의 증기를 사용하고, 코일 내에 응축수가 고이지 않도록 한다.

6 가습장치

1) 가습방식의 종류

① 수분무식 : 원심식, 초음파식, 분무식

② 증발식 : 회전식, 모세관식, 적하식

③ 증기식 : 증기 발생식, 증기 공급식

2) 가습기의 종류

① 증기 취출방식은 응답성이 빠르고, 제어성이 좋아 정밀한 습도제어가 가능하다.

② 전열식(가습팬형) : 수조(가습 pan)에 물을 넣고, 증기코일 또는 전열기를 이용하여 수면에서 발생하는 증기를 이용하여 가습하며 효율이 나쁘고, 응답속도가 느려 패키지 등의 소형장치에 사용한다.

③ 원심식 : 모터로 원반을 고속 회전시켜 물을 빨아올려 원심력으로 미세화 된 수막을 직결된 송풍기에 의해 공기 중에 비산된 후 공기를 가습한다.

*증기분무 가습
가습효율이 가장 좋다.

3) 공기 세정기(에어와셔)
   ① 세정실을 통과하면서 흐르는 물과 접촉하여 공기를 정화하거나 분무수에 의해 가습이 이루어지는 것으로 주로 가습을 목적으로 한다.
   ② 다공판 또는 루버는 기류를 정류해서 세정실로 통과시킨다.
   ③ 분무노즐(Spray nozzle)은 스탠드파이프에 부착되어 스프레이 헤더에 연결된다.
   ④ 공기 세정기의 분무수압은 1.4~2.5 kg/cm^2(140~250kPa) 정도이다.
   ⑤ 플러딩 노즐 : 엘리미네이터에 부착된 먼지를 세정하기 위해 상부에 설치하여 물을 분무하여 청소하는 노즐
   ⑥ 엘리미네이터는 에어와셔에서 발생되는 물방울이 기류에 함께 비산되는 것을 방지하며 공기세정기의 주요부는 세정실과 엘리미네이터로 구분된다.
   ⑦ 세정실 뒤에는 분무된 물이 공기와 함께 비산되는 것을 방지하는 엘리미네이터를 설치한다.

★엘리미네이터
물방울의 비산방지

7 감습장치(제습장치)

종 류	설 명
냉각식	일반적인 방법으로 냉각코일을 이용, 습공기를 노점이하로 냉각하여 제습
압축식	공기를 압축하여 감습시키므로 설비비가 많이듬
흡수식	① 액체 제습장치 : 염화리튬, 트리에틸렌글리콜 등 ② 고체(흡착식) 제습장치 : 실리카겔, 활성알루미나, 아드소올, 제올라이트 등의 다공성 물질 표면에 흡착시켜 극저습도를 요구하는 곳에 사용

★흡수식 감습장치가 냉각식 감습장치 보다 유리할 경우
공조되어 있는 실내의 현열비가 60% 이하일 때

8 기타 열교환기

1) 전열 교환기
   ① 실내의 배기와 환기용 외기를 열교환하는 장치로 공대공 열교환기이다.
   ② 고정형과 회전형 전열교환기가 있다.
   ③ 배기와 환기의 열교환으로 온도 및 습도(현열, 잠열)을 교환한다.
   ④ 열교환기 설치로 설비비와 기계실 스페이스가 많이 든다.
   ⑤ 외기부하를 감소시켜 기기의 용량이 작게 설계되어 운전경비가 절약된다.

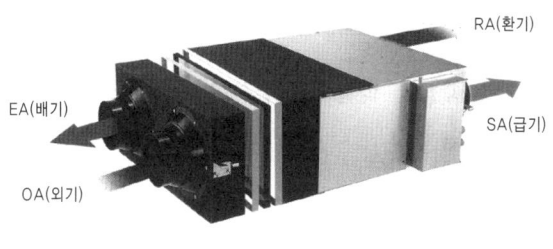

[고정형]　　　　　　　　[회전형]

2) 판형(Plate type) 열교환기

　다수의 전열판 여러 장을 겹쳐 나열하여 볼트로 연결시킨 것으로 원통다관식에 비하여 열관류율이 3~5배 정도이므로 크기에 비해 열교환 능력이 매우 좋아 초고층 건물 등에서 많이 사용된다.

3) 스파이럴형 열교환기

　스테인리스 강판을 스파이럴상으로 감아서 그 끝을 용접함으로써 가스켓을 사용하지 않고도 수밀이 되는 구조로 형상 및 중량이 플레이트식보다 크다.

4) 케틀형 열교환기(Kettle type)

　동체의 상부 측은 증발이 잘 되도록 빈공간의 증기실이 있고 액면의 높이는 최상부 관보다 적어도 50mm 높게 하는 것이 보통이며 원통 다관식(Shell & Tube type) 열교환기의 종류에 해당한다.

5) 히트 파이프(Heat pipe)

　밀봉된 용기와 위크 구조체 및 증기 공간에 의하여 구성되며 길이 방향으로는 증발부, 응축부, 단열부로 구분된다. 한쪽을 가열하면 작동유체는 증발하면서 잠열을 흡수하고 증발된 증기는 저온으로 이동하여 응축되면서 열교환하는 기기

9 송풍기

1) 송풍기의 종류

　① 원심식 : 다익형(시로코형), 터보형, 리밋로드형, 익형 등
　② 축류식 : 프로펠러형, 베인형, 튜브형 등

2) 송풍기의 특징

　① 다익형 송풍기 : 시로코 팬(Sirocco fan)이라고도 하며 다수의 짧은 전향날개를 갖는 것으로 정압이 100mmAq 이하의 설비에 사용한다.

STUDY GUIDE

＊회전형
흡습성물질이 도포된 엘리멘트를 적층시켜 원판형태로 만든 로터와 구동장치, 케이싱으로 구성되어 있는 전열 교환기

＊판형 열교환기

＊히트 파이프

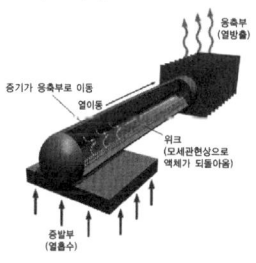

＊시로코 팬
다익형으로 대풍량의 공조용 팬

② 터보형 송풍기 : 풍량에 비해 요구 정압이 대단히 높을 때 사용한다.
③ 축류형 송풍기 : 기류의 방향이 회전축과 같은 방향의 것으로 냉각탑, 환기용 등에 사용되는 프로펠러 팬으로 풍량이 많고, 압력이 낮은 경우에 적합하다.

3) 송풍기 번호(No)

$$\text{다익형} = \frac{\text{임펠러 지름(mm)}}{150} \qquad \text{축류형} = \frac{\text{임펠러 지름(mm)}}{100}$$

4) 송풍기 동력

① 공기동력

$$\text{kW} = \frac{Q \cdot P(\text{mmAq})}{102 \times 60} \qquad \text{Watt} = \frac{Q \cdot P(\text{Pa})}{60}$$

② 축동력 = 공기동력 / 효율

$$\text{kW} = \frac{Q \cdot P(\text{mmAq})}{102 \times 60 \times \eta} \qquad \text{Watt} = \frac{Q \cdot P(\text{Pa})}{60 \times \eta}$$

여기서, Q : 송풍량(m³/min)
P : 송풍기 정압(mmAq, Pa)
η : 정압효율

5) 송풍기의 상사법칙

구 분	공 식	설 명
풍량	$Q_2 = Q_1 \left(\dfrac{N_2}{N_1}\right)\left(\dfrac{D_2}{D_1}\right)^3$	풍량은 회전수에 비례, 임펠러 지름의 3승에 비례
풍압	$P_2 = P_1 \left(\dfrac{N_2}{N_1}\right)^2\left(\dfrac{D_2}{D_1}\right)^2$	풍압은 회전수의 2승에 비례, 임펠러 지름의 2승에 비례
동력	$\text{kW}_2 = \text{kW}_1 \left(\dfrac{N_2}{N_1}\right)^3\left(\dfrac{D_2}{D_1}\right)^5$	동력은 회전수의 3승에 비례, 임펠러 지름의 5승에 비례

6) 송풍기의 특성곡선
송풍기의 고유특성을 나타내는 것으로 풍량, 풍압, 동력, 효율의 관계를 나타냄

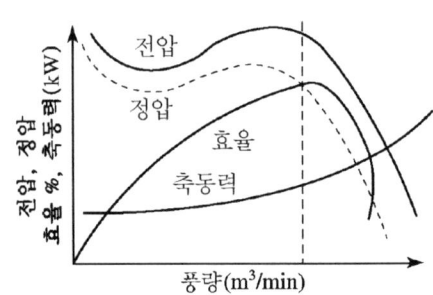

7) 송풍기 운전점
   압력곡선(P)과 저항곡선(R)의 교차점

8) 송풍기의 제어방법
   ① 모터 회전수 제어
   ② 가변 피치 제어(날개각도 변화)
   ③ 흡입 베인 조절
   ④ 스크롤 댐퍼 제어
   ⑤ 흡입, 토출댐퍼 개도조절

9) 송풍기 풍량제어에 따른 동력의 소요 순서
   회전수제어 〈 가편피치제어 〈 베인제어 〈 스크롤댐퍼 〈 흡입댐퍼 제어 〈 토출댐퍼제어

★동력 소비가 가장 적은 제어
회전수 제어

10 펌프

1) 원심펌프
   ① 볼류트 펌프 : 가이드 베인(안내날개)이 없고, 저양정용에 사용
   ② 터빈 펌프 : 가이드 베인이 설치되어 고양정용에 사용

2) 펌프의 축동력

$$kW = \frac{\gamma \cdot Q \cdot H}{102 \times 60 \times \eta_p} \qquad W = \frac{\rho \cdot g \cdot Q \cdot H}{60 \times \eta_p}$$

여기서, γ : 비중량(kgf/m³)
Q : 유량(m³/min)
H : 양정(m)
η_p : 펌프효율
ρ : 밀도(kg/m³)
g : 중력가속도(9.8m/s²)

★기어펌프
기름(oil) 이송용

3) 펌프의 상사법칙
   펌프는 회전수(속도)비에 따라 유량은 정비례하고, 양정은 2제곱에 비례하고, 축동력은 3제곱에 비례한다.

4) 공동(캐비테이션) 현상
① 원인 : 펌프 입구의 마찰저항 증가 및 수온 상승 시
② 방지대책
   ㉠ 흡입측의 손실수두를 작게 한다.
   ㉡ 펌프의 설치위치를 낮춘다.
   ㉢ 펌프의 회전수를 낮춘다.
   ㉣ 양흡입 펌프를 사용한다.
   ㉤ 흡입관경을 크게 하거나 배관을 짧게 한다.

05 덕트 및 부속설비

1 덕트의 재료

1) 덕트의 일반재료 : 아연도금철판(강판)
2) 고온의 가스나 공기가 통과하는 연도 : 열연 강판
3) 화학 실험실의 재료 : 경질염화비닐

2 풍속에 따른 덕트의 구분

1) 저속덕트 : 주덕트의 풍속이 15m/s 이하
2) 고속덕트 : 주덕트의 풍속이 15m/s 이상

3 덕트 설계법

1) 등마찰손실법(정압법)
   덕트의 단위 길이당 마찰손실을 일정하게 하는 방법으로 말단으로 갈수록 풍량과 풍속이 감소되어 소음의 문제가 적음

2) 등속법
   덕트의 각 부분에서의 풍속을 일정하게 하여 분체수송이나 공장의 환기 등에 사용

3) 정압재취득법
   각 취출구 또는 분기부 직전의 정압이 일정하게 되도록 하는 방법

4 덕트에서의 각종 계산

1) 전압과 정압, 동압

$$전압(P_T) = 정압(P_s) + 동압(P_v)$$

2) 원형덕트에서의 풍량

$$Q = A \cdot V = \frac{\pi}{4} D^2 \cdot V$$

$$V = \frac{4Q}{\pi D^2}, \quad d = \sqrt{\frac{4Q}{\pi V}}$$

여기서, Q : 풍량(m³/sec)
A : 덕트 단면적(m²)
d : 덕트의 지름(m)
V : 풍속(m/sec)

✱ 등마찰손실법(정압법)
덕트 1m당 단위 마찰저항을 저속덕트에서는 0.08~0.2mmAq (약 0.1 mmAq/m, 1 Pa/m) 정도, 고속덕트에서는 1 mmAq 정도로 선정하며 덕트의 치수를 결정

✱ 마노미터
덕트 내 정압측정

3) 덕트의 마찰손실수두(압력강하)

직관부에서의 마찰손실(압력손실)수두는 덕트마찰 저항계수(λ), 덕트 길이(l), 풍속(V)의 2승에 비례하고, 덕트의 지름(d)과 중력 가속도(g)에 반비례한다.

$$H_L = \lambda \cdot \frac{l}{d} \cdot \frac{V^2}{2g} \, [\text{mH}_2\text{O}]$$

$$\Delta P = \lambda \cdot \frac{l}{d} \cdot \frac{V^2}{2g} \times \gamma \, [\text{mmH}_2\text{O}]$$

$$\Delta P = \lambda \cdot \frac{l}{d} \cdot \frac{V^2}{2} \times \rho \, [\text{Pa}]$$

여기서, λ : 마찰손실계수
l : 덕트 길이(m)
d : 덕트 지름(m)
V : 풍속(m/s)
g : 중력 가속도(m/s^2)
γ : 공기의 비중량(kgf/m^3)
ρ : 공기의 밀도(kg/m^3)

4) 원형덕트로의 상당직경 환산

$$d = 1.3 \left\{ \frac{(a \times b)^5}{(a+b)^2} \right\}^{\frac{1}{8}}$$

[장방형 덕트 환산]

$$D_e = \frac{1.55 A^{0.625}}{P^{0.25}}$$

[타원형 덕트 환산]

5 덕트의 설계 및 시공 시 주의사항

1) 덕트의 아스펙트비(종횡비) : 4 이내
2) 덕트의 곡률반경비(R/a) : 1.5~2배 이상
3) 덕트의 ┌ 확대 : 15~20°(고속덕트 8°) 이하
         └ 축소 : 30~40°(고속덕트 15°) 이내
4) 가이드(터닝)베인 설치 : 굴곡부 내측에 설치하여 덕트 내 기류 안정
   ① 곡률 반경비(R/a) 1.5 이하 시
   ② 덕트 확대 15° 이상 및 축소 30° 이상 시
5) 덕트 내 코일 설치 시
   ① 입구측 최대 30°, 출구측 최대 45° 이하
   ② 상기 이상이 되는 경우 코일 입구측에 분류판을 설치하여 기류를 골고루 분포

*덕트마찰 손실선도의 구성
마찰손실, 풍량, 덕트지름, 속도

6) 엘보 다음에 취출구 접속 시 취출구 위치
   ① 베인없는 엘보 사용 시 : A≧8W
   ② 베인부속 엘보 사용 시 : A≧(4~8)W
   ③ 베인부속 직각 엘보 사용 시 : A≧4W

6 캔버스 이음

송풍기에서 발생한 진동이 덕트에 전달되지 않도록 한 이음

7 댐퍼의 종류

덕트 도중에 설치하여 통과하는 풍량을 조절 또는 폐쇄하는 기구

1) 풍량 조절댐퍼(볼륨댐퍼)
   ① 단익(버터플라이) 댐퍼 : 소형덕트에 사용
   ② 다익(루버)댐퍼 : 2개 이상의 날개를 가진 것으로 대형덕트에 사용
   ③ 스플릿(분기) 댐퍼 : 덕트의 분기점에 설치하여 풍량을 분배, 조절하는 댐퍼

2) 기타 댐퍼
   ① 방화댐퍼 : 화재 발생 시 화염이 다른 실로 전달되지 않도록 한 댐퍼
   ② 방연댐퍼 : 실내의 화재 시 발생한 연기가 다른 구역으로 이동하는 것을 방지

8 측정구

① 덕트 내의 풍량, 풍속, 온도, 압력, 먼지량 등을 측정하기 위한 것
② 엘보와 같은 곡관부에서는 덕트 폭의 7.5배 이상 떨어진 장소에 설치

9 콜드 드레프트의 원인

① 인체 주위의 공기온도가 너무 낮을 때
② 기류 속도가 너무 빠를 때
③ 습도가 낮을 때
④ 벽면의 온도가 너무 낮을 때
⑤ 극간풍이 많을 때

10 취출구(Diffuser)

공기조화기에서 조화된 공기를 실내로 취출하여 주는 기기

1) 부착위치에 따른 구분
   ① 천장형 : 아네모스탯형, 팬형, 펑커루버형, 라인형
   ② 벽부형 : 그릴, 레지스터, 유니버셜형, 노즐형

2) 기류의 방향에 따른 구분

구 분	설 명	종 류
축류형	기류가 축 방향으로 토출	노즐형, 펑커루버형, 베인격자형 등
복류형	기류가 축 방향이 아닌 수평, 방사형으로 토출	아네모스탯형, 팬형 등

3) 각 취출구와 흡입구의 특징
   ① 아네모스탯형 취출구 : 몇 개의 콘(cone)이 있어 1차 공기에 의한 2차 공기의 내부 유인성능이 좋은 취출구로서 확산반경이 크고, 도달거리가 짧아 천장형 취출구로 많이 사용한다.
   ② 팬형 취출구 : 원형 또는 원추형 팬을 매달아 여기에 토출기류를 부딪치게 하여 천장면을 따라서 수평판 사이로 공기를 내보내는 구조로서 천장형이며 복류형이다.
   ③ 펑커 루버형 : 취출기류의 방향조정이 가능하고, 댐퍼가 있어 풍량조절이 가능하나 공기저항이 크며 공장, 주방 등의 국소(spot) 냉방에 적합한 취출구
   ④ 노즐형 : 구조가 간단하며 도달거리가 길어 대공간의 높은 천장에 사용한다.
   ⑤ 라인형 : 선의 개념을 통하여 미적인 감각이 있으며 에어커튼용으로 적합하다.
   ⑥ 라이트 트로퍼형 : 조명 부하를 쉽게 처리할 수 있는 취출구
   ⑦ 그릴 : 격자형으로 셔터가 없는 것
   ⑧ 루버 : 격자형으로 눈, 비의 침입을 방지하기 위해 물막이가 붙어 있는 것
   ⑨ 레지스터 : 격자형으로 셔터가 붙어 있는 것
   ⑩ 머쉬룸형 흡입구 : 흡입구 중 바닥 설치하는 흡입구

STUDY GUIDE

○ 그릴   ○ 유니버셜   ○ 레지스터   ○ 팬형
○ 아네모스탯(원형)   ○ 아네모스탯(각형)   ○ 브리즈 라인형   ○ 펑커루버형
○ 노즐형   ○ 노즐형   ○ 머쉬룸   ○ 루버

11 환기의 목적

실내공기의 열, 증기, 취기, 분진, 유해물질에 의한 오염과 산소농도 감소 등에 의한 재실자의 불쾌감이나 위생적 위험성 증가의 방지 등과 주변 환경의 악화로부터의 보호

① 실내공기 정화
② 열 및 수증기(습기) 제거
③ 냄새 및 유독가스 제거
④ 연소용 공기 공급(보일러 실)

12 환기의 분류

1) 국소환기 : 후드 등을 사용

2) 전반환기(희석환기) : 실내의 거의 모든 부분에서 오염가스가 발생하는 경우에 실 전체의 기류분포를 계획하여 실내에서 발생하는 오염물질을 완전히 희석하고, 확산시킨 다음에 배기를 행하는 것

13 환기방식의 분류

1) **자연환기방식** : 자연환기는 실내외 공기의 압력차 또는 온도차에 의한 자연력을 이용한 방식으로 동력소비는 없으나 환기량이 일정하지 않다.

2) **기계(강제)환기** : 송풍기 등을 이용하여 강제로 환기하는 방식
   ① 제1종 환기
      ㉠ 급기팬+배기팬 사용으로 병용환기법
      ㉡ 보일러실, 대규모 변전실, 병원 수술실 등
   ② 제2종 환기
      ㉠ 급기팬만 사용으로 압입환기법
      ㉡ 실내 정압(+)상태로 반도체 공장의 무균실, 소규모 변전실, 창고 등에 사용
   ③ 제3종 환기
      ㉠ 배기팬만 사용으로 흡인환기법
      ㉡ 실내를 부압(−)으로 유지, 악취나 유독가스가 인접실로 번지는 것을 방지
      ㉢ 주방, 흡연실, 화장실, 조리장, 차고 등에 적용

14 환기량(외기 도입량)

$$Q \geqq \frac{M}{C-C_o} \times 10^6$$

여기서, Q : 환기량(m³/h)
M : 오염가스 발생량(m³/h)
C : 실내 허용농도, 오염물질의 서한도(ppm)
C_o : 외기의 CO_2 함유량(ppm)

15 지하철에 적용할 기계환기 방식의 기능

① 피스톤 효과로 유발되 열차풍으로 환기효과를 높인다.
② 터널 내 고온의 공기를 외부로 배출한다.
③ 터널 내 잔류열을 배출하고, 신선외기를 도입하여 토양의 흡열효과를 상승시킨다.
④ 화재 시 배연성능을 달성한다.
⑤ 화재 외의 교통장애로 열차 정지 시에 외기 급기운전을 하여 열차 내 승객들에게 신선외기를 공급한다.

*후드
국소환기 장치

06 열원기기

1 열원장치 및 공기조화기

1) 열원장치 : 보일러, 냉동기, 흡수식 냉온수기, 빙축열설비, 히트펌프, 냉각탑 등

2) 공기조화기 : 에어필터, 공기냉각기, 공기가열기, 가습기

2 보일러의 구성

1) 보일러의 3대요소 : 보일러 본체+연소장치+부속장치
2) 보일러의 부속장치 : 급수, 급유, 송기, 통풍, 안전, 분출, 폐열회수장치 등

3 보일러의 특징

1) 노통 보일러 : 본체 내부에 노통(연소실)을 설치하여 물을 가열하는 보일러로서 노통이 1개인 코르니쉬보일러와 노통이 2개인 랭커셔보일러가 있다.

2) 연관 보일러 : 본체 내부에 연관을 통해 연소가스가 통과하여 물을 가열하는 보일러이다.

3) 노통 연관 보일러 : 노통 보일러와 연관 보일러의 장점을 취한 것으로 노통이 길이 방향으로 있고, 노통 상하좌우에 연관군들을 갖춘 보일러로써 중대형 건물에 많이 사용한다.

4) 수관 보일러 : 상하부의 드럼에 고압에 잘 견디는 다수의 수관을 연결한 것으로 고압 대용량으로 자연 순환식, 강제 순환식 등이 있다.
   ① 보유수량에 비해 전열면적이 커 증기 발생이 빠르다.
   ② 고온·고압의 증기를 발생시킨다.
   ③ 효율이 가장 우수하며 대용량이다.
   ④ 부하변동에 따른 추종성이 높다.
   ⑤ 예열시간이 짧고, 효율이 좋다.
   ⑥ 초기투자비가 크며 증발이 매우 빨라 급수처리를 철저히 하여야 한다.
   ⑦ 수관식 보일러는 구조가 복잡하여 내부청소가 어렵다.

5) 관류 보일러 : 초임계 압력하에서 증기를 얻을 수 있는 보일러로 하나의 긴 관으로 구성되며 드럼이 없고, 보유수량이 적어 증기발생이 매우 빠른 보일러이나 급수처리가 까다롭고, 수명이 짧으며 값이 비싸다.

6) 주철제 보일러 : 최고 사용압력이 $1\,kg/cm^2$(0.1MPa) 이하로 저압용으로 내식성이 우수하고, 섹션의 증감으로 용량조절이 용이하며 보유수량이 적으므로 파열 시 재해가 가장 적다.

4 보일러 부속장치

1) 인젝터 : 보일러에서 발생한 증기를 이용하여 급수하는 보조 급수장치

2) 축열기(스팀 어큐뮤레이터) : 보일러에서 발생하는 잉여증기를 저장하였다가 보일러 과부하 시 공급하여 사용하는 장치

3) 환원기 : 응축수를 보일러로 자연 회수하는 장치

4) 절탄기(이코노마이저) : 배기가스의 폐열을 이용하여 보일러의 급수를 예열하는 장치

5) 폐열회수장치 : 연소실 – 과열기 – 재열기 – 절탄기 – 공기예열기 – 연돌(굴뚝)

6) 방출(릴리프)밸브 : 물의 팽창에 따른 온수 보일러의 압력상승으로 보일러가 파손되는 것을 방지하기 위한 밸브이며 120℃ 이상의 온수보일러에는 안전밸브를 설치한다.

7) 증기트랩 : 증기 중에서 발생한 응축수를 배출하여 수격작용 및 배관의 부식을 방지

5 보일러에서의 각종 계산

1) 상당(환산, 기준) 증발량(G_e)

$$G_e = \frac{G_a(h_2 - h_1)[kJ/h]}{2,257} = \frac{G_a(h_2 - h_1)[kcal/h]}{539}$$

여기서, G_e : 상당 증발량(kg/h)
G_a : 실제 증발량(kg/h)
h_2 : 발생증기의 엔탈피(kJ/kg, kcal/kg)
h_1 : 급수의 엔탈피(kJ/kg, kcal/kg)
G_f : 연료 사용량(kg/h)
H_l : 저위 발열량(kJ/kg, kcal/kg)

2) 보일러 마력($B-HP$)

$$B-HP = \frac{G_e}{15.65} = \frac{G_a(h_2-h_1)}{539 \times 15.65}$$
$$= \frac{G_a(h_2-h_1)\;[\text{kcal/h}]}{8,435} = \frac{G_a(h_2-h_1)\;[\text{kJ/h}]}{8,435 \times 4.19}$$

① 표준대기압에서 100℃의 포화수 15.65kg을 1시간에 100℃의 건조포화증기로 바꿀 수 있는 능력
② 상당 증발량=15.65kg/h
③ 정격출력=8,435kcal/h=35,343kJ/h
④ 전열면적=0.929m^2
⑤ 상당 방열면적(EDR)=13m^2

3) 보일러 열효율(η)

$$\eta = \frac{\text{정격출력}}{\text{연료소비량} \times \text{저위발열량}} = \frac{Q}{G_f \times H_l} = \frac{G_a(h_2-h_1)}{G_f \cdot H_l}$$

4) 보일러 출력

- 정격출력=난방부하+급탕부하+배관부하+예열(시동)부하
- 상용출력=난방부하+급탕부하+배관부하(정미출력×1.05~1.1)
- 정미출력=난방부하+급탕부하

① 난방부하 = EDR×방열기 방열량
   = 쪽수×쪽당 면적×방열기 방열량
② 급탕부하 = $w \cdot C \cdot \Delta t$ (급탕량×비열×온도차)

5) 상당방열면적(EDR)

$$EDR = \frac{\text{난방부하(방열기 전방열량)}}{\text{방열기 방열량}}$$

6) 방열기 쪽수(절수, 섹션수)

$$\text{쪽수} = \frac{\text{난방부하}}{\text{쪽당 면적} \times \text{방열기 방열량}}$$

참고
○ 방열기 표준 방열량

열매	표준 방열량 (W/m², kcal/m²h)	방열계수	표준상태에서의 온도(℃) 열매온도	표준상태에서의 온도(℃) 실내온도	온도차(℃)
증기	756(650)	8	102	18.5	83.5
온수	523(450)	7.2	80	18.5	61.5

7) 증기난방에서의 응축수량(kg/h)

$$w = \frac{Q}{r} = \frac{방열기\ 방열량}{수증기\ 응축잠열} = 1.21 kg/m^2h\ (1EDR당)$$

6 난방설비의 구분

1) 중앙난방
   ① 직접난방 : 증기난방, 온수난방, 복사난방
   ② 간접난방 : 온풍난방, 공기조화
   ③ 지역난방 : 대규모 아파트 단지에 적합

2) 개별난방 : 각 실마다 전기 스토브나 난로, 히터 등을 설치하여 난방하는 방식

7 증기난방

1) 증기난방의 특징(증기의 잠열을 이용)

장 점	단 점
① 보유열량이 커 열운반 능력이 좋다. ② 예열시간이 짧고, 신속한 난방이 가능하다. ③ 방열기 면적을 작게 할 수 있고, 관경이 작아도 된다.	① 실내 상하온도차가 커 쾌감도가 떨어진다. ② 방열량 조절이 어렵다. ③ 한랭 시 동결의 우려가 있다. ④ 시공성 및 제어성이 떨어진다.

2) 증기난방의 구분

구 분	방 식	설 명
증기압력	고압식	증기의 압력 1.0 kgf/cm²(0.1MPa) 이상
	저압식	증기의 압력 1.0 kgf/cm²(0.1MPa) 미만
배관방식	단관식	증기관과 응축수관이 동일하게 하나로 구성
	복관식	증기관과 응축수관이 별개로 구성
공급방식	상향식	최하층의 증기주관으로부터 입상관에 의해 증기 공급
	하향식	최상층의 증기주관으로부터 입하관에 의해 증기 공급

구 분	방 식	설 명
환수 배관방식	건식	응축수 환수주관이 보일러 수면보다 위에 위치
	습식	응축수 환수주관이 보일러 수면보다 아래에 위치
응축수 환수방식	중력 환수식	응축수 자체의 중력에 의하여 환수
	기계 환수식	중력에 의해 환수 후 펌프에 의하여 응축수를 보일러에 급수
	진공 환수식	진공펌프로 응축수를 환수하고, 펌프에 의해 보일러에 급수

8 온수난방

1) 온수난방의 특징(온수의 현열을 이용)

장 점	단 점
① 방열량(온도)조절이 용이하다. ② 쾌감도가 좋다. ③ 열용량이 커 동결우려가 적다. ④ 취급이 용이하며 안전하다.	① 열용량이 커 예열시간이 길다. ② 수두(높이)에 제한을 받는다. ③ 방열면적과 관지름이 크다. ④ 설비비가 비싸다.

2) 온수난방의 구분

구 분	방 식	설 명
순환방식	자연순환식(중력식)	온수를 비중차를 이용하여 순환
	강제순환식(펌프식)	순환펌프를 사용하여 강제로 온수를 순환
온수온도	고온수식	온수온도가 100℃ 이상(보통 100~150℃ 정도, 밀폐식)
	보통온수식	온수온도가 100℃ 미만(보통 80~95℃ 정도)
	저온수식	온수온도가 100℃ 미만(보통 45~80℃ 정도)
배관방식	단관식	온수공급관과 환수관이 동일하게 하나로 구성
	복관식	온수공급관과 환수관이 별개로 구성
	역환수관식 (리버스리턴)	각 방열기로 공급되는 공급배관과 환수배관의 길이(마찰저항)를 같게하여 온수가 균등하게 공급
공급방식	상향식	온수 공급관을 최하층으로 배관하여 상향으로 공급
	하향식	온수 공급관을 최상층으로 배관하여 하향으로 공급

3) 고온수 난방의 분류

① 2차측 접속방식 : 직결방식, 브리드인 방식, 열교환기 방식
② 가압방식 : 정수두가압방식, 증기가압방식, 가스가압방식, 펌프가압 방식

9 복사난방

실내의 천장, 바닥, 벽 등에 가열 코일(패널)을 묻어 코일 내에 온수를 공급하여 복사열에 의해 난방하는 방식

장 점	단 점
① 상하 온도차가 적고, 온도분포가 균등하다. ② 인체에 대한 쾌감도가 좋다. ③ 천장이 높은 실의 난방효과가 있다. ④ 바닥의 이용도가 좋다. ⑤ 실내온도가 낮아도 난방효과가 있으며 손실열량이 적다.	① 외기온도 변화에 따른 방열량 조절이 어렵다. ② 매립배관으로 보수, 점검이 어렵다. ③ 방수층 및 단열층 시공으로 시설비가 비싸다.

10 온풍난방

가열한 온풍을 덕트를 통해 실내에 공급하여 난방

장 점	단 점
① 열용량이 적어 예열시간이 짧다. ② 즉시 난방이 가능하다. ③ 신선한 외기도입으로 환기가 가능하다. ④ 설치가 간단하다.	① 실내 상하 온도차가 커 쾌적성이 떨어진다. ② 소음이 발생한다.

11 지역난방

일정 지역의 특정한 곳에 열원을 두고, 열수송 분배방을 통해 공급하여 난방하는 방식으로 열효율이 높아 연료비가 절감되고, 관리가 용이하다.
① 대규모 열원기기를 이용하므로 열효율이 높아 연료비는 절감되고, 관리가 용이하다.
② 설비의 고도화로 대기 오염물질이 감소한다.
③ 개별의 보일러실 등 불필요하여 건물 이용의 효용이 높다.
④ 사용자에게는 화재에 대한 우려가 적다.

12 방열기기

1) 방열기기의 표시

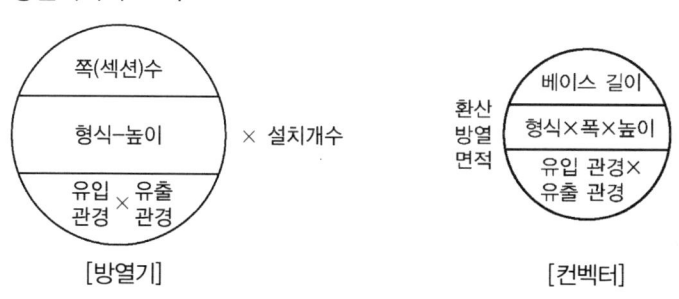

[방열기]　　　　　　[컨벡터]

*방열기 도시
• 상단 : 5세주형
• 중간 : 벽걸이-수평형
• 하단 : 유입(20)×유출관경(20)

2) 주철제 방열기 도시기호

종 별	기 호
2주형	II
3주형	III
3세주형	3, 3c
5세주형	5, 5c
벽걸이형(횡형)	W-H
벽걸이형(종형)	W-V

3) 방열기 설치

   벽에서 50~60mm, 바닥에서 150mm의 거리를 유지하며 창 밑에 설치

4) 기타 방열기기

   ① 컨벡터(Convector) : 강판제 케이싱 속에 열전도성이 우수한 핀(fin)을 붙여 대류작용만으로 열을 이동시켜 난방하는 대류형 방열기
   ② 유니트 히터(Unit heater) : 팬과 코일 등이 내장된 강제대류형 방열기

CHAPTER II 냉동냉장설비

01 기초 열역학

1 열량의 표시

1) 1kcal : 물 1kg을 1℃ 높이는 데 필요한 열량
2) 1BTU : 물 1Lb를 1°F 높이는 데 필요한 열량

2 비열 및 비열비

1) 비열(C) : 단위 질량당 물질의 온도를 1℃ 변화시키는 데 필요한 열량
   (물의 비열=1kcal/kg · ℃=4.19kJ/kg · K)

2) 비열비(k) : 정압비열(C_p)과 정적비열(C_v)과의 비로 항상 1보다 크다.

$$k = \frac{C_p}{C_v} > 1$$

3) 가스의 비열비가 클수록 압축기 토출가스온도가 높아 워터자켓을 설치하여 수냉각한다.

기체명	공기	암모니아	CH₃Cl	R-22	R-12
비열비	1.4	1.313	1.2	1.184	1.136

3 현열과 잠열

1) 현열(감열) : 물질의 상태변화 없이 온도변화에만 필요한 열

$$Q_s = G \cdot C \cdot \Delta t$$

2) 잠열(숨은열) : 물질의 온도변화 없이 상태변화에만 필요한 열

$$Q_L = G \cdot r$$

> **참고**
> ○ 0℃ 물의 응고잠열(얼음의 융해잠열), $r ≒ 79.68$ kcal/kg≒334kJ/kg
> ○ 100℃ 물의 증발잠열(수증기의 응축잠열), $r ≒ 539$ kcal/kg≒2,257kJ/kg

STUDY GUIDE

✱ 1 kcal = 3.968BTU = 4.19kJ
✱ 1 BTU = 0.252kcal

✱ 온도
① 섭씨온도
   $℃ = \frac{5}{9}(°F - 32)$
② 화씨온도
   $°F = \frac{9}{5}℃ + 32$
③ 캘빈온도
   $T(K) = ℃ + 273$
④ 랭킨온도
   $R = °F + 460 = 1.8K$

✱ 각 물질의 비열
① 물 = 1kcal/kg℃
   = 4.2kJ/kgK
② 얼음 = 0.5kcal/kg℃
   = 2.1kJ/kgK
③ 수증기 = 0.441kcal/kg℃
   = 1.85kJ/kgK
④ 공기 = 0.24kcal/kg℃
   = 1.01kJ/kgK

4 물질의 상태변화

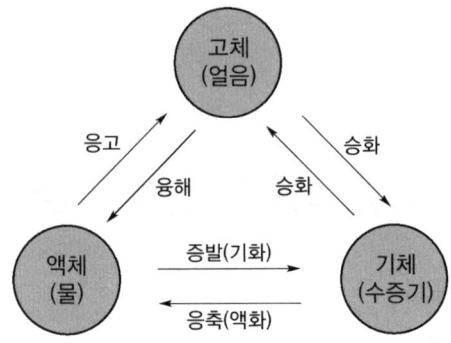

5 열역학 법칙

1) 열역학 제0법칙(열평형의 법칙)

온도가 서로 다른 물질이 열평형을 이루려는 성질로 온도측정의 원리가 된다.

$$혼합온도,\ t_m = \frac{G_1 C_1 t_1 + G_2 C_2 t_2 + \cdots}{G_1 C_1 + G_2 C_2 + \cdots}$$

2) 열역학 제1법칙(에너지 보존의 법칙)

① 열과 일의 환산관계

$$Q = A \cdot W$$
$$W = J \cdot Q$$

여기서, Q : 열량(kcal, kJ)
W : 일량(kg·m, kJ)
J : 열의 일당량(427kg·m/kcal)
A : 일의 열당량($\frac{1}{427}$ kcal/kg·m)

★ 1kcal = 427kg·m = 4.19kJ

② 엔탈피(h, i : kJ/kg, kcal/kg)

어떤 물질 1kg이 가지고 있는 에너지의 총합

$i =$ 내부 에너지 + 외부 에너지 $= u + APV = u + AW$

★ 내부 에너지(u)
① 계 내의 총에너지에서 기계적 에너지를 제외한 에너지
② 물질 내에 열량으로 축적되어 있는 열에너지(계 내에 저장되어 있는 에너지)
③ 물질의 현재 상태에만 의해서 결정되는 상태량
④ 과정의 변화 경로에 무관하고, 변화 전후의 절대값에만 의존(상태함수, 점함수)

3) 열역학 제2법칙(열 이동의 법칙)

① 열은 저온에서 고온로 스스로 흐르지 못한다.(고온 → 저온)
② 어떤 과정이 일어날 수 있는가를 제시(가역, 비가역)
③ 열기관에서 동작물질에 일을 하게 하려면 그보다 낮은 열 저장소가 필요하다.
④ 열을 일로 100% 변환시키는 제2종 영구기관은 열손실이 발생되므로 존재하지 않는다.

⑤ 엔트로피(S) : 어떤 물질이 가지고 있는 열량(엔탈피)을 그 때의 절대 온도로 나눈 것(kcal/kg·K, kJ/kg·K)

$$ds = \frac{dQ}{T}$$

6 동력

1) 정의 : 단위 시간당 한 일(kg·m/sec, Watt, J/sec)
2) 동력의 표시
   1PS = 75kg·m/sec = 632kcal/h
   1HP = 76kg·m/sec = 641kcal/h
   1kW = 102kg·m/sec = 860kcal/h = 3,600kJ/h

*1kcal = 4.19kJ ≒ 4.2kJ

3) 동력의 환산관계

PS	HP	kW	kg·m	kcal/h
1	0.986	0.735	75	632
1.014	1	0.745	76	641
1.36	1.34	1	102	860

7 압력의 환산

1) $h\,\mathrm{cmHgV}$을
   - ㉠ kg/cm²a로 환산 $P = 1.033 \times \left(1 - \dfrac{h}{76}\right)$
   - ㉡ Lb/in²a로 환산 $P = 14.7 \times \left(1 - \dfrac{h}{76}\right)$

2) $x\,\mathrm{kgf/cm^2}$을
   - ㉠ bar로 환산 $P = 1.013 \times \left(1 - \dfrac{x}{1.033}\right)$
   - ㉡ kPa로 환산 $P = 101 \times \left(1 - \dfrac{x}{1.033}\right)$

> **참고**
> **◎ 표준대기압**
> 1atm = 76cmHg = 10.33mH₂O = 1,013mbar = 1.033kg/cm² = 14.7Lb/in²(PSI)
> = 10,332kg/m² = 101,325N/m²(Pa) = 101kPa = 0.1MPa(절대압력)

*압력의 구분
- 게이지압력 : 표준대기압을 0으로 기준한 압력
- 절대압력 : 완전진공을 0으로 기준한 압력
- 진공압력 : 표준대기압 이하의 압력

*절대압력
  = 게이지압력+대기압
  = 대기압-진공압력

*게이지압력
  = 절대압력-대기압

*1at = 1kgf/cm² = 10mAq
     = 0.1MPa

8 보일-샬의 법칙

기체의 압력(P)은 절대온도(T)에 비례하고, 부피(v)에 반비례한다.

$$\frac{P_1 v_1}{T_1} = \frac{P_2 v_2}{T_2}$$

9 이상기체 상태방정식

1) $PV = nRT = \dfrac{W}{M}RT$

※ 일반기체상수(R) = 848kg · m/kmol · K = 8.314kJ/kmol · K

2) $PV = GR'T$

※ 해당가스정수(R') = $\dfrac{848}{M}$(kg · m/kg · K) = $\dfrac{8.314}{M}$(kJ/kg · K)

여기서, P : 압력(kg/m², N/m²)
V : 체적(m³)
T : 절대온도(K)
n : 몰수(kmol)
M : 분자량(kg)
R : 기체상수
G, W : 무게(kg)

★ 실제기체가 이상기체에 근사적으로 만족하는 경우
① 분자량이 작을수록
② 저압일수록
③ 고온일수록
④ 밀도(비중)가 작을수록
⑤ 비체적이 클수록

3) 이상기체의 변화

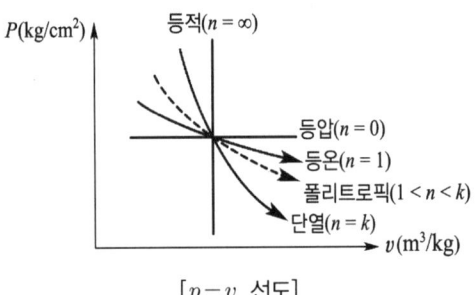

[$p-v$ 선도]

> **참고**
> ○ 가스압축 시 압축에 소요되는 동력 및 가스온도 상승
> 단열압축 > 폴리트로픽 압축 > 등온압축($k > n > 1$)

10 열의 이동(전열)

1) 전도 : 고체와 고체 사이의 내부에서 온도차에 의한 물질 분자간의 열의 이동

- 열전도 열량(푸리에의 법칙)

$$Q = \dfrac{\lambda \cdot A \cdot \Delta t}{l}$$

> **참고**
> ○ 열전도율(λ : W/mK(℃), kcal/mh℃) : 고체 내부에서의 열의 이동속도

2) 대류 : 고체 표면에 접한 유체의 유동에 의한 열의 이동

- 열전달 열량(뉴턴의 냉각법칙)

$$Q = \alpha \cdot A \cdot \Delta t$$

3) 열통과(열관류) 열량

$$Q = K \cdot A \cdot \Delta t$$

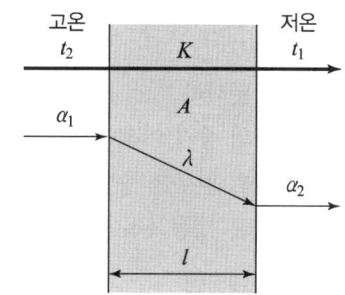

- 열통과율(열관류율)

$$K = \frac{1}{R} = \frac{1}{\dfrac{1}{\alpha_1} + \dfrac{l_n}{\lambda_n} + \dfrac{1}{\alpha_2}}$$

여기서, Q : 열전달 열량(W, kcal/h)
λ : 열전도율(W/mK(℃), kcal/mh℃)
α : 열전달률(W/m²K(℃), kcal/m²h℃)
K : 열통과율(W/m²K(℃), kcal/m²h℃)
$A(F)$: 전열면적(m²)
l : 두께(m)
Δt : 온도차(℃, K)
R : 열저항 계수(m²K(℃)/W, m²h℃/kcal)

4) 복사(방사) : 전자파 형태로 전달 매체 없는 열의 이동(스테판 볼쯔만의 법칙)

★ 열저항, 오염계수
R : m²K/W, m²h℃/kcal

02 냉동의 기본사항

1 자연적인 냉동법

① 고체의 융해잠열(얼음)
② 액체의 증발잠열(프레온, 암모니아, 액화질소 등)
③ 고체의 승화잠열(드라이 아이스 : -78.5℃, 137kcal/kg)
④ 기한제(얼음+식염) 이용

2 기계적인 냉동법

1) 증기 압축식 냉동법

① 냉매가스를 압축 후 냉매액의 증발잠열을 이용하여 냉동
② 증기 압축식 냉동기의 4대 사이클
압축기(등엔트로피 과정) → 응축기 → 팽창밸브(등엔탈피 과정) → 증발기

③ 배관의 구분
  ㉠ 토출관 : 압축기에서 응축기까지의 배관
  ㉡ 고압 액관 : 응축기-수액기-팽창밸브까지의 배관

2) 증기 분사식
한 개의 증기 이젝터(steam ejector)로 증발기 내의 압력을 진공으로 하여 물의 일부를 증발시키는 동시에 나머지 물은 냉각이 되는 데 이 냉각된 물은 냉동목적에 이용

3) 전자 냉동법
① 열전 반도체를 이용한 냉동기
② 펠티어효과 응용(두 금속에 전류가 흐르면 온도차가 발생)

4) 흡수식 냉동법
① 기계적인 일을 사용하지 않고, 수증기나 온수, 연소열, 태양열 등의 열원을 이용하여 냉방하는 기기

*흡수식 냉동기
압축기를 사용하지 않음

② 흡수식 냉동기의 4대 사이클
흡수기 → 발생기(재생기) → 응축기 → 증발기(압축기 대신 : 흡수기와 발생기 사용)

*냉매-흡수제
• 암모니아-물
• 물-리튬브로마이드

③ 냉매에 따른 흡수제

냉 매	흡 수 제
암모니아	물, 로단 암모니아
물	리튬브로마이드, 가성소다, 황산, 염화리튬 등
염화에틸	사염화 에탄
메 탄 올	취화리튬, 메탄올 용액
톨 루 엔	파라핀유

*2중 효용 흡수식
고온 재생기+저온 재생기

④ 2중 효용 흡수식 냉동기
1중 효용식에 비해 재생기를 1개 더 설치하여 발생기에서의 열에너지를 보다 효과적으로 활동하여 가열열량을 감소시켜 운전비를 절감한다.(2개의 재생기와 2개의 열교환기를 가진 흡수식 냉동기)

⑤ 흡수식 냉동기의 종류
1중(단중)효용 흡수식 냉동기, 2중 효용 흡수식 냉동기, 직화식 냉온수기

⑥ 흡수식 냉동기에서 흡수제의 구비조건
  ㉠ 용액의 증발압력이 낮을 것
  ㉡ 농도변화에 의한 증기압의 변화가 적을 것
  ㉢ 증발온도가 냉매의 증발온도와 차이가 있을 것(동일 압력에서)
  ㉣ 재생에 많은 열량을 필요로 하지 않을 것

ⓜ 점도가 높지 않을 것
　　ⓑ 부식성이 없을 것

3 카르노 및 역카르노 사이클

1) 카르노 사이클에서의 과정 : 이상적인 열기관 사이클

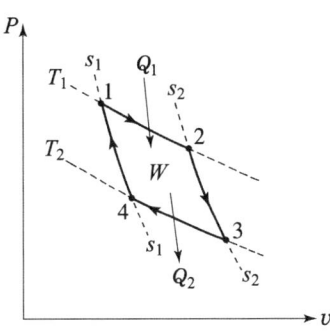 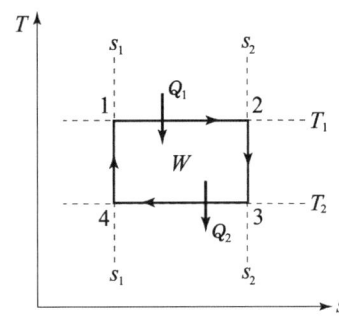

① 1 → 2과정 : 등온팽창　　② 2 → 3과정 : 단열팽창
③ 3 → 4과정 : 등온압축　　④ 4 → 1과정 : 단열압축

※ 카르노 사이클에서의 열효율(η)

$$\eta = \frac{AW}{Q_1} = \frac{Q_1 - Q_2}{Q_1} = 1 - \frac{Q_2}{Q_1} = \frac{T_1 - T_2}{T_1} = 1 - \frac{T_2}{T_1}$$

여기서, Q_1 : 입열
　　　　Q_2 : 방출열
　　　　AW : 유효일(열)
　　　　T_1 : 고온 절대온도
　　　　T_2 : 저온 절대온도

2) 역카르노 사이클 : 이상적인 냉동 사이클

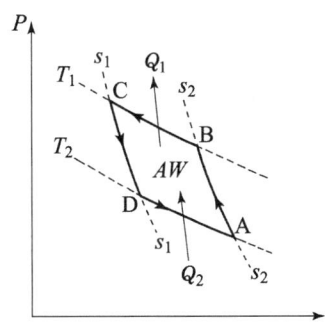 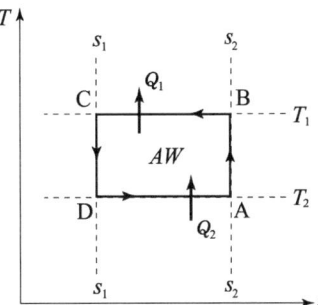

① A → B과정 : 단열압축(압축기)　　② B → C과정 : 등온압축(응축기)
③ C → D과정 : 단열팽창(팽창밸브)　④ D → A과정 : 등온팽창(증발기)

STUDY GUIDE

※ 냉동기의 성적계수

$$COP_R = \frac{Q_2}{AW} = \frac{Q_2}{Q_1 - Q_2} = \frac{T_2}{T_1 - T_2}$$

※ 히트펌프의 성적계수

$$COP_H = \frac{Q_1}{AW} = \frac{Q_1}{Q_1 - Q_2} = \frac{T_1}{T_1 - T_2} = COP_R + 1$$

여기서, Q_1 : 응축열량
Q_2 : 냉동능력
AW : 압축열량
T_1 : 고온 절대온도
T_2 : 저온 절대온도

4 몰리엘($p-i$) 선도의 구성

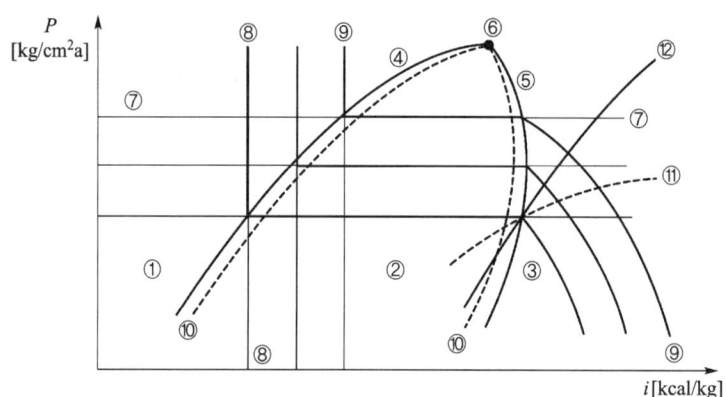

① 과냉각구역 ② 습증기구역 ③ 과열증기구역 ④ 포화액선
⑤ 건조포화증기선 ⑥ 임계점 ⑦ 등압력선 ⑧ 등엔탈피선
⑨ 등온선 ⑩ 등건조도 ⑪ 등비체적선 ⑫ 등엔트로피선

[몰리엘 선도]

*임계점
포화액선과 건조포화증기선이 만나는 점으로 증발잠열이 0이다.

① 몰리엘 선도에는 압력, 온도, 엔탈피, 비체적, 건조도, 엔트로피선이 있다.
② 습포화증기구역에서 등온선과 등압선은 수평으로 평행하다.
③ 과열증기구역에서 등엔탈피선은 수직, 등온선은 우측으로 하향곡선을 그린다.
④ 건조도는 습포화증기 구역 내에서만 존재한다.
 (포화액 $x=0$, 포화증기 $x=1$)
⑤ 건조도는 습포화증기 중 포화증기가 차지하는 비이다.
 ($x=0.14$, 증기 14%)

5 $P-i$ 선도에서의 계산

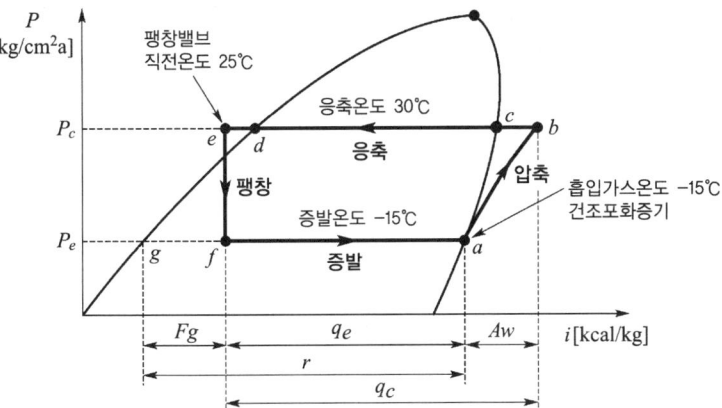

① q_e : 냉동효과   ② Aw : 압축열량   ③ q_c : 응축열량
④ Fg : 플래쉬 가스량   ⑤ r : 증발잠열

[$P-i$ 선도]

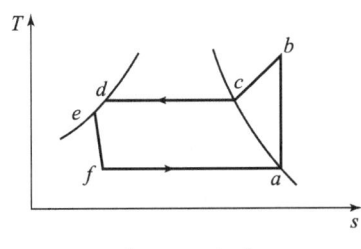

[$T-s$ 선도]

① 압축비 $P_r = \dfrac{\text{고압측 절대압력(응축 절대압력, }P_c)}{\text{저압측 절대압력(증발 절대압력, }P_e)}$

② 냉동효과 $q_e(q_2) = i_a - i_f(i_e) = (1-x)r$

③ 압축열량 $Aw = i_b - i_a$

④ 응축열량 $q_c(q_1) = q_e + Aw = i_b - i_e$

⑤ 성적계수 $COP(\varepsilon) = \dfrac{q_e}{Aw} = \dfrac{i_a - i_e}{i_b - i_a}$

⑥ 건조도 $x = \dfrac{F_g}{r} = \dfrac{i_f - i_g}{i_a - i_g}$

⑦ 냉매 순환량(kg/h) $G = \dfrac{Q_e}{q_e} = \dfrac{V_a \times \eta_v}{v}$

⑧ 냉동능력(RT) $RT = \dfrac{V_a \cdot q_e}{3{,}320 \cdot v} \times \eta_v$

* $T \cdot s = Q$

★ 결빙시간(H) = $\dfrac{0.56t^2}{-t_b}$

여기서, t : 얼음의 두께(cm)
　　　　t_b : 브라인의 온도(℃)

★ 압축과정
　등엔트로피 변화

★ 팽창과정
　등엔탈피 변화

6 냉동톤 및 제빙톤

1) 1냉동톤(1RT) : 0℃의 물 1ton을 24시간 동안에 0℃ 얼음으로 만드는 데 제거해야 할 열량

$$1RT = 3,320 kcal/h = 13,900 kJ/h = 3.86 kW$$

2) 1제빙톤 : 25℃의 물 1ton을 24시간 동안에 -9℃ 얼음으로 만드는 데 제거해야 할 열량(열손실 20% 고려)

$$1제빙톤 = 1.65 RT$$

7 냉동과정에 따른 상태변화

구 분	압력	온도	엔탈피	비체적	엔트로피
압축과정(a-b)	상승	상승	증가	감소	일정
응축과정(b-c-d-e)	일정	저하	감소	감소	감소
팽창과정(e-f)	감소	저하	일정	증가	증가
증발과정(f-a)	일정	일정	증가	증가	증가

8 응축온도(압력) 및 증발온도 변화 시 냉동장치에 미치는 영향

구 분	응축온도 상승	응축온도 저하	증발온도 상승	증발온도 저하
압축비	증가	감소	감소	증가
냉동효과	감소	증가	증가	감소
소요동력	증가	감소	감소	증가
토출가스온도	상승	저하	저하	상승
성적계수	감소	증가	증가	감소

03 냉매

1 냉매의 구비조건

① 대기압 이상의 압력에서 쉽게 증발할 것
② 임계 온도가 높아 상온에서 쉽게 액화할 것
③ 응고점은 낮고, 증발잠열은 클 것
④ 액비열과 증기의 비열비가 작을 것
⑤ 점도와 표면장력이 적고, 전열이 우수할 것
⑥ 절연내력이 크고, 윤활유 작용하지 않을 것

⑦ 인화성, 악취, 독성이 없고, 누설 발견이 용이할 것
⑧ 윤활유와 잘 작용하지 않을 것

2 암모니아(NH₃) 냉매

대기압하에서 증발온도가 -33.3℃로 초저온용으로는 부적합하다.
① 동 및 동을 62% 이상 함유한 동합금을 부식시킨다.
② 대규모 냉동장치에 널리 사용되고 있다.
③ 물과 잘 용해되고, 윤활유와는 용해도가 떨어진다.
④ 독성이 강하고, 강한 자극성을 가지고 있다.

★ 암모니아 용기 색상: 백색

3 프레온 냉매

1) 윤활유와 용해도가 큰 냉매 : R-11, R-12, R-21, R-113
2) 윤활유와 용해도가 적고, 저온에서 분리되는 냉매 : R-13, R-14, R-22, R-114
3) 프레온은 열에 대하여 안정하지만 800℃ 이상의 화염과 접촉하면 맹독성 가스인 포스겐($COCl_2$)이 발생한다.
4) R-12의 성질
   ① 증기의 밀도가 크기 때문에 증발기관의 길이는 짧아야 한다.
   ② 물을 함유하면 Al 및 Mg 합금을 침식하고, 전기저항이 크다.
   ③ 천연고무는 침식되지만 합성고무는 침식되지 않는다.
   ④ 응고점(약 -158℃)이 극히 낮다.
5) R-134a(HFC-134a)
   비등점, 임계온도 등 열역학 성질이 R-12와 비슷하고, 염소를 포함하지 않으므로 오존파괴지수(ODP)가 0이며 지구온난화계수(GWP)는 CO_2를 1로 기준하여 1,300으로 R-12의 대체냉매로 개발되었다.(비등점 26.5℃, 응고점 -108℃, 임계온도 102℃)

★ 프레온 용기 색상: 회색 (1회용은 별도)

★ ODP : 오존층파괴지수
★ GWP : 지구온난화계수

4 냉매의 비교

1) 냉매의 비등점이 낮은 순서
   R-12(-29.8℃) > NH₃(-33.3℃) > R-22(-40.8℃) > R-13(-81.5℃)
2) -15℃에서의 증발잠열(kcal/kg)이 큰 순서
   NH₃(313.5) > R-22(52) > R-12(39) > R-114(34.4)
3) 독성이 큰 순서
   SO_2 > NH_3 > CO_2 > CCl_2F_2(R-22)

STUDY GUIDE

★ 유탁액(에멀죤) 현상
암모니아 냉동장치에 다량의 수분 함유 시 윤활유가 우유빛으로 변하는 현상

★ 오일포밍 현상
프레온 냉동장치의 압축기 기동 시 크랭크 케이스 내에 오일 중에 섞여 있던 냉매가 분리되면서 유면이 약동하고 거품이 일어나는 현상으로 크랭크 케이스 내 오일히터를 설치하여 압축기 기동 전 30~60분전에 히터를 켜 오일을 분리하여 방지

4) 액비중의 순서

프레온 > 물 > 오일 > 암모니아

5 수분의 영향

응축온도 상승	응축온도 저하
① 유탁액 현상 유발 ② 증발온도 상승(1% → 0.5℃) ③ 장치부식	① 동부착현상 방생 ② 팽창밸브 동결 폐쇄 ③ 장치부식

6 프레온 냉매의 번호

1) 메탄계 냉매

메탄(CH_4)계 냉매는 십단위 냉매로 H_4대신 할로겐족 원소(Cl, F 등)로 치환된다.

① 구성 : C의 수는 항상 1개, 나머지(H, Cl, F)는 항상 4개이어야 함

② 읽는 법 ┌ 십의 자리 : H수에 +1(예 : H_0+1=일십, H_1+1=이십)
          └ 일의 자리 : F의 수(예 : F_2=2, F_3=3)

[예] R-11 : CCl_3F, R-12 : CCl_2F_2, R-13 : $CClF_3$, R-22 : $CHClF_2$, R-40 : CH_3Cl

2) 에탄계 냉매

에탄(C_2H_6)계 냉매는 백단위 냉매로 H_6 대신 할로겐원소(Cl, F 등)로 치환된다.

① 구성 : C의 수는 항상 2개, 나머지(H, Cl, F)는 항상 6개이어야 함

② 읽는 법 ┌ 십의 자리 : H수에 +1(예 : H_0+1=일십, H_1+1=이십)
          └ 일의 자리 : F의 수(예 : F_2=2, F_3=3)

[예] R-113 : $C_2Cl_3F_3$, R-114 : $C_2Cl_2F_4$, R-123 : $C_2HCl_2F_3$, R-134 : $C_2H_2F_4$

3) 공비혼합냉매

종 류	조 합	증발온도
R-500	R-12(73.8%) + R-152(26.2%)	-33.3℃
R-501	R-12(25%) + R-22(75%)	-41℃
R-502	R-22(48.8%) + R-115(51.2%)	-45.5℃
R-503	R-13(59.9%) + R-23(40.1%)	-89.1℃
R-504	R-32(48.3%) + R-115(51.7%)	-57.2℃

4) 비공비 혼합냉매

명 칭	조 성	명 칭	조 성
R-404A	125+143A+134A	R-408A	22+125+143A
R-407C	32+125+143A	R-410A	32+125

7 냉매의 누설검사법

1) 암모니아 냉매
   ① 불쾌한 냄새(악취)
   ② 적색 리트머스 시험지 → 청색
   ③ 페놀프탈레인 시험지 → 적색(홍색)
   ④ 유황초(황산, 염산) → 백색연기 발생
   ⑤ 네슬러시약 → 소량 누설 : 황색, 다량 누설 : 자색

2) 프레온(Freon) 냉매
   ① 비눗물 검사
   ② 헬라이드토치 사용 → 불꽃의 변화
      청색(누설 없음) → 녹색(소량) → 자주색(다량) → 꺼짐(과량)
   ③ 할로겐 전자누설 검지기 사용(누설 시 경보가 울린다)

8 냉매 부족 시 현상

① 흡입압력 및 토출압력이 낮아진다.
② 냉동능력이 감소한다.
③ 흡입가스가 과열된다.
④ 압축기가 과열되고, 토출가스 온도는 상승한다.
⑤ 증발기 출구의 과열도가 커 팽창밸브(TEV)가 열린다.

9 브라인(2차 냉매)의 구비조건

① 열용량 및 비열이 크고, 전열(열통과율)이 양호할 것
② 공성점과 점도가 낮을 것
③ 부식성이 없을 것
④ 비등점은 높고, 응고점은 낮을 것
⑤ 냉장물품에 누설 시 손상이 없을 것
⑥ pH가 적당할 것(7.5~8.2 정도)
⑦ 가격이 싸고, 구입이 용이할 것

10 브라인의 종류

1) 유기질 브라인
   ① 에틸알콜 : 마취성이 있으며 −100℃ 정도의 식품 초저온 동결에 사용
   ② 에틸렌글리콜 : 응고점 −12.6℃, 점성이 크고, 제상용 브라인용

> ③ 프로필렌글리콜 : 물보다 약간 무거우며 점성이 크고, 무색이며 독성과 부식성이 거의 없어 냉동식품의 동결용 브라인으로 많이 사용된다.

2) 무기질 브라인 종류와 공정점 및 부식성의 크기
  NaCl(염화나트륨) 〉 MgCl$_2$(염화마그네슘) 〉 CaCl$_2$(염화칼슘)
  　　-21.2℃　　　　　　-33.6℃　　　　　　　-55℃

*염화칼슘(CaCl$_2$) 브라인
무기질 브라인으로 공정점이 -55℃이고 저온용 브라인으로 가장 많이 사용된다.

11 브라인의 금속 부식 방지법

① 브라인은 공기와 접촉을 피한다.
② 브라인의 pH는 약알카리성(pH 7.5~8.2 정도)이 좋다.
③ 브라인의 방청약품
   ㉠ CaCl$_2$ 수용액 : 브라인 1L
      └ 중크롬산 소다 1.6g씩 첨가
         └ 100g마다 가성소다 27g씩 첨가
   ㉡ NaCl 수용액 : 브라인 1L
      └ 중크롬산 소다 3.2g씩 첨가
         └ 100g마다 가성소다 27g씩 첨가

04 압축기

1 압축기의 분류

1) 체적(용적)식 압축기 : 왕복동식, 회전식, 스크류식, 스크롤식
2) 터보식(원심식) 압축기

2 왕복동식 압축기

실린더 내에 있는 피스톤의 왕복운동에 의해 냉매가스를 압축하는 형식

*반밀폐형 압축기

1) 밀폐구조에 따른 분류
   ① 밀폐형 : 전동기와 압축기가 한 하우징 속에 내장되어 수리가 어렵다.
   ② 반밀폐형 : 볼트로 조립되어 있어 분해하여 수리가 가능하다
   ③ 개방형 : 직결 구동식과 벨트 구동식이 있다.

2) 고속다기통 압축기
   언로더기구에 의한 무부하기동 및 용량제어가 용이하나 체적효율은 낮다.

3) 왕복동식 압축기 피스톤 압출량(배제량)[m³/h]

$$V_a = \frac{\pi}{4} D^2 \cdot l \cdot N \cdot R \times 60$$

4) 극간체적효율

$$\eta_v = 1 - \varepsilon \left\{ \left(\frac{P_2}{P_1}\right)^{\frac{1}{n}} - 1 \right\}$$

여기서, $\dfrac{P_2}{P_1}$: 압축비
n : 폴리트로픽 지수
ε : 극간비

3 압축기 흡입 및 토출밸브의 구비조건

① 밸브의 작동이 경쾌하고, 동작이 확실할 것
② 냉매가스 통과 시 마찰저항이 적을 것
③ 밸브가 닫혔을 때 누설이 없을 것
④ 내구성이 크고, 변형이 적을 것

4 압축기에 사용하는 밸브 및 부속품

1) **포펫밸브** : 중량이 무겁고, 구조가 튼튼하여 파손이 적어 NH_3 입형 저속에 사용

2) **링플레이트 밸브** : 중량이 가벼워 고속 다기통 압축기에 사용

3) **리드 밸브** : 중량이 가벼워 신속·경쾌하게 작동하며 자체탄성에 의해 개폐

4) **연결봉(Conneting rod)**
   ① 피스톤과 크랭크 축을 연결
   ② 크랭크 축의 회전운동을 피스톤의 왕복운동으로 바꾸어 준다.
   (대단부 : 크랭크 핀과 연결, 소단부 : 피스톤 핀과 연결)

5) **축봉장치(Shaft seal)** : 크랭크 케이스에 축이 관통하는 부분에서 냉매나 오일이 누설 등을 방지하기 위하여 축봉부의 기밀을 유지하는 장치

5 회전식(로터리) 압축기

왕복운동 대신 회전하는 로터가 실린더 내를 회전하면서 냉매가스를 연속적으로 압축하는 형식으로 소형 에어컨, 쇼 케이스 등에 주로 사용된다.

*피스톤

*연결봉(커넥팅 로드)

STUDY GUIDE

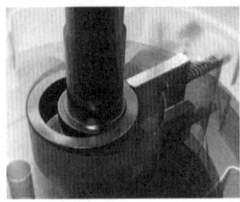
*고정익형

*회전익형

1) 회전식 압축기의 구분
   ① 고정 베인형(고정 날개형) : 스프링의 힘에 의해 실린더에 부착
   ② 회전 베인형(회전 날개형) : 원심력에 의해 실린더에 부착
2) 회전식 압축기의 내부 압력 : 고압
3) 특징
   ① 왕복동식에 비해 부품수가 적어 구조가 간단하여 소형, 경령화가 가능하다.
   ② 진동과 소음이 적고 흡입밸브는 없으나 토출밸브는 체크밸브로 역류를 방지한다.
   ③ 잔류가스의 재팽창에 의한 체적효율의 감소가 적다.
   ④ 압축이 연속적이므로 고진공을 얻을 수 있어 진공펌프로 많이 사용한다.
   ⑤ 회전식 압축기는 분해조립 및 정비에 특수한 기술이 필요하다.
4) 회전식 압축기 피스톤 압출량(m^3/h)

$$V_a = \frac{\pi}{4}(D^2 - d^2) \cdot t \cdot R \times 60$$

여기서, D : 실린더 지름(m)
d : 로터의 지름(m)
t : 로터의 두께(m)
R : 분당 회전수(rpm)

*스크류 압축기

6 스크류(나사식) 압축기

2개의 암나사와 숫나사로 된 로터(헬리컬 기어식)의 맞물림에 의해 냉매가스를 흡입 → 압축 → 토출시키는 3행정 방식으로 소형으로 큰 냉동능력을 발휘하며 토출가스의 역류 방지를 위해 흡입측과 토출측에 체크밸브를 설치한다.

1) 장점
   ① 소형 경량으로 설치면적이 작다.
   ② 진동이 없고, 강고한 기초가 필요없다.
   ③ 10~100%의 무단계 용량제어가 가능하며 연속적으로 압축을 행할 수 있다.
   ④ 액격 및 유격(액햄머 및 오일햄머)이 적다.
   ⑤ 밸브와 피스톤이 없어 장시간 연속운전이 가능하다.
   ⑥ 흡입 및 토출밸브 등 부품수가 적어 마모가 적고 수명이 길다.
   ⑦ 냉매의 압력손실이 적어 체적효율이 향상된다.

2) 단점
　① 오일회수기 및 오일냉각기가 크다.
　② 오일펌프를 별도로 설치하여야 한다.
　③ 경부하 시 동력소비가 크다.
　④ 로터(스크류)의 맞물림으로 소음이 크다.
　⑤ 분해조립 및 정비에 특수한 기술이 필요하다.

7 스크롤 압축기

고정 스크롤과 선회 스크롤사이에 형성된 압축공간이 점차 감소되어 스크롤 중심에 있는 토출구로 토출된다.
① 흡입과 토출동작이 원활하여 토크 변동과 진동이나 소음이 작다.
② 토출가스의 압력변동과 진동 및 소음이 적다.
③ 흡입밸브나 토출밸브가 없으며 부품수가 적어 고속회전에 적합하다.
④ 정지 시 고저압차로 역회전하므로 토출측이나 흡입측에 체크밸브를 설치한다.
⑤ 부품수가 적고 고효율, 저소음, 저진공, 고신뢰성을 갖는다.
⑥ 비교적 액압축에 강하고 체적효율, 기계효율이 높다.

*스크롤 압축기

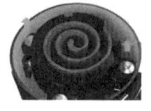

8 원심식(터보) 압축기

고속으로 회전하는 임펠러에 의해 흡입가스를 임펠러로 가속하여 얻어진 속도에너지를 압력에너지로 변환시켜 가스를 압축하는 방식으로 대량의 가스를 흡입, 압축이 가능하며 토출밸브를 잠그고 작동시켜도 일정한 압력 이상으로는 더 이상 상승하지 않는 특징이 있다.
① 10~100%까지 광범위하게 무단계 용량제어가 가능하다.
② 회전수가 매우 빠르며 동적 밸런스를 잡기 쉽고, 진동이 작다.
③ 1단의 압축으로는 압축비를 크게 할 수 없어 저온장치에서는 압축 단수가 커진다.
④ 부하 감소(흡입가스량 감소) 시 서징(맥동) 현상이 발생할 수 있다.
⑤ R-11, R-113, R-123 등으로 가스의 비중이 큰 냉매를 사용한다.
⑥ 저압냉매를 사용하므로 취급이 용이하다.
⑦ 소용량에는 한계가 있어 일반적으로 100RT 이상의 대용량에 적합하다.

*터보 냉동기

*터보 냉동기의 추기회수장치의 기능
① 불응축가스 퍼지
② 진공작업
③ 냉매충전
④ 불응축가스 중 냉매재생

*흡수식 냉동기

9 흡수식 냉동기

압축기를 이용하지 않고 수증기나 온수 등의 열원을 이용하며 증발기 내부 진공압력 7mmHg일 때 증발온도는 5℃ 정도이다.

1) 사이클

　　흡수기(냉각수) → 발생기(가열) → 응축기(냉각수) → 증발기(냉수)

2) 2중 효용 흡수식 냉동기

　　1중 효용식에 재생기를 1개 더 추가 설치한 것으로 2개의 재생기가 있으며 효율이 좋고 열교환기가 추가로 필요하다.

3) 흡수식 냉동기에서 냉매와 흡수제의 흐름

　　① 냉매만의 순환과정 : 증발기 → 흡수기 → 재생기 → 응축기
　　② 흡수제 순환과정 : 흡수기 → 발생기(재생기)

4) 특징

　　① 압축기 대신 증기, 온수 등의 열을 이용하여 소음, 진동이 작다.
　　② 전력 사용량이 적고, 용량제어 범위가 넓다.
　　③ 부분 부하에 대한 대응성이 좋다.
　　④ 압축식에 비해 효율이 나쁘며 중량 및 높이가 크므로 설치면적이 크다.
　　⑤ 냉각수소비량의 커 냉각탑의 용량의 커지며 설비비가 많이 든다.
　　⑥ 용액의 부식성이 크고, 온도저하에 따른 용액의 결정(結晶)사고가 발생한다.
　　⑦ 예냉시간이 길어 냉수가 나올때까지 시간이 걸린다.
　　⑧ 냉매로 물을 사용할 경우 일반적으로 5℃ 이하의 냉수를 얻기 어렵다.

5) 흡수식 냉동기의 냉매에 따른 흡수제

냉 매	흡 수 제
암모니아	물
물	리튬 브로마이드(취화 리튬)

6) 흡수제의 구비조건

　　① 용액의 증기압이 낮을 것
　　② 농도변화에 따른 증기압의 변화가 적을 것
　　③ 냉매와의 증발온도와 차가 클 것(동일 압력에서)
　　④ 재생기와 흡수기에서의 용해도차가 클 것
　　⑤ 재생에 많은 열량을 필요로 하지 않을 것
　　⑥ 점성이 작고, 결정이 잘 되지 않을 것
　　⑦ 부식성이 없을 것

10 흡수식 냉동기 계통도

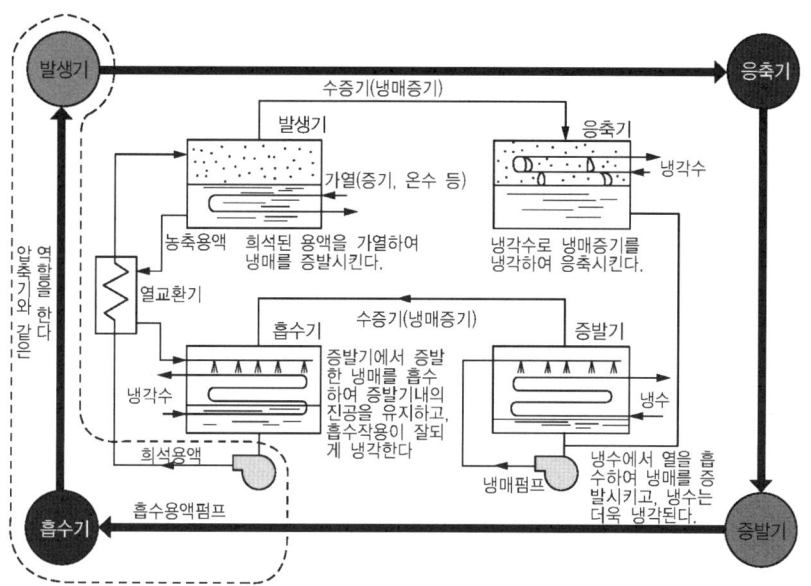

11 압축기 용량제어

1) 용량제어의 목적
    ① 부하변동에 따른 용량제어로 경제적인 운전을 도모한다.
    ② 무부하 및 경부하 기동으로 기동 시 소비전력이 적고, 기동이 쉽다.
    ③ 압축기를 보호하여 기계의 수명을 연장시킬 수 있다.
    ④ 일정한 고내온도(증발온도)를 유지할 수 있다.

2) 왕복동식 압축기
    ① 회전수 조절법
    ② 흡입밸브 조절법
    ③ 바이패스 법
    ④ 클리어런스 증대법
    ⑤ 무부하(언로더)장치에 의한 방법
    ⑥ 타임드 밸브에 의한 방법

3) 원심식 냉동기 용량 제어법
    ① 회전수 조절법   ② 흡입 및 토출댐퍼 조절법
    ③ 흡입 가이드베인 조절법   ④ 응축기 냉각수량 조절법

4) 스크류 압축기
    ① 슬라이드밸브에 의한 바이패스법
    ② 전자밸브에 의한 방법

5) 흡수식 냉동기 용량 제어법
① 발생기 공급 용액량 조절법
② 응축수량 조절법
③ 발생기(재생기)의 공급 증기 및 온수량 조절법 등

12 압축기에서의 윤활유(냉동기유)

1) 윤활유의 역할
① 윤활작용　② 냉각작용
③ 기밀작용　④ 마찰감소
⑤ 패킹보호　⑥ 방청 및 청정작용

*유동점
윤활유의 유동이 가능한 최저의 온도
유동점=응고점+약 2.5℃ 정도

2) 윤활유의 구비조건
① 응고점 및 유동점이 낮을 것
② 열에 대해 안정하고, 인화점이 높을 것
③ 점도가 적당하고, 항유화성이 있을 것
④ 냉매와 화학반응을 일으키지 않을 것
⑤ 불순물이 적고, 전기절연저항이 클 것
⑥ 왁스(wax) 성분이 적고, 저온에서 왁스 성분이 분리되지 않을 것

3) 냉동기유의 사용
① 입형 저속압축기 : 300번
② 고속 다기통 압축기 : 150번
③ 초저온 냉동기 : 90번

4) 압축기에서의 적정 유압
① 소형=정상저압+0.5kg/cm^2
② 입형 저속=정상저압+0.5~1.5kg/cm^2
③ 고속다기통=정상저압+1.5~3kg/cm^2
④ 터보=정상저압+6kg/cm^2
⑤ 스크류=토출압력(고압)+2~3kg/cm^2

5) 유압의 상승 원인
① 유압조정밸브 개도 과소
② 유온이 너무 낮을 때(점도 과대)
③ 오일의 과충전
④ 유순환 계통(여과기)의 막힘

13 압축기 소요동력의 계산

1) 이론 소요동력

$$kW = \frac{G \cdot Aw[\text{kcal/h}]}{860} = \frac{Q_e \cdot Aw}{q_e \cdot 860} = \frac{V_a \cdot Aw}{v \cdot 860} \times \eta^v, \quad kW = \frac{G \cdot Aw[\text{kJ/h}]}{3,600}$$

2) 실제 소요동력

$$kW = \frac{G \cdot Aw[\text{kcal/h}]}{860 \cdot \eta^c \cdot \eta^m}, \quad kW = \frac{G \cdot Aw[\text{kJ/h}]}{3,600 \cdot \eta^c \cdot \eta^m}$$

14 압축기에서의 안전관리

1) 압축기 틈새(clearance)가 크게 되면
   ① 압축기 소요동력 증가
   ② 실린더 과열 및 마모
   ③ 토출가스온도 상승
   ④ 윤활유 열화 및 탄화
   ⑤ 체적효율 감소
   ⑥ 냉매 순환량 감소
   ⑦ 냉동능력 감소 등

2) 피스톤링 마모 시 장치에 미치는 영향
   ① 크랭크케이스 내 압력이 상승(저압 상승)
   ② 실린더 내 윤활유가 쳐 올려져 압축기에서 오일 부족
   ③ 유막형성에 따른 응축기 및 증발기에서 전열 불량
   ④ 체적효율 및 냉동능력이 감소
   ⑤ 냉동능력 당 압축기 소비동력 증가
   ⑥ 압축기가 과열운전

*피스톤링
압축링+오일링

3) 체적효율이 감소하는 원인
   ① 압축비가 클수록
   ② 클리어런스(틈새)가 클수록
   ③ 흡입가스가 과열 될수록(비체적이 클수록)
   ④ 압축기가 작을수록(실린더 체적이 작을수록)
   ⑤ 압축기의 회전수가 빨라 변의 개폐가 확실치 못하고 저항이 커질수록

4) 압축비가 클 때 장치에 미치는 영향
   ① 토출가스 온도 상승
   ② 실린더 과열
   ③ 윤활유 열화 및 탄화

④ 피스톤 마모 증가
⑤ 각종 효율 감소
⑥ 축수하중 증가
⑦ 냉동능력 감소
⑧ 압축기 소요동력 증가

5) 압축기 과열 원인(토출가스 온도 상승 원인)
   ① 원인
      ㉠ 고압이 상승하였을 때
      ㉡ 흡입가스 과열 시(냉매부족, 팽창밸브 개도 과소)
      ㉢ 윤활 불량
      ㉣ 워터쟈켓 기능 불량(NH_3)
      ㉤ 토출 흡입밸브, 피스톤링, 유분리기, 제상용 전자밸브 등의 누설 시
   ② 영향
      ㉠ 체적효율 감소로 냉동능력 감소
      ㉡ 윤활유의 열화 및 탄화로 압축기 파손
      ㉢ 냉동능력당 소요동력 증가
      ㉣ 패킹 및 가스켓의 노화촉진

6) 토출밸브의 누설 시 장치에 미치는 영향
   ① 실린더 과열 및 토출가스온도 상승
   ② 윤활유의 열화 및 탄화
   ③ 체적효율 감소 및 흡입압력 상승
   ④ 냉매 순환량 감소로 인한 냉동능력 감소
   ⑤ 냉동능력당 소요동력 증가
   ⑥ 축수하중 증가

7) 액압축(Liquid Back)
   ① 원인
      ㉠ 팽창밸브의 개도가 너무 클 때
      ㉡ 증발기 냉각관의 유막 및 적상 과대
      ㉢ 급격한 부하의 변동(부하 감소)
      ㉣ 냉매 과충전
      ㉤ 흡입관에 트랩 등과 같은 액이 고이는 장소가 있을 때
      ㉥ 액분리기의 기능 불량
      ㉦ 기동 시 흡입 밸브를 갑자기 급개 했을 때
      ㉧ 압축기 용량 과대 및 증발기 용량 부족

② 영향
  ㉠ 압축기 흡입관에 적상이 생긴다.
  ㉡ 실린더가 냉각되어 이슬이 맺히거나 적상이 생긴다.
  ㉢ 토출가스 온도가 저하되며 심하면 토출관이 차가워진다.
  ㉣ 심할 경우 크랭크케이스에 적상과 액해머링 발생한다.
  ㉤ 축수하중 및 소요동력이 증가한다.
  ㉥ 압력계 및 전류계의 지침이 떨리고 압축기가 파손될 수 있다.

05 응축기

1 냉각방법에 따른 응축기의 분류

1) 공냉식 : 대기의 공기로 응축
2) 수냉식 : 상온 이하의 물로 응축
3) 증발식 : 물의 증발잠열을 이용하여 응축

2 각 응축기의 특징

★ 횡형 쉘 앤 튜브식 응축기

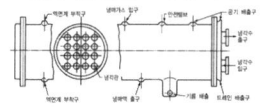

종 류	장 점	단 점
입형 쉘 앤 튜브식	① 옥외설치 가능 ② 설치면적이 작다. ③ 운전 중 청소 용이 ④ 과부하에 잘 견딘다.	① 냉각수 소비량이 많다. ② 냉각관의 부식이 쉽다. ③ 냉매의 과냉각이 어렵다.
횡형 쉘 앤 튜브식	① 전열이 양호하여 냉각수 소비량이 적다. ② 소형, 경량으로 제작 ③ 수액기를 겸할 수 있다.	① 과부하에 견디지 못한다. ② 냉각관 부식이 쉽다. ③ 청소가 어렵다.
7통로식	① 열통과율이 가장 좋다. ② 조립사용이 가능 ③ 벽면 설치가 가능	① 1대로 대용량 제작이 어렵다. ② 구조가 복잡하다. ③ 냉각관 청소가 어렵다.
2중관식	① 고압에 잘 견딘다. ② 과냉각이 양호하다. ③ 냉각수량이 적게든다.	① 냉각관 청소가 어렵다. ② 대형에는 부적합하다. ③ 냉각관 부식발견이 어렵다.
쉘 앤 코일식 (지수식)	① 소형, 경량화가 가능 ② 냉각수량이 적게 든다. ③ 가격이 싸다.	① 냉각관 청소가 어렵다. ② 냉각관 교환이 어렵다.
증발식 응축기 (Eva-con)	① 냉각수 소비가 가장적다. ② 옥외설치가 가능하다. ③ 냉각탑이 필요없고, 공랭식으로도 사용 가능	① 전열이 불량하다. ② 압력강하가 크다. ③ 펌프, 팬의 동력 필요 ④ 청소 및 보수가 어렵다.
공랭식 응축기	① 냉각수, 배수설비 불필요 ② 옥외설치 가능	① 응축온도가 높다. ② 형상이 커진다.

STUDY GUIDE

*냉각탑(쿨링타워)

3 열통과율이 좋은 응축기의 순서

7통로식 > 횡형 쉘 엔 튜브식(2중관식) > 입형 쉘 엔 튜브식 > 증발식 > 공랭식

4 냉각탑(쿨링타워)

1) 원리

   수냉식 응축기에서 사용한 냉각수를 재사용하기 위한 장치로서 냉각수 절약을 위해 공기가 잘 통하는 곳에 설치하여 사용한다.

2) 특징

   ① 수원이 풍부하지 못한 곳에서 냉각수를 절약한다.
   ② 증발식 응축기의 원리와 비슷하다.
   ③ 냉각수의 온도는 외기 습구온도의 영향을 받는다.
   ④ 냉각탑 출구 수온은 외기의 습구온도보다 높다.

3) 냉각탑의 능력산정

   $$Q_{CT}(\text{kcal/h}) = 냉각수량(l/\min) \times 쿨링 렌지 \times 60$$

4) 쿨링 렌지와 쿨링 어프로치

   ① 쿨링 렌지 = 냉각수 입구수온 - 냉각수 출구수온
   ② 쿨링 어프로치 = 냉각수 출구수온 - 입구공기의 습구온도
   ③ 쿨링렌지는 클수록, 어프로치는 작을수록 좋다.

5) 냉각탑 및 증발식 응축기에서의 손실수량(보급수량)

   ① 냉각할 때 소비되는 증발수량
   ② 산포되는 물의 송풍기에 의해 외부로 비산되는 수량(Carry over)
   ③ 냉각수 중 불순물에 의해 농도를 증가시키지 않기 위한 보급수량(Blow down)

*1kcal = 4.19kJ
 = 4.2kJ

6) 1냉각톤 = 3,900kcal/h = 16,340kJ/h

   [조건] ① 냉각수량 : 13L/min, 냉각수 입구온도 : 37℃
          ② 냉각수 출구온도 : 32℃, 입구공기 습구온도 : 27℃

> **참고**
>
> ○ 엘리미네이터
>   냉각탑 출구에서 물방울이 기류에 함께 비산되는 것을 방지

7) 냉각탑의 종류

구 분	직교류형	대향류형
효율	낮다	좋다
살수장치의 보수점검	쉽다	어렵고 노즐 막힘 우려
살수압력	낮음	높음
높이	낮음	높음
소음	적다	크다

5 응축열량 계산

1) 냉동장치에서의 계산

$$Q_c = Q_e + AW$$

여기서, Q_c : 응축열량(kJ/h, kcal/h)
Q_e : 냉동능력(kJ/h, kcal/h)
AW : 압축일의 열량(kJ/h, kcal/h)
C : 방열계수(공조, 냉장 시 1.2, 냉동, 제빙 시 1.3)

2) 방열계수에 의한 방법

$$Q_c = Q_e \times C$$

3) 냉각수량에 의한 방법(수냉식 응축기인 경우)

$$Q_c = w \cdot c \cdot \Delta t = w \cdot c \cdot (tw_2 - tw_1)$$

여기서, w : 냉각수량(kg/h)
c : 냉각수의 비열(kJ/kgK, kcal/kg℃)
Δt : 냉각수 출입구 온도차(℃, K)

4) 열통과율에 의한 방법

$$Q_c = K \cdot F \cdot \Delta tm$$

여기서, K : 열통과율(W/m²K, kcal/m²h℃)
F : 냉각관 전열면적(m²)
Δt_m : 산출평균온도차(℃, K)
(응축온도 − 냉각수 평균 온도)

> **참고**
>
> **○ 산술 평균 온도차**
>
> $\Delta tm = $ 응축온도 − 냉각수 평균온도 $= t_c - \left(\dfrac{tw_1 + tw_2}{2}\right)$
>
> 여기서, t_c : 응축 온도
> tw_1 : 냉각수 입구온도
> tw_2 : 냉각수 출구온도

6 응축기에서의 안전관리

1) 응축압력(고압)의 상승 원인
   ① 수냉식일 경우 냉각수량 부족 및 냉각수온 상승 시
   ② 공냉식일 경우 송풍량 부족 및 외기온도 상승 시
   ③ 응축기 냉각관에 스케일(물때 및 유막) 등의 부착 시
   ④ 냉매의 과충전이나 응축부하 과대 시
   ⑤ 불응축가스 존재 시

2) 응축압력(고압) 상승 시 영향
① 압축비 증가
② 압축기 소요동력 증가
③ 피스톤 마모 및 토출가스온도 상승
④ 실린더 과열로 윤활유 열화 및 탄화
⑤ 성적계수 및 냉동능력 감소

3) 불응축가스가 냉동장치에 미치는 영향
① 응축능력 감소(열교환 능력 저하)
② 응축압력(고압) 상승으로 압축비 증가
③ 압축기 과열로 토출가스온도 상승
④ 압축기 소요동력 증가 등

06 팽창밸브

1 역할
① 응축기에서 나온 냉매액을 교축팽창시켜 압력과 온도가 떨어진다. 비체적은 증가하고, 엔탈피는 일정하며 플래시 가스가 발생된다.
② 냉동부하에 따라 증발기로 공급되는 냉매액량을 조절한다.

2 팽창밸브의 용량 및 특성

1) 용량 : 밸브 시트(침 변좌)의 오리피스 지름

2) 열역학적 특성
① 주울—톰슨 효과
② 단열팽창(교축팽창)
③ 등엔탈피 과정

3) 팽창밸브 선정 시 고려사항
① 냉동능력
② 냉매 종류
③ 고·저압의 압력차
④ 증발기의 형식 및 크기

3 각 팽창밸브의 특징

종 류	원 리	특 징
모세관	가늘고, 긴 관으로서 전후 압력차에 의해 냉매량이 조절되며 모세관의 압력강하는 지름이 가늘고 길수록 크다.	① 정지 시 고저압이 밸런스된다. ② 냉매 충전량이 정확해야 한다. ③ 소형 냉장고에 사용한다.
온도식 (감온식) (TEV)	증발기 출구에서 냉매가스의 과열도를 감지하여 냉매량을 조절한다.	※ 감온통의 설치 ① 7/8"(20mm) 이하 : 수직 상단 ② 7/8"(20mm) 이상 : 수평 45° 하단
정압식 (AEV)	증발기의 압력에 의해 작동하며 증발압력을 항상 일정하게 유지한다.	① 냉수나 브라인의 동결을 방지 ② 냉동부하에 따른 냉매량 조절 불가
고압측 플로우트	응축기나 수액기 액면에 의해 냉매량을 조절한다.	고압측 액면을 일정하게 유지
저압측 플로우트	증발기 액면에 의해 냉매를 공급한다.	저압측 액면을 일정하게 유지

4 온도식 자동 팽창밸브(TEV)

1) 감온통의 설치

　① 증발기 출구측 가까이 흡입관과 수평으로 설치

　② 흡입관경이 7/8"(20mm) 이하일 때 : 흡입관의 수직 상단
　　흡입관경이 7/8"(20mm) 이상일 때 : 흡입관 수평의 45° 하단

2) 외부 균압관

증발기의 압력강하가 $0.14kg/cm^2$ 이상이 되면 증발기 출구 감온통의 부착위치 넘어 압축기 흡입관에서 인출한다.

3) 온도식 자동 팽창밸브의 작동

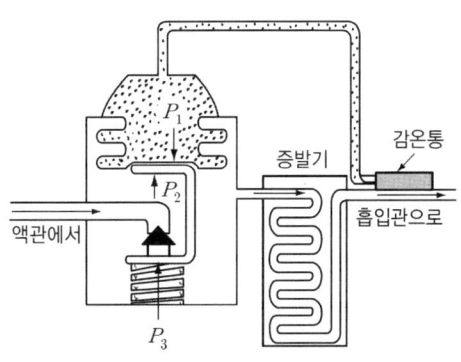

＊온도식 팽창밸브
증발기 출구의 과열도에 의해 작동

＊감온통의 설치

 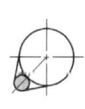

◯ 7/8″ 이하　◯ 7/8″ 이상

＊ P_1 : 감온통의 과열도 스프링
＊ P_2 : 증발압력
＊ P_3 : 조절나사 스프링 압력

① TEV 작동압력 : 증발 압력, 스프링 압력, 감온통 압력
② $P_1 > P_2 + P_3$: 밸브가 열려 냉매량 증가
③ $P_1 < P_2 + P_3$: 밸브가 닫혀 냉매량 감소

여기서, P_1 : 감온통의 과열도 스프링
P_2 : 증발압력
P_3 : 조절나사 스프링 압력

5 팽창밸브에서의 안전관리

1) 팽창밸브의 개도 과소 시
　① 증발압력(저압) 및 증발온도 저하
　② 압축비 증가
　③ 압축기 소요동력 증가
　④ 압축기 과열 및 토출가스온도 상승
　⑤ 윤활유 열화 및 탄화
　⑥ 냉매 순환량 및 냉동능력 감소

2) 팽창밸브의 개도 과대 시
　① 마찰저항 감소로 증발압력 상승
　② 증발온도 상승
　③ 냉매 공급량 증가
　④ 액압축 발생

6 플래시가스(Flash gas)

냉매 조절 오리피스(팽창밸브)를 통과할 때 즉시 증발하여 기화하는 냉매가스

1) 발생 원인
　① 액관이 현저하게 입상되었거나 길 때
　② 스트레이너, 드라이어 등이 막힌 경우
　③ 액관 구경이 현저하게 가늘 경우
　④ 전자밸브, 스톱밸브, 드라이어, 스트레이너 등의 구경이 적은 경우
　⑤ 수액기나 액관이 직사광선에 노출된 경우
　⑥ 액관이 보온없이 고온의 장소에 통과되는 경우
　⑦ 과도하게 응축온도가 낮아진 경우

2) 영향
① 저압 저하 및 냉동능력 감소
② 압축비 상승, 소요동력 증가
③ 흡입가스 과열, 토출가스 온도상승
④ 실린더 과열, 윤활유 열화 및 탄화
⑤ 냉장실 온도 상승

07 증발기

1 증발기의 팽창방식에 의한 분류

구 분	직접 팽창식	간접 팽창식
열운반 특성	잠열	현열
동일 냉장실온 유지 시 증발온도	고	저
RT당 냉매 순환량	소	대
RT당 냉매 충전량	대	소
RT당 냉동능력	소	대
RT당 소요동력	소	대
설비의 복잡성	간단	복잡

2 증발기 내 냉매상태에 따른 분류

구 분	냉매량	특 징
건식	액25%	① 냉매공급 : 상부에서 하부로 ② 냉매액이 적어 전열이 불량 ③ 공기냉각용에 사용
반만액식	액50%	① 냉매공급 : 하부에서 상부로 ② 건식보다 전열이 양호 ③ 증발기에 오일이 체류하므로 유회수장치 필요
만액식	액75%	① 액압축 방지를 위해 액분리기 설치 ② 냉매액이 많아 전열이 우수 양호하고, 액체냉각에 사용 ③ 증발기에 오일이 체류하므로 유회수장치 필요
액순환식 (액펌프식)	액80%	① 액분리기 및 펌프설치로 설비비가 많이 소요 ② 전열이 타 증발기보다 20% 양호 ③ 증발기가 여러대라도 팽창밸브는 1개면 된다. ④ 제상의 자동화가 용이 ※ 액펌프를 저압수액기보다 약 1.2[m] 정도 낮게 설치하여 공동(캐비테이션)현상을 방지

3 만액식 증발기에서 전열을 좋게 하는 방법

① 관이 냉매액과 접촉하거나 잠겨 있을 것
② 관경이 작고, 관 간격이 좁을 것
③ 관면이 거칠거나 핀(Fin)을 부착할 것
④ 평균 온도차가 크고, 유속이 적당히 클 것
⑤ 오일이 체류하지 않을 것

4 증발기의 용도에 의한 분류

1) 공기 냉각용
    ① 관 코일식 증발기
    ② 멀티피드 멀티셕션 증발기
    ③ 카스케이트 증발기 : 벽코일 공기 동결용 선반으로 사용
    ④ 판형 증발기
    ⑤ 핀 코일식 증발기

2) 액체 냉각용
    ① 쉘 앤 튜브식 증발기
    ② 보데로 증발기 : 물 및 우유 등의 냉각
    ③ 쉘 앤 코일식 증발기
    ④ 헤링본식(탱크형) 증발기 : 제빙장치에 주로 사용되며 상부에는 가스헤더가 있고, 하부에는 액헤더가 있으며 상하의 헤더사이에는 다수의 구부러진 증발관이 부착되어져 있는 형태의 증발기

*쉘 앤 튜브식 증발기

*헤링본식(탱크형) 증발기

> **참고**
>
> ○ **CA 냉장고**(Controlled Atmosphere storage room)
> 청과물 저장 시보다 좋은 저장성을 확보하기 위해 냉장고 내의 산소를 3~5% 감소시키고, 탄산가스를 3~5% 증가시켜 청과물의 호흡을 억제하여 냉장하는 냉장고

5 제상방법

① 압축기 정지 제상
② 온공기 제상
③ 전열제상 : 가장 많이 사용
④ 브라인 및 온수살수 제상
⑤ 고압가스(핫)가스 제상 : 압축기에서 토출되는 고온·고압의 가스를 직접 증발기로 유입시켜 제상하는 방법으로 제상시간이 짧다.

6 증발기에서의 계산

① 냉동장치에서의 계산　　$Q_e = Q_c - AW$

② 방열계수에 의한 방법　　$Q_e = \dfrac{Q_c}{C}$

③ 브라인에 의한 방법　　$Q_e = G_b \cdot C_b \cdot \Delta t$

④ 열통과율에 의한 방법　　$Q_e = K \cdot F \cdot \Delta t_m$
$$= K \cdot F \cdot \left\{\left(\dfrac{t_{b1}+t_{b2}}{2}\right) - t_e\right\}$$

⑤ 냉매 순환량에 의한 방법

$$Q_e = G \times q_e = G \times (i_a - i_e) = \dfrac{V_a}{v} \times \eta_v \times (i_a - i_e)$$

여기서,
- Q_c : 응축열량(kcal/h, kJ/h)
- Q_e : 냉동능력(kcal/h, kJ/h)
- AW : 압축열량(kcal/h, kJ/h)
- C : 방열계수
- G_b : 브라인 유량(kg/h)
- C_b : 브라인의 비열(kcal/kg℃, kJ/kgK)
- Δt : 브라인 입출구 온도차(℃, K)
- K : 열통과율(kcal/m²h℃, W/m²K)
- F : 전열면적(m²)
- Δt_m : 산출평균온도차(℃, K)
  (응축온도 − 냉각수 평균 온도)

> **참고**
>
> **◯ 냉동톤(RT)**
>
> $$RT = \dfrac{G \times q_e}{3{,}320} = \dfrac{V_a \cdot (i_a - i_e)}{3{,}320 \cdot v} \times \eta_v$$
>
> 여기서,
> - G : 냉매 순환량(kg/h)
> - q_e : 냉동효과(kcal/kg, kJ/kg)
> - V_a : 압축기 피스톤 압출량(m³/h)
> - i_a : 증발기 출구 엔탈피(kcal/kg, kJ/kg)
> - i_e : 증발기 입구 엔탈피(kcal/kg, kJ/kg)
> - v : 흡입가스 비체적(m³/kg)
> - η_v : 체적효율

STUDY GUIDE

＊1RT = 3,320kcal/h
　　　 = 13,900kJ/h
　　　 = 3.86kW

7 증발기 안전관리

1) 증발압력(저압)이 낮아지는 원인

① 증발관 내 적상 및 유막 과대 시
② 팽창밸브의 개도 과소 시
③ 팽창밸브 및 여과기 등이 막혔을 때
④ 냉매 충전량 부족 시
⑤ 액관 중의 플래시가스 발생 시
⑥ 증발부하 감소 시

2) 증발압력(저압)이 저하에 따른 장치에 미치는 영향
① 증발온도 저하
② 압축비 증가
③ 압축기 소요동력 증가
④ 윤활유 열화 및 탄화
⑤ 실린더 과열 및 토출가스온도 상승
⑥ 냉동능력 감소

구 분	증발압력(온도) 저하	증발압력(온도) 상승
압축비	증가	감소
냉동능력	감소	증가
소요동력	증가	감소
토출가스온도	상승	저하
성적계수	감소	증가

3) 적상의 영향
① 전열불량으로 냉장실 내 온도 상승 및 액압축 초래
② 증발압력 저하로 압축비 상승
③ 증발온도 저하
④ 실린더 과열로 토출가스온도 상승
⑤ 윤활유의 열화 및 탄화 우려
⑥ 체적효율 저하 및 압축기 소요동력 증가
⑦ 성적계수 및 냉동능력 감소

08 부속기기

1 수액기

1) **역할** : 응축기에서 응축된 고압의 액냉매를 일시 저장하는 고압용기

2) **설치** : 응축기와 팽창밸브 사이 고압관(응축기 다음)

3) **수액기의 크기** : 순환 냉매량의 1/2 이상을 저장(용기의 3/4 이하로 저장)

4) **수액기 취급**
① 직사광선을 받지 않도록 한다.
② 안전밸브를 설치하여 수액기의 폭발을 방지한다.
③ 응축기와 수액기 상부간의 균압관의 지름은 충분한 것으로 하여야 한다.

④ 수액기의 냉매 액 저장량은 3/4(75%) 이상 하지 말아야 한다.
⑤ 지름이 다른 두 개의 수액기는 상단을 일치시켜 액봉현상을 방지한다.

5) 수액기의 액면계(Gage glass) 파손원인
① 외부로 부터의 타격
② 냉매의 과충전 시
③ 수액기 내부압력의 변화(압력 급상승)
④ 액면계 금속 커버의 볼트 조임 시 힘의 불균형

6) 고압 수액기에 부착된 기기

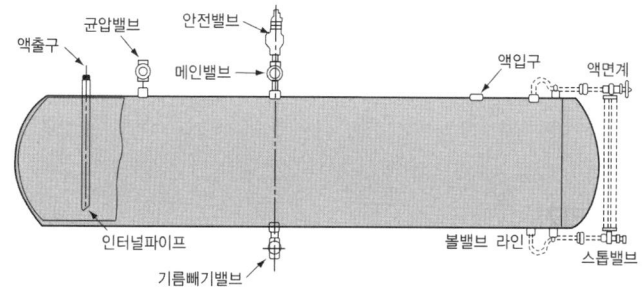

① 안전밸브   ② 균압관   ③ 냉매 입·출구관
④ 액면계   ⑤ 기름빼기밸브

2 불응축 가스퍼져

1) 불응축가스 인출위치
① 응축기와 수액기 상부나 균압관
② 증발식 응축기의 : 액헤더 상부

2) 불응축가스가 장치 내에 존재하는 원인
① 장치의 신설, 수리 시 진공 건조작업 불충분 시 잔류공기
② 냉매, 오일 충전 시 부주의로 인하여 침입한 공기
③ 순도가 낮은 냉매 및 오일 충전 시
④ 저압의 진공운전에 따른 축봉부에서의 누입된 공기

3) 불응축가스의 영향
① 응축압력(고압) 상승으로 압축비 증가
② 열교환 능력 및 응축능력 감소
③ 압축기 과열 및 토출가스 온도 상승
④ 압축기 소요동력 증가
⑤ 냉동능력 및 성적계수 감소

STUDY GUIDE

＊유분리기

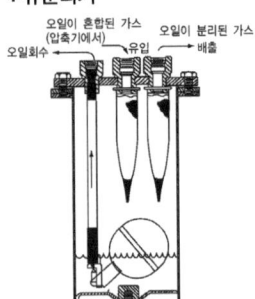

3 유분리기

1) 역할 : 압축기에서 토출된 냉매가스 중의 오일을 분리
2) 설치 위치 : 압축기와 응축기 사이
3) 설치 경우
   ① 만액식 증발기를 사용하는 경우
   ② 증발온도가 낮은 저온장치인 경우
   ③ 토출가스 배관이 길어지는 경우
   ④ 토출가스에 다량의 오일이 섞여 나가는 경우
4) 유분리기의 종류
   원심분리형, 가스충돌형, 유속 감소형(배플형, 원심분리형, 철망형, 사이클론형)

＊액분리기

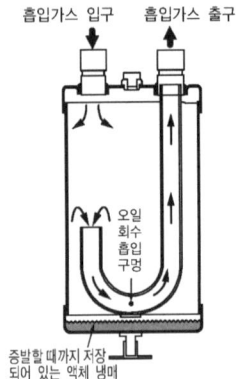

4 액분리기

1) 역할
   ① 압축기로 액유입을 방지하여 액압축을 방지
   ② 기동 시 증발기 내의 액이 교란되는 것을 방지
2) 설치 위치 : 압축기 흡입 측에 설치(증발기와 압축기 사이)
3) 액분리기에서 분리된 냉매의 처리방법
   ① 증발기로 재순환시킨다.
   ② 열교환기에 의해 증발시켜 압축기로 회수시킨다.
   ③ 액회수 장치를 이용하여 고압측 수액기로 회수한다.

5 열교환기(액-가스)

응축기 출구의 냉매액과 압축기 흡입가스를 열교환시키는 액-가스용 열교환기
① 플래시 가스량을 감소시켜 냉동효과 증가
② 압축기에서의 액압축 방지
③ 냉동효과 및 성적계수 향상과 냉동능력이 증가
④ 프레온 만액식 증발기에서 유회수 용이

＊이중관식 열교환기

＊필터 드라이어

6 건조기(제습기)

1) 역할 : 프레온 냉동장치에서 수분침입에 의한 팽창밸브 동결 폐쇄를 방지

2) 건조제의 종류 : 실리카겔, 활성 알루미나겔, 소바비드, 몰리큘리시이브스 등

7 투시경(사이트 글라스)

1) 역할 : 냉매 중의 수분혼입 여부와 냉매 충전량의 적정여부 확인
2) 응축기와 팽창밸브 사이(고압액관) 설치
   응축기 → 수액기 → 드라이어 → 사이트글라스(투시경) → 전자밸브 → 팽창밸브

*사이트 글라스

8 여과기

1) 역할 : 냉동장치의 배관 내 이물질 제거
2) 여과망의 크기
   ① 액관인 경우 : 80~100mesh
   ② 가스관인 경우 : 40mesh

*mesh(메쉬)
1inch당 눈금 수

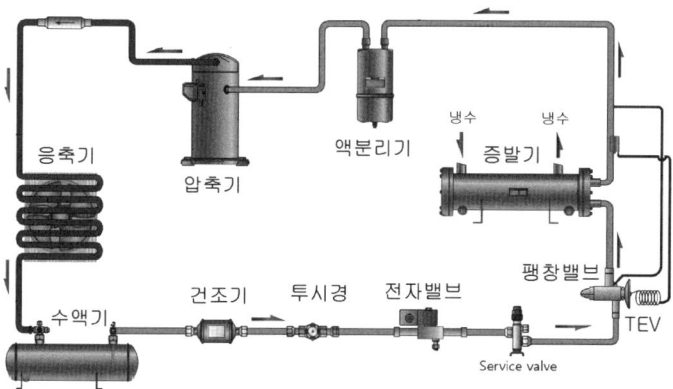

09 안전장치, 자동제어장치

1 안전장치

1) 안전두(Safety head)
   ① 압축기 내로 액이나 이물질 유입 시 이상 압력 상승에 따라 헤드가 들어 올려져 액압축 및 오일햄머 등에 의한 압축기의 파손을 방지
   ② 작동압력=정상고압+3kg/cm^2 정도

2) 안전밸브(Safety valve)
   ① 압축기나 압력용기 내의 압력이 이상 상승 시 가스를 방출하여 장치의 파손을 방지
   ② 작동압력 = 정상고압 + 5kg/cm² 정도

3) 파열판(Rupture disk)
   ① 압력용기 등에 설치하여 내부압력의 이상 상승 시 박판이 파열되어 가스를 분출하며 터보냉동기 저압측에 설치한다.
   ② 특징
      ㉠ 스프링식 안전밸브보다 가스분출량이 많다.
      ㉡ 구조가 간단하고, 취급이 용이하다.

*가용전(용융 플러그)

4) 가용전(Fusible plug)
   ① 역할 : 화재 등으로 냉매의 온도 상승 시 가용합금이 용융되어 가스를 방출한다.
   ② 설치 : 프레온용 수액기나 응축기, 냉매용기의 증기부에 설치하며 압축기 토출가스의 영향을 받지 않는 곳에 설치한다.
   ③ 용융온도 : 68~75℃ 정도
   ④ 합금성분 : 납(Pb), 주석(Sn), 안티몬(Sb), 카드뮴(Cd), 비스무스(Bi) 등
   ⑤ 가용전의 구경 : 최소 안전밸브구경의 1/2 이상
   ⑥ 암모니아(NH_3) 냉동장치에서는 가용합금이 침식되므로 사용하지 않는다.

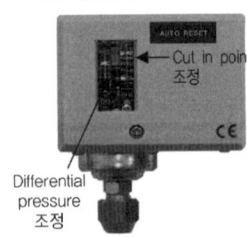
*자동 복귀형 HPS

5) 고압 차단 스위치(HPS)
   ① 고압이 일정 이상 상승하면 전기접점이 차단되어 압축기를 정지
   ② 작동압력 = 정상고압 + 4kg/cm² 정도
   ③ 설치위치
      ㉠ 1대의 압축기 사용 : 압축기와 토출스톱밸브(토출지변) 사이
      ㉡ 여러 대 압축기 사용 시 : 압축기 토출가스 공동헷더

6) 저압 차단 스위치(LPS)
   ① 원리 : 저압이 일정 이하로 저하하면 전기접점이 차단되어 압축기를 정지
   ② 설치 : 압축기 흡입관

7) 고·저압차단 스위치(DPS)
   ① 역할 : 고압이 일정 이상 상승하거나 저압이 일정 이하로 저하하면 압축기를 정지
   ② 특징 : HPS+LPS 조합

8) 유압 보호 스위치(OPS)
   ① 역할 : 압축기 운전 시 유압이 형성되지 않거나 유압이 일정 이하로 떨어질 경우 압축기를 정지하여 윤활불량에 따른 압축기 파손을 방지
   ② 작동 : 흡입압력과 유압의 차압

*압축기 보호장치
안전두, 고압차단스위치, 안전밸브, 유압보호스위치 등

2 자동제어장치

1) 전자밸브(솔레노이드 밸브)
   ① 전류에 의한 자기 작용(전자석)에 의해 코일에 전류가 흐르면 밸브가 열린다.
   ② 밸브의 전자코일을 상부로 하고 수직으로 설치한다.
   ③ 일반적으로 소용량에는 직동식, 대용량에는 파일롯트 전자밸브를 사용한다.
   ④ 전압과 용량에 맞게 설치한다.
   ⑤ 전자밸브의 사용목적
      ㉠ 액압축(liquied back) 방지
      ㉡ 냉매 브라인의 흐름제어
      ㉢ 온도 제어

*냉매용 전자밸브

2) 증발 압력 조정밸브(EPR)
   ① 원리 : 증발 압력이 일정 이하가 되지 않도록 제어
   ② 역할 : 압축비 상승 및 냉수나 브라인 등의 동결을 방지
   ③ 설치 : 증발기 출구

3) 흡입 압력 조정밸브(SPR)
   ① 원리 : 흡입 압력이 일정 이상 되지 않도록 제어
   ② 역할 : 압축기 과부하에 따른 전동기 소손 방지
   ③ 설치 : 압축기 흡입관

4) 절수밸브(자동급수밸브)
   수냉식 응축기의 부하변동에 따른 냉각수량을 제어하여 냉각수를 절약하고, 응축압력을 일정하게 유지

5) 단수 릴레이
   ① 역할 : 브라인 및 수냉각기에서 유량의 감소에 따른 배관의 동파를 방지하고 압축기를 정지시킴
   ② 종류 : 단압식, 차압식, 수류식(플로우 스위치)
   ③ 브라인의 동파 방지대책
      ㉠ 증발압력조정밸브(EPR)를 설치한다.

ⓛ 동결 방지용 TC를 설치한다.
ⓒ 단수릴레이를 설치한다.
② 브라인에 부동액을 첨가한다.
⑩ 냉수순환펌프와 압축기 모터를 인터록 시킨다.

6) 온도 조절기(T.C)
   온도변화를 검출하여 전기적인 접점을 on-off시키는 온도제어 스위치

10 저온장치

1 2단 압축

1) 목적
   ① 압축비 및 압축기 소요동력을 감소시키기 위하여
   ② 토출가스 및 윤활유의 온도를 낮추기 위하여
   ③ 압축기의 효율 향상을 위하여
   ④ 성적계수를 증가시키기 위하여

2) 채용
   ① 압축비가 6 이상인 경우
   ② -35℃ 이하의 증발온도를 얻고자 할 때

3) 중간압력

$$P_m = \sqrt{고압\ 절대압력 \times 저압\ 절대압력} = (P_c \times P_e)^{1/2}$$

4) 중간 냉각기(인터쿨러)
   ① 저단 압축기의 과열을 제거, 고단측 압축기에서의 과열방지
   ② 냉매액을 과냉각시켜 냉동효과 및 성적계수 증대
   ③ 고단측 압축기 흡입가스 중의 액을 분리시켜 액압축을 방지
   ④ 중간 냉각기의 종류
      ㉠ 플래시형 : 2단압축 2단팽창에 이용
      ㉡ 액냉각형 : 2단압축 1단팽창에 이용
      ㉢ 직접 팽창형 : 2단압축 1단팽창에 이용

> **참고**
>
> **○ 부스터**
> 저온을 얻기 위한 2단 압축 냉동장치에서 증발압력에서 응축압력까지 압축하기 위하여 증발압력에서 중간압력까지 압축하는 보조 압축기(저단측 압축기)

2 2단압축 계산

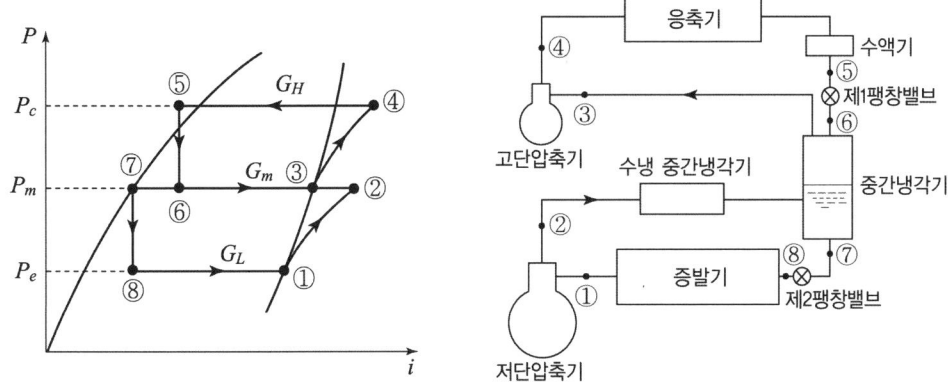

[2단압축 2단팽창 사이클]

1) 저단측 냉매 순환량

$$G_L = \frac{Q_e}{i_1 - i_7}$$

2) 중간 냉각기 냉매 순환량

$$G_m = \frac{G_L\{(i_2 - i_3) + (i_5 - i_7)\}}{i_3 - i_6}$$

3) 고단측 냉매 순환량

$$G_H = G_L + G_m = G_L \times \frac{i_2 - i_7}{i_3 - i_5}$$

4) 성적계수

$$COP = \frac{Q_e}{AW_H + AW_L} = \frac{G_L(i_1 - i_8)}{G_L(i_2 - i_1) + G_H(i_4 - i_3)}$$

3 2원 냉동

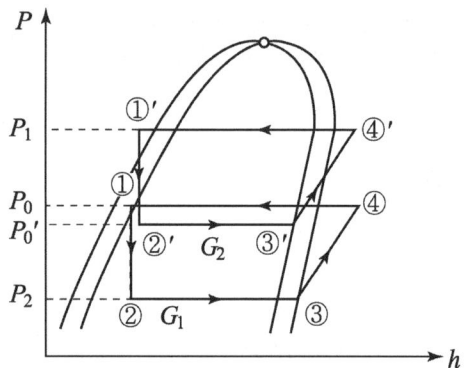

1) **목적** : 비등점이 각각 다른 2개의 냉동사이클을 병렬로 형성시켜 $-70℃$ 이하의 초저온을 얻기 위하여 독립적으로 작동하는 고·저온측 냉동사이클로 구성되며 저온측 응축열량을 고온측의 증발기에 의해 제거하는 초저온 냉동 사이클

2) **사용냉매**
   ① 저온측 냉매 : R-13, R-14, 메탄, 에탄, 에틸렌(비등점과 임계점이 낮은 냉매)
   ② 고온측 냉매 : R-12, R-22 등(비등점과 임계점이 높은 냉매)

3) **팽창탱크** : 저온측 냉동기의 저압측(증발기)에 설치

4) **카스케이드 응축기(카스케이드 콘덴서)** : 고온측 증발기와 저온측 응축기의 조합

CHAPTER III 공조냉동설치 · 운영

01 배관재료

1 강관의 종류와 용도

KS명칭 및 규격	사용온도 및 압력	용 도
(일반)배관용 탄소강관 (SPP)	350℃ 이하 10kg/cm² 이하	① 일명 가스관이라 함 ② 압력이 낮은 증기, 물, 기름, 가스 및 공기 등의 배관용 ③ 아연(Zn)도금에 따라 흑강관과 백강관 (400 g/m²)로 구분 ④ 25 kg/cm²의 수압시험, 인장강도는 30 kg/mm² 이상 ⑤ 1본(本)길이 6m이며 호칭지름 6~500A 까지 24종
압력배관용 탄소강관 (SPPS)	350℃ 이하 10~100kg/cm² 이하	증기관, 유압관, 수압관 등의 압력배관에 사용, 호칭은 관두께(스케줄번호)에 의하며 호칭지름 6~500A(25종)
고압배관용 탄소강관 (SPPH)	350℃ 이하 100kg/cm² 이상	화학공업 등의 고압배관용으로 사용, 호칭은 관두께(스케줄번호)에 의하며 호칭지름 6~500A(25종)
고온배관용 탄소강관 (SPHT)	350℃ 이상	과열증기를 사용하는 고온배관용으로 호칭은 호칭지름과 관두께(스케줄번호)에 의함
저온배관용 탄소강관 (SPLT)	0℃ 이하	물의 빙점이하의 석유화학공업 및 LPG, LNG 저장탱크배관 등 저온배관용으로 두께는 스케줄번호에 의함
배관용 아크용접 탄소강관 (SPW)	350℃ 이하 10kg/cm² 이하	SPP와 같이 사용압력이 비교적 낮은 증기, 물, 기름, 가스 및 공기 등의 대구경 배관용으로 호칭지름 350~2,400A(22종)
배관용 스테인리스 강관 (STS×T)		내식성, 내열성 및 고온배관용, 저온배관용에 사용하며 두께는 스케줄번호에 의하며 호칭지름 6~650A(25종)
배관용 합금강관 (SPA)	350℃ 이상	탄소강관에 비해 고온에서 강도가 크며 크롬 함유량이 많아짐에 따라 내산화성, 내식성이 우수하여 고온고압에서 사용되는 고압보일러 증기관, 석유정제용 배관 등에 사용

STUDY GUIDE

✱ 배관의 KS규격
- SPP : 배관용 탄소강관
- SPPS : 압력배관용 탄소강관
- SPPH : 고압배관용 탄소강관
- SPHT : 고온배관용 탄소강관
- SPLT : 저온배관용 탄소강관

✱ 보일러 열교환기용 합금강관(STHA)
관 내외에서 열교환을 목적으로 보일러 수관, 과열관, 공기 예열관, 화학 공업용이나 석유공업 등에 사용

2 스케줄 번호(Schedule No)

관의 두께를 표시

$$\text{Sch} - \text{No} = \frac{P}{S} \times 10$$

여기서, P : 사용압력(kg/cm²)
S : 허용응력(kg/mm²)=인장강도(kg/mm²)/안전율(4)

3 배관의 선택 시 고려사항

① 유체의 화학적 성질
② 유체의 사용압력 및 온도
③ 재료의 부식성
④ 관의 이음방법 등

4 강관의 특징

① 연관, 주철관에 비해 가볍고, 인장강도가 크다.
② 관의 접합방법이 용이하다.
③ 내충격성 및 굴요성이 크다.
④ 주철관에 비해 내압성이 양호하다.

※ 강관 1본(本)의 길이
6m

5 강관의 표시방법

배관용 탄소 강관

□ -⊖K⊖- SPP - B - 80A - 2005 - 6

상표 한국산업규격 관 제조 호칭 제조년 길이
     표 시 기 호   종류 방법 방법

수도용 아연 도금 강관   적색으로 표시

□ -⊖K⊖- SPPW - E - 50A - 2005 - 6

상표 한국산업규격 관 제조 호칭 제조년 길이
     표 시 기 호   종류 방법 방법

압력 배관용 탄소 강관

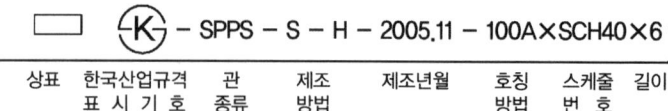

상표 한국산업규격 관 제조 제조년월 호칭 스케줄 길이
     표 시 기 호   종류 방법   방법 번호

6 스테인리스 강관의 특징

① 내식성이 우수하고, 위생적이다.
② 강관에 비해 기계적 성질이 우수하다.
③ 두께가 얇아 가벼워서 운반 및 시공이 용이하다.
④ 저온에 대한 충격성이 크고, 한랭지 배관이 가능하다.
⑤ 나사식, 용접식, 몰코식, 플랜지이음 등 시공이 간단하다.

7 주철관의 특징

① 내압성 및 내마모성이 우수하다.
② 내식성이 커 지하 매설배관에 적합하다.
③ 내구성은 크나 충격에 약하다.
④ 다른 배관에 비해 압축강도가 크나 인장에 약하다.
⑤ 급수 본관, 배수관, 오수관 등에 사용한다.

8 동관의 특징

① 전기 및 열전도율이 좋다.
② 전·연성 풍부하여 가공이 용이하다.
③ 내식성 및 알칼리에 강하고, 산성에는 약하다.
④ 가볍고, 마찰저항은 적으나 충격에 약하다.
⑤ 연수나 증류수, 증기에 적합하지 않다.

9 경질 염화 비닐관(PVC관)

① 전기 절연성이 크고, 내면이 매끈하여 마찰저항이 적다.
② 열 및 저온에 약하고, 열팽창이 크다.
③ 내식성이 크고, 산·알카리, 해수(염류)에 강하다.
④ 가볍고, 운반 및 취급이 용이하다.
⑤ 가격이 싸고, 가공 및 시공이 용이하다.

10 폴리 에틸렌관(PE관)

화학적, 전기 절연성이 우수하고, 내충격성이 크고, 내한성이 좋으며 저압 가스배관 등에 사용한다.

STUDY GUIDE

*강관의 이음방법
① 나사이음
② 용접이음
③ 플랜지이음

11 원심력 철근 콘크리트관(흄관)

철근형틀에 콘크리트를 주입하여 고속으로 회전시켜 성형시킨 것으로 상하수도, 배수관에 사용한다.

12 강관 부속

① 배관의 방향을 바꿀 때 : 엘보, 밴드
② 배관을 도중에 분기할 때 : 티, 와이, 크로스
③ 동일 지름의 관을 직선 연결할 때 : 소켓, 니플, 유니온, 플랜지
④ 지름이 다른 관을 연결할 때 : 이경엘보, 이경티, 레듀셔(이경소켓), 붓싱
⑤ 배관의 끝을 막을 때 : 캡, 플러그, 막힘(맹)플랜지
⑥ 관을 분해, 수리, 교체하고자 할 때 : 유니온(소구경), 플랜지(대구경)

13 이음쇠의 크기 표시

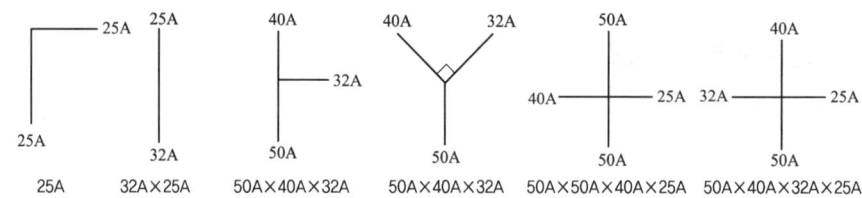

14 나사배관의 길이 산출

1) 직선배관에서의 실제 절단길이 산출

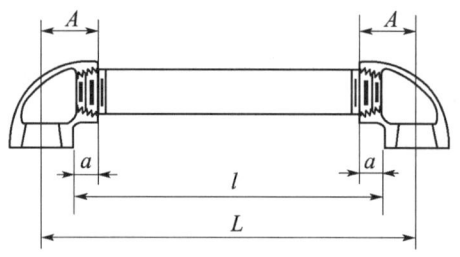

여기서, L : 파이프의 전체 길이
l : 파이프의 실제 길이
A : 부속의 중심 길이
a : 나사 삽입 길이

※ 파이프의 실제 절단길이
① 부속이 동일한 경우 $l = L - 2(A-a)$
② 부속이 다를 경우 $l = L - \{(A-a) + (B-b)\}$

2) 곡관(벤딩)부의 실제길이 산출

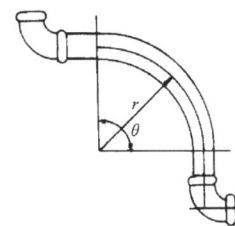

$$l = 2\pi r \frac{\theta}{360} = \pi D \frac{\theta}{360}$$

여기서, r : 곡률 반지름
θ : 벤딩 각도
D : 곡률 지름

15 용접이음의 특징

① 강도가 크며 누수의 우려가 적다.
② 부속이 적게 들어 재료비가 절약된다.
③ 보온(피복)작업이 쉽다.
④ 가공이 쉬어 공정이 단축된다.
⑤ 관 내 돌출부가 적어 마찰저항이 적다.

16 플랜지이음

배관의 보수 및 점검을 위해 분해, 결합 시나 기기 설치 시 배관 연결부에 사용

17 주철관이음

1) 허브(소켓) 이음 : 급수관 : 얀 1/3, 납 2/3, 배수관 : 얀 2/3, 납 1/3
2) 노-허브 이음 : 스테인리스 커플링과 고무링만으로 이음하는 방법으로 시공이 간편
3) 플랜지 이음
4) 기계식(메커니컬) 이음 : 고무링을 압륜으로 죄어 볼트로 체결한 것으로 소켓 이음과 플랜지 이음의 장점을 채택한 것으로 다소의 굴곡에도 누수되지 않음
5) 타이톤 이음 : 고무링 하나만으로 이음하며, 고무링은 단면은 원형임
6) 빅토릭 이음 : 고무링과 가단주철제의 칼라를 죄어 이음하는 방법

18 동관이음

① 납땜이음
② 용접이음
③ 플레어이음
④ 플랜지이음

★홈꼴형 시트
위험성 있는 배관 및 매우 기밀을 요하는 플랜지에 사용

★플랜지 이음

★플레어(압축)이음
20mm 이하의 동관의 끝을 넓혀 압축 접합하는 것으로 점검, 보수를 위한 곳에 사용

★C×M 어댑터
한쪽은 동관이 들어갈 수 있도록 되어 용접하고, 다른 한쪽은 수나사가 되어 암나사인 밸브 등을 연결하는 동관용 이음쇠

STUDY GUIDE

★신축허용길이가 큰 순서
루프형 > 슬리브형 > 벨로즈형 > 스위블형

★스위블형

★밸브 도시기호
① 슬루스(게이트)밸브
② 글로브(스톱)밸브
③ 앵글밸브
④ 볼밸브(콕)
⑤ 역류방지밸브(체크밸브)

19 신축이음(Expansion joint)

열에 따른 배관의 신축을 흡수하는 장치로 강관은 30m당, 동관은 20m마다 1개 정도 설치한다.

1) 신축량(선팽창 길이)

$$\Delta l = \alpha \cdot l \cdot \Delta t \text{ (선팽창 계수×배관길이×온도차)}$$

2) 신축이음의 종류
① 루프형(만곡관형) : 신축곡관이라고도 하며 강관 또는 동관 등을 루프모양으로 구부려서 그 휨에 의하여 신축을 흡수하는 것으로 설치장소가 크고, 고온고압의 옥외용에 주로 사용하며 곡률반경은 관 지름의 6배 이상으로 한다.
② 슬리브형(미끄럼형) : 설치장소가 적고, 장시간 사용 시 패킹의 마모로 누수
③ 벨로즈형 : 단식과 복식이 있으며 가장 많이 사용
④ 스위블형 : 2개 이상의 나사 엘보를 사용하여 그 나사의 회전에 의하여 배관의 신축을 흡수하는 것으로 온수나 저압 증기난방 등의 방열기 주위 배관에 사용

20 플렉시블 조인트(플렉시블 이음)

장치의 진동이 배관에 전달되지 않도록 방진, 방음역할을 하며 배관의 파손을 방지

21 밸브의 역할 및 종류

1) 역할 : 개폐, 유량조절, 흐름방향의 전환

2) 종류
① 슬루스(게이트)밸브 : 유체의 흐름을 차단(on-off)하는 밸브
② 글로브(스톱)밸브 : 유체가 아래에서 위로 유체의 흐름 방향으로 개폐하는 것으로 유량조절용으로 사용하고, 마찰저항은 크다.
③ 앵글밸브 : 유체의 흐름 방향이 90°로 되어 있어 유량조절 및 방향을 전환시켜 주며 주로 방열기 밸브로 사용
④ 볼밸브(콕) : 90° 회전으로 개폐조작이 용이
⑤ 역류방지밸브(체크밸브) : 유체의 역류를 방지하는 밸브
  ㉠ 스윙형 : 수직, 수평 배관에 사용

ⓒ 리프트형 : 수평 배관에만 사용
　　ⓒ 풋형 : 펌프 흡입관 선단에 설치하는 여과기와 체크밸브를 조합한 밸브
　　ⓔ 헤머리스형 : 완폐형 체크밸브로 수격작용 방지
　⑥ 공기빼기밸브(AAV) : 공기가 체류할 수 있는 수직관 상부나 산형 배관에 설치하여 공기를 배출하는 밸브

22 여과기(스트레이너)

① 증기트랩, 감압밸브, 온도조절밸브, 펌프 등의 앞에 설치하여 이물질 등에 의한 기기의 손상을 방지한다.
② 종류 : Y형, U형, V형 등

*Y형 여과기

23 바이패스장치

증기트랩, 감압밸브, 온도조절밸브, 제어밸브, 유량계 등의 고장 시 유체의 공급을 중단시키지 않고, 분해, 점검할 수 있는 우회 배관

*감압밸브 바이패스배관

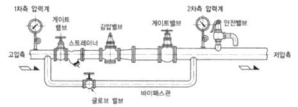

24 배관의 지지

1) 행거 : 배관의 하중을 위에서 잡아 지지
　　　　(콘스탄트 행거, 스프링 행거, 리지드 행거)
2) 서포트 : 배관의 하중을 밑에서 떠받쳐 지지
　　　　(파이프 슈, 리지드, 스프링, 롤러 서포트)
3) 리스트레인트 : 열팽창에 의한 배관의 이동을 구속 또는 제한
　　　　(앵커, 스토퍼, 가이드)
4) 브레이스 : 펌프, 압축기에서 발생하는 진동, 충격, 서징 등을 완화하는 완충기

*앵커(Anchor)
배관의 이동 및 회전을 방지하기 위해 지지점에서 완전히 고정

25 패킹

틈새에서 유체의 누설방지
1) 나사용 패킹 : 페인트, 일산화연(납), 액상 합성수지, 실링 테이프
2) 플랜지 패킹 : 고무패킹, 석면패킹, 금속패킹 등

*고무패킹
탄성이 크고, 산알카리에 강하나 열이나 기름에 약하며 급수, 배수, 공기 등의 배관에 쓰이는 패킹

26 보온재

1) 용어의 설명
    ① 보온 : 증기관이나 온수관 등에 대한 단열로서 불필요한 방열을 방지하고, 인체에 화상을 입히는 위험 방지나 실내 공기의 이상 온도 상승을 방지한다.
    ② 보냉 : 냉수관, 냉매 배관 등에 대한 단열로서 불필요한 열 취득을 방지하고, 표면의 결로를 방지한다.
    ③ 방로 : 급수관, 배수관 등에 대한 단열로서 주로 관의 표면에 일어나는 결로방지가 목적이다.

2) 보온재의 구비조건
    ① 열전도율이 작을 것
    ② 내열성 및 내구성이 있을 것
    ③ 비중이 작을 것
    ④ 불연성이고, 내흡습성이 클 것
    ⑤ 다공질이며 기공이 균일할 것

3) 보온재의 구분
    ① 유기질 보온재 : 펠트, 코르크, 텍스류, 기포성 수지(폼류)
    ② 무기질 보온재
        ㉠ 펄라이트 : 안전사용온도 650℃
        ㉡ 석면 : 안전사용온도 300~550℃
        ㉢ 유리섬유 : 안전사용온도 300℃
        ㉣ 탄산마그네슘 : 안전사용온도 250℃
        ㉤ 규조토 : 진동이 있는 곳에 사용이 어려움
        ㉥ 암면, 규산칼슘, 폼그라스(발포초자), 실리카 화이버, 세라믹 화이버 등
    ③ 금속질 보온재 : 알루미늄박

27 방청용 도료

1) **광명단 도료** : 연단과 아마인유를 혼합한 것으로 밀착력 및 풍화에 강하고, 방청도료로서 밑칠용으로 사용

2) **산화철 도료** : 산화 제2철에 보일유나 아마인유를 섞어 만든 도료로 도막이 부드럽고, 가격은 저렴하나 방청효과는 적다.

3) **알루미늄 도료(은분)** : 열을 잘 반사하므로 주철제방열기 표면 등의 도장용으로 사용

ⓒ 리프트형 : 수평 배관에만 사용
  ⓒ 풋형 : 펌프 흡입관 선단에 설치하는 여과기와 체크밸브를 조합한 밸브
  ⓔ 헤머리스형 : 완폐형 체크밸브로 수격작용 방지
 ⑥ 공기빼기밸브(AAV) : 공기가 체류할 수 있는 수직관 상부나 산형 배관에 설치하여 공기를 배출하는 밸브

22 여과기(스트레이너)

① 증기트랩, 감압밸브, 온도조절밸브, 펌프 등의 앞에 설치하여 이물질 등에 의한 기기의 손상을 방지한다.
② 종류 : Y형, U형, V형 등

*Y형 여과기

23 바이패스장치

증기트랩, 감압밸브, 온도조절밸브, 제어밸브, 유량계 등의 고장 시 유체의 공급을 중단시키지 않고, 분해, 점검할 수 있는 우회 배관

*감압밸브 바이패스배관

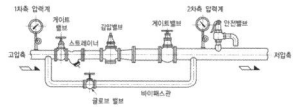

24 배관의 지지

1) **행거** : 배관의 하중을 위에서 잡아 지지
    (콘스탄트 행거, 스프링 행거, 리지드 행거)
2) **서포트** : 배관의 하중을 밑에서 떠받쳐 지지
    (파이프 슈, 리지드, 스프링, 롤러 서포트)
3) **리스트레인트** : 열팽창에 의한 배관의 이동을 구속 또는 제한
    (앵커, 스토퍼, 가이드)
4) **브레이스** : 펌프, 압축기에서 발생하는 진동, 충격, 서징 등을 완화하는 완충기

*앵커(Anchor)
배관의 이동 및 회진을 방지하기 위해 지지점에서 완전히 고정

25 패킹

틈새에서 유체의 누설방지

1) **나사용 패킹** : 페인트, 일산화연(납), 액상 합성수지, 실링 테이프
2) **플랜지 패킹** : 고무패킹, 석면패킹, 금속패킹 등

*고무패킹
탄성이 크고, 산알카리에 강하나 열이나 기름에 약하며 급수, 배수, 공기 등의 배관에 쓰이는 패킹

26 보온재

1) 용어의 설명
   ① 보온 : 증기관이나 온수관 등에 대한 단열로서 불필요한 방열을 방지하고, 인체에 화상을 입히는 위험 방지나 실내 공기의 이상 온도 상승을 방지한다.
   ② 보냉 : 냉수관, 냉매 배관 등에 대한 단열로서 불필요한 열 취득을 방지하고, 표면의 결로를 방지한다.
   ③ 방로 : 급수관, 배수관 등에 대한 단열로서 주로 관의 표면에 일어나는 결로방지가 목적이다.

2) 보온재의 구비조건
   ① 열전도율이 작을 것
   ② 내열성 및 내구성이 있을 것
   ③ 비중이 작을 것
   ④ 불연성이고, 내흡습성이 클 것
   ⑤ 다공질이며 기공이 균일할 것

3) 보온재의 구분
   ① 유기질 보온재 : 펠트, 코르크, 텍스류, 기포성 수지(폼류)
   ② 무기질 보온재
      ㉠ 펄라이트 : 안전사용온도 650℃
      ㉡ 석면 : 안전사용온도 300~550℃
      ㉢ 유리섬유 : 안전사용온도 300℃
      ㉣ 탄산마그네슘 : 안전사용온도 250℃
      ㉤ 규조토 : 진동이 있는 곳에 사용이 어려움
      ㉥ 암면, 규산칼슘, 폼그라스(발포초자), 실리카 화이버, 세라믹 화이버 등
   ③ 금속질 보온재 : 알루미늄박

27 방청용 도료

1) 광명단 도료 : 연단과 아마인유를 혼합한 것으로 밀착력 및 풍화에 강하고, 방청도료로서 밑칠용으로 사용
2) 산화철 도료 : 산화 제2철에 보일유나 아마인유를 섞어 만든 도료로 도막이 부드럽고, 가격은 저렴하나 방청효과는 적다.
3) 알루미늄 도료(은분) : 열을 잘 반사하므로 주철제방열기 표면 등의 도장용으로 사용

4) 타르 및 아스팔트 도료 : 물과의 접촉을 막아 부식을 방지
5) 합성수지 도료

02 배관공작

1 강관배관용 공구

1) 파이프 바이스 : 관절단, 나사결합 작업 시 관을 고정(크기 : 고정 가능한 파이프 지름의 치수)
2) 수평(탁상) 바이스 : 배관조립 및 벤딩 시 관을 고정(크기 : 조우의 폭)
3) 파이프 커터 : 강관의 절단용 공구
4) 파이프 렌치 : 관의 결합 및 해체 시 사용(크기 : 입을 최대로 벌려 놓은 전장)
5) 파이프 리머 : 거스러미(burr) 제거
6) 수동 나사 절삭기 : 오스타형, 리드형, 베이비 리드형
7) 동력용 나사 절삭기 : 파이프 절단, 리머작업, 나사절삭
8) 오스타 : 강관의 수동나사 절삭 시 사용하는 공구
9) 고속 숫돌 절단기 : 0.5~3mm 정도의 얇은 연삭원판을 고속으로 회전시켜 관을 절단
10) 가스 절단기(산소 절단기) : 산소-아세틸렌 또는 산소-프로판 가스의 불꽃을 이용하여 산화시켜 절단
11) 관 벤딩용 기계
    ① 램식(유압식) : 유압을 이용하여 관을 구부리는 것으로 현장용
    ② 로터리식 : 관에 심봉을 넣어 구부리는 것으로 대량생산 등의 공장용

2 동관용 공구

1) 토치 램프 : 납땜, 동관접합 등을 위한 가열용 공구
2) 튜브 벤더 : 동관 굽힘용 공구
3) 플레어링 툴 : 동관의 끝을 나팔모양으로 만들어 압축 접합 시 사용하는 공구
4) 사이징 툴 : 동관 끝을 원형으로 정형하는 공구

---

*관용나사의 테이퍼
1/16(나사산 각도 55°)로 절삭

*열간 벤딩 시 가열온도
① 강관 벤딩 시
  : 800~900℃ 정도
② 동관 벤딩 시
  : 600~700℃ 정도

*플레어링 공구

5) 익스팬더(확관기) : 동관 끝의 확관용 공구
6) 튜브 커터 : 동관 절단용 공구
7) 리머 : 커터로 절단 후 관 내면의 거스러미(burr)를 제거
8) 티뽑기(Extractors) : 동관에서 분기관 성형 시 사용

3 주철관용 공구(소켓이음용)

1) 납용해용 공구셋
2) 클립 : 소켓 접합 시 납물의 비산을 방지
3) 코킹 정 : 얀이나 납을 다지거나 코킹하는 정
4) 링크형 파이프 커터 : 주철관 전용 절단공구

4 연관용 공구

1) 연관톱 : 연관 절단용 공구
2) 봄보올 : 주관에 구멍을 뚫을 때 사용
3) 드레서 : 연관표면의 산화피막 제거
4) 벤드벤 : 연관의 굽힘작업에 이용
5) 마아레트 : 나무해머
6) 턴핀 : 관 끝을 접합하기 쉽게 관 끝을 확대
7) 토치 램프 : 가열용 공구

03 급수설비

1 배관 기초 계산 및 마찰저항

1) 관 내 유량, 유속, 관경

$$유량, \quad Q = AV = \frac{\pi}{4}d^2 \cdot V$$

$$유속, \quad V = \frac{4Q}{\pi d^2}$$

$$관경, \quad d = \sqrt{\frac{4Q}{\pi V}}$$

여기서, Q : 유량(m³/sec)
A : 관의 단면적(m²)
d : 관의 내경(m)
V : 유속(m/sec)

2) 직관부에서의 마찰손실수두(H_L : mAq)

$$H_L = f \cdot \frac{l}{d} \cdot \frac{V^2}{2g}$$

여기서, f : 관 마찰계수
l : 관 길이(m)
d : 관의 내경(m)
V : 유속(m/s)

*마찰손실(압력손실)수두
마찰계수, 관 길이, 유속의 2승에 비례하고, 관지름에 반비례한다.

2 수도직결방식

상수도 본관의 급수압력을 그대로 이용하는 방식으로 소규모에 적합한 방식

1) 특징
   ① 설비비가 싸고, 소규모 건물에 적합하다.
   ② 급수오염이 가장 적다.
   ③ 급수압이 한정되어 있어 급수높이가 낮다.
   ④ 정전 시에도 급수가 가능하나 단수 시에는 급수 불가능하다.

2) 수도본관의 최저압력

$$P \geq P_1 + P_2 + P_3$$

여기서, P_1 : 수전까지의 높이 환산압력(h/10)
P_2 : 배관의 압력강하(kg/cm²)
P_3 : 기구 최소 필요압력(kg/cm²)

> **참고**
>
> ● 위생기구 최저 필요 압력
>
> | 기 구 명 | 최저 압력(kg/cm²) | 기 구 명 | 최저 압력(kg/cm²) |
> |---|---|---|---|
> | 일반수전 | 0.3 | 세정(플러시)밸브 | 0.7 |
> | 순간온수기(대) | 0.5 | 샤워, 자동밸브 | |

3 고가(옥상)탱크방식

고가수조의 중력에 의해 하향급수

1) 공급방식

상수도본관 → 저수조 → 양수펌프 → 양수관 → 고가수조 → 급수관 → 수전

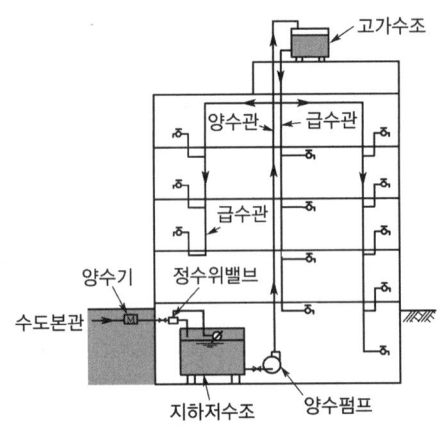

2) 특징
    ① 대규모에 급수 수요에 적합하다.
    ② 수압이 일정하다.
    ③ 급수오염의 우려가 있다.
    ④ 정전, 단수 시에도 일정량 급수가 가능하다.

3) 고가수조의 설치높이

$$H \geqq H_1 + H_2 + h$$

여기서, H_1 : 최고층 수전과 탱크저수면 높이(m)
H_2 : 배관마찰 손실수두(m)
h : 수전의 급수압력 환산수두(m)

4) 급수장치
    ① 급수펌프 용량 = 최대 사용시간 급수량 × 2배
    ② 옥상탱크의 용량 = 시간 최대 사용량 × 1~3배
    ③ 넘침방지관(오버 플로우관) : 양수관 크기의 2배

4 압력탱크방식

압력탱크에 물을 압입하면 탱크 내 압축공기에 의해 급수되는 방식

1) 공급방식
    상수 → 저수조 → 양수펌프 → 압력탱크 → 급수관 → 수전

2) 특징
    ① 고가수조가 불필요하다.
    ② 탱크 설치위치에 제한이 없다.
    ③ 국부적으로 고압이 필요한 경우 적합하다.
    ④ 최고, 최저차가 커 급수압이 일정하지 않다.

⑤ 많은 저수량을 확보할 수 없어 정전이나 펌프 고장 시 급수가 중단된다.
⑥ 시설비(압력탱크, 압축기 등)가 많이든다.

3) 압력탱크 최저 필요압력

$$P \geqq P_1 + P_2 + P_3$$

여기서, P_1 : 최고층 수전까지 높이 환산압력
P_2 : 배관의 압력강하
P_3 : 기구 최소 필요압력

5 탱크없는 부스터방식(펌프 직송 방식)

고가수조 없이 입형 다단(부스터)펌프를 이용하여 급수량의 변화에 따라 펌프의 회전수를 제어하여 급수압을 일정하게 유지하는 방식

6 급수량의 산정방법

① 급수 인원에 의한 방법
② 건물의 유효면적에 의한 방법
③ 위생 기구수에 대한 방법

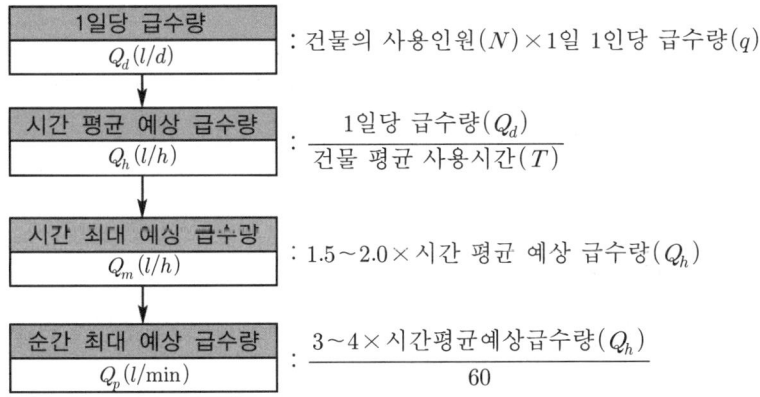

7 고층건물의 급수배관방식(급수의 조닝)

수전에서의 적절한 수압을 유지하기 위하여
① 층별식
② 중계식
③ 압력조정(조압)펌프식
④ 압력탱크식

8 급수배관의 시공

① 급수관의 구배 : 1/250
② 각층 수평주관 : 선상향 구배
③ 하향 배관에서 수평주관 : 선하향 구배

9 수격작용(water hammer)

유속의 급속한 변화로 배관 내의 압력이 급속히 상승하여 배관을 타격하는 현상

1) 원인
   ① 플러시밸브나 수전의 급속한 개폐
   ② 관경이 작을 때
   ③ 수압이 과대하거나 유속이 빠를 때
   ④ 감압밸브 사용 시
   ⑤ 굴곡부가 많거나 유수의 급정지 시

2) 방지대책
   ① 공기실(air chamber)이나 수격 방지기를 설치한다.
   ② 관경을 크게 하고, 유속은 낮춘다.
   ③ 펌프에 플라이 휠(fly wheel)을 설치하여 펌프의 급속한 속도변화를 방지한다.
   ④ 조압수조(surge tank)나 워터햄머 흡수기(arresters)를 설치한다.
   ⑤ 밸브는 송출구 가까이 설치하고, 개폐를 천천히 한다.
   ⑥ 배관의 굴곡을 억제하고, 가능한 직선으로 시공한다.

*수격작용 시 압력파
유속의 14배에 상당하는 압력 발생

10 크로스 커넥션

배관과 음용수 이외의 배관과의 접속 또는 음용수와 일단 배출된 물이 혼합하게 되어 음용수가 오염되는 접속배관을 말한다.

11 슬리브(sleeve)

관의 신축에 대비하고, 배관 수리 및 교체를 용이하게 하기 위하여 배관이 바닥이나 벽을 관통하는 경우에 콘크리트 타설 전에 설치한다.

12 건물 용도에 따른 최고 사용압력

1) 공동주택, 호텔, 숙박시설 : $3 \sim 4 kg/cm^2 (0.3 \sim 0.4 MPa)$
2) 사무소, 그 외 : $4 \sim 5 kg/cm^2 (0.4 \sim 0.5 MPa)$

04 급탕설비

1 급탕방법의 구분

개 별 식	순간식, 저탕식
중 앙 식	직접가열식, 간접가열식, 기수혼합식

2 개별식 급탕법의 특징

① 배관이 짧아 배관 중의 열손실이 적다.
② 쉽게 급탕을 사용할 수 있다.
③ 급탕설비의 증설이 용이하다.
④ 소규모 설비에 적합하다.

3 직접 가열식과 간접 가열식의 특징

1) **직접 가열식** : 보일러와 저탕탱크 내의 물을 직접 가열하는 것으로 열효율이 높다.

2) **간접 가열식** : 저탕조 내에 가열코일을 설치하고, 이 코일에 증기 또는 고온수를 공급하여 탱크 내의 물을 간접적으로 가열하는 방식으로 대규모 급탕설비 적합하다.

구 분	직접 가열식	간접 가열식
가열장소	온수보일러	난방용 보일러
보일러	급탕 및 난방용의 고압보일러 필요	급탕가능(저압보일러)
스케일 유무	많이 발생(수명이 짧음)	거의 발생하지 않음
가열코일	무	유
열효율	높음	낮음
적용	중·소규모	대규모

4 기수 혼합식 급탕설비

① 저탕조에 직접 증기를 불어 넣어 가열한다.
② 열효율은 100%이지만 소음이 크다.
③ 소음제거를 위해 스팀 사일렌서(F, S형)를 설치한다.
④ 사용 증기압은 1~4 kg/cm² 정도이다.

5 급탕온도

표준 급탕온도 : 60℃(60kcal/kg)

> **참고**
> - 음료용 : 50~55℃
> - 접시 세정기 헹구기용 : 70~80℃

6 급탕량 산정

① 인원수에 의한 방법
② 기구수에 의한 방법

7 배관방식

1) 단관식 : 1개의 배관으로 공급하므로 급탕배관 길이 15m 이내의 소규모 주택에 채택

2) 복관식(순환식) : 급탕관과 반탕관이 별도로 있어 항상 뜨거운 물을 바로 사용할 수 있다.

8 급탕 공급방식

1) 상향식 : 급탕 수직관을 세워 수직 입상관에서 공급

2) 하향식 : 급탕수직관을 최상층까지 올린 다음 최고층의 수평주관으로부터 수직관을 세워 하향으로 공급

3) 상·하향식

4) 역환수 방식(리버스리턴 방식) : 각층의 유량을 균등하게 분배하기 위한 방식으로 가장 효율적인 방식이나 설비비가 많이 든다.

9 순환방식

1) 중력식 : 급탕과 환탕(복귀탕)과의 온도에 의한 밀도차를 이용하여 자연 순환시킴

2) 자연 순환수두(mmAq)

$$H = (\gamma_2 - \gamma_1)h$$

여기서, γ_2 : 환탕의 비중량(kgf/m³)
γ_1 : 급탕의 비중량(kgf/m³)
h : 배관높이(m)

3) 강제 순환식 : 순환펌프를 사용하여 강제로 순환시킴

4) 순환펌프 양정(mH₂O)

$$H = 0.01\left(\frac{L}{2} + l\right)$$

여기서, L : 급탕 배관길이(m)
l : 환탕 배관길이(m)

10 급탕관경 및 유속

1) 급탕관 : 최소 20mm 이상
2) 반탕관 : 급탕관보다 한치수 작게한다.
3) 급탕배관의 유속 : 1.5m/s 이하

11 배관의 구배

1) 상향식 : 급탕관은 선상향, 복귀(환탕)관은 선하향 구배
2) 하향식 : 급탕관, 복귀관 모두 선하향 구배
3) 중력 순환식 : 1/150
4) 강제 순환식 : 1/200

12 급탕배관의 수압시험

최고 사용압력의 2배 이상으로 10분간

05 난방설비

1 난방설비의 분류

1) 직접난방 : 증기난방, 온수난방, 복사난방
2) 간접난방 : 공기조화, 온풍 난방, 공기조화

2 증기난방

증기의 응축(증발)잠열을 이용하여 난방

1) 증기난방의 분류

구 분	방 식	설 명
증기 압력	고압식	증기의 압력 1.0 kg/cm² 이상(1~3 kg/cm² 정도)
	저압식	증기의 압력 1.0 kg/cm² 미만(0.1~0.35 kg/cm² 정도)
배관 방식	단관식	증기관과 응축수관이 동일하게 하나로 구성
	복관식	증기관과 응축수관이 별개로 구성
공급 방식	상향식	증기공급주관을 최하층으로 배관하여 상향으로 공급
	하향식	증기공급주관을 최상층에 배관하여 하향으로 공급
환수배관 방식	건식	응축수환수관이 보일러 수면보다 위에 위치
	습식	응축수환수관이 보일러 수면보다 아래에 위치
응축수 환수방식	중력 환수식	응축수 자체의 중력에 의하여 환수
	기계 환수식	펌프에 의하여 응축수를 보일러에 급수
	진공 환수식	배관 내 응축수를 진공펌프를 이용하여 응축수탱크로 환수하고 이를 펌프에 의해 보일러에 공급하는 방식으로 증기의 순환이 빠르고 환수관의 지름이 작아도 되며 설치위치에 제한이 없다.(진공도 100~250mmHg)

2) **증기속도** : 수격작용 방지를 위해 저압증기는 35m/s, 고압증기는 45m/s로 제한

3) **냉각레그** : 증기주관 끝의 길이를 1.5m 이상으로 하고 보온하지 않은 상태로 증기를 응축시켜 트랩으로 보내는 역할(찌꺼기 고임부는 150mm 정도)

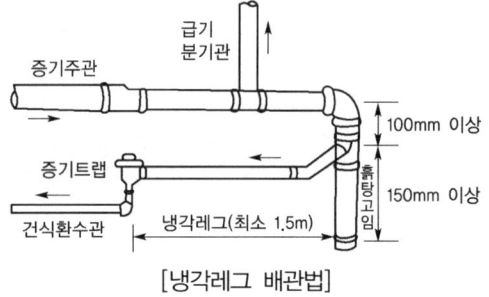

[냉각레그 배관법]

4) **하트포드 이음** : 저압 증기난방의 습식 환수방식에 있어 보일러 수위가 환수관의 접속부의 누설로 인해 저수위 사고가 일어날 것을 방지하기 위해 증기관과 환수관 사이의 표준수면에서 50mm 아래에 균형관을 설치한다.

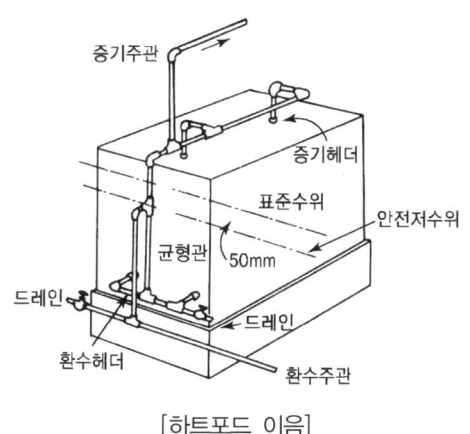

[하트포드 이음]

5) 리프트 이음(리프트 피팅)
    ① 환수주관보다 높은 곳에 진공펌프 설치 시 응축수 환수를 위해 설치
    ② 리프트관은 환수관보다 한 치수 작은관 사용
    ③ 1단의 흡상 높이 : 1.5m 이내

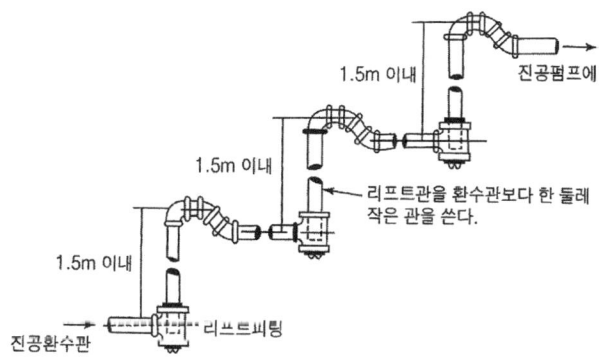

[리프트 이음]

6) 감압밸브 : 증기의 출구압력을 고압에서 저압으로 유지

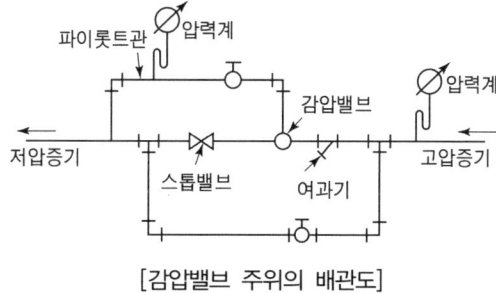

[감압밸브 주위의 배관도]

STUDY GUIDE

*버킷 트랩

*열동식 트랩

*디스크 트랩

7) **증기헤더** : 보일러에서 발생한 증기를 일시 저장하거나 각 사용처로 공급하는 장치

8) **인젝터** : 보일러에서 발생한 증기를 이용한 보조 급수장치

9) **증기 트랩(Steam trap)** : 증기관 말단이나 증기방열기 출구에 설치하여 증기 중의 응축수를 분리하여 수격작용 방지 및 배관의 부식방지

구 분	원 리	종 류
기계식 트랩	비중차 및 부력 이용	버킷(관말), 플로우트(다량)
온도조절식 트랩	온도차 이용	바이메탈, 벨로우즈
열역학적 트랩	열역학적 성질 이용	오리피스, 디스크

① 버킷 트랩 : 부력을 이용한 것으로 증기관과 환수관의 압력차가 있어야 하며 고압, 중압의 증기관에 적합하며, 환수관을 트랩보다 위쪽에 배관할 수 있으며 버킷의 위치에 따라 상향식과 하향식이 있다.

② 열동식(실리폰) 트랩 : 증기와 드레인을 분리하고 공기와 드레인을 함께 처리

③ 오리피스(충격식) 트랩 : 응축수 처리능력에 비해 극히 소형이며 고압, 중압, 저압에 사용되며 작동 시 구조상 증기가 약간 새는 결점이 있다.

10) **증기 난방설비에서의 구배**

① 단관 중력 환수식

㉠ 상향 공급식(역류관) : $\frac{1}{50} \sim \frac{1}{100}$ 하향구배

㉡ 하향 공급식(순류관) : $\frac{1}{100} \sim \frac{1}{200}$ 상향구배

② 복관 중력 환수식

㉠ 증기주관 및 건식 환수관 : $\frac{1}{200}$ 끝내림 구배

③ 진공 환수식 증기주관 및 환수관 : $\frac{1}{200} \sim \frac{1}{300}$ 선하향 구배(건식 환수관 사용)

3 온수난방

온수의 현열을 이용하여 난방

1) 온수난방의 분류

구분	방식	설명
순환 방식	자연순환식(중력식)	온수를 비중차를 이용하여 순환
	강제순환식(펌프식)	순환펌프를 사용하여 강제순환
온수 온도	고온수식	온수온도가 100℃ 이상(보통 100~150℃ 정도, 밀폐형 ET)
	보통온수식	온수온도가 100℃ 미만(보통 80~95℃ 정도)
	저온수식	온수온도가 100℃ 미만(보통 45~80℃ 정도)
배관 방식	단관식	온수공급관과 환수관이 동일
	복관식	공급관과 환수관이 별개로 구성
	역환수관식 (리버스리턴방식)	공급배관과 환수배관의 길이를 같게하여 온수가 균등하게 공급
공급 방식	상향식	온수공급관을 최하층에서 상향으로 공급
	하향식	온수공급관을 최상층에서 하향으로 공급

* **역귀환**(reverse return) **배관방식**
각 방열기의 방열량을 균등하게 하기 위하여 각 방열기의 공급관 및 환수관의 마찰저항(배관길이)은 동일하게 하여 유량의 분배를 일정하게 공급하는 방식으로 가장 효율적이다.

2) 팽창탱크 : 배관 내 온수의 팽창에 따른 장치 및 배관의 파손방지

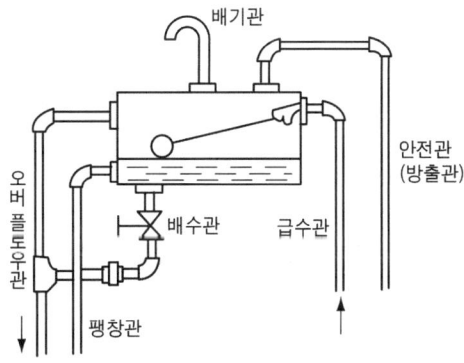

[개방형 팽창탱크]

* **팽창탱크의 설치위치**
① 개방형 : 최고층의 방열기나 방열면보다 1m 이상 높게 설치
② 밀폐형 : 제한 없음

① 온수 팽창량 $\Delta V = \left(\dfrac{1}{\gamma_2} - \dfrac{1}{\gamma_1}\right) V = \left(\dfrac{1}{\rho_2} - \dfrac{1}{\rho_1}\right) V$

② 팽창탱크의 용량 ET = 온수팽창량 × 2 ~ 2.5배

3) 온수난방 시공 시 구배
① 팽창탱크를 향해 1/250 이상 구배
② 단관 중력 환수식의 온수주관은 하향구배

STUDY GUIDE

＊고온수 난방
100℃ 이상의 온수를 이용하는 것으로 특수건물이나 공장, 지역난방 등에 사용되며 고온수를 사용처에 공급하기 위해 가압이 필요하며 가압방식으로는 정수두 가압방식, 공기 가압방식, 증기 가압방식, 질소가스 가압방식, 펌프 가압방식이 있으며 밀폐형 팽창탱크를 사용한다.

③ 복관 중력 환수식
　　┌ 상향 공급식 : 공급관 – 상향구배, 환수관 – 하향구배
　　└ 하향 공급식 : 공급관, 환수관 모두 – 하향구배

④ 강제 순환식 : 구배를 자유롭게 수평으로 유지하며 공기가 체류하지 않도록 한다.

4　복사난방

바닥에 매립된 배관에 온수를 통과시켜 복사열과 대류열을 이용하는 것으로 자연환기가 많이 일어나거나 천장이 높은 건물의 난방에 유리하나 시설비가 많이 든다.

1) 패널의 종류 : 바닥, 벽, 천장패널

2) 관매설 깊이 : 관 상단에서 관경의 1.5~2배 이상

3) 배관 길이 : 1구역(zone)당 50m 정도

5　방열기 도시기호

종　별	기　호
2주형	II
3주형	III
3세주형	3, 3C
5세주형	5, 5C
벽걸이형(횡형)	W-H
벽걸이형(종형)	W-V

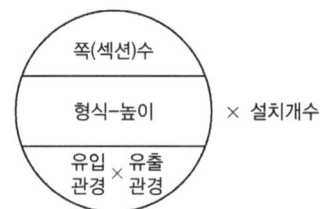

06　배수통기설비

1　배수의 종류

1) 일반(잡)배수 : 요리실, 욕조, 세척 싱크와 세면기 등에서 배출되는 물

2) 오수 : 수세식 화장실의 대·소변기 등에서의 나오는 배수

3) 특수배수 : 병원, 연구소, 공장 등과 같이 특수한 물질을 제거해야 하는 배수

4) 우수 : 지붕이나 마당에 떨어지는 빗물의 배수

2 배수 방식

1) **분류식** : 오수만을 정화처리 하여 공공하수도에 방류하고 잡배수, 우수는 그대로 배수하는 방식

2) **합류식** : 오수와 잡배수를 모아 동일 배수계통으로 배수하는 방식

3 배수트랩의 종류

1) 관트랩(사이펀 트랩)
   ① S트랩 : 세면기, 소변기 사용
   ② P트랩 : 봉수가 S트랩보다 안전
   ③ U(가옥, 하우스, 메인)트랩 : 옥내 배수수평주관의 말단 등 가옥 내 배수기구에 부착하여 공공하수관으로부터 해로운 가스가 실내로 유입되는 것을 방지

2) 비사이펀 트랩
   ① 드럼트랩 : 주방용 싱크
   ② 벨트랩 : 욕실, 샤워실 등 바닥배수용

3) 포집기(저집기)
   ① 그리스트랩 : 식당, 주방에서 유지분 제거
   ② 가솔린트랩 : 차고, 주차장, 주유소에 사용
   ③ 샌드트랩 : 모래분리

4 트랩에서의 봉수파괴 원인

1) **증발작용** : 장시간 미사용 시 봉수의 자연증발에 의한 파괴

2) **흡출작용(흡인작용에 의한 유도사이펀)** : 오배수 수직관 가까이에 위생기구가 설치되어 있을 때 수직관 위로부터 일시에 다량의 물이 흐르게 되면 그 수직관과 수평관의 연결관에 순간적으로 진공이 생기면서 봉수가 파괴되는 현상

3) **모세관 현상** : 머리카락이나 걸레 등에 의한 모세관 현상에 의한 봉수파괴

4) **분출작용(역압작용)**

5) **자기사이펀 작용** : 위생기구에서 배수가 만수상태로 트랩을 통과할 때 봉수가 빨려 나가 파괴되는 작용

6) 관성력에 의한 배출

STUDY GUIDE

* 옥내, 옥외 배수기준
외벽에서의 1m 기준

* 배수트랩
 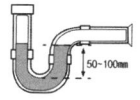

* 배수트랩의 봉수깊이
50~100mm 이내

5 통기관의 목적

① 트랩 내 봉수파괴 방지
② 배수의 흐름을 원활
③ 배수관 내의 악취제거 및 청결유지

6 통기관의 종류

1) 각개 통기관
    ① 위생기구마다 각각 통기관 설치가 가장 이상적이나 설비비가 비쌈
    ② 통기관경 : 접속 배수관경 이상(32mm 이상)

2) 루프(회로, 환상) 통기관
    ① 2개 이상 8개 이내의 트랩을 보호
    ② 통기관경 : 배수 수평지관과 통기 수직관 중 작은 것의 1/2 이상 (40mm 이상)
    ③ 통기관 길이 : 7.5m 이내

3) 신정 통기관
    ① 배수 수직관의 끝을 축소하지 않고 그대로 옥상에 개구
    ② 지붕 또는 옥상에서 0.15m 이상 올려 개구하며 이때 인접 건물의 개구부가 있을 경우 개구부 상단보다 0.6m 올리거나 수평으로 3m 이상 떨어져서 개구

4) 도피 통기관
    입상관까지의 거리가 긴 경우 루프 통기관의 효과를 높이기 위해 설치된 통기관

5) 습식, 공용, 결합 통기관 등

*통기헤더
통기 입관을 하나로 묶어 대기로 개방시키는 관

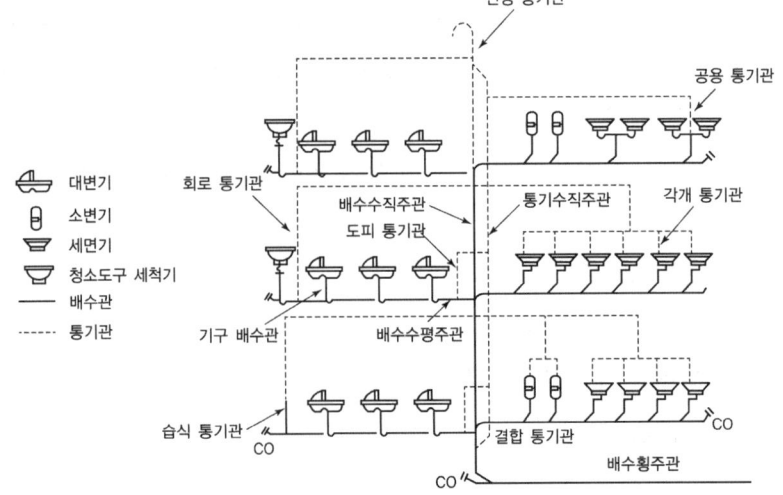

7 섹스티어 방식(sextia system)

유수에 선회력을 주어 수직관의 배관 중앙에 공기코어를 형성하여 하나의 관으로 배수, 통기관을 겸하는 방식으로 고층이나 APT 등에 많이 사용하는 이음 방식

8 청소구(소제구)의 설치

① 가옥 배수관과 대지 하수관 접속 부분
② 배수 수직 주관의 최하단부
③ 수평지관의 기점부
④ 배관이 45° 이상 구부러지는 곳
⑤ 수평관경이 100mm 이하는 15m마다, 100mm 이상은 30m마다

9 배수부하단위(fuD)

세면기 배수량을 1로 기준(28.5 L/min)

10 배관시험

1) **수압시험** : 수압 $0.3\,kg/cm^2$($3mH_2O$)로 15분 이상 유지
2) **기압시험** : 기압 $0.35\,kg/cm^2$을 가하여 15분 이상 유지
3) 연기시험
4) 박하시험

11 중수도 설비

1차로 사용한 상수를 정화하여 음료를 제외한 용도에 다시 사용하는 설비

07 가스설비

1 LNG(액화천연가스)의 특성

① 메탄(CH_4)을 주성분으로 하는 천연가스를 액화시킨 것으로 도시가스의 주원료이다.
② 1기압하에서 −162℃로 액화하면 체적이 1/600로 감소한다.
③ 공기보다 가볍다.

2 LPG(액화석유가스)의 특성

① 주성분 : 프로판(C_3H_8), 부탄(C_4H_{10}), 프로필렌(C_3H_6), 부틸렌(C_4H_8) 등
② 액화하면 1/250로 체적이 감소한다.
③ 공기보다 무겁다.
④ 발열량이 크고, 연소 시 다량의 공기가 필요하다.

3 도시가스 공급계통에 따른 공급 순서

원료 → 제조 → 압송 → 저장 → 압력조정

4 도시가스 공급방식

1) 고압 공급 : 1 MPa(10 kg/cm^2) 이상
2) 중압 공급 : 0.1~1 MPa(1~10 kg/cm^2) 미만
3) 저압 공급 : 0.1 MPa(1 kg/cm^2) 미만

5 가스배관의 경로

저압본관 → 차단밸브 → 가스미터 → 가스코크 → 소비기구

6 가스배관의 설계

가스기구 배치 → 사용량 예측 → 배관 경로 결정 → 관경 결정

7 가스배관의 원칙

① 직선 및 최단거리로 배관으로 할 것
② 옥외, 노출배관으로 할 것
③ 오르내림이 적을 것

8 가스배관의 구분

1) 본관 : 도시가스 제조사업소의 부지 경계에서 정압기까지 이르는 배관

2) 공급관 : 정압기에서 가스 사용자가 구분하여 소유하거나 점유하는 건축물의 외벽에 설치하는 계량기의 전단밸브(토지의 경계)까지 이르는 배관

3) 내관 : 가스 사용자가 소유하거나 점유하고 있는 토지의 경계에서 연소기까지 이르는 배관

9 가스배관의 설계

1) 저압 가스배관 설계(폴의 공식)

$$Q = K\sqrt{\frac{D^5 H}{SL}}, \quad D^5 = \frac{Q^2 SL}{K^2 H}$$

2) 중·고압 가스배관 설계(콕스의 공식)

$$Q = Z\sqrt{\frac{D^5(P_1^2 - P_2^2)}{SL}}$$

여기서,
- Q : 가스 유량(m³/h)
- D : 관의 내경(cm)
- H : 허용마찰손실수두(mmH$_2$O)
- $P_1 - P_2$: 초압-종압(kg/cm²a)
- L : 관 길이(m)
- S : 가스 비중
- K(폴의 정수) : 0.707
- Z(콕스의 정수) : 52.31

10 가스홀더(Gas holder)

1) 설치목적 : 공장에서 제조 정제된 가스를 저장하여 가스 품질을 균일하게 유지하면서 제조량과 수요량을 조절하는 탱크
2) 가스홀더의 종류 : 유수식, 무수식, 고압(구형)홀더

11 정압기(Governer)

가스의 압력을 일정한 압력으로 낮추어 주는 기기로서 통풍이 잘되는 옥외에 설치할 것

12 가스미터의 종류

1) 직접식(실측식) : 건식(막식, 회전식), 습식
2) 간접식(추측식) : 터빈식, 오리피스, 벤튜리식 등

*막식(다이어프램식)
가스를 일정 용적의 통 속에 충만시킨 후 배출하여 그 횟수를 용적 단위로 환산 것으로 일반 수용가(가정용, 상업용 등)에 많이 사용

13 가스계량기(가스미터) 설치

① 지면으로부터 1.6~2m 이내 설치
② 화기로부터 2m 이상 우회거리

14 부취설비

1) 액체 주입식 부취설비
    ① 펌프 주입 방식
    ② 적하 주입 방식
    ③ 미터연결 바이패스 방식

2) 증발식 부취설비
① 바이패스 증발식
② 위크 증발식

15 가스배관의 고정

① 13mm 미만 : 1m 마다
② 13~33mm 미만 : 2m 마다
③ 33mm 이상 : 3m 마다

16 가스배관의 도색과 매설

1) 가스배관의 도색

지상에 설치하는 도시가스 배관은 황색, 지하매설 배관으로 최고 사용압력이 저압인 배관은 황색으로 중압 이상인 배관은 붉은색으로 할 것

2) 도시가스배관의 도로 매설 기준〈개정 22년 1월 10일〉
① 배관 외면으로부터 도로 경계까지는 1m 이상의 수평거리 유지
② 배관은 그 외면으로부터 도로 밑의 다른 시설물까지 0.3m 이상의 거리 유지
③ 시가지의 도로 노면 밑 매설 : 노면으로부터 배관 외면까지의 깊이 1.5m 이상
④ 시가지 외 도로 노면 밑에 매설 : 노면으로부터 배관 외면까지의 깊이 1.2m 이상
⑤ 포장되어 있는 차도에 매설 : 포장 부분의 노반 밑에 매설하고 배관 외면과 노반 최하부와의 거리를 0.5m 이상
⑥ 인도·보도 등 노면외의 도로 밑에 매설 : 지표면으로부터 배관 외면까지의 깊이를 1.2m 이상
⑦ 도시가스 배관을 철도부지에 매설하는 경우에는 배관의 외면으로부터 궤도 중심까지 4m 이상, 그 철도부지 경계까지는 1m 이상의 거리를 유지하고, 지표면으로부터 배관의 외면까지의 깊이를 1.2m 이상으로 한다.

3) 도시가스 공급시설의 기밀시험 및 내압시험 압력
① 기밀시험 : 최고 사용압력의 1.1배
② 내압시험 압력 : 최고 사용압력의 1.5배

08 압축공기설비

1 압축공기설비

1) 공기탱크
   왕복동 압축기에서 맥동을 감소시켜 압력의 고저차를 최소로 줄이기 위해 압축공기를 일시 저장하는 탱크

2) 분리기
   외부에서 흡수된 습기가 압축에 의해 분리된 것이나 윤활유를 공기나 가스에서 분리시켜 제거하는 장치로 중각냉각기와 후부냉각기상에 설치한다.

3) 후부 냉각기
   압축기 토출관에 설치하여 증기를 함유한 고온의 압축가스를 냉각하여 분리기에서 수분제거를 돕는 장치

4) 공기 여과기
   흡입되는 공기 중의 먼지나 이물질을 분리

5) 공기 흡입관
   공기를 흡입하기 위한 관의 마찰저항을 최소로 하기위해 실린더 단면적의 1/2정도로 함

6) 안전밸브
   압축가스관, 압축공기관, 냉각수관 및 공기탱크 등의 과잉 압력을 외부로 배출하기 위해 장착하며 상용압력의 1.1배 정도에서 작동

09 설비적산

1 총원가의 구성

1) 순공사원가(재+노+경)
   ① 재료비(직접 공사비)
      ㉠ 직접 재료비 : 공사에 투입되어 건축물의 실체를 구성하는 품목
      ㉡ 간접 재료비 : 목적물의 실체를 형성하지 않고 보조적으로 소비되는 가치(소모재료비, 가설재료비, 소모품비, 공구손료)

*순공사원가
재료비+노무비+경비

② 노무비
　㉠ 직접 노무비 : 공사현장에서 목적물 완성을 위해 직접 작업에 종사하는 노무 자가 제공하는 노동력의 대가(급여, 제수당, 퇴직급여충당금 등)
　㉡ 간접 노무비 : 공사현장에서 직접 작업에 종사하지 않고 보조작업에 종사하는 자가 제공하는 노동력의 대가
③ 경비 : 시공을 위하여 소요되는 공사원가 중 재료비, 노무비를 제외한 원가

2) 일반 관리비
　기업유지를 위한 관리 활동부분의 발생 제비용

3) 이윤
　영업이익으로 노무비+경비+일반 관리비의×15% 이내

2 적산 순서

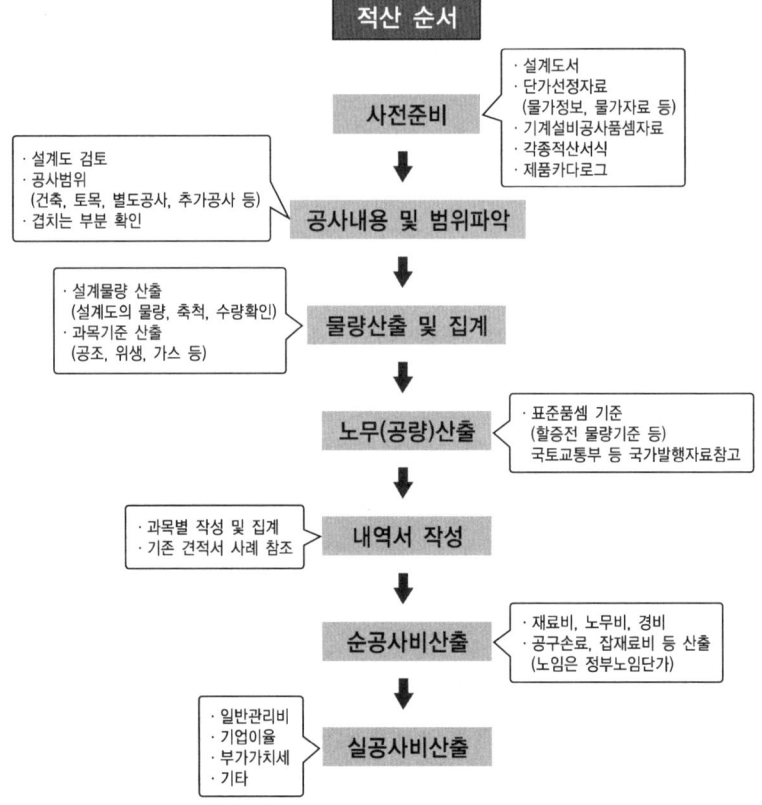

3 배관도시기호

기계설비관련 도시기호

구분	종 류	도 시 기 호	구분	종 류	도 시 기 호
밸브 * 콕 * 기타	게이트 밸브		공기조화배관	경유 공급관	—— DOS ——
	글로브 밸브			경유 환유관	—— DOR ——
	체크 밸브			중유 공급관	—— BOS ——
	스트레이너			중유 환유관	—— BOR ——
	버터플라이 밸브			냉수 공급관	—— CWS ——
	콕 밸브			냉수 환수관	—— CWR ——
	후렉시블 조인트			냉각수 공급관	—— CS ——
	신축이음(벨로즈단식)			냉각수 환수관	—— CR ——
	신축이음(벨로즈복식)			냉온수 공급관	—— CHS ——
	밸런싱 밸브			냉온수 환수관	—— CHR ——
	2방 자동 밸브			장비 배수관	—— ED ——
	3방 자동 밸브			팽창관	—— E ——
	차압 밸브			냉매흡입관	—— RS ——
	수위조절 밸브			냉매액관	—— RL ——
	전자 밸브			휀코일유닛 공급관	—— FCS ——
	감압 밸브			휀코일유닛 환수관	—— FCR ——
	안전 밸브			휀코일유닛 배수관	—— FCD ——
	배관고정점		급배수관	정수관	—— + ——
	자동공기빼기 밸브	AAV		시수 급수관	—— • ——
	온도계 * 압력계	TM * PQ		급탕관	—— •• ——
난방기기	방열기			환탕관	—— ••• ——
				배수관	—— D ——
	방열기 표시	쪽수/종류/태핑		오수관	—— S ——
				통기관	—— V ——
	증기트랩			폐수관	—— WD ——
				우수 배수관	—— RD ——
	고압 증기관	—— SS ——	소화배관	옥내소화전	—— H ——
	고압 환수관	—— SR ——		스프링클러	—— SP ——
	중압 증기관	—— SS ——		스프링클러 배수관	—— SPD ——
	중압 환수관	—— SR ——		연결 송수관	—— SC ——
	저압 증기관	—— SS ——		할론 가스관	—— HG ——
	저압 환수관	—— SR ——	강관이음	플랜지	
	온수 공급관	—— HWS ——		유니온	
	온수 환수관	—— HWR ——		밴드	
	가스 공급관	—— G ——		90도 엘보	
				45도 엘보	
				티	
				+자(크로스)	
				맹 후랜지	
				캡	
				플러그	

10 설계도면작성

1 강관의 호칭지름

호칭지름		호칭지름		호칭지름		호칭지름	
A(mm)	B(inch)	A(mm)	B(inch)	A(mm)	B(inch)	A(mm)	B(inch)
15A	1/2"	40A	1 1/2"	100A	4"	250A	10"
20A	3/4"	50A	2"	125A	5"	300A	12"
25A	1"	65A	2 1/2"	150A	6"	350A	14"
32A	1 1/4"	80A	3"	200A	8"	400A	16"

※ A : mm, B : inch(1inch=25.4mm)

2 높이 표시

1) GL : 지면의 높이를 기준
2) FL : 층의 바닥면을 기준
3) EL : 관의 중심을 기준
4) TOP : 관의 윗면까지의 높이를 표시
5) BOP : 관의 아랫면까지의 높이를 표시

3 유체 표시기호

유체의 종류	도 색	도시기호
물	청 색	W
공 기	백 색	A
가 스	황 색	G
수증기	적 색	S
유 류	어두운 주황	O

4 관의 접속 및 입체적 상태

접속상태	실제모양	도시기호	굽은상태	실제모양	도시기호
접속하지 않을 때			파이프 A가 앞쪽 수직으로 구부러질 때		
접속하고 있을 때			파이프 B가 뒤쪽 수직으로 구부러질 때		
분기하고 있을 때			파이프가 C가 뒤쪽으로 구부러져서 D에 접속될 때		

5 배관의 이음 표시

이음종류	연결방법	도시기호	예	이음종류	연결방식	도시기호
관이음	나사이음			신축이음	루우프형	
	용접이음(땜이음)				슬리브형	
	플랜지이음				벨로우즈형	
	턱걸이이음				스위블형	

6 밸브 및 계기류 표시

종류	기호	종류	기호
스톱(글로브)밸브		감압밸브	
게이트(슬루스)밸브		일반조작밸브	
앵글밸브		봉함밸브	
역지(체크)밸브		전자밸브	
안전밸브(스프링식)		전동밸브	
안전밸브(추식)		다이어프램밸브	
일반 콕크		닫혀 있는 일반밸브	
볼밸브		닫혀 있는 일반콕크	
버터플라이밸브		온도계·압력계	

7 배관의 말단 표시

막힘 플랜지		나사캡		용접캡		플러그	

8 기타 및 관지지 기호

펌 프	▶	관지지 기호		
		종 류	관 지 지	기 호
냉각탑	∨	앵 커		⊗
팽창밸브 (증기트랩)	⊗	가 이 드		═══ G
볼 밸 브	⋈	슈 우		◆
팽창이음 (슬리브형)	─▭─	행 거		● H
오리피스	─┤├─	스프링 행거		● SH
가열코일	─∿∿∿─	바 닥 지 지		■ S
여 과 기	─┼╱┼─	스프링지지		■ SS

11 전기기초

1 기초용어

1) 전류(I)
   - 1A : 1sec 동안에 1C의 전하를 이동시키는 전류의 크기

$$I = \frac{Q}{t}$$

여기서, I : 전류(A)
Q : 전기량(C)
t : 시간(sec)

2) 전압(V)
   - 1V : 1C의 전기량이 이동하여 1J의 일을 할 수 있는 전위 차

$$V = \frac{W}{Q} [\text{J/C, V}]$$
$$W = V \cdot Q [\text{J}]$$

여기서, V : 전류(V)
Q : 전기량(C)
W : 시간(J)

3) 저항(R)
   ① 1Ω : 1V의 전압을 가할 때 1A의 전류가 흐를 수 있는 저항(Ω)
   ② 도선에서의 저항

   $$R = \rho \frac{l}{A} [\Omega]$$

   ③ 고유저항(ρ : Ωm, Ωcm, Ωmm^2/m)
      ㉠ 전류의 흐름을 방해하는 물질의 고유한 성질
      ㉡ 길이 1m, 단면적 1m^{2}의 물질이 갖는 저항

   $$\rho = \frac{RA}{l} [\Omega \cdot m]$$

   ④ 온도에 따른 물질의 저항

   $$R' = R(1 + \alpha \cdot \Delta t)$$

   여기서, α : t℃일 때의 저항 온도 계수
   Δt : 온도차(℃)
   R' : t℃일 때의 저항(Ω)
   R : 처음의 저항(Ω)

4) 컨덕턴스(G, ℧ : 모우(mho), S : 지멘스)
   ① 전류가 흐르기 쉬운 정도를 나타내는 상수(저항의 역수)

   $$R = \frac{1}{G} [\Omega] \qquad G = \frac{1}{R} [℧]$$

   ② 도전율(σ) : 물질 내에 전류가 흐르기 쉬운 정도로 고유저항의 역수

   $$\sigma = \frac{1}{\rho} = \frac{l}{RA} [℧/m, S/m, \Omega^{-1}/m]$$

2 옴의 법칙(Ohm's law)

도체에 흐르는 전류는 도체의 양단의 전위차(전압)에 비례하고, 도체의 저항에 반비례한다.

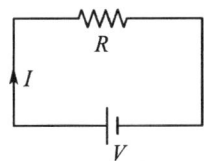

$$I = \frac{V}{R} [A] , \quad V = IR [V] , \quad R = \frac{V}{I} [\Omega]$$

3 저항의 접속

1) 직렬 접속(전류 일정)

① 각각의 저항 R_1, R_2에 걸리는 전압강하를 V_1, V_2라 하면 합성저항은

$$R_0 = R_1 + R_2 [\Omega]$$

② n개의 저항을 직렬 연결 시

$$R_0 = R_1 + R_2 + \cdots + R_n [\Omega]$$

③ 전압의 분배

$$V_1 = \frac{R_1}{R_1 + R_2} \cdot V$$

$$V_2 = \frac{R_2}{R_1 + R_2} \cdot V$$

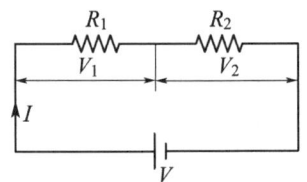

2) 병렬 접속(전압 일정)

① 각각의 저항 R_1, R_2을 병렬 접속 후 각 저항에 흐르는 전류를 I_1, I_2라 하면 합성저항은

$$R_0 = \frac{1}{\frac{1}{R_1} + \frac{1}{R_2}}$$

② n개의 저항을 병렬 연결 시

$$R_0 = \frac{1}{\frac{1}{R_1} + \frac{1}{R_2} + \cdots + \frac{1}{R_n}}$$

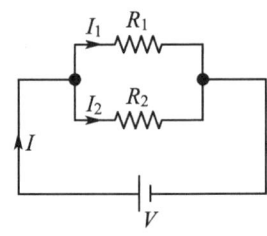

③ 전류의 분배

$$I_1 = \frac{R_2}{R_1 + R_2} \cdot I$$

$$I_2 = \frac{R_1}{R_1 + R_2} \cdot I$$

④ 저항 2개 병렬일 경우의 합성저항 R_0

$$R_0 = \frac{R_1 \cdot R_2}{R_1 + R_2}$$

⑤ 저항 3개 병렬일 경우의 합성저항 R_0

$$R_0 = \frac{R_1 \cdot R_2 \cdot R_3}{R_1 R_2 + R_2 R_3 + R_3 R_1}$$

4 키르히호프의 법칙

1) 제 1 법칙(전류분배 법칙)

회로망 중의 임의의 접속점에 유입하는 전류의 합과 유출하는 전류의 합은 같다.

$$\sum I = 0$$

2) 제 2 법칙(전압분배 법칙)

회로망 중의 임의의 한 폐회로의 각부를 흐르는 전류와 저항과의 곱(전압 강하)의 대수합은 그 폐회로 내에 있는 모든 기전력(전원)의 대수합과 같다.

$$\sum E = \sum IR$$

5 전력과 전력량

1) 전력(P : Watt) : 1초 동안에 전기가 하는 일의 양

$$P = \frac{W}{t} = I^2 R = \frac{V^2}{R} = VI \, [\text{W}]$$

2) 전력량(W : kWh, J) : 일정시간 동안에 전기가 하는 일의 양(전력×시간)

$$W = I^2 R t = VIt = \frac{V^2}{R} t = Pt \, [\text{J}]$$

6 효율(η)

입력에 따른 출력의 비

$$\eta = \frac{\text{출력}}{\text{입력}} = \frac{\text{입력} - \text{손실}}{\text{입력}} = \frac{\text{출력}}{\text{출력} + \text{손실}}$$

7 전기관련 법칙

1) 줄의 법칙(Joul's law)

전류에 의해 도선에 발생하는 열량은 전류의 제곱에 비례하고, 도선의 저항 및 전류가 흐르는 시간에 비례한다.

$$H = I^2 R t \, [\text{J}]$$
$$H = 0.24 I^2 R t = m \cdot c \cdot \Delta t \, [\text{cal}]$$

여기서, m : 질량(g)
c : 비열(cal/g · deg)
Δt : 온도차(℃)

① 1cal=4.186J, 1J=0.24cal(1W=1J/s)
② 1kWh=860kcal=3,600kJ

2) 플레밍의 왼손 법칙
① 전동기의 회전방향을 결정
② 자계 내에 직각으로 전류가 흐르고 있는 도선을 두면, 이 도선에는 전자력에 의해 위쪽으로 향하는 힘이 발생한다.
  ㉠ 엄지 : 힘의 방향(F)
  ㉡ 검지 : 자장의 방향(B)
  ㉢ 중지 : 전류의 방향(I)

$$F = BIl\cos\theta \, [\text{N}]$$

여기서, B : 자속밀도(Wb/m²)
l : 도체의 길이(m)
I : 전류(A)
θ : 자속과 도체의 각도

3) 플레밍의 오른손 법칙
① 발전기의 유도 기전력의 방향 결정
② 자장 내에 도체를 놓고 운동시키면 유도 기전력이 발생하는 데 이때 자장 내에 운동하는 도체에 유기되는 방향을 알 수 있는 법칙
  ㉠ 엄지의 방향 : 운동의 방향(v)
  ㉡ 검지의 방향 : 자장의 방향(B)
  ㉢ 중지의 방향 : 기전력의 방향(e)

$$e = BlV\cos\theta \, [\text{V}]$$

여기서, B : 자속밀도(Wb/m²)
l : 도체의 길이(m)
V : 속도(m/s)
θ : 자속과 도체의 각도

4) 암페어의 오른나사의 법칙
① 전류에 의한 자장의 방향 결정
② 전류가 흐르는 방향으로 오른나사를 진행시키면 나사가 회전하는 방향이 자장의 방향이 됨
③ 전류의 방향이 나사의 회전방향이면 나사의 진행방향이 자장의 방향이 됨

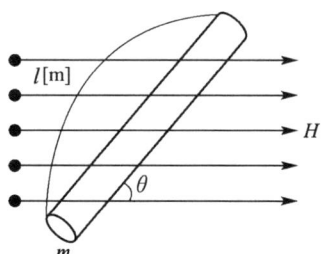

5) 페러데이 법칙
  ① 전자 유도 : 코일과 자속이 쇄교하고 있을 때 자속이 변하거나 코일이 운동하면 코일에 기전력이 생기는 현상
  ② 페러데이 법칙(유도 기전력의 크기 결정) : 전자 유도에 의해 코일에 생기는 기전력 e의 크기는 쇄교하는 자속 ϕ의 시간적인 변화율에 비례한다.

$$e = \frac{\Delta \phi}{\Delta t}$$

여기서, $\Delta \phi$: 자속의 변화율
Δt : 시간의 변화율

6) 렌쯔의 법칙(유도 기전력의 방향을 결정)
전자 유도 현상에 의하여 코일에 발생하는 유도 기전력의 방향은 자속 ϕ의 증가 또는 감소를 방해하는 방향으로 발생한다.

※ 발생 기전력의 크기

$$e = \frac{\Delta \phi}{\Delta t} \, [\text{V}]$$
$$e = \frac{d\phi}{dt} \, [\text{V}]$$

여기서, $\Delta \phi$: 자속 변화량(Wb)
Δt : 시간 변화량(s)

8 제어벡 및 펠티어 효과

1) 제에벡 효과
  ① 서로 다른 종류의 금속을 접합하여 두 접점간의 온도차를 주면 전압이 발생하는 현상
  ② 열전대 온도계, 열전형 계기, 열전쌍의 원리가 되는 법칙

2) 펠티어 효과
  ① 두 종류의 금속의 접합부에 전류를 흘리면 전류의 방향에 따라 흡열, 발열현상이 나타난다.
  ② 전자(열전) 냉동기의 원리가 되는 법칙

12 교류회로

1 교류회로에 사용되는 주요기호의 명칭 및 단위

명 칭	기 호	단 위
저 항(Resistance)	R	Ω
콘덕턴스(Conductance)	G	℧, S
인덕턴스(Inductance)	L	H
정전용량(Capacitance)	C	F
유도 리액턴스	X_L	Ω
용량 리액턴스	X_C	Ω
임피던스(Impedance)	Z	Ω
어드미턴스(Admittance)	Y	℧, S
주파수(Frequncy)	f	Hz
주 기(Time)	T	sec
각속도	w	rad/sec

2 주기와 주파수

1) 주파수(f) : 초당 사이클의 수(1초당의 반복 횟수)

$$f = \frac{1}{T} \text{[Hz]}$$

2) 주기(T) : 1주파(cycle)에 필요한 시간

$$T = \frac{1}{f} \text{[sec]}$$

3) 각속도(w) : 각 변위의 시간에 대한 변화율

$$w = \frac{2\pi}{T} = 2\pi f \text{[rad/sec]}$$

$$1\text{rad} = \frac{360}{2\pi} = \frac{180}{\pi} = 57.3°$$

3 교류의 크기 표시

1) 교류의 크기 표시

$$e = \underset{\text{최대값}}{E_m} \underset{\text{파형}}{\sin} (\underset{\text{각속도×시간}}{wt} + \underset{\text{위상}}{\phi})$$

2) 순시값(e, i)
   ① 시시각각 변하는 교류의 임의의 순간의 값
   ② 교류의 4가지 기본 성질(크기, 파형, 변화속도, 위상)을 하나의 식에 모두 포함

$$e = \sqrt{2}E\sin wt = E_m \sin wt$$
$$i = \sqrt{2}I\sin wt = I_m \sin wt$$

3) 최대값(E_m, I_m) : 교류의 순시값 중에서 가장 큰 값

$$E_m = \sqrt{2}E, \quad I_m = \sqrt{2}I$$

4) 실효값(E, I) : 교류의 크기를 이와 동일한 일을 하는 직류의 크기로 환산하는 값으로 순시값의 제곱의 합의 평균으로 나타낸다.(전류계, 전압계의 지시값)

$$E = \frac{E_m}{\sqrt{2}}, \quad I = \frac{I_m}{\sqrt{2}}$$

5) 평균값(E_a, I_a) : 순시값에 대한 반주기간의 평균적인 값이다.
   ① 전파 정류일 때 : $E_a = \frac{2}{\pi}E_m \quad I_a = \frac{2}{\pi}I_m$
   ② 반파 정류일 때 : $E_a = \frac{1}{\pi}E_m \quad I_a = \frac{1}{\pi}I_m$

6) 파고율 : 교류의 최대값과 실효값과의 비로 파형의 날카로운 정도를 표시

$$파고율 = \frac{최대값}{실효값} = \frac{E_m}{E} = \frac{E_m}{E_m/\sqrt{2}} = \sqrt{2} = 1.414$$

7) 파형률 : 실효값과 평균값의 비로 파형의 평활도를 표시

$$파형률 = \frac{실효값}{평균값} = \frac{E}{E_a} = \frac{E_m/\sqrt{2}}{2E_m/\pi} = \frac{\pi}{2\sqrt{2}} = 1.111$$

4 교류전류에 대한 R-L-C 작용

1) R만의 회로 : 전압과 전류는 동위상

$$I = \frac{V}{R} [A]$$

STUDY GUIDE

2) L만의 회로 : 전류가 전압보다 $\frac{\pi}{2}$[rad]만큼 늦다.

$$I = \frac{V}{X_L} = \frac{V}{\omega L}[\text{A}], \quad X_L = \omega L = 2\pi f L\,[\Omega]$$

3) C만의 회로 : 전류가 전압보다 $\frac{\pi}{2}$[rad]만큼 앞선다.

$$I = \frac{V}{X_C} = \omega CV[\text{A}], \quad X_C = \frac{1}{\omega C} = \frac{1}{2\pi f C}\,[\Omega]$$

구분	소자연결	합성 임피던스 또는 합성 어드미턴스 크기	역률 $(\cos\theta)$	위상		전압과 전류의 위상관계
직렬	R, L	$\sqrt{R^2+(\omega L)^2}$	$\dfrac{R}{Z}=\dfrac{R}{\sqrt{R^2+X_L^2}}$	$\theta=\tan^{-1}\dfrac{\omega L}{R}$		전압의 위상이 전류의 위상보다 빠르다.
	R, C	$\sqrt{R^2+\left(\dfrac{1}{\omega C}\right)^2}$	$\dfrac{R}{Z}=\dfrac{R}{\sqrt{R^2+X_C^2}}$	$\theta=\tan^{-1}(-R\omega C)$		전압의 위상이 전류의 위상보다 느리다.
	R, L, C	$\sqrt{R^2+\left(\omega L-\dfrac{1}{\omega C}\right)^2}$	$\dfrac{R}{\sqrt{R^2+(X_L-X_c)^2}}$	$\theta=\tan^{-1}\dfrac{\omega L-\dfrac{1}{\omega C}}{R}$	$\omega L > \dfrac{1}{\omega C}$	전압의 위상이 전류의 위상보다 빠르다.
			$\dfrac{X_L}{\sqrt{R^2+X_L^2}}$		$\omega L < \dfrac{1}{\omega C}$	전압의 위상이 전류의 위상보다 느리다.
			$\dfrac{X_C}{\sqrt{R^2+X_C^2}}$	$\theta=0°$	$\omega L=\dfrac{1}{\omega C}$	직렬 공진상태로 임피던스가 최소가 되어 최대의 전류가 흐름
병렬	R, L	$\sqrt{\left(\dfrac{1}{R}\right)^2+\left(\dfrac{1}{\omega L}\right)^2}$		$\theta=\tan^{-1}\left(-\dfrac{R}{\omega L}\right)$		전압의 위상이 전류의 위상보다 느리다.
	R, C	$\sqrt{\left(\dfrac{1}{R}\right)^2+(\omega C)^2}$		$\theta=\tan^{-1}R\omega C$		전압의 위상이 전류의 위상보다 빠르다.
	R, L, C	$\sqrt{\left(\dfrac{1}{R}\right)^2+\left(\dfrac{1}{\omega L}-\omega C\right)^2}$	$\dfrac{\dfrac{1}{R}}{\sqrt{\left(\dfrac{1}{R}\right)^2+\left(\dfrac{1}{X_C}-\dfrac{1}{X_L}\right)^2}}$	$\theta=\tan^{-1}\dfrac{\dfrac{1}{\omega L}-\omega C}{R}$	$\dfrac{1}{\omega L}<\omega C$	전압의 위상이 전류의 위상보다 느리다.
					$\dfrac{1}{\omega L}>\omega C$	전압의 위상이 전류의 위상보다 빠르다.
				$\theta=0°$	$\dfrac{1}{\omega L}=\omega C$	병렬 공진상태로 임피던스가 최대가 되어 최소의 전류가 흐름

5 교류전력

교류전력에는 전원에서 공급되는 피상전력(P_a), 전원에서 부하로 실제 소비되는 유효전력(P), 실제로 아무런 일도 할 수 없는 무효전력(P_r)이 있는데 피상전력은 실효치 전압과 실효치 전류를 단순이 곱한 값이 되며 유효전력은 피상전력에 전류와 전압의 위상차인 각도에 cos(위상차)인 역률을 곱한 값이다. 무효전력은 위상차에 sin(위상차)을 곱한 값이 된다. 이때 위상차에 sin을 취한 값을 무효율이라고 한다. 역률과 무효율은 전력을 얼마나 효율적으로 사용하는가를 보여주는 지표로 역률이 클수록 무효율이 작을수록 효율적이다.

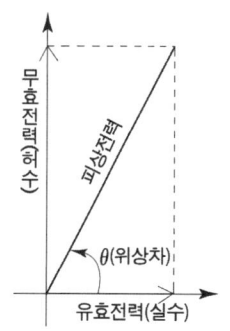

① Z와 P_a
$$Z = R \pm jX = \sqrt{R^2 + X^2} \ [\Omega]$$
$$P_a = P \pm jP_r = \sqrt{P^2 + P_r^2} \ [VA]$$

② 역률($\cos\theta$)
$$\cos\theta = \frac{R}{Z} = \frac{P}{P_a}$$

③ 무효율($\sin\theta$)
$$\sin\theta = \frac{X}{Z} = \frac{P_r}{P_a}$$

④ 피상전력
$$P_a = VI = I^2 Z = \frac{V^2}{Z} = \sqrt{P^2 + P_r^2} \ [VA]$$

⑤ 유효전력
$$P = P_a \cos\theta = VI\cos\theta = I^2 R = \frac{V^2}{R} = \sqrt{P_a^2 - P_r^2} \ [W]$$

⑥ 무효전력
$$P_r = P_a \sin\theta = VI\sin\theta = I^2 X = \frac{V^2}{X} = \sqrt{P_a^2 - P^2} \ [Var]$$

⑦ 역률개선(역률 $\cos\theta_1$에서 $\cos\theta_2$로 개선, 병렬콘덴서 용량 계산)
$$Q_C = P(\tan\theta_1 - \tan\theta_2) = P\left(\frac{\sin\theta_1}{\cos\theta_1} - \frac{\sin\theta_2}{\cos\theta_2}\right)$$
$$= P\left(\frac{\sqrt{1-\cos^2\theta_1}}{\cos\theta_1} - \frac{\sqrt{1-\cos^2\theta_2}}{\cos\theta_2}\right) [KVA]$$

6 최대전력 전송 조건

내부저항 r, 부하저항 R인 경우 부하전력 P는 $P = I^2 R = \frac{V^2 R}{(r+R)^2}$[W]이다. $\frac{dP}{dR} = 0$인 조건을 만족할 때 부하전력이 최대가 되며 이 조건식은 $R = r$이 된다. 이때의 최대전력(P_m)은 $P_m = \frac{V^2}{4R}$[W]이다.

7 3상 교류

1) **대칭 3상 교류**

   전압의 크기와 주파수가 같고, 서로 $\frac{2\pi}{3}$[rad]의 위상차를 갖는 3상 교류

2) **성형 결선(Y결선)**

   $V_l = \sqrt{3}\, V_p$, $I_l = I_p$ (선간전압 V_l이 상전압 V_p보다 $\frac{\pi}{6}$[rad] 앞선다.)

   $V_l = \sqrt{3}\, V_P \angle \frac{\pi}{6}(+30°) = \sqrt{3}\, Z_P I_P$ [V]

   $V_P = Z_P I_P$ [V]

   ※ 선간전압은 상전압의 $\sqrt{3}$배

   $I_l = I_P = \dfrac{V_P}{Z} = \dfrac{Z I_P}{\sqrt{3}}$ [V]

   $P = \sqrt{3}\, V_l I_l \cos\theta = \sqrt{3}\, VI\cos\theta = 3 I_P^2 R$ [W]

3) **삼각 결선(△결선)**

   $V_l = V_p$, $I_l = \sqrt{3}\, I_p$ (선전류가 상전류보다 $\frac{\pi}{6}$[rad] 늦다.)

   $V_l = V_P = Z_P I_P = \dfrac{Z_P I_P}{\sqrt{3}}$ [V]

   $I_l = \sqrt{3}\, I_P \angle -\dfrac{\pi}{6}(-30°) = \dfrac{\sqrt{3}\, V}{Z}$ [A]

   $I_P = \dfrac{V_P}{Z}$ [A]

   $P = \sqrt{3}\, V_l I_l \cos\theta = \sqrt{3}\, VI\cos\theta = 3 I_P^2 R$ [W]

   ※ △ → Y 결선 변경

   $\dfrac{1}{3}$배, $\dfrac{1}{3} R_\triangle = R_Y$, $\dfrac{1}{3} P_\triangle = P_Y$

4) **V결선**

   출력 : $P_V = \sqrt{3}\, P$ [W]

   출력비 : $\dfrac{P_V}{P_\triangle} = \dfrac{\sqrt{3}\, P}{3P} = \dfrac{1}{\sqrt{3}} = 0.577$

   변압기 이용률 : $U = \dfrac{\sqrt{3}\, P}{2P} = \dfrac{\sqrt{3}}{2} = 0.866$

5) **Y ↔ △ 변환**

   ① △부하를 Y부하로 변환

   ㉠ $Z_a = \dfrac{Z_{ab} \cdot Z_{ca}}{Z_{ab} + Z_{bc} + Z_{ca}}$ [Ω]

   ㉡ $Z_b = \dfrac{Z_{ab} \cdot Z_{bc}}{Z_{ab} + Z_{bc} + Z_{ca}}$ [Ω]

ⓒ $Z_c = \dfrac{Z_{bc} \cdot Z_{ca}}{Z_{ab} + Z_{bc} + Z_{ca}} [\Omega]$

ⓔ 평형부하일 경우 : $Z_Y = \dfrac{Z_\triangle}{3}$

② Y부하를 △부하로 변환

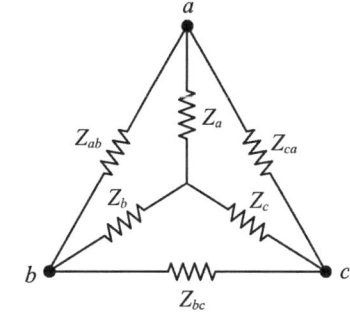

㉠ $Z_{ab} = \dfrac{Z_a Z_b + Z_b Z_c + Z_c Z_a}{Z_c} [\Omega]$

㉡ $Z_{bc} = \dfrac{Z_a Z_b + Z_b Z_c + Z_c Z_a}{Z_a} [\Omega]$

㉢ $Z_{ca} = \dfrac{Z_a Z_b + Z_b Z_c + Z_c Z_a}{Z_b} [\Omega]$

㉣ 평형부하일 경우 : $Z_\triangle = 3 Z_Y$

8 3상 전력의 측정

1) 1전력계법

1대의 단상 전력계로 3상 평형부하의 전력을 측정할 수 있다.

① 3상전력 : W전력계 지시값(P_P)의 3배

$$P = 3P_P [\text{W}]$$

② Δ결선 회로에서는 직접 사용할 수 없다.

2) 2전력계법

2대의 단상 전력계를 접속하여 3상 전력을 측정할 수 있다. 두 개의 전력계 W_1, W_2를 결선하고, 각각의 지시값은 P_1, P_2라고 하면

① 유효전력 $P = P_1 + P_1 [\text{W}]$

② 무효전력 $P_r = \sqrt{3}(P_1 - P_1) [\text{Var}]$

③ 피상전력 $P_a = \sqrt{(P^2 + P_r^2)} [\text{VA}]$

④ 역률 $\cos\theta = \dfrac{P_1 + P_2}{2\sqrt{P_1^2 + P_2^2 - P_1 P_2}}$

3) 3전력계법

단상 전력계 3대를 접속하여 3상 전력을 측정할 수 있다.

$$P = P_a + P_b + P_c [\text{W}]$$

13 전기기기

1 직류기

1) 직류기의 3요소
   ① 계자 : 자속을 발생시킨다.
   ② 전기자 : 자속을 끊어 기전력을 유기한다.
   ③ 정류자 : AC를 DC로 변환한다.

2) 직류기의 유도 기전력

$$E = \frac{PZ\Phi N}{60a} [\text{V}]$$

여기서, a : 병렬 회로수
P : 극수
Z : 총 도체수
N : 권수
ϕ : 자속

   ① 총 도체수, $Z = 2 \times 권수 \times 코일수$
   ② 직렬 도체수 : $\frac{Z}{a}$

3) 전압 변동률

$$\varepsilon = \frac{V_0 - V_n}{V_n} \times 100 (\%)$$

* 달라도 되는 것
절연저항, 손실, 용량

4) 직류기의 병렬운전 조건
   ① 정격전압과 극성이 같을 것
   ② 외부 특성곡선이 어느 정도 수하특성 일 것
   ③ 용량이 다른 경우 % 부하 전류로 나타낸 외부 특성곡선이 일치할 것
   ④ 용량이 같은 경우 외부 특성곡선이 일치할 것

5) 직류 전동기의 토크(Torque)

$$T = \frac{P}{w} = \frac{PZ\phi I_a}{2\pi a} = K\Phi I_a [\text{N} \cdot \text{m}]$$

여기서, I_a : 전기자 전류
P : 출력
ϕ : 자속
Z : 총 도체수

   ① 직권은 전기자 전류의 제곱에 비례한다.(자기포화 무시)

② 분권은 전기자 전류에 비례한다.

$$T = 0.975\frac{P}{N}[\text{kg} \cdot \text{m}]$$

여기서, P : 출력
N : 각속도

6) 속도제어

$$N = K'a\frac{E_C}{\Phi} = K'a\frac{V-I_aR_a}{\phi}[\text{rps}]$$

여기서, R_a : 전기자 저항
ϕ : 자속
V : 전기자 전압
I_a : 전기자 전류

전압제어	계자제어	저항제어
전기자에 가해지는 전압을 변화시키는 방법 ① 워드레오너드 방식 : 가변전압을 공급하기 위하여 직류발전기를 설치하고 이를 구동하기 위한 직류전동기를 이용하여 공급하는 방식으로 전동기와 발전기 대신에 반도체 스위치를 사용하는 방식을 정지 워드레오너드방식이라 함 ② 일그너 방식 : 워드레오너드 방식과 비슷하나 구동용 전동기로 유도 전동기와 플라이휠을 사용하는 방식으로 부하변동에 대하여도 안정하게 제어를 할 수 있음	계자자속은 계자 전류에 비례하므로 계자권선에 가변저항을 연결하여 계자전류를 변화시키는 방법	전기자에 직렬로 가변저항을 연결하여 전기자회로의 저항값을 변화시키는 법으로 단시간에 속도를 매우 감속할 때 사용한다.
• 광범위한 속도제어 • 일그너 방식(부하가 급변하는 곳) • 워드레오너드 방식 • 정토크 제어 • 효율이 좋음 • 비용 증가	• 세밀하고 안정된 속도제어 • 속도 조정범위가 좁음 • 정출력 구동방식 • 효율이 좋음 • 조작이 간편하다.	• 속도조정범위가 좁음 • 효율이 나쁨

2 변압기

1) 변압기의 원리와 구조

① 전자유도작용 : 전압을 변환하는 기기로 1차 권선에 교류전압을 공급하면 자속이 발생하여 철심을 지나 2차 권선과 쇄교하면서 기전력이 유도된다.

② 변압기의 구조 : 자기회로인 규소강판을 성층한 철심에 전기회로인 2개의 권선이 서로 쇄교되는 구조로 변압기의 형식에 따라 내철형, 외철형, 권철심형이 있다.

2) 권수비

$$a = \frac{N_1}{N_2} = \frac{V_1}{V_2} = \frac{I_2}{I_1} = \sqrt{\frac{Z_1}{Z_2}}$$

여기서, V_1, I_1, N_1, Z_1 : 1차측 전압, 전류, 권수, 임피던스
V_2, I_2, N_2, Z_2 : 2차측 전압, 전류, 권수, 임피던스

3) 변압기의 3상결선

① △-△결선
  ㉠ V-V결선의 변경
  ㉡ 고조파 전류가 생기지 않아 통신장애가 없다.
  ㉢ 중성점 접지를 할 수 없다.
  ㉣ 상전압 = 선간전압

② Y-Y결선
  ㉠ 중성점을 접지할 수 있어 이상 전압으로부터 변압기를 보호할 수 있다.
  ㉡ 상전압 = 선간전압의 $1/\sqrt{3}$ 로 절연이 용이하고 고전압에 유리하다.
  ㉢ 제3고조파가 발생하여 통신선에 유도장해가 발생한다.

③ △-Y결선, Y-△결선
  ㉠ Y결선으로 중성점을 접지할 수 있다.
  ㉡ △결선으로 제3고조파가 생기지 않는다.
  ㉢ △-Y는 송전단에 Y-△는 수전단에 설치한다.
  ㉣ 1차와 2차의 전압사이에 30°의 변위가 발생한다.

④ V-V결선
  ㉠ △결선된 전원 중 1상을 제거하여 결선한 방식이다.
  ㉡ V결선은 변압기 사고 시 응급조치 등의 용도로 사용된다.
  ㉢ 용량의 증가가 예상될 때 예비적으로 쓸 수 있다.
  ㉣ △결선과 비교한 용량비 $= \dfrac{\sqrt{3}\, V_P I_P}{3\, V_P I_P} = 0.577$

  변압기 이용률 $= \dfrac{\sqrt{3}\, V_P I_P}{2\, V_P I_P} = 0.866$

  여기서, V_P : 상전압
  I_P : 상전류

4) 변압기 병렬운전 조건

① 극성이 같을 것	큰 순환전류가 흘러 권선이 소손
② 권수비와 정격전압이 같을 것	2차 권선에 순환전류가 흘러 권선이 가열
③ %저항강하	부하분담의 부적당하게 된다.
④ 저항과 누설 리액턴스비가 같을 것	위상차가 생겨 동손이 증가

5) 부하 분담비

부하분담은 누설임피던스에 역비례한다.

$$\frac{P_A}{P_B} = \frac{\%Z_B \cdot P_A{'}}{\%Z_A \cdot P_B{'}}$$

여기서, $P_A{'}$: A변압기의 정격용량
$P_B{'}$: B변압기의 정격용량

6) 계기용 변성기

교류 고전압회로의 전압과 전류를 측정할 때 계기회로를 선로전압으로부터 절연하기 위하여 계기용 변성기를 통해서 전압계와 전류계를 연결한다.

① 계기용 변압기(PT) : 전압측정을 위한 변압기로 2차측 정격전압은 110V가 표준

② 계기용 변류기(CT) : 전류측정을 위한 변압기로 2차 전류는 5A가 표준이며 2차 전류를 낮게하기 위해 권수비가 매우 작으므로 2차측을 개방하면 높은 기전력이 유기되어 위험하다.

3 유도 전동기

1) 3상 유도 전동기

① 농형 유도 전동기
  ㉠ 회전자는 구리나 알루미늄 환봉을 도체 철심 속에 넣어서 양쪽 끝을 원형측란에 의해서 단락시킨 모양이다.
  ㉡ 회전자의 구조가 간단하고, 견고하며 운전 방식이 쉬워 많이 사용한다.
  ㉢ 기동전류가 크기 때문에 소손의 우려가 있는 것이 단점이다.
  ㉣ 기동토크는 전부하 토크의 100~150% 정도이다.
  ㉤ 권선형 유도전동기에 비하여 정확한 속도제어는 어려우나 효율은 양호하다.

② 권선형 유도 전동기
  ㉠ 상대적으로 적은 전원 용량에서 큰 기동토크를 얻을 수 있다.

STUDY GUIDE

ⓛ 기동이 빈번하여 농형으로는 열적으로 부적합한 경우나 대용량에 많이 사용한다.
ⓒ 저항기를 사용하므로 2차저항으로 임의의 최대, 최소 토크를 선택할 수 있다.
ⓔ 속도 변동률이 작고 2차저항을 조정하는 것에 의하여 넓은 범위의 속도제어를 간단히 달성한다.
ⓜ 운전 시 손실이 크고, 효율이 나쁘다. 특히, 감속 시 효율이 매우 떨어지며 외부 2차 저항에서 큰 손실이 발생한다.
ⓗ 슬립링, 브러시 등에서 고장이 잦으므로 유지관리에 유의하고, 사용 환경을 고려해야 한다.

2) 슬립(S)

$$S = \frac{N_S - N}{N_S}$$

여기서, N_s : 동기속도(전원에 의한 합성자속의 회전속도)
N : 회전자속도

① $S=0$ 동기속도와 회전속도가 일치하므로 회전자가 동기속도로 회전
② $S=1$ 전동기의 정지상태

3) 회전속도(N) 및 제어법
① 동기속도

$$N = \frac{120f}{P}(1-s) \,[\text{rpm}]$$

여기서, f : 전원 주파수
P : 극수(합성자속에 의한 자극의 수)
s : 슬립

② 속도 제어법
㉠ 고정자 전원 주파수를 가변 : 인버터
㉡ 고정자 전압의 가변 : 인버터, 저항
㉢ 극수의 가변
㉣ 회전자 저항의 가변(권선형 유도 전동기) : 권선형 유도 전동기에서 2차 권선에 직렬로 저항을 접속하여 전류를 제어하여 속도를 제어하는 방법(비례추이)

4) 비례추이의 특징
① 최대 토크는 불변, 최대 토크의 발생 슬립은 변화한다.
② 슬립이 증가하고, 효율과 속도가 떨어진다.

③ 기동전류는 감소하고 기동토크는 증가한다.
④ 비례추이 할 수 없는 것
  ㉠ 출력
  ㉡ 2차 효율
  ㉢ 2차 동손

5) 유도 전동기의 기동법

농형 유도 전동기 기동법	권선형 유도 전동기 기동법
• 전전압 기동 : 5HP(3.7kW) 이하 • Y—△기동 : 토크 1/3배 　　　　　　전류 1/3배 　　　　　　전압 $1/\sqrt{3}$ 배 　　　　　　15kW급 • 기동보상기법 : 단권 변압기 사용 　　　　　　50, 65, 80% 　　　　　　30kW급 • 변연장 △ • 콘도르 파법 • 리액터 기동법	• 2차 저항 기동법 ⇨ 비례추이 이용

6) 서보 모터
① 기동토크가 크다.
② 회전자 관성 모멘트가 작아서 급가감속과 정역운전이 가능하다.
③ 제어 권선전압이 0에서는 기동해서는 안되고 곧 정지해야 한다.
④ 직류 서보모터의 기동토크가 교류 서보모터보다 크다.
⑤ 고정자의 기준 권선에는 정전압을 인가하며 90도의 위상차가 있는 제어용 전압을 제어권선에 인가한다.
⑥ 속도 회전력 특성을 선형화하고 제어전압을 입력으로 회전자의 회전각을 출력으로 보았을 때 이 전동기의 전달함수는 적분요소와 1차요소의 직렬 결합으로 볼 수 있다.

7) 단상 유도 전동기
① 종류(기동토크가 큰 순서)
  반발 기동형 → 반발 유도형 → 콘덴서 기동형 → 콘덴서 운전형
  → 분상 기동형 → 셰이딩 코일형 → 모노 사이클릭형
② 단상 유도 전동기의 특징
  2차저항의 크기가 변화하면 최대 토크를 발생하는 슬립뿐만 아니라 최대 토크까지도 변화한다.

4 동기기

1) 동기속도

$$N_s = \frac{120f}{P} \, [\text{rpm}]$$

여기서, N_s : 회전수
f : 고정자 입력주파수
P : 극수

2) %동기 임피던스

$$\%Z = \frac{I_n Z_s}{V_n} \times 100 = \frac{PZ}{10V^2} \, [\%]$$

여기서, Z_s : 1상의 동기임피던스
I_n : 정격전류
V_n : 정격전압
I_N, V_N : 정격 전류전압
P_C : 1차 입력
P_N : 정격용량

3) 단락비

$$K_S = \frac{100}{\%Z} = \frac{1}{Z_S[\text{pu}]}$$

4) 단락현상

3상 동기 발전기를 운전 중 갑자기 단락하면 전류는 처음은 크나 점차 감소한다.

① 돌발 단락전류의 제한 ⇨ 누설 리액턴스
② 영구 단락전류의 제한 ⇨ 동기 리액턴스
③ 단락전류 : $I_S = \dfrac{E}{Z_S} = \dfrac{100}{\%Z} I_N \, [\text{A}]$

5) 동기발전기의 병렬운전 조건

조 건	조건과 불일치
① 기전력의 크기가 같을 것	무효 순환전류(무효 횡류)가 흐른다.
② 기전력의 위상이 같을 것	순환전류(유효 횡류)가 흐른다.
③ 기전력의 주파수가 같을 것	
④ 기전력의 파형이 같을 것	고조파 순환전류가 흐른다.

5 정류기기

1) 반도체 정류기

구 분	반파정류	전파정류
다이오드	$E_d = \dfrac{\sqrt{2}\,V}{\pi} = 0.45\,V$	$E_d = \dfrac{2\sqrt{2}\,V}{\pi} = 0.9\,V$
SCR	$E_d = \dfrac{\sqrt{2}\,V}{2\pi}(1+\cos\alpha)$	$E_d = \dfrac{\sqrt{2}\,V}{\pi}(1+\cos\alpha)$
PIV	$PIV = E_d \times \pi$	

2) 맥동률

① 맥동률 : 정류된 직류에 포함된 교류성분을 평가하는 값으로 작을수록 좋음

② 맥동률 $= \sqrt{\dfrac{실효값^2 - 평균값^2}{평균값^2}} \times 100[\%]$
$= \dfrac{출력전류(전압)의 교류 실효값}{출력전류(전압)의 직류 평균값} \times 100[\%]$

③ 맥동률의 크기 : 반파정류 〉 전파정류, 단상정류 〉 3상 정류
  ㉠ 단상 반파 : 121%, 단상 전파 : 48%
  ㉡ 3상 반파 : 17%, 3상 전파 : 4%

3) SCR의 특징

① 실리콘 제어 정류소자로서 반도체이므로 단방향 대전류 스위칭 3단자 소자이다.
② P형과 N형 반도체가 PNPN으로 4층 결합된 것으로 PNP와 NPN형 트랜지스터 2개를 조합한 것과 등가이다.
③ 순전압(애노드-캐소드 간의 전압)과 게이트신호에 의하여 원하는 시간에 ON이 가능하다.
④ 순방향전류가 0이 되면 자동으로 off된다.
⑤ 가벼우며 고속동작이 가능하며 제어가 쉽다.
⑥ 각종 스위칭 교류출력제어 등에 사용하나 직류도 사용이 가능하다.

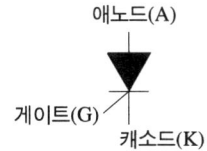

14 전기계측

1 전압 측정

1) 전압계 : 전압계의 내부저항을 크게 하여 회로에 병렬로 연결한다.
   (이상적인 전압계의 내부저항은 ∞)

2) 배율기 : 전압계의 측정범위를 넓히기 위해 연결하는 저항
   (전압계에 직렬로 연결)

$$m = \frac{V_o}{V} = \frac{r+R_m}{r} = 1 + \frac{R_m}{r}$$

여기서, m : 배율기 배율, V : 전압계 지시전압, V_o : 회로에 흐르는 실제 전류,
R_m : 배율기 저항, r : 전압계 내부저항

2 전류 측정

1) 전류계 : 전류계의 내부저항을 작게 하여 회로에 직렬로 연결한다.
   (이상적인 전류계의 내부저항은 0)

2) 분류기 : 전류계의 측정범위를 넓히기 위해 전류계에 연결하는 저항
   (전류계에 병렬로 연결)

$$m = \frac{I_o}{I} = \frac{r+R_s}{R_s} = 1 + \frac{r}{R_s}$$

여기서, m : 분류기 배율, I : 전류계 지시전류, I_o : 회로에 흐르는 실제 전류,
R_s : 분류기 저항, r : 전류계 내부저항

3 저항 측정

저저항	캘빈 더블 브리지	고저항	절연저항계
	전위차계법		메거(절연저항 측정)
중저항	전압 전류계법(전압 강하법)	특수 저항	코올라시 브리지
	휘스톤 브리지법		
	회로시험법(테스터 사용)		

1) 접지저항 : 인체 감전사고 예방 및 감전에 따른 기기보호 등의 목적으로 땅에 매설한 접지전극과 땅사이의 저항이므로 작을수록 전류가 잘 흘러 감전을 예방할 수 있다.

2) 접촉저항 : 두 도체나 반도체의 접촉면에 생기는 전기저항으로 값이 크면 발열이나 신호의 감쇠 등이 발생하므로 값이 작을수록 좋다.

3) 절연저항 : 전압에 관계한 절연재료의 특성으로 허용되는 범위 안에 있는 것을 통하여 흐르는 누설전류의 값과 같은 저항치를 의미하는 데 절연저항값은 높을수록 절연이 파괴되지 않으므로 좋다.

4 전력 및 전력량 측정

1) 단상 전력의 측정
   ① 단상 전력계 사용
   ② 단상 전력계는 전류력계형 전력계를 접속시킨 것으로 고정코일에는 부하전류가 흐르고 가동코일에는 전압에 비례하는 전류가 흐른다. 구동 토크는 두 코일이 전류와 부하역률의 곱에 비례하며 지침은 부하전력 $P = VI\cos\theta$ 만큼 지시한다.

2) 3상 전력의 측정
   ① 단상 전력계 2개를 사용하는 방법 : 전력계의 접속 시 단자극성이 틀리지 않도록 주의한다.
   ② 3상 전력계를 사용하는 방법

3) 전력량의 측정
   ① 전력량계로 측정
   ② 부하전류가 흐르는 전류코일의 철심과 전압을 가하는 전압코일의 철심 사이에 알루미늄 회전원판을 넣은 것으로 원판의 회전 속도는 전력에 비례한다는 원리를 이용한 것

5 구조에 따른 계기의 분류

1) 가동 코일형 : 직류전류 및 전압 측정
   ① 아날로그식 직류 전류계, 전압계에 가장 광범위하게 사용된다.
   ② 축에 지지된 가동코일의 전자력과 스프링의 힘의 균형을 이룬 위치에서 지침은 정지하며 지침이 움직인 양이 측정 전류이다.

2) 가동 철편형(실효치 지시형 계기) : 교류전류 및 전압 측정
   ① 계기의 고정코일에 측정전류가 흐르면 코일 내의 철편이 자화하여 생기는 반발력으로 지침을 가동 시킨다.
   ② 구조가 간단하고 과전류에 견딜 수 있다.
   ③ 계기에 생기는 토크는 전류의 실효치에 비례한다.

3) 정류형(평균치 지시형) : 교류전류 및 전압 측정
   ① 정류기와 가동코일형 계기를 조합한 계기
   ② 계기의 지시치는 교류 파형의 평균치에 비례하는 토크가 가해진다.

4) 전류력계형 : 직류, 교류전력 측정

고정코일 중에 설치된 가동코일에 각각 전류를 흘리면 두 코일 사이에서 발생하는 전자력을 이용한다.

5) 유도형 : 전력량 측정

알루미늄 회전원판에 전력에 비례하는 회전력을 발생시켜 그 전력의 사용 시간을 회전수로 적산한다.

6 전압, 전류, 저항의 측정

1) 직류 : 가동 코일형 계기
2) 교류 저주파용 : 가동 철편형 계기, 정류형 계기
3) 교류 직류 양용 : 전류력계형 계기, 정전형 계기

7 절연저항 측정

1) 절연저항 측정기 : 메거
2) 절연저항 : 부도체로 절연된 두 도체 사이의 전기저항
3) 이상적 값은 무한대(∞)

15 시퀀스 제어

1 시퀀스 제어

미리 정해놓은 순서에 따라 제어의 각 단계를 순차적으로 진행하는 제어로 일반적으로 제어대상과 제어장치로 구성되며 제어장치에는 수동 조작기구, 제어부, 조작기기, 검출기, 표시 및 경보기구 등이 포함된다.

1) 유접점 회로 : 전자 접촉기, 릴레이, 타이머 등의 기계적 접점을 사용한 제어회로
   ① 개폐 부하용량이 크며 과부하에 견디는 힘이 크다.
   ② 전기적 잡음에 강하며 온도특성이 좋다
   ③ 동작상태의 확인이 용이하다.
   ④ 접점이 마모되므로 수명에 한계가 있다.
   ⑤ 동작속도가 느리고 소비전력이 비교적 크다.

2) 무접점 회로 : 트랜지스터, 다이오드, SCR 등의 반도체로 논리회로를 구성한 제어회로

① 동작속도가 빠르고, 수명이 길다.
② 장치가 소형화가 가능하며 소비전력이 작다.
③ 전기적 노이즈에 약하며 개폐부하 용량이 작다.
④ 온도변화가 약하며 동작상태 확인이 어렵다.

2 접점의 종류 및 도시기호

1) a접점(NO접점, normally open contact)
    ① 상개접점으로 버튼을 누르면 전기가 통하는 접점으로 항상 열려있는 접점
    ② 아르바이트 접점(arbeit contact : 동작 접점) 또는 메이크 접점이라고 한다.

2) b접점(NC접점, normally close contact)
    ① 상폐접점으로 버튼을 누르면 전기가 통하지 않는 접점으로 항상 닫혀있는 접점
    ② 차단접점 또는 브레이크 접점(break contact)이라고 한다.

3) c접점(NO+NC, change-over contact)
    가동 접점부를 공유하는 a와 b접점을 조합한 접점

[a접점]   [b접점]   [c접점]

번호	명칭	심별 a접점	심별 b접점	비고
1	일반접점 (수동접점)			토클 스위치
2	수동조작 자동복귀접점			푸시버튼 스위치
3	기계적 접점 (리미트 및 검출 스위치)			

STUDY GUIDE

번호	명칭	심벌		비고
		a접점	b접점	
4	계전기접점 or 보조스위치접점			
5	한시동작 접점			타이머
6	한시복귀 접점			
7	열동형 계전기 수동복귀접점			
8	전자 접촉기 주접점			

3 수동 조작 스위치

1) **복귀형 수동 스위치** : 사람의 손으로 누르고 있는 동안에만 유지하고 놓으면 원상태로 되돌아 오는 스위치(푸시버튼스위치 등)

2) **유지형 수동 스위치** : 수동으로 조작하면 다시 복귀시킬때까지 그대로 상태를 유지하는 스위치(로터리, 토글, 셀렉터, 텀블러 스위치 등)

★ 릴레이 접점(8핀)

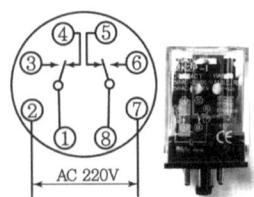

※접점의 구분(8핀)
① 코일(전원) 접점 : 2-7
② a접점 : 1-3, 8-6
③ b접점 : 1-4, 8-5

4 제어기기

1) **계전기(Relay)** : 제어회로에서 입력신호를 넣으면 코일에 전류가 흘러 철심이 자화되어 전자석이 되므로 주회로의 가동접점을 붙여 주므로 부하에 전원이 공급된다. 8핀이 기본이며 11핀, 14핀, 17핀 등으로 접점을 늘려 사용한다.

2) **한시 계전기(Timer Relay)** : 미리 설정된 시간이 경과한 후 회로를 ON 또는 OFF시키는 동작을 하는 기기로 타이머라고도 한다.

3) **전자 접촉기 및 전자 개폐기**
   ① 전자 접촉기 : 대형의 전자 릴레이로 전력회로의 조작에 널리 사용된다.

② 전자 개폐기 : 전자 접촉기와 열동형 과전류 계전기(Thermal Relay)를 조합한 것으로 주로 저압용 유도 전동기의 기동 등에 사용한다.

5 논리회로

명칭	시퀀스 회로	논리 회로	진리표
AND 회로		$X = A \cdot B$ 입력신호 A, B가 동시에 1일 때만 출력 신호 X가 1이 된다.	A B X 0 0 0 0 1 0 1 0 0 1 1 1
OR 회로		$X = A + B$ 입력신호 A, B중 어느 하나라도 1이면 출력신호 X가 1이 된다.	A B X 0 0 0 0 1 1 1 0 1 1 1 1
NOT 회로		$X = \overline{A}$ 입력신호 A가 0일 때만 출력신호 X가 1이 된다.	A X 0 1 1 0
NAND 회로		또는 $X = \overline{A \cdot B}$ 입력신호 A, B가 동시에 1일 때만 출력 신호 X가 0이 된다.(AND회로의 부정)	A R X 0 0 1 0 1 1 1 0 1 1 1 0
NOR 회로		$X = \overline{A + B}$ 입력신호 A, B가 동시에 0일 때만 출력신호 X가 1이 된다.(OR회로의 부정)	A B X 0 0 1 0 1 0 1 0 0 1 1 0

6 불대수 및 드모르간의 법칙

불대수의 기본 공식인 교환법칙, 결합법칙, 분배법칙, 드모르간의 법칙, 흡수법칙 등을 이용하여 회로를 쉽게 간소화 할 수 있다.

1) 불대수(Boolean algebra)

① $A+0=A$ $A \cdot 0 = 0$
② $A+1=1$ $A \cdot 1 = A$
③ $A+A=A$ $A \cdot A = A$
④ $A+\overline{A}=1$ $A \cdot \overline{A} = 0$
⑤ $A+B=B+A$ $A \cdot B = B \cdot A$ ················ 교환법칙
⑥ $A+(B+C)=(A+B)+C$ $A \cdot (B \cdot C) = (A \cdot B) \cdot C$ ··· 결합법칙
⑦ $A+(B \cdot C)=(A+B) \cdot (A+C)$
    $A \cdot (B+C) = A \cdot B + A \cdot C$ ·············· 분배법칙
⑧ $A+A+A+\cdots = A$ $A \cdot A \cdot A \cdot \cdots = A$ ········· 동일법칙
⑨ $A+\overline{A}=1$ $A \cdot \overline{A} = 0\, A = \overline{\overline{A}}$ ············ 부정법칙
⑩ $A+A \cdot B = A \cdot (1+B) = A$
    $A \cdot (A+B) = A \cdot A + A \cdot B = A + A \cdot B = A$ ··············· 흡수법칙

2) 드모르간(De Morgan)의 정리

① 논리합을 논리곱으로 바꾸는 정리

$$\overline{A+B} = \overline{A} \cdot \overline{B}$$

② 논리곱을 논리합으로 바꾸는 정리

$$\overline{A \cdot B} = \overline{A} + \overline{B}, \quad \overline{\overline{A \cdot B}} = A \cdot B, \quad \overline{\overline{A+B}} = A+B$$

7 각종 시퀀스 회로

1) 자기 유지(SSelf Holding) 회로
    기동신호에 의해 얻어진 자신의 a접점으로 동작회로를 구성하고 기동신호를 제거해도 스스로 동작을 유지하는 것으로 복귀신호를 주어야 원래의 상태로 복귀하는 회로

2) 인터록(Inter lock) 회로
    2개 이상의 다중 입력 중 먼저 입력된 쪽의 동작이 우선하여 다른 것의 동작을 제한하는 회로를 인터록 회로라 하며 선행동작우선회로 또는 상대동작금지회로라고도 한다.

3) 한시(Time Delay) 회로

입력신호가 들어와도 바로 출력신호를 발생하지 않고 일정시간이 지연되어 출력을 발생하는 시간지연 회로

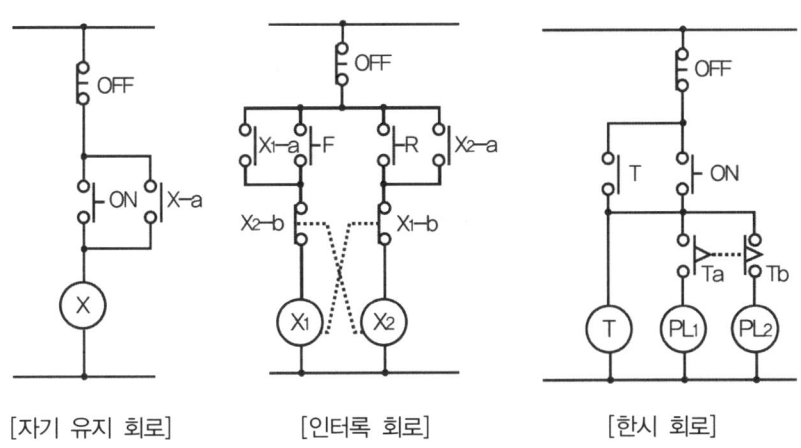

[자기 유지 회로]　　　[인터록 회로]　　　[한시 회로]

16 제어기기 및 회로

1 제어 시스템의 용어

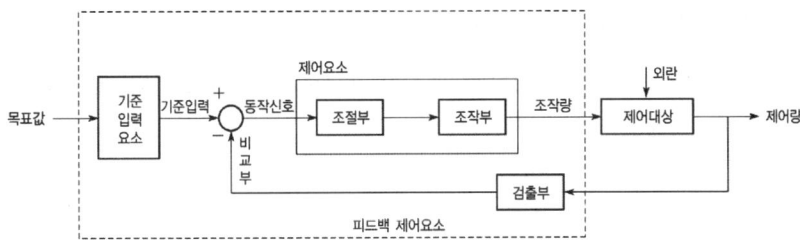

1) **목표값** : 제어시스템에서 제어량이 그 값을 갖도록 목표로 하여 외부에서 주어지는 값을 설정하는 데 궤환 제어계에 속하지 않는 신호

2) **기준입력 신호** : 목표값에 비례하는 신호를 발생하는 요소

3) **기준입력** : 제어계를 동작시키는 기준으로서 목표값에 비례하는 신호 입력

4) **주궤환 신호(피드백 신호)** : 동작 신호를 얻기 위하여 기준 입력과 비교되는 신호로서 제어량의 함수 관계

5) **동작신호** : 제어동작을 일으키는 신호로 기준입력과 주궤환 신호와의 편차신호를 의미하는 데 오차라고도 한다.

6) **제어요소** : 제어동작신호를 인가하면 조작량을 변화시키는 것으로 조절부와 조작부로 구성

7) **조절부** : 기준입력신호와 검출부의 출력신호를 제어 시스템에 필요한 신호로 만들어 조작부에 보내는 것

8) **조작부** : 조절부로부터 받은 신호를 조작량으로 변환하여 제어대상에게 보내는 부분

9) **조작량** : 제어요소에서 제어대상에 인가되는 양

10) **외란** : 제어량의 값을 변화시키려는 외부로부터의 바람직하지 않은 신호

11) **제어량** : 제어대상의 출력신호로 제어의 직접적인 목표가 되는 신호

12) **검출부** : 주로 제어 대상으로부터 제어량을 검출하고 기준입력신호와 비교시키는 부분

13) **제어대상** : 제어 시스템에서 직접 제어를 받는 장치로 장치의 전체 또는 그 일부분을 받음

14) **제어 편차** : 목표값으로 부터 제어량을 뺀 값으로 정의되며 이 신호가 동작신호와 일치되기도 한다.

2 제어방식에 의한 분류

1) **개회로(시퀀스, 오픈루프) 제어계** : 미리 정해진 순서에 따라 제어의 각 단계를 차례로 진행시키는 제어를 행하므로 제어대상의 출력과 입력을 비교 판단하는 장치가 존재하지 않는다. 따라서, 출력이 목표치와 관계가 없으므로 오차가 존재해도 수정이 어렵다. 시스템이 간단하고, 비용이 싸다.

2) **피드백(폐루프, 되먹임) 제어** : 제어 대상의 출력값를 입력 측으로 되돌려(feed back) 현재의 목표값과 비교하는 특징이 있으므로 개회로 제어에 비하여 오차가 감소, 이득의 증가, 안정성의 증가, 대역폭의 증가 등을 얻을 수 있다. 단 검출기 등을 필요로 하므로 시스템이 복잡하고 비용이 많이 든다.

3 자동제어장치의 분류

1) 제어량의 성질에 의한 분류
   ① 공정제어(프로세스 제어)
      ㉠ 제어량의 온도, 유량, 액위, 농도, 밀도 등의 플랜트나 생산 공정 중의 상태량을 제어량으로 하는 제어
      ㉡ 환경(온도, 압력, 액위, 습도), 물질 에너지 양(전력, 유량, 중량), 종점제어(밀도, 전도도,, 점도, 농도) 제어
   ② 서보 제어(추종 제어)
      ㉠ 물체의 위치, 방위, 자세 등의 기계적인 변위를 제어량으로 하는 목표값의 임의의 변화에 추종하도록 구성된 제어계
      ㉡ 비행기 및 선박의 방향, 미사일 발사대의 자동 위치, 추적용 레이더 등
   ③ 자동조정 제어(정치 제어)
      ㉠ 전압, 전류, 주파수, 회전속도, 힘 등 전기적, 기계적 양을 주로 제어
      ㉡ 정전압 장치, 발전기의 조속기 제어 등

2) 제어목적에 의한 분류
   ① 정치 제어
      제어량을 일정한 목표값으로 유지하는 것을 목적으로 목표값이 시간적으로 일정한 제어법(주파수, 전압, 장력, 속도, 전기로 제어 등)
   ② 프로그램 제어
      미리 정해진 프로그램에 따라 제어량을 변화시키는 것을 목적으로 하는 제어법(CAM, 엘리베이터, 무인열차, 차량 등)
   ③ 추종 제어
      미지의 임의 시간적 변화를 하는 목표값에 제어량을 추종시키는 것을 목적으로 하는 제어(레이더, 인공위성, 미사일 등)
   ④ 비율 제어
      목표값이 다른 것과 일정한 비율 관계를 가지고 변화하는 경우의 추종 제어

4 조절부의 동작에 의한 분류

1) 2위치제어(ON-OFF 제어)
   ① 불연속 동작(off-set을 자주 일으킴)으로 사이클링이 생길 수 있다.
   ② 제어량이 목표값에서 어떤 양만큼 벗어나면 미리 정해진 일정한 조작량이 대상에 가해지는 단속적 제어

2) 비례 제어(P 동작)
   ① 조절부의 입력 $e(t)$에서부터 조작량 $y(t)$까지의 피드백 경로 전달 특성이 비례적 특성을 가진 계
   ② 구조가 간단하고 잔류편차(off-set)가 생기는 단점이 있다.
   ③ 동작식

   $$y(t) = K_P e(t), \quad Y(s) = K_P E(s)$$

   여기서, K_P : 비례감도, $\dfrac{1}{K_P}$: 비례대(비례동작의 정도)

3) 미분 제어(D 동작)
   ① 제어계 오차가 검출될 때 오차의 변화량에 비례하여 조작량을 가·감산하도록 하는 동작
   ② 오차의 변화량은 오차변화의 경향을 알 수 있으므로 미연에 오차가 커지는 것을 방지하며 미분은 진상요소이다.
   ③ 동작식

   $$y(t) = K_P T_D \dfrac{de(t)}{dt}, \quad Y(s) = K_P T_D s E(s)$$

   여기서, T_D : 미분 시간, 미분 동작

4) 적분 제어(I 동작)
   ① 오차의 적분값의 크기에 비례하여 조작부를 제어하는 것
   ② 잔류오차가 없도록 제어할 수 있으며 적분은 지연(지상)요소이다.
   ③ 동작식

   $$y(t) = K_P \dfrac{1}{T_I} \int e(t)\,dt, \quad Y(s) = K_P \dfrac{1}{T_I s} E(s)$$

   여기서, T_I : 적분 시간 $\dfrac{1}{T_I}$: 리셋률

5) 비례적분 제어(PI 동작)
   ① 비례동작에서 발생하는 잔류편차를 제거하기 위하여 적분동작을 첨가시킨 제어로 잔류편차와 사이클링이 없고 간헐현상이 나타난다.

② 동작식

$$y(t) = K_P \left[e(t) + \frac{1}{T_I} \int e(t)dt \right], \quad Y(s) = K_P \left(1 + \frac{1}{T_I s}\right) E(s)$$

여기서, T_I : 적분 시간

6) 비례미분 제어(PD 동작)
   ① 제어동작에 빨리 도달하도록 미분동작을 부가하여 응답 속응성의 개선하며 정상상태오차의 개선은 불가하다.
   ② 동작식

$$y(t) = K_P \left[e(t) + T_D \frac{de(t)}{dt} \right], \quad Y(s) = K_P (1 + T_D s) E(s)$$

여기서, T_D : 미분 시간

7) 비례적분미분 제어(PID 동작)
   ① 적분동작에 의한 잔류편차를 없애고 작용 정상특성과 응답 속응성을 동시에 개선하며 연속 선형제어로서 가장 고급의 제어이다.
   ② 미분동작에 의한 오버 슈트를 감소시키고 정정시간을 적게 한다.
   ③ 동작식

$$y(t) = K_P \left[e(t) + \frac{1}{T_I} \int e(t)dt + T_D \frac{de(t)}{dt} \right], \quad K_P \left(1 + \frac{1}{T_I s} + T_D s\right) E(s)$$

5 전달함수

1) 전달함수(transfer function)

초기값이 0인 시스템에 대하여 입력의 라플라스 변환에 대한 출력의 라플라스 변환의 비로 입력의 라플라스 변환을 $X(s)$, 출력의 라플라스 변환을 $Y(s)$라 하면 전달함수 $G(s)$는 다음과 같다.

$$G(s) = \frac{Y(s)}{X(s)}$$

여기서, $Y(s) = 0$일 때의 근을 영점이라고 함
$X(s) = 0$의 식을 특성방정식이라고 하고, 근을 극점이라고 함

$$G(s) = \frac{(s+c)(s+d)}{(s+a)(s+b)}$$

*영점 : $-c$, $-d$
*극점 : $-a$, $-b$

2) 블록선도(신호 흐름선도) 전달함수의 계산
   ① 블록 내부(화살표 위)의 식 또는 값은 입력된 신호해 곱해져 출력된다.
   ② 선은 신호의 흐름을 나타내므로 선의 어느 부분이나 통과하는 신호는 동일하다.

③ 원은 가감산(가감산과 분기)을 의미하며 원에 입력되는 선의 측면에 있는 기호를 고려하여 연산을 행함

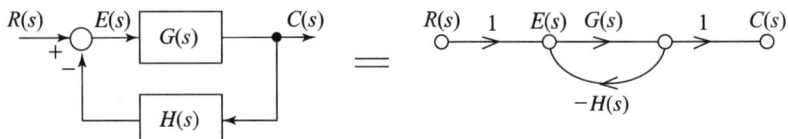

④ $R(s) - C(s)H(s) = E(s)$, $E(s)G(s) = C(s)$
$C(s) = E(s)G(s) = (R(s) - H(s)C(s))G(s)$,
$C(s) = \dfrac{G(s)}{1 + G(s)H(s)} R(s)$

⑤ $M(s) = \dfrac{\sum 경로}{1 - 폐로}$

㉠ 경로 : 입력에서 출력으로 가는 경로의 게인의 곱
㉡ 폐로 : 독립된 폐루프를 만드는 게인의 곱

$$M(s) = \dfrac{\sum 경로}{1 - 폐로} = \dfrac{G(s)}{1 + G(s)H(s)}$$

여기서, 경로 : $G(s)$
폐로 : $-G(s)H(s)$

6 라플라스 변환

함 수 명	$f(t)$	$F(s)$
단위 임펄스 함수	$\delta(t)$	1
단위 계단 함수	$u(t) = 1$	$\dfrac{1}{s}$
단위 램프 함수	t	$\dfrac{1}{s^2}$
포물선 함수	t^2	$\dfrac{2}{s^3}$
지수 감쇠 함수	e^{-at}	$\dfrac{1}{s+a}$
지수 감쇠 램프 함수	te^{-at}	$\dfrac{1}{(s+a)^2}$
정현파 함수	$\sin\omega t$	$\dfrac{\omega}{s^2 + \omega^2}$
여현파 함수	$\cos\omega t$	$\dfrac{s}{s^2 + \omega^2}$

함 수 명	$f(t)$	$F(s)$
지수 감쇠 정현파 함수	$e^{-at}\sin\omega t$	$\dfrac{\omega}{(s+\omega)^2+\omega^2}$
지수 감쇠 여현파 함수	$e^{-at}\cos\omega t$	$\dfrac{s+a}{(s+a)^2+\omega^2}$

7 조절기용 기기

조절기는 검출부에서 측정된 제어량을 기준입력과 비교하여 그 차의 동작 신호를 만들고 증폭하며 P, PI, PD, PID 동작 등의 조작량으로 변환하여 조작부에 보낸다.

8 조작용 기기

직접 제어대상에 작용하는 기기로 응답이 빠르며 조작력이 큰 것이 요구된다.

전기식	기계식
전자밸브, 전동밸브, 2상 서보전동기, 직류 서보 전공기, 펄스 전동기	클러치, 다이어프램밸브, 밸브 포지셔너, 유압식 조작기

9 검출용 기기

온도, 압력, 유량 등의 물리량을 증폭 및 전송이 용이한 양으로 변환하는 기기

1) 변환요소의 종류

변환량	변환요소
압력 → 변위	벨로즈, 다이어프램, 스프링
변위 → 압력	노즐 플래퍼, 유압 분사관, 스프링
변위 → 임피던스	가변 저항기, 용량형 변환기, 가변 저항 스프링
변위 → 전압	포텐셔미터, 차동 변압기, 전위차계
전압 → 변위	전자석, 전자코일
광 → 임피던스	광전관, 광전도 셀, 광전 트랜지스터
광 → 전압	광전지, 광전 다이오드
방사선 → 임피던스	GM관, 전리함
온도 → 임피던스	측온 저항(열선, 서미스터, 백금, 니켈)
온도 → 전압	열전대(P-R, C-A, I-C, C-C)

2) 검출기의 종류

제어	검출기	비고
자동 조정용	• 전압 검출기 • 속도 검출기	① 전자관 및 트랜지스터 증폭기, 자기 증폭기 ② 회전계 발전기, 주파수 검출법, 스피더
서보 기구용	• 전위차계 • 차동 변압기 • 싱크로 • 마이크로식	① 권선형 저항을 이용하여 변위, 변각을 측정 ② 변위를 자기저항의 불균형으로 변환 ③ 변각을 검출 ④ 변각을 검출
공정 제어용	• 압력계	기계식(부르동관, 벨로즈, 다이어프램식) 전기식(전기저항 압력계, 피라니 진공계, 전리 진공계)
	• 유량계	조리개, 면적식, 전자 유량계
	• 액면계	차압식(오리피스, 벤튜리, 플로노즐), 플로트식
	• 온도계	저항, 열전대, 압력형, 바이메탈, 방사, 광 온도계
	• 가스 성분계	열전도식, 연소식, 적외선 가스 성분계, 자기 산소계
	• 습도계	전기식 건습구 습도계, 광전관식 노점 습도계
	• 액체 성분계	pH계, 액체 농도계

01회 CBT 기출문제

1과목 공기조화설비

01 다수의 전열판을 겹쳐 놓고 볼트로 연결시킨 것으로 판과 판 사이를 유체가 지그재그로 흐르면서 열교환이 이루어지는 것으로 열교환 능력이 매우 높아 설치면적이 적게 필요하고 전열판의 증감으로 기기 용량의 변동이 용이한 열교환기를 무엇이라 하는가?

① 플레이트형 열교환기
② 스파이럴형 열교환기
③ 원통다관형 열교환기
④ 회전형 전열교환기

해설 판형(Plate type) 열교환기
다수의 전열판 여러 장을 겹쳐 나열하여 볼트로 연결시킨 것으로 원통다관식에 비하여 열관류율이 3~5배 정도이므로 크기에 비해 열교환 능력이 매우 좋아 초고층 건물 등에서 많이 사용된다.

보충
플레이트형 열교환기

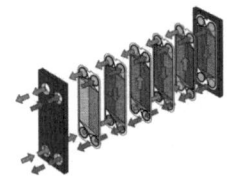

02 배관 계통에서 유량은 다르더라도 단위 길이당 마찰 손실이 일정하게 되도록 관경을 정하는 방법은?

① 균등법
② 균압법
③ 등마찰법
④ 등속법

해설 등마찰 손실법
단위 길이당 마찰 손실이 일정하게 되도록 관경을 정하는 방법

03 기기 1대로 동시에 냉·난방을 해결할 수 있는 장치로 도시가스를 직접 연소시켜 사용할 수 있고 압축기를 사용하지 않는 열원방식은?

① 흡수식 냉온수기 방식
② GHP 설비방식
③ 빙축열 설비방식
④ 전동냉동기+보일러 방식

해설 흡수식 냉온수기
증발기에서 나오는 냉수, 재생기(고온 발생기)에서 발생하는 열로 온수열교환기에서 온수를 생산하여 냉난방을 동시에 해결

04 공조용으로 사용되는 냉동기의 종류가 아닌 것은?
① 원심식 냉동기 ② 자흡식 냉동기
③ 왕복동식 냉동기 ④ 흡수식 냉동기

해설 자흡식 냉동기는 없다.

05 송풍기의 특성을 나타내는 요소에 해당되지 않는 것은?
① 압력 ② 축동력
③ 재질 ④ 풍량

해설 송풍기의 특성을 나타내는 요소
풍량, 압력, 축동력, 효율

06 공기 중의 냄새나 아황산가스 등 유해가스의 제거에 가장 적당한 필터는?
① 활성탄 필터 ② HEPA 필터
③ 전기 집진기 ④ 롤 필터

해설 활성탄 필터
흡착작용에 의하여 냄새 및 아황산가스 등의 유해가스 제거

07 기류 및 주위 벽면에서의 복사열은 무시하고 온도와 습도만으로 쾌적도를 나타내는 지표를 무엇이라고 부르는가?
① 쾌적 건강지표 ② 불쾌지수
③ 유효온도지수 ④ 청정지표

해설 불쾌지수
온도와 습도만으로 쾌적도를 나타내는 지표

보충
불쾌지수(DI)= 0.72(건구온도 + 습구온도) + 40.6

08 공기량(풍량) 400kg/h, 절대습도 x_1 = 0.007kg/kg'인 공기를 x_2 = 0.013kg/kg'까지 가습하는 경우 가습에 필요한 공급수량은 얼마인가?
① 2.0kg/h ② 2.4kg/h
③ 3.0kg/h ④ 3.5kg/h

해설 가습량
$L = G \cdot \Delta x = 400 \times (0.013 - 0.007) = 2.4 \text{kg/h}$

정답 01. ① 02. ③
03. ① 04. ②
05. ③ 06. ①
07. ② 08. ②

09 온수난방 장치와 관계 없는 것은?
① 팽창탱크 ② 보일러
③ 버킷트랩 ④ 공기빼기밸브

해설) 버킷트랩
증기난방 장치에서 응축수의 부력을 이용하여 응축수를 배출하는 장치

10 유인 유닛(IDU) 방식에 대한 설명 중 틀린 것은?
① 각 유닛마다 제어가 가능하므로 개별실 제어가 가능하다.
② 송풍량이 많아서 외기 냉방효과가 크다.
③ 냉각, 가열을 동시에 하는 경우 혼합손실이 발생한다.
④ 유인 유닛에는 동력배선이 필요없다.

해설) 송풍량이 적어 외기 냉방효과가 떨어진다.

11 냉각수는 배관 내를 통하게 하고 배관 외부에 물을 살수하여 살수된 물의 증발에 의해 배관 내 냉각수를 냉각시키는 방식으로 대기오염이 심한 곳 등에서 많이 적용되는 냉각탑 방식은?
① 밀폐식 냉각탑 ② 대기식 냉각탑
③ 자연통풍식 냉각탑 ④ 강제통풍식 냉각탑

해설) 밀폐형 냉각탑
냉각수와 공기가 간접 접촉하여 열교환하는 형태로써 냉각수는 배관 내를 통하게 하고 배관 외부에 물을 살수하여 살수된 물의 증발에 의해 배관 내 냉각수를 냉각시키는 방식으로 대기오염이 심한 곳 등에 적용

12 상당방열면적(EDR)에 대한 설명으로 맞는 것은?
① 표준상태의 방열기의 전방열량을 연료 연소에 따른 방열면적으로 나눈 값
② 표준상태의 방열기의 전방열량을 보일러 수관의 방열면적으로 나눈 값
③ 표준상태의 방열기의 전방열량을 표준 방열량으로 나눈 값
④ 표준상태의 방열기의 전방열량을 실내 벽체에서 방열되는 면적으로 나눈 값

해설 상당방열면적

상당방열면적(EDR) = $\dfrac{\text{난방부하(전방열량)}}{\text{방열기 방열량}}$

여기서, 방열기 표준 방열량은
① 증기 방열기 = 756W/m² (650kcal/m²h)
② 온수 방열기 = 523W/m² (450kcal/m²h)

13 복사냉난방방식에 대한 설명으로 틀린 것은?

① 비교적 쾌감도가 높다.
② 패널 표면온도가 실내 노점온도보다 높으면 결로하게 된다.
③ 배관매설을 위한 시설비가 많이 들며 보수 및 수리가 어렵다.
④ 방열기가 필요치 않아 바닥면의 이용도가 높다.

해설 패널 표면 온도가 실내 노점온도보다 낮으면 결로하게 된다.

14 아래 그림과 같은 병행류형 냉각코일의 대수평균 온도차는 약 얼마인가?

① 8.74℃
② 9.54℃
③ 12.33℃
④ 13.10℃

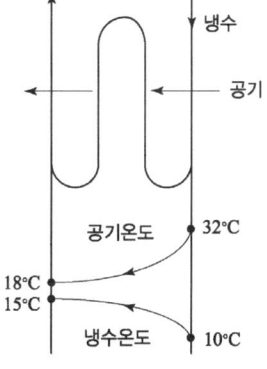

해설 대수평균온도차(LMTD)

$$\text{LMTD} = \dfrac{\Delta t_1 - \Delta t_2}{\ln \dfrac{\Delta t_1}{\Delta t_2}}$$

$$= \dfrac{(32-10)-(18-15)}{\ln \dfrac{22}{3}}$$

$$= 9.54℃$$

15 대기의 절대습도가 일정할 때 하루 동안의 상대습도 변화를 설명한 것 중 올바른 것은?

① 절대습도가 일정하므로 상대습도의 변화는 없다.
② 낮에는 상대습도가 높아지고 밤에는 상대습도가 낮아진다.
③ 낮에는 상대습도가 낮아지고 밤에는 상대습도가 높아진다.
④ 낮에는 상대습도가 정해지면 하루종일 그 상태로 일정하게 된다.

해설 절대습도가 일정할 때 낮에는 상대습도가 낮아지고 밤에는 상대습도가 높아진다.

정답 09. ③ 10. ② 11. ① 12. ③ 13. ② 14. ② 15. ③

16 실내 취득 냉방부하가 아닌 것은?

① 재열부하
② 벽체의 축열부하
③ 극간풍에 의한 부하
④ 유리창의 복사열에 의한 부하

해설 냉방부하 중 실내취득부하

구 분		부하의 발생 요인
실내취득부하	외부침입열량	벽체를 통한 취득열량 (외벽, 지붕, 내벽, 바닥, 문 등)
		유리창을 통한 취득열량 (복사열, 전도열)
		극간풍(틈새바람)에 의한 취득열량
	실내발생부하	인체의 발생열량
		조명의 발생열량
		실내기구의 발생열량

17 덕트계 부속품의 기능을 설명한 것으로 옳지 않은 것은?

① 댐퍼 : 풍량을 조정하거나 덕트를 폐쇄하기 위해 설치된다.
② 플렉시블 커플링 : 송풍기와 덕트를 접속할 때 사용하며 진동이 전달되는 것을 방지한다.
③ 취출구 : 덕트로부터 공기를 실내로 공급한다.
④ 후드 : 실내로 광범위하게 공기를 공급한다.

해설 후드(hood) : 국소환기장치로 광범위한 공기 공급은 어렵다.

18 냉방부하의 종류 중 현열만 존재하는 것은?

① 외기를 실내 온·습도로 냉각, 감습시키는 열량
② 유리를 통과하는 전도열
③ 문틈에서의 틈새바람
④ 인체에서의 발생열

해설 유리를 통과하는 전도열은 현열부하만 존재한다.

보충
현열 및 잠열부하 요소
① 극간풍 부하
② 인체부하
③ 실내기구 부하
④ 외기부하

19 외기온도 −5℃, 실내온도 20℃, 벽면적 20m²인 실내의 열손실량은 얼마인가? (단, 벽체의 열관류율 8W/m²℃, 벽체두께 20cm, 방위계수는 1.2이다.)

① 4800W ② 4000W
③ 3200W ④ 2400W

해설 난방 시 외벽의 열손실량
$q = K \cdot A \cdot \Delta t \times 방위계수 = 8 \times 20 \times \{20-(5)\} \times 1.2 = 4800W$

20 실내에 존재하는 습공기의 전열량에 대한 현열량의 비율을 나타낸 것은?

① 현열비(SHF) ② 잠열비
③ 바이패스비(BF) ④ 열수분비(u)

해설 현열비 : 전열량에 대한 현열량의 비
$SHF = \dfrac{현열}{전열} = \dfrac{현열}{현열+잠열}$

2과목 냉동냉장설비

21 유량 100L/min의 물을 15℃에서 10℃로 냉각하는 수냉각기가 있다. 이 냉동장치의 냉동효과가 125kJ/kg일 경우에 냉매 순환량은 얼마인가? (단, 물의 비열은 4.18kJ/kg·K이다.)

① 16.7kg/h ② 1003kg/h
③ 450kg/h ④ 960kg/h

해설 냉매 순환량
$G = \dfrac{냉동능력}{냉동효과} = \dfrac{Q_e}{q_e} = \dfrac{100 \times 60 \times 4.18 \times (15-10)}{125} = 1003kg/h$

22 부압작용에 의하여 진공을 만들어 냉동작용을 하는 것은?

① 증기분사 냉동기
② 왕복동 냉동기
③ 스크류 냉동기
④ 공기압축 냉동기

해설 한 개의 이젝터에 한 개의 노즐을 설치하여 증발기 내의 압력을 진공으로 유지하여 증발기기 중에 있는 물의 일부가 증발하면서 냉수를 얻는 냉동기

정답 16. ① 17. ④
      18. ② 19. ①
      20. ① 21. ②
      22. ①

23 다음 냉동 관련 용어의 설명 중 잘못된 것은?

① 제빙톤 : 25℃의 원수 1톤을 24시간 동안에 −9℃의 얼음으로 만드는 데 제거할 열량을 냉동능력으로 표시한다.
② 동결점 : 물질 내에 존재하는 수분이 얼기 시작하는 온도를 말한다.
③ 냉동톤 : 0℃의 물 1톤을 24시간 동안에 −10℃의 얼음으로 만드는 데 필요한 냉동능력으로 1RT=2520kcal/h이다.
④ 결빙시간 : 얼음을 얼리는 데 소요되는 시간은 얼음 두께의 제곱에 비례하고, 브라인의 온도에는 반비례한다.

해설 1한국 냉동톤(RT : Refrigeration Ton)
0℃의 물 1ton을 24시간 동안에 0℃의 얼음으로 만드는 데 제거해야 할 열량
(1RT=3320kcal/h=13900kJ/h=3.86kW)

24 냉매가스를 단열 압축하면 온도가 상승한다. 다음 가스를 같은 조건에서 단열 압축할 때 온도 상승률이 가장 큰 것은?

① 공기
② R−12
③ R−22
④ NH_3

해설 단열 압축 시 비열비가 큰 공기(1.4)의 온도 상승률이 가장 크다.
① 공기 : 1.4
② R−12 : 1.136
③ R−22 : 1.184
④ NH_3 : 1.313

25 역카르노 사이클로 작동되는 냉동기에서 성능계수(COP)가 가장 큰 응축온도(t_c) 및 증발온도(t_e)는?

① $t_c=20℃$, $t_e=-10℃$
② $t_c=30℃$, $t_e=0℃$
③ $t_c=30℃$, $t_e=-10℃$
④ $t_c=20℃$, $t_e=-20℃$

해설
① $COP = \dfrac{T_e}{T_c - T_e} = \dfrac{-10+273}{(20+273)-(-10+273)} = 8.77$
② $COP = \dfrac{T_e}{T_c - T_e} = \dfrac{0+273}{(30+273)-(0+273)} = 9.1$
③ $COP = \dfrac{T_e}{T_c - T_e} = \dfrac{-10+273}{(30+273)-(-10+273)} = 6.58$
④ $COP = \dfrac{T_e}{T_c - T_e} = \dfrac{-20+273}{(20+273)-(-20+273)} = 6.33$

26 왕복동 압축기에서 −30~−70℃ 정도의 저온을 얻기 위해서는 2단 압축 방식을 채용한다. 그 이유 중 옳지 않은 것은?

① 토출가스의 온도를 높이기 위하여
② 윤활유의 온도 상승을 피하기 위하여
③ 압축기의 효율 저하를 막기 위하여
④ 성적계수를 높이기 위하여

해설 2단 압축 채용 시 압축기 토출가스 온도의 상승을 억제한다.

27 물 5kg을 0℃에서 80℃까지 가열하면 물의 엔트로피 증가는 약 얼마인가? (단, 물의 비열은 4.18kJ/kg·K이다.)

① 1.17kJ/K
② 5.37kJ/K
③ 13.75kJ/K
④ 26.31kJ/K

해설 엔트로피 증가량

$$ds = \int_1^2 \frac{dQ}{T} = \int_1^2 \frac{GCdt}{T} = GC\ln\left(\frac{T_2}{T_1}\right) = 5 \times 4.18 \times \ln\left(\frac{80+273}{0+273}\right) = 5.37\text{kJ/K}$$

28 냉동식품의 생산공장에 많이 설치되는 동결장치로 설치 면적이 작고 출입구의 레이아웃을 비교적 자유롭게 하여 생산공정의 연속화, 라인화에 쉽게 연결할 수 있는 방식은?

① 스파이럴식 동결장치
② 송풍 동결장치
③ 공기 동결장치
④ 액체질소 동결장치

해설 스파이럴식 동결장치
설치 면적이 작고 출입구의 레이아웃을 비교적 자유롭게 하여 생산공정의 연속화, 라인화를 쉽게 연결할 수 있는 방식의 동결장치

29 냉동장치의 저압차단스위치(LPS)에 관한 설명으로 맞는 것은?

① 유압이 저하했을 때 압축기를 정지시킨다.
② 토출압력이 저하했을 때 압축기를 정지시킨다.
③ 장치 내 압력이 일정압력 이상이 되면 압력을 저하시켜 장치를 보호한다.
④ 흡입압력이 저하했을 때 압축기를 정지시킨다.

해설 저압차단스위치(LPS)
흡입압력(저압)이 일정 이하로 되면 작동하여 압축기를 정지

[정답] 23.③ 24.① 25.② 26.① 27.② 28.① 29.④

30 흡수식 냉동기에서 냉매와 흡수용액을 분리하는 기기는?

① 발생기　　　　② 흡수기
③ 증발기　　　　④ 응축기

해설 발생기(재생기) : 냉매와 흡수용액을 분리하는 기기

31 증발압력 조정밸브(EPR)에 대한 설명 중 틀린 것은?

① 냉수 브라인 냉각 시 동결 방지용으로 설치한다.
② 증발기 내의 압력을 일정압력 이하가 되지 않게 한다.
③ 증발기 출구 밸브입구 측의 압력에 의해 작동한다.
④ 한 대의 압축기로 증발온도가 다른 2대 이상의 증발기 사용 시 저온측 증발기에 설치한다.

해설 증발온도가 높은 곳에 EPR을 설치하고 가장 낮은 곳에는 체크밸브를 설치한다.

32 흡수식 냉동기에서 재생기에서의 열량을 Q_G, 응축기에서의 열량을 Q_C, 증발기에서의 열량을 Q_E, 흡수기에서의 열량을 Q_A라고 할 때 전체의 열평형식으로 옳은 것은?

① $Q_G = Q_E + Q_C + Q_A$　　② $Q_G + Q_C = Q_E + Q_A$
③ $Q_G + Q_A = Q_C + Q_A$　　④ $Q_G + Q_E = Q_C + Q_A$

해설 흡수식 냉동기에서의 열평형식
　$Q_G + Q_E = Q_C + Q_A$

33 감압장치에 관한 내용 중 틀린 것은?

① 감압장치에는 교축밸브를 사용하는데 냉동기에서는 이것을 보통 팽창밸브라고 한다.
② 플로트 밸브식 팽창밸브를 일명 정압식 팽창밸브라고 한다.
③ 자동식 팽창밸브는 증발기 내의 압력을 항상 일정하게 유지해 준다.
④ 온도조절식 팽창밸브는 주로 직접팽창식 증발기에 쓰이는데, 종류는 내부 균압관형과 외부 균압관형이 있다.

해설 정압식 팽창밸브(자동압력 팽창밸브)
증발기 내 압력에 의해 제어되어 증발압력을 일정하게 유지한다.

34 30℃의 원수 5ton을 3시간에 2℃까지 냉각하는 수냉각장치의 냉동 능력은 약 얼마인가?

① 8RT
② 11RT
③ 14RT
④ 26RT

해설 냉동 능력
$$RT = \frac{G \cdot C \cdot \Delta t}{3320} = \frac{5000 \times 1 \times (30-2)/3}{3320} = 14RT$$

35 할로겐 탄화수소계 냉매의 누설을 탐지하는 방법으로 가장 적합한 것은?

① 유황을 묻힌 심지를 이용한다.
② 헬라이드 토치를 이용한다.
③ 네슬러 시약을 이용한다.
④ 페놀프탈렌 시험지를 이용한다.

해설 프레온계(할로겐 탄화수소계) 냉매의 누설검사법
① 비눗물 검사
② 헬라이드 토치 사용
③ 할로겐 전자누설 탐지기 사용

36 냉동장치에서 일반적으로 가스 퍼저(Gas purger)를 설치할 경우 설치 위치로 적당한 곳은?

① 수액기와 팽창밸브의 액관
② 응축기와 수액기의 액관
③ 응축기와 수액기의 균압관
④ 응축기 직전의 토출관

해설 불응축 가스 퍼저 인출관 : 응축기와 수액기 균압관 상부

37 내부에너지에 대한 설명 중 잘못된 것은?

① 계(系)의 총 에너지에서 기계적 에너지를 뺀 나머지를 내부에너지라 한다.
② 내부에너지 변화가 없다면 가열량은 일로 변환된다.
③ 온도의 변화가 없으면 내부에너지의 변화도 없다.
④ 내부에너지는 물체가 갖고 있는 열에너지이다.

해설 이상기체의 내부에너지 : 이상기체의 내부에너지는 온도만의 함수로서 압력과 체적과는 무관하다.

[정답] 30. ① 31. ④ 32. ④ 33. ② 34. ③ 35. ② 36. ③ 37. ③

38 어떤 변화가 가역인지 비가역인지 알려면 열역학 몇 법칙을 적용하면 되는가?
① 제0법칙
② 제1법칙
③ 제2법칙
④ 제3법칙

해설 열역학 제2법칙 : 가역, 비가역의 과정의 해석

39 액흡입으로 인해 발생하는 압축기 소손을 방지하기 위한 부속장치는?
① 저압차단 스위치
② 고압차단 스위치
③ 어큐뮬레이터
④ 유압보호 스위치

해설 액분리기(Accumulator) : 증발기와 압축기 사이에 설치하여 압축기에 액이 흡입되지 않도록 하여 압축기의 파손을 방지한다.

40 고온가스에 의한 제상 시 고온가스의 흐름을 제어하는 것으로 적당한 것은?
① 모세관
② 자동팽창밸브
③ 전자밸브
④ 사방밸브(4-way밸브)

해설 전자밸브 : 고온가스 제상 시 고온가스(Hot gas)의 흐름를 제어한다.

3과목 공조냉동설치 · 운영

41 배수관 설치기준에 대한 내용 중 틀린 것은?
① 배수관의 최소 관경은 20mm 이상으로 한다.
② 지중에 매설하는 배수관의 관경은 50mm 이상이 좋다.
③ 배수관은 배수의 유하방향(流下方向)으로 관경을 축소해서는 안 된다.
④ 기구배수관의 관경은 이것에 접속하는 위생기구의 트랩 구경 이상으로 한다.

해설 배수관의 최소 관경 : 32mm 이상

42 급수펌프의 설치 시 주의사항으로 틀린 것은?

① 펌프는 기초볼트를 사용하여 기초 콘크리트 위에 설치 고정한다.
② 풋 밸브는 동 수위면보다 흡입관경의 2배 이상 물속에 들어가게 한다.
③ 토출측 수평관은 상향구배로 배관한다.
④ 흡입양정은 되도록 길게 한다.

해설 흡입양정은 되도록 짧게 한다.

43 증기난방에서 고압식인 경우 증기 압력은?

① 0.015 ~ 0.035 MPa 미만
② 0.035 ~ 0.072 MPa 미만
③ 0.072 ~ 0.1 MPa 미만
④ 0.1 MPa 이상

해설 증기난방에서 압력에 따른 구분
① 고압식 : 증기의 압력 0.1MPa 이상(0.1~0.3MPa 정도)
② 저압식 : 증기의 압력 0.1MPa 미만(0.01~0.035MPa 정도)

44 배수 트랩 중 관 트랩의 종류가 아닌 것은?

① P트랩
② V트랩
③ S트랩
④ U트랩

해설 관배수트랩 : P트랩, S트랩, U트랩

45 주철관의 소켓이음 시 코킹작업을 하는 주목적으로 가장 적합한 것은?

① 누수방지
② 경도증가
③ 인장강도증가
④ 내진성 증가

해설 주철관 소켓이음 시 코킹작업은 안의 이탈을 방지하여 누수를 방지한다.

46 체크밸브에 대한 설명으로 옳은 것은?

① 스윙형, 리프트형, 풋형 등이 있다.
② 리프트형은 배관의 수직부에 한하여 사용한다.
③ 스윙형은 수평배관에만 사용한다.
④ 유량조절용으로 적합하다.

해설 체크밸브의 종류 : 스윙형, 리프트형, 풋형, 헤머리스형 등

[정답] 38. ③ 39. ③
40. ③ 41. ①
42. ④ 43. ④
44. ② 45. ①
46. ①

47 아래 그림과 같이 호칭직경 20A인 강관을 2개의 45° 엘보를 사용하여 그림과 같이 연결하였다면 강관의 실제 소요길이는 얼마인가? (단, 엘보에 삽입되는 나사부의 길이는 10mm이고, 엘보의 중심에서 끝 단면까지의 길이는 25mm이다.)

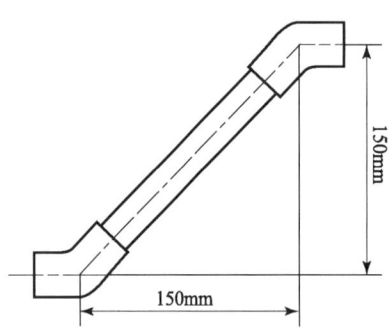

① 212.1mm ② 200.3mm
③ 170.3mm ④ 182.1mm

해설 배관의 실제 소요(절단)길이
$l = \sqrt{2}\,L - 2(A-a) = (\sqrt{2} \times 150) - \{2 \times (25-10)\} = 182.13\,mm$

48 배관된 관의 수리, 교체에 편리한 이음방법은?
① 용접이음 ② 신축이음
③ 플랜지이음 ④ 스위블이음

해설 관을 분해, 수리, 교체하고자 할 때
① 소구경 배관 : 유니온
② 대구경 배관 : 플랜지

49 증기난방에 비해 온수난방의 특징으로 틀린 것은?
① 예열시간이 길지만 가열 후에 냉각시간도 길다.
② 공기 중의 미진이 늘어 생기는 나쁜 냄새가 적어 실내의 쾌적도가 높다.
③ 보일러의 취급이 비교적 쉽고 비교적 안전하여 주택 등에 적합하다.
④ 난방부하 변동에 따른 온도조절이 어렵다.

해설 온수난방은 난방부하 변동에 따른 온도조절이 쉽다.

50 급탕설비에 있어서 팽창관의 역할을 설명한 것으로 적당하지 않은 것은?

① 보일러 내면에 생기기 쉬운 스케일 부착을 방지한다.
② 물의 온도 상승에 따른 용적 팽창을 흡수한다.
③ 배관 내의 공기나 증기의 배출을 돕는다.
④ 안전밸브의 역할을 한다.

해설 팽창관
보일러 등 배관계에 있는 온수의 체적팽창을 도피시키는 역할

51 그림과 같은 계전기 접점회로의 논리식은?

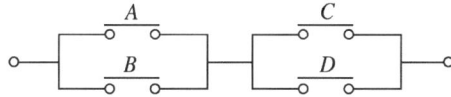

① $(\overline{A}+B) \cdot (C+\overline{D})$
② $(\overline{A}+\overline{B}) \cdot (C+D)$
③ $(A+B) \cdot (C+D)$
④ $(A+B) \cdot (\overline{C}+\overline{D})$

해설 A, B접점은 병렬연결 + C, D접점도 병렬연결되어 각각이 직렬로 연결되어 있다. 병렬연결은 논리합(OR), 직렬연결은 논리곱(AND)으로 나타낸다.
$(A+B) \cdot (C+D)$

52 다음 중 기동 토크가 가장 큰 단상 유도전동기는?

① 분상기동형
② 반발기동형
③ 반발유도형
④ 콘덴서기동형

해설 단상유도전동기의 기동 토크가 큰 순서
반발 기동형 〉 반발 유도형 〉 콘덴서 기동형 〉 콘덴서 운전형 〉 분상 기동형 〉 세이딩 코일형 〉 모노사이클릭형

53 물체의 위치, 방위, 자세 등의 기계적 변위를 제어량으로 해서 목표값의 임의의 변화에 추종하도록 구성된 제어계는?

① 공정 제어
② 정치 제어
③ 프로그램 제어
④ 추종 제어

해설 추종 제어
목표치가 임의로 지속적으로 변화되는 경우의 제어로 주로 제어량으로 분류를 하는 경우 서보제어가 해당된다.

보충
- **프로세스(공정) 제어**: 제어량이 온도, 압력, 유량, 레벨 등이며 플랜트나 생산 공정 중의 상태량을 제어량으로 하는 제어로 제어계에 가해지는 외란의 억제를 주목적으로 함
- **프로그램 제어**: 목표치가 임의의 값으로 변화하는 추치제어 중 목표치의 변화의 상태를 미리 알고 있는 경우의 제어
- **정치 제어**: 언제나 일정한 값을 유지하도록 제어하는 것을 목적으로 한 자동제어

정답 47. ④ 48. ③ 49. ④ 50. ① 51. ③ 52. ② 53. ④

01회 CBT 기출문제

54. 컴퓨터실의 온도를 항상 18℃로 유지하기 위하여 자동 냉난방기를 설치하였다. 이 자동 냉난방기의 제어는?

① 정치제어
② 추종제어
③ 비율제어
④ 서보제어

해설 정치제어
언제나 일정한 값을 유지하도록 제어하는 것을 목적으로 한 자동제어

55. 정상편차를 없애고, 응답속도를 빠르게 한 동작은?

① 비례동작
② 비례적분동작
③ 비례미분동작
④ 비례적분미분동작

해설 비례적분미분(PID)동작
적분동작에 의한 잔류편차를 없애는 동작으로 정상특성과 미분동작으로 응답 속응성을 동시에 개선, 즉 PI 제어기와 PD 제어기를 결합한 형태

56. 3상 평형부하의 전압이 100V이고, 전류가 10A이다. 역률이 0.8이면 이때의 소비전력은 약 몇 W인가?

① 1386
② 1732
③ 2100
④ 2430

해설 3상 전력
$P = \sqrt{3}\,EI\cos\theta = \sqrt{3} \times 100 \times 10 \times 0.8 = 1385.6\text{W}$

57. 자동제어계의 출력신호를 무엇이라 하는가?

① 동작신호
② 조작량
③ 제어량
④ 제어 편차

해설 출력 신호는 제어를 목표로 하는 값이므로 제어량이 된다.

58. 어떤 도체의 단면을 1시간에 7200C의 전기량이 이동했다고 하면 전류는 몇 A인가?

① 1
② 2
③ 3
④ 4

보충

- **서보제어**: 물체의 위치, 방위, 자세 등의 기계적 변위를 제어량으로 해서 목표값의 임의의 변화에 추종하도록 구성된 제어
- **비율제어**: 목표값이 다른 것과 일정 비율 관계를 가지고 변화하는 제어
- **추종제어**: 목표치가 임의로 지속적으로 변화되는 경우의 제어로 주로 제어량으로 분류를 하는 경우 서보제어가 해당된다.

보충

단상 전력
$P = EI\cos\theta$
여기서, θ : 위상차

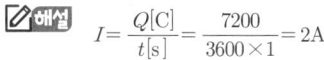 $I = \dfrac{Q[\text{C}]}{t[\text{s}]} = \dfrac{7200}{3600 \times 1} = 2\text{A}$

59 전기로의 온도를 1000℃로 일정하게 유지시키기 위하여 열전온도계의 지시값을 보면서 전압조정기로 전기로에 대한 인가전압을 조절하는 장치가 있다. 이 경우 열전온도계는 다음 중 어느 것에 해당되는가?

① 조작부
② 검출부
③ 제어량
④ 조작량

 전기로의 제어 목적은 온도를 일정하게 유지하는 것이므로 전기로의 제어의 결과는 온도로서 나타나게 된다. 이와 같이 제어대상의 출력 즉, 여기서는 온도를 검출하는 장치는 온도계이며 이는 결국 검출부가 된다. 그 밖의 제어대상은 전기로, 조작량은 인가전압, 조작부는 전압조정기가 된다.

보충
① 제어 대상 : 전기로
② 제어량 : 온도
③ 목표값 : 1,000℃
④ 검출부 : 열전온도계

60 플레밍(Fleming)의 오른손 법칙에 따라 기전력이 발생하는 원리를 이용한 기기는?

① 교류 발전기
② 교류 전동기
③ 교류 정류기
④ 교류 용접기

해설 플레밍의 오른손 법칙
평등자계 내에 존재하는 도체에 힘이 작용하여 일정 방향으로 움직일 때, 도체에 발생하는 기전력의 방향 및 크기를 알 수 있는 법칙으로 발전기의 원리를 설명할 수 있음. 즉 기전력(전류)의 방향을 알 수 있음.

보충
플레밍의 왼손 법칙
평등자계 내에 존재하는 도체에 전류가 흐를 때 도체에 작용하는 힘의 방향을 알 수 있는 법칙으로 전동기의 구동 원리를 설명할 수 있다. 즉, 전동기의 힘의 방향이므로 회전방향을 알 수 있다.

정답
54. ① 55. ④
56. ① 57. ③
58. ② 59. ②
60. ①

1과목 공기조화설비

01 공기조화 방식의 분류 중 공기-물 방식이 아닌 것은?
① 유인유닛방식
② 덕트병용 팬코일 유닛방식
③ 복사 냉난방 방식(패널에어 방식)
④ 멀티존 유닛방식

해설 공기-물 방식
① 덕트병용 팬코일 유닛방식 ② 유인유닛방식 ③ 복사 냉난방 방식

02 염화리튬, 트리에틸렌 글리콜 등의 액체를 사용하여 감습하는 장치는?
① 냉각 감습장치
② 압축 감습장치
③ 흡수식 감습장치
④ 세정식 감습장치

해설 흡수식(액체) 감습장치
염화리튬이나 트리에틸렌글리콜과 같은 흡수성이 큰 액체를 이용하는 방법으로 흡착된 수분을 증발시키기 위해 재생용 열원이 필요하다.

03 습공기선도상에 나타나 있는 것이 아닌 것은?
① 상대습도
② 건구온도
③ 절대습도
④ 포화도

해설 습공기선도에서는 포화도를 알 수 없다.

보충
습공기선도의 구성
건구온도, 습구온도, 노점온도, 절대습도, 상대습도, 수증기분압, 엔탈피, 비체적, 열수분비

04 공기 세정기에 관한 설명으로 옳지 않은 것은?
① 공기 세정기의 통과풍속은 일반적으로 2~3m/s이다.
② 공기 세정기의 가습기는 노즐에서 물을 분무하여 공기에 충분히 접촉시켜 세정과 가습을 하는 것이다.
③ 공기 세정기의 구조는 루버, 분무노즐, 플러딩노즐, 엘리미네이터 등이 케이싱 속에 내장되어 있다.
④ 공기 세정기의 분무 수압은 노즐 성능상 20~50kPa이다.

[해설] 공기세정기의 분무 노즐압력은 1.4~2.5kg/cm²(140~250kPa) 정도이나 보통 1개의 노즐에서의 분무압력은 0.5kg/cm²이면 충분하며 공기실 내를 통과하는 표준풍속은 2.5~3.5m/s 정도이다.

05 증기난방에 관한 설명으로 옳지 않은 것은?

① 열매온도가 높아 방열면적이 작아진다.
② 예열 시간이 짧다.
③ 부하변동에 따른 방열량의 제어가 곤란하다.
④ 증기의 증발현열을 이용한다.

[해설] 증기난방은 증기의 증발잠열(응축잠열)을 이용한다.

06 온수배관의 시공 시 주의할 사항으로 옳은 것은?

① 각 방열기에는 필요시만 공기배출기를 부착한다.
② 배관 최저부에는 배수밸브를 설치하며, 하향구배로 설치한다.
③ 팽창관에는 안전을 위해 반드시 밸브를 설치한다.
④ 배관 도중에 관지름을 바꿀 때에는 편심이음쇠를 사용하지 않는다.

[해설] 배관 최저부에는 배수밸브를 설치하고 계통 내 물이 완전히 배수되도록 배수밸브 쪽으로 하향구배를 준다.

07 다음 그림은 송풍기의 특성 곡선이다. 점선으로 표시된 곡선 B는 무엇을 나타내는가?

① 축동력
② 효율
③ 전압
④ 정압

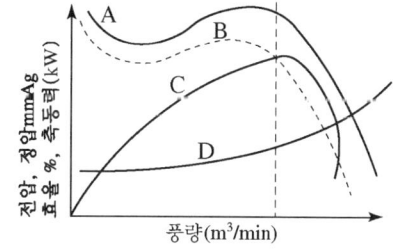

[해설]
- A : 전압
- B : 정압
- C : 효율
- D : 축동력

08 공기 중의 수증기 분압을 포화압력으로 하는 온도를 무엇이라 하는가?

① 건구온도
② 습구온도
③ 노점온도
④ 글로브(globe)온도

[해설] 수증기 분압을 포화압력으로 하는 온도 : 노점온도

[정답] 01. ④　02. ③
03. ④　04. ④
05. ④　06. ②
07. ④　08. ③

09 우리나라에서 오전 중에 냉방 부하가 최대가 되는 존(zone)은 어느 방향인가?

① 동쪽 방향 ② 서쪽 방향
③ 남쪽 방향 ④ 북쪽 방향

해설 오전에는 건물 동쪽의 일사량이 최대가 되므로 냉방부하도 최대가 된다.

10 냉수코일의 설계에 있어서 코일 출구온도 10℃, 코일 입구온도 5℃, 전열부하가 83740kJ/h일 때, 코일 내 순환수량(l/min)은 약 얼마인가? (단, 물의 비열은 4.2kJ/kg · K이다.)

① 55.5 l/min ② 66.5 l/min
③ 78.5 l/min ④ 98.7 l/min

해설 코일 내 순환수량
$$G = \frac{Q}{C \cdot \Delta t} = \frac{83,740}{4.2 \times (10-5) \times 60} = 66.5 \, l/min$$

11 공기조화 부하 계산을 할 때 고려하지 않아도 되는 것은?

① 열원방식
② 실내 온 · 습도의 설정조건
③ 지붕재료 및 치수
④ 실내 발열기구의 사용시간 및 발열량

해설 열원방식은 공기조화 부하 계산 시 고려사항에 해당하지 않는다.

12 도서관의 체적이 630m³이고 공기가 1시간에 29회 비율로 틈새바람에 의해 자연 환기될 때 풍량(m³/min)은 약 얼마인가?

① 295 ② 304
③ 444 ④ 572

해설 $Q = nV = \frac{29 \times 630}{60} = 304.5 \, m^3/min$

13 바이패스 팩터에 관한 설명으로 옳지 않은 것은?
① 바이패스 팩터는 공기조화기를 공기가 통과할 때 공기의 일부가

변화를 받지 않고 원상태로 지나쳐갈 때 이 공기량과 전체 통과 공기량에 대한 비율을 나타낸 것이다.
② 공기조화기를 통과하는 풍속이 감소하면 바이패스 팩터는 감소한다.
③ 공기조화기의 코일열수 및 코일 표면적이 적을 때 바이패스 팩터는 증가한다.
④ 공기조화기의 이용 가능한 전열 표면적이 감소하면 바이패스 팩터는 감소한다.

해설 전열 표면적이 감소하면 바이패스는 증가한다.

14 냉수 또는 온수코일의 용량제어를 2방밸브로 하는 경우 물배관 계통의 특성 중 옳은 것은?

① 코일 내의 수량은 변하나 배관 내의 유량은 부하변동에 관계없이 정유량(定流量)이다.
② 부하변동에 따라 펌프의 대수제어가 가능하다.
③ 차압제어밸브가 필요 없으므로 펌프의 양정을 낮게 할 수 있다.
④ 코일 내의 수량이 변하지 않으므로 전열효과가 크다.

해설 변유량 방식은 부하변화에 따라 펌프의 대수, 회전수 제어 및 2방밸브제어, 3방밸브제어 등이 있다.

15 환기방식 중 송풍기를 이용하여 실내에 공기를 공급하고 배기구나 건축물의 틈새를 통하여 자연적으로 배기하는 방법은?

① 제1종 환기   ② 제2종 환기
③ 제3종 환기   ④ 제4종 환기

해설 제2종 환기 : 송풍기를 이용하여 실내에 공기를 공급하고, 배기구나 건축물의 틈새를 통하여 자연적으로 배기하는 방법(급기 송풍기+자연 배기구 이용)

16 보일러의 출력표시에서 난방부하와 급탕부하를 합한 용량으로 표시되는 것은?

① 과부하출력   ② 정격출력
③ 정미출력   ④ 상용출력

해설 보일러 출력의 구분
① 정미출력=난방부하+급탕부하
② 상용출력=난방부하+급탕부하+배관부하
③ 정격출력=난방부하+급탕부하+배관부하+예열부하

17 증기-물 또는 물-물 열교환기의 종류에 해당되지 않는 것은?

① 원통다관형 열교환기
② 전열 교환기
③ 판형 열교환기
④ 스파이럴형 열교환기

해설 전열 교환기는 공대공 열교환기로서 실내의 배기와 환기용 외기를 열교환하는 장치로 회전식과 고정식이 있다.

18 덕트 설계 시 고려하지 않아도 되는 사항은?

① 덕트로부터의 소음
② 덕트로부터의 열손실
③ 공기의 흐름에 따른 마찰 저항
④ 덕트 내를 흐르는 공기의 엔탈피

해설 덕트 설계 시 덕트 내를 흐르는 공기의 엔탈피는 고려사항이 아니다.

19 실내의 기류분포에 관한 설명으로 옳은 것은?

① 소비되는 열량이 많아져서 추위를 느끼게 되는 현상 또는 인체에 불쾌한 냉감을 느끼게 되는 것을 유효 드래프트라고 한다.
② 실내의 각 점에 대한 EDT를 구하고, 전체 점수에 대한 쾌적한 점수의 비율을 T/L비라고 한다.
③ 일반 사무실 취출구의 허용풍속은 1.5~2.5m/s이다.
④ 1차공기와 전공기의 비를 유인비라 한다.

해설
① 콜드 드래프트 : 소비되는 열량이 많아져서 추위를 느끼게 되는 현상
② 실내의 각 점에 대한 EDT(유효드래프트온도)를 구하고 전체 점수에 대한 쾌적한 점수의 비율을 공기확산계수(ADPI)라 한다. ADPI가 높으면 실내에 공기 분포가 균일하여 골고루 쾌적한 상태가 된다.
③ 일반 사무실 취출구의 허용풍속 : 5~6.25m/s
④ 유인비=전공기/1차공기

20 인체에 작용하는 실내 온열환경 4대요소가 아닌 것은?

① 청정도
② 습도
③ 기류속도
④ 공기온도

해설 온열환경 4요소 : 공기온도, 기류속도, 습도, 평균복사온도

2과목 냉동냉장설비

21 다음 냉매 중 아황산가스에 접했을 때 흰 연기를 내는 가스는?
① 프레온 12
② 크로메틸
③ R-410A
④ 암모니아

해설 아황산가스에 암모니아가스를 접촉하면 흰 연기가 발생한다.

22 냉매가 구비해야 할 이상적인 물리적 성질로 틀린 것은?
① 임계온도가 높고 응고온도가 낮을 것
② 같은 냉동능력에 대하여 소요동력이 적을 것
③ 전기절연성이 낮을 것
④ 저온에서도 대기압 이상의 압력으로 증발하고 상온에서 비교적 저압으로 액화할 것

해설 냉매의 구비조건
① 대기압 이상의 압력에서 쉽게 증발할 것
② 임계 온도가 높아 상온에서 쉽게 액화할 것
③ 응고점은 낮고 증발잠열은 클 것
④ 액 비열과 증기의 비열비가 작을 것
⑤ 점도와 표면장력이 적고 열전달이 우수할 것
⑥ 전기 절연내력이 크고 윤활유 작용하지 않을 것
⑦ 인화성, 악취, 독성이 없고 누설 발견이 용이할 것
⑧ 윤활유와 작용하지 않을 것

23 다음 열역학적 설명으로 옳지 않은 것은?
① 물체의 순간(현재) 상태만에 관계하는 양을 상태량이라 하며 열량과 일 등은 상태량이다.
② 평형을 유지하면서 조용히 상태변화가 일어나는 과정은 준 정적변화이며 가역변화라고 할 수 있다.
③ 내부에너지는 그 물질의 분자가 임의온도 하에서 갖는 역학적 에너지의 총합이라고 할 수 있다.
④ 온도는 내부에너지에 비례하여 증가한다.

해설 상태량은 상태만으로 정해지는 것으로 그 상태가 되기까지의 과정이나 경로와는 무관하다.

보충
경로에 따라 변화하는 상태량
(경로함수) : 일과 열

정답 17. ② 18. ④
19. ④ 20. ①
21. ④ 22. ③
23. ①

24. 2원 냉동장치의 저온측 냉매로 적합하지 않은 것은?

① R-22
② R-14
③ R-13
④ 에틸렌

해설 2원 냉동장치의 냉매
① 고온측 냉매 : R-12, R-22 등 비등점이 높은 냉매
② 저온측 냉매 : R-13, R-14, 메탄, 에탄, 에틸렌, 프로판 등 비등점이 낮은 냉매

25. 2단압축 2단팽창 냉동장치에서 중간냉각기가 하는 역할이 아닌 것은?

① 저단 압축기의 토출가스 과열도를 낮춘다.
② 고압 냉매액을 과냉시켜 냉동효과를 증대시킨다.
③ 저단 토출가스를 재 압축하여 압축비를 증대시킨다.
④ 흡입가스 중의 액을 분리하여 리키드 백을 방지한다.

해설 중간냉각기의 역할
① 저단 압축기의 과열을 제거, 고단측 압축기에서의 과열 방지
② 냉매액을 과냉각시켜 냉동효과 및 성적계수 증대
③ 고단측 압축기 흡입가스 중의 액을 분리시켜 액압축을 방지

26. 10℃와 85℃ 사이의 물을 열원으로 역카르노 사이클로 작동되는 냉동기(ε_C)와 히트펌프(ε_H)의 성적계수는 각각 얼마인가?

① $\varepsilon_C = 1.00$ $\varepsilon_H = 2.00$
② $\varepsilon_C = 2.12$ $\varepsilon_H = 3.12$
③ $\varepsilon_C = 2.93$ $\varepsilon_H = 3.93$
④ $\varepsilon_C = 3.78$ $\varepsilon_H = 4.78$

해설 냉동기와 히트펌프의 성적계수
$$\varepsilon_C = \frac{T_e}{T_c - T_e} = \frac{283}{358 - 283} = 3.77$$
$$\varepsilon_H = \frac{T_c}{T_c - T_e} = \frac{358}{358 - 283} = 4.77$$

보충 히트펌프의 성적계수
$$\varepsilon_H = \frac{Q_c}{AW} = \frac{Q_c}{Q_c - Q_e}$$
$$= \frac{T_c}{T_c - T_e}$$
$$= 1 + COP_R(\varepsilon_R)$$

27. 온도식 팽창밸브에서 흐르는 냉매의 유량에 영향을 미치는 요인이 아닌 것은?

① 오리피스 구경의 크기
② 고 · 저압측 간의 압력차

③ 고압측 액상 냉매의 냉매온도
④ 감온통의 크기

해설 감온통의 크기는 온도식 팽창밸브에 유량의 영향을 미치지 않는다.

28 할로겐 원소에 해당하지 않는 것은?
① 불소(F) ② 수소(H)
③ 염소(Cl) ④ 브롬(Br)

해설 할로겐 원소 : 불소(F), 염소(Cl), 브롬(Br), 요오드(I), 아스타틴(At)

29 냉동장치의 안전장치 중 압축기로의 흡입압력이 소정의 압력 이상이 되었을 경우 과부하에 의한 압축기용 전동기의 위험을 방지하기 위하여 설치되는 기기는?
① 증발압력 조정밸브(EPR)
② 흡입압력 조정밸브(SPR)
③ 고압 스위치
④ 저압 스위치

해설 흡입압력 조정밸브(SPR)
압축기 흡입압력의 이상 상승 시 과부로 인한 압축기용 전동기의 손상을 방지하기 위해 설치

30 팽창밸브 입구에서 410kJ/kg의 엔탈피를 갖고 있는 냉매가 팽창밸브를 통과하여 압력이 내려가고 포화액과 포화증기의 혼합물, 즉 습증기가 되었다. 습증기 중의 포화액의 유량이 7kg/min일 때 전 유출 냉매의 유량은 약 얼마인가? (단, 팽창밸브를 지난 후의 포화액의 엔탈피는 54kJ/kg, 건포화증기의 엔탈피는 500kJ/kg이다.)
① 30.3kg/min ② 32.4kg/min
③ 34.7kg/min ④ 36.5kg/min

해설 건조도. $x = \dfrac{포화증기}{포화액 + 포화증기} = \dfrac{410-54}{500-54} = 0.7982$

$0.7982 = \dfrac{G''}{7+G''}$

$G'' = 0.7982(7+G'')$,

$0.2018 G'' = 0.7982 \times 7 = 27.69 \text{kg/min}$

∴ 전유출 냉매량 $= G' + G'' = 7 + 27.69 = 34.7 \text{kg/min}$

정답 24.① 25.③ 26.④ 27.④ 28.② 29.② 30.③

31 매분 염화칼슘 용액 350 l/min를 −5℃에서 −10℃까지 냉각시키는 데 필요한 냉동능력은 얼마인가? (단, 염화칼슘 용액의 비중은 1.2, 비열은 2.5kJ/kgK이다.)

① 94500 kJ/h
② 317520 kJ/h
③ 315000 kJ/h
④ 75600 kJ/h

해설 $Q_e = G_b \cdot C_b \cdot \Delta t = (350 \times 1.2 \times 60) \times 2.5 \times (-5+10) = 315,000 \text{kJ/h}$

32 교축작용과 관계가 적은 것은?

① 등엔탈피 변화
② 팽창밸브에서의 변화
③ 엔트로피의 증가
④ 등적변화

해설 교축작용 시 비체적은 증가하므로 등적변화와는 관계가 없다.

33 냉매와 화학분자식이 옳게 짝지어진 것은?

① R-500 → $CCl_2F_4 + CH_2CHF_2$
② R-502 → $CHClF_2 + CClF_2CF_3$
③ R-22 → CCl_2F_2
④ R-717 → NH_4

해설 R-502 : R-22($CHClF_2$) + R-115($CClF_2CF_3$)

34 압축기 직경이 100mm, 행정이 850mm, 회전수 2000rpm, 기통수 4일 때 피스톤 배출량은?

① 3204m³/h
② 3316m³/h
③ 3458m³/h
④ 3567m³/h

해설 피스톤 배출량
$V_a = \frac{\pi}{4}D^2 LnR \times 60 = \frac{\pi}{4} \times 0.1^2 \times 0.85 \times 4 \times 2000 \times 60 = 3204 \text{m}^3/\text{h}$

35 C.A 냉장고(Controlled Atmosphere storage room)의 용도로 가장 적당한 것은?

① 가정용 냉장고로 쓰인다.

② 제빙용으로 주로 쓰인다.
③ 청과물 저장에 쓰인다.
④ 공조용으로 철도, 항공에 주로 쓰인다.

해설 C.A 냉장고
청과물 저장 시보다 좋은 저장성을 확보하기 위해 냉장고 내의 산소를 3~5% 감소시키고 탄산가스를 3~5% 증가시켜 청과물의 호흡을 억제하여 냉장하는 냉장고

36 열원에 따른 열펌프의 종류가 아닌 것은?
① 물-공기 열펌프　　② 태양열 이용 열펌프
③ 현열 이용 열펌프　　④ 지중열 이용 열펌프

해설 열펌프의 종류
공기-공기 열펌프, 공기-물 열펌프, 물-공기 열펌프, 물-물 열펌프, 흡수식(태양열, 폐열, 지열 이용) 열펌프

37 암모니아 냉동 장치에 대한 설명 중 옳은 것은?
① 압축비가 증가하면 체적 효율도 증가한다.
② 표준 냉동 사이클로 운전할 경우 R-12에 비해 토출가스의 온도가 낮다.
③ 기밀 시험에 산소가스를 이용하는 것은 폭발의 가능성이 없기 때문이다.
④ 증발압력 조정밸브를 설치하는 것은 냉매의 증발 압력을 일정 이상으로 유지하기 위해서다.

해설 증발압력 조정밸브(EPR)
① 증발압력이 일정 이하가 되어 냉수, 브라인 등의 동결이나 압축비 상승 방지
② 증발기 출구 증발온도가 높은 곳에 설치하고, 가장 낮은 곳에는 체크밸브를 설치

38 팽창밸브가 과도하게 닫혔을 때 생기는 현상이 아닌 것은?
① 증발기의 성능 저하
② 흡입가스의 과열
③ 냉동능력의 증가
④ 토출가스의 온도상승

해설 팽창밸브가 과도하게 닫히면 냉매량 공급량이 감소하며 냉동능력은 감소한다.

39. 흡수식 냉동기에 대한 설명 중 옳은 것은?

① $H_2O + LiBr$계에서는 응축측에서 비체적이 커지므로 대용량은 공냉식화가 곤란하다.
② 압축기는 없으나, 발생기 등에서 사용되는 전력량은 압축식 냉동기보다 많다.
③ $H_2O + LiBr$계나 $H_2O + NH_3$계에서는 흡수제가 H_2O이다.
④ 공기조화용으로 많이 사용되나, $H_2O + LiBr$계는 0℃ 이하의 저온을 얻을 수 있다.

해설
② 압축기는 없으나, 발생기 등에서 사용되는 전력량은 압축식 냉동기보다 적다.
③ $H_2O+LiBr$계에서는 흡수제가 $LiBr$이고 H_2O+NH_3계에서는 흡수제가 H_2O이다.
④ $H_2O+LiBr$계는 0℃ 이하의 저온을 얻을 수 없다.

40. 공랭식 응축기에 있어서 냉매가 응축하는 온도는 어떻게 결정하는가?

① 대기의 온도보다 30℃(54°F) 높게 잡는다.
② 대기의 온도보다 19℃(35°F) 높게 잡는다.
③ 대기의 온도보다 10℃(18°F) 높게 잡는다.
④ 증발기 속의 냉매 증기를 과열도에 따라 높인 온도로 잡는다.

해설 공랭식 응축기의 응축온도는 대기의 온도보다 15~20℃ 정도 높다.

3과목 공조냉동설치 · 운영

41. 도시가스를 공급하는 배관의 종류가 아닌 것은?

① 본관　　　　　　② 공급관
③ 내관　　　　　　④ 주관

해설 도시가스 공급배관의 종류 : 본관 → 공급관 → 내관

42 호칭지름 25A인 강관을 R150으로 90° 구부림 할 경우 곡선부의 길이는 약 몇 mm인가? (단, π는 3.14이다.)
① 118mm ② 236mm
③ 354mm ④ 547mm

해설 곡선부의 길이
$$l = 2\pi r \frac{\theta}{360} = 2 \times 3.14 \times 150 \times \frac{90}{360} = 236\text{mm}$$

43 트랩의 봉수 유실 원인이 아닌 것은?
① 증발작용 ② 모세관작용
③ 사이펀작용 ④ 배수작용

해설 트랩의 봉수 유실 원인
① 자연증발 ② 모세관 현상
③ 자기사이펀 작용 ④ 유도사이펀 작용(감압에 의한 흡인작용)
⑤ 역압에 의한 분출(토출작용) ⑥ 관성에 의한 배출

44 연단에 아마인유를 배합한 것으로 녹스는 것을 방지하기 위하여 사용되며 도료의 막이 굳어서 풍화에 대해 강하고 다른 착색도료의 밑칠용으로 널리 사용되는 것은?
① 알루미늄 도료 ② 광명단 도료
③ 합성수지 도료 ④ 산화철 도료

해설 광명단 도료
연단에 아마인유를 배합한 것으로 녹스는 것을 방지하기 위하여 사용되며 도료의 막이 굳어서 풍화에 대해 강하고 다른 착색도료의 밑칠용으로 널리 사용

45 흄(hume)관이라고도 하는 관은?
① 주철관 ② 경질염화비닐관
③ 폴리에틸렌관 ④ 원심력 철근 콘크리트관

해설 원심력 철근 콘크리트 관 : 흄관

46 관의 결합방식 표시방법 중 용접식 기호로 옳은 것은?
① 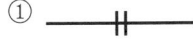 ②
③  ④

해설 ① 플랜지이음 ② 턱걸이이음
③ 용접식이음 ④ 나사이음

02회 CBT 기출문제

47 가스배관의 기밀시험 방법에 관한 설명으로 옳은 것은?
① 질소 등의 불활성가스를 사용하여 시험한다.
② 수압(水壓)시험을 한다.
③ 매설 후 산소를 사용하여 시험한다.
④ 배관의 부식에 의하여 시험한다.

해설 가스배관의 기밀시험은 질소 등의 불활성가스를 사용하여 시험한다.

48 배수계통에 설치된 통기관의 역할과 거리가 먼 것은?
① 사이펀작용에 의한 트랩의 봉수유실을 방지한다.
② 배수관 내를 대기압과 같게 하여 배수흐름을 원활히 한다.
③ 배수관 내로 신선한 공기를 유통시켜 관내를 청결히 한다.
④ 하수관이나 배수관으로부터 유해가스의 옥내 유입을 방지한다.

해설 통기관의 설치목적
① 트랩의 봉수 보호
② 배수의 흐름 원활
③ 배수관 내 환기와 청결유지

49 증기난방 설비의 수평배관에서 관경을 바꿀 때 사용하는 이음쇠로 가장 적합한 것은?
① 편심 리듀셔 ② 동심 리듀셔
③ 유니언 ④ 소켓

해설 증기난방 설비의 수평배관에서 관경을 바꿀 때에는 편심 리듀셔를 사용하여 응축수가 체류하지 않도록 한다.

50 냉각탑을 사용하는 경우의 일반적인 냉각수 온도 조절 방법이 아닌 것은?
① 전동 2 way valve를 사용하는 방법
② 전동 혼합 3 way valve를 사용하는 방법
③ 전동 분류 4 way valve를 사용하는 방법
④ 냉각탑 송풍기를 on-off 제어하는 방법

해설 냉각탑 냉각수 제어방법
① 냉각탑 송풍기를 on-off 제어하는 방법
② 전동 2방 밸브를 사용하는 방법
③ 전동 3방 밸브(혼류, 분류)를 사용하는 방법

51 유도전동기의 고정손에 해당하지 않는 것은?

① 1차 권선의 저항손　　② 철손
③ 베어링 마찰손　　　　④ 풍손

해설 유도전동기의 손실
① 고정손(무부하손) : 부하에 관계없이 항상 일정한 손실
　㉠ 철손 : 히스테리시스손, 와류손
　㉡ 기계손 : 마찰손, 풍손
② 가변손(부하손) : 부하에 따라 변화하는 손실
　㉠ 동손(저항손)
　㉡ 표유부하손

52 교류에서 실효값과 최대값의 관계는?

① 실효값 = $\dfrac{최대값}{\sqrt{2}}$　　② 실효값 = $\dfrac{최대값}{\sqrt{3}}$

③ 실효값 = $\dfrac{최대값}{2}$　　④ 실효값 = $\dfrac{최대값}{3}$

해설 최대값 = $\sqrt{2}$ × 실효값 ⇒ 실효값 = $\dfrac{최대값}{\sqrt{2}}$

보충
실효값
교류의 크기를 동등의 일을 하는 직류값으로 표시한 값으로 수학적으로는 제곱의 평균값이 되며 물리학적으로는 교류와 같은 물리학적인 일을 하는 직류값

53 전류에 의해 생기는 자속은 반드시 폐회로를 이루며, 자속이 전류와 쇄교하는 수를 자속 쇄교수라 한다. 자속 쇄교수의 단위에 해당하는 것은?

① Wb　　　　　　　② AT
③ WbT　　　　　　④ H

해설 자속은 도체와의 쇄교를 해야만 렌츠의 법칙이나 패러데이의 법칙에 의하여 기전력이 발생되어 의미가 있는데, 이때 쇄교하는 자속수를 자속쇄교수라하고 단위로는 자속의 단위 [Wb]에 쇄교하는 코일의 감은 수를 [T]를 곱하여 [WbT]를 사용한다.

54 다음 중 동기화 제어변압기로 사용되는 것은?

① 싱크로변압기　　② 앰플리다인
③ 차동변압기　　　④ 리졸버

해설 싱크로변압기 : 동기화 제어변압기

[정답] 47.① 48.④ 49.① 50.③ 51.① 52.① 53.③ 54.①

55 제어기기의 대표적인 것으로는 검출기, 변환기, 증폭기, 조작기기를 들 수 있는데 서보모터는 어디에 속하는가?

① 검출기 ② 변환기
③ 증폭기 ④ 조작기기

해설 서보전동기(서보모터)
명령에 따라 정확한 위치와 속도를 맞출 수 있는 모터로 제어대상을 조작하는 조작기기(프린터, DVD, 공작기계, CCTV 카메라, 캠코더, 로봇)

보충 ① 조작기기 : 제어장치에 있어서 조절부로부터의 조작량으로 바꾸어 제어대상에 작용하는 부분
② 검출기 : 제어량을 검출하여 피드백 신호를 만드는 요소
③ 서보모터 : 속응성, 정역전, 변속 등 신뢰도가 높고 제어성이 좋아 정밀기기에 많이 사용되나 발열량이 많아 강제 냉각방식이 필요하며, 서보모터는 DC서보모터와 AC서보모터로 나뉜다.

56 그림과 같은 논리회로의 출력 Y는?

① $Y = AB + A\overline{B}$
② $Y = \overline{A}B + AB$
③ $Y = \overline{A}B + A\overline{B}$
④ $Y = \overline{A}\,\overline{B} + A\overline{B}$

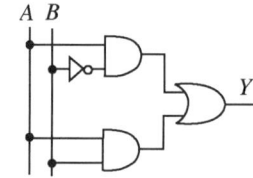

해설 $Y = A\overline{B} + AB$

57 자동제어계의 구성 중 기준입력과 궤환신호와의 차를 계산해서 제어계가 보다 안정된 동작을 하도록 필요한 신호를 만들어내는 부분은?

① 목표설정부 ② 조절부
③ 조작부   ④ 검출부

해설 조절부 : 기준 입력신호와 검출부의 출력신호를 제어 시스템에 필요한 신호로 만들어 조작부에 보내는 것

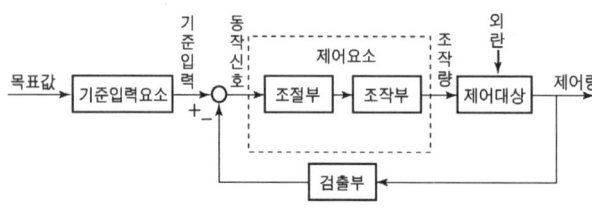

보충
• AND : $X = AB$
• OR : $X = A + B$
• NAND : $X = \overline{AB}$
• NOR : $X = \overline{A+B}$
• NOT : $X = \overline{A}$

① 검출부 : 제어량, 즉 제어결과를 검출하는 부분
② 제어요소 : 제어요소는 목표치와 현재치를 비교한 오차, 즉 동작신호를 제어기에 입력하여 제어 대상에 인가할 조작량으로 변환하는 조절부와 조작부로 구성

58 그림과 같은 회로의 전달함수 $\dfrac{C}{R}$는?

① $\dfrac{G_1}{1+G_1G_2}$
② $\dfrac{G_2}{1+G_1G_2}$
③ $\dfrac{G_1}{1-G_1G_2}$
④ $\dfrac{G_2}{1-G_1G_2}$

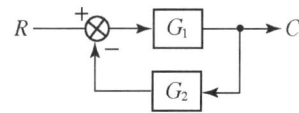

해설 $(R-CG_2)G_1 = C \Rightarrow G_1R = C(1+G_1G_2) \Rightarrow C = \dfrac{G_1}{1+G_1G_2}R$

59 $V=100\angle 60°$ [V], $I=20\angle 30°$ [A]일 때 유효전력은 약 몇 [W]인가?

① 1000
② 1414
③ 1732
④ 2000

해설 P=전압의 실효치×전류의 실효치×cos(전압과 전류의 위상차)
$P = 100 \times 20 \times \cos(60-30) = 1732W$

60 그림과 같은 회로는 어떤 논리회로인가?

① AND 회로
② OR 회로
③ NOT 회로
④ NOR 회로

해설 OR gate(논리합 회로) : 입력 A 또는 B의 어느 한 쪽이나 양자가 모두 1(High)일 때 출력이 1(High)인 회로

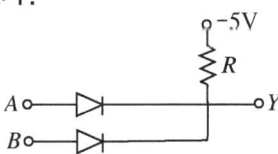

A	B	X
0	0	0
0	1	1
1	0	1
1	1	1

[OR 유접점회로]   [진리표]

보충
블록선도로부터 전달함수를 구하기 위해서는 다음 방법을 바탕으로 해야 한다.
① 블록 내부의 식 또는 값은 입력된 신호에 곱해져 출력된다.
② 선은 신호의 흐름을 나타내므로 동일한 선은 어느 부분이나 통과하는 신호는 동일하다.
③ 원은 가감산을 의미하며, 원에 입력되는 선의 측면에 있는 기호를 고려하여 연산을 행함.

정답 55. ④ 56. ① 57. ② 58. ① 59. ③ 60. ②

1과목 공기조화설비

01 겨울철 침입외기(틈새바람)에 의한 잠열부하(kJ/h)는? (단, Q는 극간풍량(m³/h)이며, t_o, t_r은 각각 외기, 실내온도(°C), x_o, x_r은 각각 실외, 실내의 절대습도(kg/kg')이다.)

① $q_L = 1.21 \cdot Q \cdot (t_o - t_r)$
② $q_L = 0.29 \cdot Q \cdot (t_o - t_r)$
③ $q_L = 717 \cdot Q \cdot (x_o - x_r)$
④ $q_L = 3001 \cdot Q \cdot (x_o - x_r)$

해설 틈새바람에 의한 잠열 부하
$q_L = G \cdot r \cdot (x_o - x_i) = 717 \cdot Q \cdot (x_o - x_i)\,[\text{kcal/h}]$
$\quad = 3001 \cdot Q \cdot (x_o - x_r)\,[\text{kJ/h}]$

02 다음 부하 중 냉각코일의 용량을 산정하는 데 포함하지 않는 것은?
① 실내 취득 열량
② 도입 외기 부하
③ 송풍기 축동력에 의한 열부하
④ 펌프 및 배관으로부터의 부하

해설 펌프 및 배관부하는 냉동기 부하에 포함된다.

보충
냉각코일의 용량
① 실내취득부하
② 기기(팬, 덕트)취득부하
③ 재열부하
④ 외기부하

03 온수난방의 특징으로 옳지 않은 것은?
① 증기난방보다 상하온도 차가 적고 쾌감도가 크다.
② 온도조절이 용이하고 취급이 간단하다.
③ 예열시간이 짧다.
④ 보일러 정지 후에도 여열에 의해 실내난방이 어느 정도 지속된다.

해설 온수난방은 열용량이 커 예열시간이 길다.

04 급수온도 10°C이고 증기압력 14MPa, 온도 240°C인 과열증기(비엔탈피 3280kJ/kg)를 1시간에 10000kg을 발생시키는 증기보일러가 있다. 이 보일러의 상당 증발량은 얼마인가? (단, 급수의 비엔탈피는 419kJ/kg이다.)

① 10479kg/h ② 11580kg/h
③ 12676kg/h ④ 13702kg/h

해설 상당 증발량
$$G_e = \frac{G_a(h_2-h_1)}{2,257} = \frac{10,000\times(3,280-419)}{2,257} = 12,676\,\text{kg/h}$$

05 다음은 단일 덕트 방식에 대한 것이다. 틀린 것은?
① 단일 덕트 정풍량방식은 개별제어에 적합하다.
② 중앙기계실에 설치한 공기조화기에서 조화한 공기를 주덕트를 통해 각 실내로 분배한다.
③ 단일 덕트 정풍량방식에서는 재열을 필요로 할 때도 있다.
④ 단일 덕트 방식에서는 큰 덕트 스페이스를 필요로 한다.

해설 단일덕트 정풍량방식
실내 취출구를 통하여 일정한 풍량으로 송풍온도 및 습도를 변화시켜 부하에 대응하는 방식으로 각 실의 개별제어가 어렵다.

06 다음 난방에 이용되는 주형 방열기의 종류가 아닌 것은?
① 2주형 ② 2세주형
③ 3주형 ④ 3세주형

해설 주형 방열기 : 2주형, 3주형, 3세주형, 5세주형

07 가습기의 종류에서 증기취출식에 대한 특징이 아닌 것은?
① 공기를 오염시키지 않는다.
② 응답성이 나빠 정밀한 습도제어기 불가능하다.
③ 공기온도를 저하시키지 않는다.
④ 가습량제어를 용이하게 할 수 있다.

해설 증기취출방식은 응답성이 빠르고 제어성이 좋고 확실하여 정밀한 습도제어가 가능하다.

08 직접난방 부하 계산에서 고려하지 않는 부하는 어느 것인가?
① 외기도입에 의한 열손실 ② 벽체를 통한 열손실
③ 유리창을 통한 열손실 ④ 틈새바람에 의한 열손실

해설 직접난방 시 외기도입을 하지 않으므로 외기도입에 의한 열손실은 부하계산에서 고려하지 않는다.

정답 01.④ 02.④ 03.③ 04.③ 05.① 06.② 07.② 08.①

09 지하철에 적용할 기계환기 방식의 기능으로 틀린 것은?

① 피스톤효과로 유발된 열차풍으로 환기효과를 높인다.
② 터널 내의 고온의 공기를 외부로 배출한다.
③ 터널 내의 잔류 열을 배출하고 신선외기를 도입하여 토양의 발열효과를 상승시킨다.
④ 화재 시 배연기능을 달성한다.

해설 지하철에 적용할 기계환기 방식의 기능
① 피스톤 효과로 유발된 열차풍으로 환기효과를 높인다.
② 터널 내 고온의 공기를 외부로 배출한다.
③ 터널 내 잔류열을 배출하고 신선외기를 도입하여 토양의 흡열효과를 상승시킨다.
④ 화재 시 배연성능을 달성한다.
⑤ 화재 외의 교통장애로 열차 정지 시에 외기 급기운전을 하여 열차 내 승객들에게 신선외기를 공급한다.

10 밀봉된 용기와 위크(wick) 구조체 및 증기공간에 의하여 구성되며, 길이 방향으로는 증발부, 응축부, 단열부로 구분되는데 한쪽을 가열하면 작동유체는 증발하면서 잠열을 흡수하고 증발된 증기는 저온으로 이동하여 응축되면서 열교환하는 기기의 명칭은?

① 전열 교환기
② 플레이트형 열교환기
③ 히트 파이프
④ 히트 펌프

해설 히트 파이프(Heat pipe)
밀봉된 용기와 위크 구조체 및 증기 공간에 의하여 구성되며, 길이 방향으로는 증발부, 응축부, 단열부로 구분되며, 한쪽을 가열하면 작동유체는 증발하면서 잠열을 흡수하고 증발된 증기는 저온으로 이동하여 응축되면서 열교환하는 기기

보충
히트 파이프

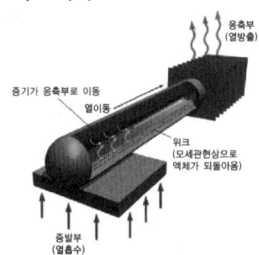

11 중앙 집중식 공조방식과 비교하여 덕트병용 패키지 공조방식의 특징이 아닌 것은?

① 기계실 공간이 적다.
② 고장이 적고, 수명이 길다.
③ 설비비가 저렴하다.
④ 운전의 전문기술자가 필요 없다.

해설 덕트병용 패키지 공조방식
실내에 설치되어 있는 패키지 공조기로 냉온풍을 만들어 실내로 송풍하는 것으로 고장이 많고 수명이 짧아 보수비용이 크다.

12 송풍기의 특성에서 풍량이 증가하면 정압(靜壓)은 어떻게 되는가?
① 증가한다.
② 감소한다.
③ 변함없이 일정하다.
④ 감소하다가 일정하다.

해설 송풍기의 특성곡선에서 풍량이 증가하면 전압과 정압은 산형을 이루면서 감소하고, 동압은 증가하며, 축동력은 급상승하게 된다.

13 덕트 설계방법 중 공기분배계통의 에어 발란싱(Air balancing)을 유지하는 데 가장 적합한 방법은?
① 등속법
② 정압법
③ 개량 정압법
④ 정압재취득법

해설 공기분배계통의 에어 발란싱을 유지하는 가장 적합한 설계방법 : 정압재취득법

14 겨울철 중간기에 건물 내의 난방을 필요로 하는 부분이 생길 때 발열을 효과적으로 회수해서 난방용으로 이용하는 방법을 열회수방식이라고 한다. 다음 중 열회수의 방법이 아닌 것은?
① 고온공기를 직접 난방부분으로 송풍하는 방식
② 런 어라운드(run around) 방식
③ 열펌프 방식
④ 축열조 방식

해설 축열조 방식은 열회수방식에 해당하지 않는다.

15 다음 중 공기조화기 부하를 바르게 나타낸 것은?
① 실내부하 + 외기부하 + 덕트통과열부하 + 송풍기부하
② 실내부하 + 외기부하 + 덕트통과열부하 + 배관통과열부하
③ 실내부하 + 외기부하 + 송풍기부하 + 펌프부하
④ 실내부하 + 외기부하 + 재열부하 + 냉동기부하

해설 공기조화기 부하(냉각코일 부하)
실내부하 + 외기부하 + 덕트통과부하 + 송풍기부하 + 재열부하

보충
정압재취득법
① 덕트 내 취출구에서 취출된 후에도 일정한 정압을 유지하기 위하여 취출 후의 덕트 내의 풍속(동압)을 감소시켜서 정압을 올리는 방법
② 각 취출구 또는 분기부 직전의 정압이 일정하게 되도록 하는 방법

보충
런 어라운드(run around) 방식
배기측, 외기측에 냉수코일을 설치하고 그 내부에 부동액을 순환시켜 배기의 열로 외기를 가열하는 방식으로, 현열교환기도 외기온도가 0℃ 이상일 때는 열교환율이 낮으며 외기온도 -5℃ 이하의 한랭지의 난방에서만 사용된다.

정답 09. ③ 10. ③ 11. ② 12. ② 13. ④ 14. ④ 15. ①

16 에어필터 입구의 분진농도가 0.35mg/m³, 출구의 분진농도가 0.14mg/m³일 때 에어필터의 여과효율은?

① 33% ② 40%
③ 60% ④ 66%

해설 여과효율
$$\eta = \frac{C_1 - C_2}{C_1} \times 100 = \frac{0.35 - 0.14}{0.35} \times 100 = 60\%$$

17 흡수식 냉동기에서 흡수기의 설치 위치는 어디인가?

① 발생기와 팽창밸브 사이
② 응축기와 증발기 사이
③ 팽창밸브와 증발기 사이
④ 증발기와 발생기 사이

해설 흡수식 냉동기에는 흡수기는 증발기와 발생기 사이에 설치한다.

보충
흡수식 냉동기의 구성요소
흡수기 → 용액펌프 → (열교환기)
→ 발생기 → 응축기 → 증발기

18 습공기의 성질에 관한 설명 중 틀린 것은?

① 단열가습하면 절대습도와 습구온도가 높아진다.
② 건구온도가 높을수록 포화 수증기량이 많다.
③ 동일한 상대습도에서 건구온도가 증가할수록 절대습도 또한 증가한다.
④ 동일한 건구온도에서 절대습도가 증가할수록 상대습도 또한 증가한다.

해설 단열가습(등엔탈피 가습)하면 절대습도는 높아지나 습구온도는 올라가거나 내려간다.

19 난방부하 계산 시 온도 측정방법에 대한 설명 중 틀린 것은?

① 외기온도 : 기상대의 통계에 의한 그 지방의 매일 최저온도의 평균값보다 다소 높은 온도
② 실내온도 : 바닥 위 1m의 높이에서 외벽으로부터 1m 이내 지점의 온도

③ 지중온도 : 지하실의 난방부하의 계산에서 지표면 10m 아래까지의 온도
④ 천장 높이에 따른 온도 : 천장의 높이가 3m 이상이 되면 직접난방법에 의해서 난방할 때 방의 윗부분과 밑면과의 평균온도

해설 실내온도 : 바닥 위 1.5m의 높이에서 외벽으로부터 1m 이상 떨어진 장소의 온도

20 시간당 5000m³의 공기가 지름 70cm의 원형 덕트 내를 흐를 때 풍속은 약 얼마인가?

① 1.4m/s   ② 2.6m/s
③ 3.6m/s   ④ 7.1m/s

해설 $V = \dfrac{4Q}{\pi D^2} = \dfrac{4 \times 5000}{3.14 \times 0.7^2 \times 3600} = 3.6\text{m/s}$

2과목 냉동냉장설비

21 냉동장치에서 펌프다운을 하는 목적으로 틀린 것은?

① 장치의 저압 측을 수리하기 위하여
② 장시간 정지 시 저압측으로부터 냉매누설을 방지하기 위하여
③ 응축기나 수액기를 수리하기 위하여
④ 기동 시 액해머 방지 및 경부하 기동을 위하여

해설 펌프다운 : 저압측의 냉매를 고압측(응축기, 수액기 등)으로 이송시켜 저압측(증발기, 액분리기 등)을 수리하기 위해 실시

22 작동물질로 H₂O–LiBr을 사용하는 흡수식 냉동사이클에 관한 설명 중 틀린 것은?

① 열교환기는 흡수기와 발생기 사이에 설치
② 발생기에서는 냉매 LiBr이 증발
③ 흡수기의 압력은 저압이며 발생기는 고압임
④ 응축기 내에서는 수증기가 응축됨

해설 발생기에서는 냉매인 물이 증발한다.

정답 16. ③ 17. ④
      18. ① 19. ②
      20. ③ 21. ③
      22. ②

23 암모니아 냉동기의 증발온도 −20℃, 응축온도 35℃일 때 이론 성적계수(㉠)와 실제 성적계수(㉡)는 약 얼마인가? (단, 팽창밸브 직전의 액온도는 32℃, 흡입가스는 건포화증기이고, 체적효율은 0.65, 압축효율은 0.80, 기계효율은 0.9로 한다.)

① ㉠ 0.5, ㉡ 3.8
② ㉠ 3.5, ㉡ 2.5
③ ㉠ 3.9, ㉡ 2.8
④ ㉠ 4.3, ㉡ 2.8

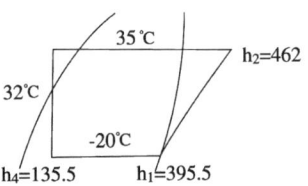

해설 ① 이론 성적계수
$$\varepsilon_o = \frac{q_e}{Aw} = \frac{395.5 - 135.5}{462 - 395.5} = 3.9$$
② 실제 성적계수
$$\varepsilon = \varepsilon_o \times \eta_c \times \eta_m = 3.91 \times 0.8 \times 0.9 = 2.8$$

24 다음 설명 중 옳은 것은?

① 암모니아 냉동장치에서는 토출가스 온도가 높기 때문에 윤활유의 변질이 일어나기 쉽다.
② 프레온 냉동장치에서 사이트글라스는 응축기 전에 설치한다.
③ 액순환식 냉동장치에서 액펌프는 저압수액기 액면보다 높게 설치해야 한다.
④ 액관 중에 후레쉬 가스가 발생하면 냉매의 증발 온도가 낮아지고 압축기 흡입 증기 과열도는 작아진다.

해설 암모니아 냉동장치에서는 압축기 토출가스 온도가 높기 때문에 윤활유의 변질이 일어나기 쉽다.

25 지열을 이용하는 열펌프의 종류에 해당하지 않는 것은?

① 지하수 이용 열펌프
② 폐수 이용 열펌프
③ 지표수 이용 열펌프
④ 지중열 이용 열펌프

해설 지열을 이용하는 열펌프 : 지하수 이용, 지표수 이용, 지중열 이용

26 다음 응축기에 대한 설명 중 옳은 것은?

① 증발식 응축기는 주로 물의 증발에 의하여 냉각되는 것이다.
② 횡형 응축기의 관내 유속은 5m/sec가 표준이다.
③ 공냉식 응축기는 공기의 잠열로 냉각된다.
④ 입형 암모니아 응축기는 운전 중에 냉각관의 소제를 할 수 없으므로 불편하다.

해설 증발식 응축기는 주로 물의 증발잠열을 이용하여 냉각하므로 냉각수가 적게 든다.

27 몰리에르선도 상에서 압력이 증대함에 따라 포화액선과 건포화증기선이 만나는 일치점을 무엇이라 하는가?

① 한계점
② 임계점
③ 상사점
④ 비등점

해설 임계점: 포화액선과 건조포화증기선이 만나는 점으로 증발잠열이 0이다.

28 다음 냉매 중 구리 도금 현상이 일어나지 않는 것은?

① CO_2
② CCl_3F
③ R-12
④ R-22

해설 구리(동) 도금 현상은 프레온 냉매 중 수소원자가 많은 냉매일수록 일어나기 쉽다.

29 다음 엔트로피에 관한 설명 중 틀린 것은?

① 엔트로피는 자연현상의 비가역성을 나타내는 척도가 된다.
② 엔트로피를 구할 때 적분경로는 반드시 가역변화이어야 한다.
③ 열기관이 가역사이클이면 엔트로피는 일정하다.
④ 열기관이 비가역사이클이면 엔트로피는 감소한다.

해설 비가역사이클에서는 엔트로피는 항상 증가한다.

30 감열(Sensible heat)에 대해 설명한 것으로 옳은 것은?

① 물질이 상태변화 없이 온도가 변화할 때 필요한 열
② 물질이 상태, 압력, 온도 모두 변화할 때 필요한 열
③ 물질이 압력은 변화하고 상태가 변하지 않을 때 필요한 열
④ 물질이 온도만 변하고 압력이 변화하지 않을 때 필요한 열

해설 현열(감열): 물질의 상태변화 없이 온도가 변화할 때 필요한 열

답안 표기란				
26	①	②	③	④
27	①	②	③	④
28	①	②	③	④
29	①	②	③	④
30	①	②	③	④

[정답] 23. ③ 24. ①
25. ② 26. ①
27. ② 28. ①
29. ④ 30. ①

31 압축기 및 응축기에서 과도한 온도상승을 방지하기 위한 대책으로 부적당한 것은?

① 압력 차단 스위치를 설치한다.
② 온도 조절기를 사용한다.
③ 규정된 냉매량보다 적은 냉매를 충진한다.
④ 많은 냉각수를 보낸다.

해설 규정된 냉매량보다 적게 충전하면 압축기가 과열된다.

32 증발기에 서리가 생기면 나타나는 현상은?

① 압축비 감소 ② 소요동력 감소
③ 증발압력 감소 ④ 냉장고 내부온도 감소

해설 증발기 적상 시 영향
① 전열불량으로 냉장실 내 온도상승 및 액압축 초래
② 증발압력 저하로 압축비 상승
③ 증발온도 저하
④ 실린더 과열로 토출가스온도 상승
⑤ 윤활유의 열화 및 탄화 우려
⑥ 체적효율 저하 및 압축기 소요동력 증대
⑦ 성적계수 및 냉동능력 감소

33 일반적으로 초저온냉동장치(Super chilling unit)로 적당하지 않은 냉동장치는 어느 것인가?

① 다단압축식(Multi-Stage)
② 다원압축식(Multi-Stage Cascade)
③ 2원압축식(Cascade System)
④ 단단압축식(Single-Stage)

해설 단단압축식은 냉방이나 일반적인 저온냉동장치로 적합하다.

보충
초저온냉동장치
• 다단압축
• 2원냉동
• 다원냉동식 등

34 다음 냉매 중 독성이 큰 것부터 나열된 것은?

㉠ 아황산(SO_2) ㉡ 탄산가스(CO_2) ㉢ R-12(CCl_2F_2) ㉣ 암모니아(NH_3)

① ㉣-㉡-㉠-㉢
② ㉣-㉠-㉡-㉢
③ ㉠-㉣-㉡-㉢
④ ㉠-㉡-㉣-㉢

해설 독성이 큰 순서 : 아황산가스 〉 암모니아 〉 탄산가스 〉 R-12

35 프레온 냉동기의 냉동능력이 18900kcal/h이고, 성적계수가 4, 압축일량이 45kcal/kg일 때 냉매순환량은 얼마인가?

① 96kg/h
② 105kg/h
③ 108kg/h
④ 116kg/h

해설
① 냉동효과, $COP = \dfrac{q_e}{Aw}$ 에서 $4 = \dfrac{q_e}{45}$, $q_e = 180 kcal/kg$

② 냉매순환량, $G = \dfrac{Q_e}{q_e} = \dfrac{18900}{180} = 105 kg/h$

36 냉동장치의 증발기 냉각능력이 5.23kW/h, 증발관의 열통과율이 825W/m²K, 유체의 입·출구 평균온도와 냉매의 증발온도와의 차가 6℃인 증발기의 전열 면적은 약 얼마인가?

① 1.05m²
② 3.07m²
③ 5.18m²
④ 7.18m²

해설 $F = \dfrac{Q_e}{K \cdot \Delta t_m} = \dfrac{5.23 \times 1,000}{825 \times 6} = 1.05 m^2$

37 1냉동톤을 바르게 설명한 것은?

① 1시간에 0℃의 물 1톤을 냉동하여 0℃의 얼음으로 만들 때의 열량
② 1일에 4℃의 물 1톤을 냉동하여 0℃의 얼음으로 만들 때의 열량
③ 1시간에 4℃의 물 1톤을 냉동하여 0℃의 얼음으로 만들 때의 열량
④ 1일에 0℃의 물 1톤을 냉동하여 0℃의 얼음으로 만들 때의 열량

해설 1냉동톤
① 0℃의 물 1톤을 1일 동안에 0℃ 얼음으로 만드는 데 제거해야 할 열량
② 1한국냉동톤 1RT = 3,320kcal/h = 3.86kW

38 냉매에 관한 설명 중 틀린 것은?

① 초저온 냉매로는 프레온 13과 프레온 14가 적합하다.
② 암모니아액은 R-12보다 무겁다.
③ R-12의 분자식은 CCl_2F_2이다.
④ 흡수식 냉동기의 냉매로는 물이 적합하다.

해설 R-12냉매액이 암모니아액보다 무겁다.

보충
액비중의 순서
프레온 〉 물 〉 오일 〉 암모니아

정답
31. ③ 32. ③
33. ④ 34. ③
35. ② 36. ①
37. ④ 38. ②

39 감온 팽창밸브에 대한 설명 중 옳은 것은?

① 팽창밸브의 감온부는 냉각되는 물체의 온도를 감지한다.
② 강관에 감온통을 사용할 때는 부식 및 열전도율의 불량을 막기 위해 알루미늄칠을 한다.
③ 암모니아 냉동장치 수분이 있으면 냉매에서 수분이 분리되어 팽창밸브를 폐쇄시킨다.
④ R-12를 사용하는 냉동장치에 R-22용의 팽창밸브를 사용할 수 있다.

해설 강관에 감온통을 사용할 때는 부식 및 열전도율의 불량을 막기 위해 알루미늄칠을 한다.

40 압축기의 흡입밸브 및 송출밸브에서 가스누출이 있을 경우 일어나는 현상은?

① 압축일의 감소
② 체적 효율이 감소
③ 가스의 압력이 상승
④ 가스의 온도가 하강

해설 압축기 토출밸브 누설 시 영향
① 실린더 과열 및 토출가스온도 상승
② 윤활유의 열화 및 탄화
③ 체적효율 감소 및 흡입압력 상승
④ 냉매순환량 감소로 인한 냉동능력 감소
⑤ 냉동능력 당 소요동력 증가
⑥ 축수하중 증대

3과목 공조냉동설치 · 운영

41 강관의 이음방법이 아닌 것은?

① 나사이음
② 용접이음
③ 플랜지이음
④ 코터이음

해설 강관 이음법 : 나사이음, 용접이음, 플랜지이음

42 350℃ 이하의 온도에서 사용되는 관으로 압력 10~100kgf/cm² 범위에 있는 보일러 증기관, 수압관, 유압관 등의 압력배관에 사용되는 관은?

① 배관용 탄소강관
② 압력배관용 탄소강관
③ 고압배관용 탄소강관
④ 고온배관용 탄소강관

해설 압력배관용 탄소강관(SPPS)
350℃ 이하에서 사용압력은 10~100kgf/cm² 이하 배관에서 사용

43 급탕배관 시공 시 현장사정상 그림과 같이 배관을 시공하게 되었다. 이때 그림의 Ⓐ부에 부착해야 할 밸브는?

① 앵글밸브
② 안전밸브
③ 공기빼기밸브
④ 체크밸브

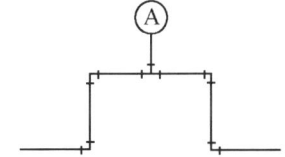

해설 공기빼기밸브(AAV : Auto Air Vent valve)
배관의 높은 곳에 설치하여 공기를 제거하여 유체의 흐름을 원활하게 하는 밸브

44 급수설비에서 물이 오염되기 쉬운 배관은?

① 상향식 배관
② 하향식 배관
③ 크로스 커넥션(cross connection) 배관
④ 조닝(zoning) 배관

해설 크로스 커넥션
음용수 배관과 음용수 이외의 배관과의 접속 또는 음용수와 일단 배출된 물이 혼합하게 되어 음용수가 오염되는 접속

45 폴리부틸렌관 이음(polybutylene pipe joint)에 대한 설명으로 틀린 것은?

① 강한 충격, 강도 등에 대한 저항성이 크다.
② 온돌난방, 급수위생, 농업원예배관 등에 사용된다.
③ 가볍고 화학작용에 대한 우수한 내식성을 가지고 있다.
④ 에이콘 파이프의 사용가능 온도는 10℃~70℃로 내한성과 내열성이 약하다.

해설 에이콘 파이프의 최고사용온도는 -20~100℃로 내한성과 내열성이 우수하다.

[정답] 39.② 40.②
41.④ 42.②
43.③ 44.③
45.④

46 압력 탱크식 급수법에 대한 특징으로 틀린 것은?
① 압력탱크의 제작비가 비싸다.
② 고양정의 펌프를 필요로 하므로 설비비가 많이 든다.
③ 대규모의 경우에도 공기압축기를 설치할 필요가 없다.
④ 취급이 비교적 어려우며 고장이 많다.

해설 압력 탱크식 급수법에는 공기압축기를 설치하여야 한다.

47 급탕 사용량이 4000L/h인 급탕설비 배관에서 급탕주관의 관경으로 적합한 것은? (단, 유속은 0.9m/s이고 순환탕량은 약 2.5배이다.)
① 40A
② 50A
③ 65A
④ 80A

해설
$$d = \sqrt{\frac{4Q}{\pi V}} = \sqrt{\frac{4 \times \left(\frac{4,000}{1,000}\right) \times 2.5}{3.14 \times 0.9 \times 3,600}} = 0.063\text{m} = 63\text{mm} ≒ 65\text{A}$$

48 스테인리스관의 특성이 아닌 것은?
① 내식성이 좋다.
② 저온 충격성이 크다.
③ 용접식, 몰코식 등 특수시공법으로 시공이 간단하다.
④ 강관에 비해 기계적 성질이 나쁘다.

해설 스테인리스관은 강관에 비해 기계적 성질이 우수한다.

49 압축기의 진동이 배관에 전해지는 것을 방지하기 위해 압축기 근처에 설치하는 것은?
① 팽창밸브
② 리듀싱
③ 플렉시블 조인트
④ 엘보

해설 플렉시블 조인트
운전 중 진동이 다른 기기로 전달되는 것을 방지하기 위한 것으로 기계, 구조물 등과 접촉되지 않도록 설치한다.

50 하수관 또는 오수탱크로부터 유해가스가 옥내로 침입하는 것을 방지하는 장치는?

① 통기관 ② 볼탭
③ 체크밸브 ④ 트랩

해설 배수트랩
하수 배관에서의 악취나 해충의 유입을 방지(S트랩, P트랩, U트랩 등)

51 옴의 법칙에서 전류의 세기는 어느 것에 비례하는가?

① 저항 ② 동선의 길이
③ 동선의 고유저항 ④ 전압

해설 옴의 법칙
저항 R에 전류 I가 흐르면 저항 양단에 인가되는 전위차 V는 $V=RI$가 된다. 이 식을 전류에 대하여 정리하면 $I=V/R$가 되므로, 전류는 전압에 비례하고, 저항에 반비례한다.

52 그림의 계전기 접점회로를 논리회로로 변환시킬 때 점선 안(C, D, E)에 사용되지 않는 소자는?

① AND
② OR
③ NOT
④ NOR

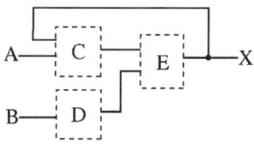

해설 접점의 병렬연결은 논리게이트의 OR에 해당하고, 직렬연결은 AND, 그리고 B 접점의 활용은 NOT에 해당하므로 A와 X는 병렬연결 그리고 B는 NOT인데, 이 두 개를 직렬연결을 하면 된다. 따라서 필요 없는 게이트는 NOR이다.

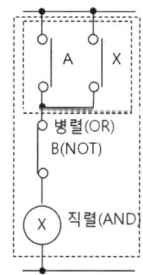
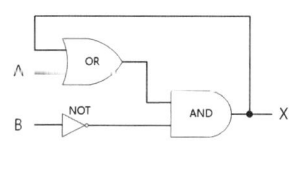

53 변압기는 어떤 작용을 이용한 전기기기인가?

① 정전유도작용 ② 전자유도작용
③ 전류의 발열작용 ④ 전류의 화학작용

해설 변압기는 전자유도작용에 의해 1차측 권선에 정현파 교류전압을 가하면 철심에서 정현파 교번자속이 생기고, 이 자속과 쇄교하는 다른 한 쪽의 권선에는 권선의 감은 횟수에 비례하여 전자유도작용에 의하여 교류전압이 유기된다.

정답
46. ③ 47. ③
48. ④ 49. ③
50. ④ 51. ④
52. ④ 53. ②

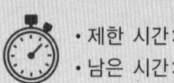

54 피드백제어에서 반드시 필요한 장치는?
① 안정도를 향상시키는 장치
② 응답속도를 개선시키는 장치
③ 구동장치
④ 입력과 출력을 비교하는 장치

해설 피드백제어(폐루프제어, 단일궤환제어, 되먹임제어)의 가장 중요한 특징은 입력(목표치)과 출력(결과치)을 비교하여 두 개의 오차인 제어편차가 0이 되도록 조작량을 제어하므로, 고정도의 제어가 가능하나 비용이 많이 든다.

55 다음의 논리식 중 다른 값을 나타내는 논리식은?
① $\overline{X}Y + XY$
② $(Y + X + \overline{X})Y$
③ $X(\overline{Y} + X + Y)$
④ $XY + Y$

해설
① $\overline{X}Y + XY = (\overline{X} + X)Y = 1 \cdot Y = Y$
② $(Y + X + \overline{X})Y = (Y + 1)Y = YY = Y$
③ $X(\overline{Y} + X + Y) = X(X + \overline{Y} + Y) = X(X + 1) = X \cdot 1 = X$
④ $XY + Y = (X + 1)Y = 1 \cdot Y = Y$

보충
① 드모르강의 법칙
$\overline{A \cdot B} = \overline{A} + \overline{B}$
$\overline{(A + B)} = \overline{A} \cdot \overline{B}$
② 부울식
$A \cdot A = A$
$A + \overline{A} = 1$
$A \cdot \overline{A} = 0$
$A + 1 = 1$
$A + 0 = A$
$A \cdot 0 = 0$
$A \cdot 1 = 1$

56 스트레인 게이지(Strain Gauge)의 센서는 무엇의 변화량을 측정하는 것인가?
① 마이크로파
② 정전용량
③ 인덕턴스
④ 저항

해설 스트레인 게이지
인장, 압력이 변하면 길이가 변화하고, 따라서 전기적 저항이 변화하는 원리를 이용한 게이지

57 역률 80%인 부하에 전압과 전류의 실효값이 각각 100V, 5A라고 할 때 무효전력(Var)은?
① 100
② 200
③ 300
④ 400

해설 $P_r = VI\sin\theta = 100 \times 5 \times \sqrt{1 - 0.8^2} = 300 \text{Var}$
$\sin\theta = \sqrt{1 - \cos^2\theta}$

① 피상전력 : 전원에서 공급되는 전력
$P_a = VI$ [VA]
② 유효전력 : 유효하게 이용되는 전력
$P = VI\cos\theta$ [W]
③ 무효전력 : 실제로 아무런 일도 할 수 없는 전력
$P_r = VI\sin\theta$ [Var]
④ 역률 : 피상전력 중에서 유효전력으로 사용되는 비율
$\cos\theta = VI\cos\theta / VI = P/P_a$

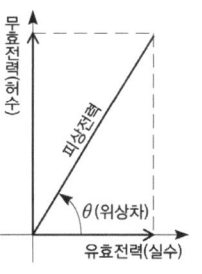

58 발전기의 유기기전력의 방향과 관계가 있는 법칙은?
① 플레밍의 왼손법칙　　② 플레밍의 오른손법칙
③ 패러데이의 법칙　　　④ 암페어의 법칙

해설 플레밍의 오른손법칙
평등자계 내에 존재하는 도체에 힘이 작용하여 일정 방향으로 움직일 때, 도체에 발생하는 기전력의 방향 및 크기를 알 수 있는 법칙으로 발전기의 원리를 설명할 수 있음. 즉, 기전력(전류)의 방향을 알 수 있다.

59 3상 4선식 불평형부하의 경우, 단상전력계로 전력을 측정하고자 할 때 몇 대의 단상전력계가 필요한가?
① 2　　　　　　　　　② 3
③ 4　　　　　　　　　④ 5

해설 3상 4선식은 중성점을 이용할 수 있으므로 전력계 3개로 각 상의 전력을 측정하여 전부 더하여 3상 전력을 측정할 수 있다.

60 시퀀스 제어를 명령 처리기능에 따라 분류할 때 속하지 않는 것은?
① 순서 제어　　　　　② 시한 제어
③ 병렬 제어　　　　　④ 조건 제어

해설 시퀀스 제어
미리 정해진 순서에 따라 제어의 각 단계를 차례로 진행시키는 제어로 시한 제어(타이머 이용)나 조건 제어 등은 가능하나, 동시에 여러 개를 제어하는 병렬제어는 불가능하다. 시퀀스 제어는 컨베이어, 엘리베이터, 세탁기, 커피 자동판매기 등에 사용된다.

답안 표기란

58	①	②	③	④
59	①	②	③	④
60	①	②	③	④

보충
① **플레밍의 왼손법칙**
평등자계 내에 존재하는 도체에 전류가 흐를 때 도체에 작용하는 힘의 방향을 알 수 있는 법칙으로 전동기의 구동 원리를 설명할 수 있다.
② **패러데이의 법칙**
전자유도에 의해 코일에 생기는 기전력 e 의 크기는 쇄교하는 자속 ϕ 의 시간적인 변화율에 비례한다.

정답
54. ④　55. ③
56. ④　57. ③
58. ②　59. ②
60. ③

04회 CBT 기출문제

1과목 공기조화설비

01 에어 핸들링 유니트(Air Handling Unit)의 구성요소가 아닌 것은?
① 공기 여과기 ② 송풍기
③ 공기 세정기 ④ 압축기

해설 공기 조화기의 구성요소 : 공기 여과기, 냉온수코일, 공기 세정기, 송풍기

02 다음은 난방부하에 대한 설명이다. ( )에 적당한 용어로서 옳은 것은?

> 겨울철에는 실내를 일정한 온도 및 습도를 유지하여야 한다. 이때 실내에서 손실된 (㉠) 이나 (㉡)를(을) 보충하여야 하며, 이때의 난방부하는 냉방부하 계산보다 (㉢)하게 된다.

① ㉠ 수분, ㉡ 공기, ㉢ 간단   ② ㉠ 열량, ㉡ 공기, ㉢ 복잡
③ ㉠ 수분, ㉡ 열량, ㉢ 복잡   ④ ㉠ 열량, ㉡ 수분, ㉢ 간단

해설 겨울철에는 실내의 온도 및 습도를 유지하기 위하여 실내에서 손실된 열량이나 수분을 보충하여야 하며, 이때 난방부하는 냉방부하 계산보다 간단하다.

03 냉방부하의 경감방법으로 틀린 것은?
① 건물의 단열강화로 열전도에 의한 열의 침입을 방지한다.
② 건물의 외피면적에 대한 창 면적비를 적게 하여 일사 등 창을 통한 열의 침입을 최소화 한다.
③ 실내조명을 되도록 밝게 하여 시원한 감을 느끼게 한다.
④ 건물은 되도록 기밀을 유지하고 사람 출입이 많은 주 출입구는 회전문을 이용한다.

해설 실내조명을 밝게 하면 조명부하가 발생하여 냉방부하는 더욱 증가한다.

04 26℃인 공기 200kg과 32℃인 공기 300kg을 혼합하면 최종 온도는?
① 28.0℃   ② 28.4℃
③ 29.0℃   ④ 29.6℃

해설 $t_3 = \dfrac{Q_1 t_1 + Q_2 t_2}{Q_1 + Q_2} = \dfrac{(200 \times 26) + (300 \times 32)}{200 + 300} = 29.6℃$

05 지역난방에 관한 설명으로 틀린 것은?

① 열매체로 온수 사용 시 일반적으로 100℃ 이상의 고온수를 사용한다.
② 어떤 일정지역 내 한 장소에 보일러실을 설치하여 증기 또는 온수를 공급하여 난방하는 방식이다.
③ 열매체로 온수 사용 시 지형의 고저가 있어도 순환펌프에 의하여 순환이 된다.
④ 열매체로 증기 사용 시 게이지 압력으로 15~30MPa의 증기를 사용한다.

해설 지역난방 시 열매체로 증기 사용 시 게이지압력으로 0.1~1.5MPa의 증기를 사용한다.

06 온도 t℃의 다량의 물(또는 얼음)과 어떤 상태의 습윤공기가 단열된 용기 속에 있다. 습윤공기 속의 물이 증발하면서 소요되는 열량과 공기로부터 물에 부여되는 열량이 같아지면서 열적 평형을 이루게 되는 이때의 온도를 무엇이라 하는가?

① 열역학적 온도
② 단열포화온도
③ 건구온도
④ 유효온도

해설 단열포화온도(단열도, 열역학적 습구온도)
단열된 용기 속에서 습윤공기 속에 물이 증발하면서 소요되는 열량과 공기로부터 물에 부여되는 열량이 같아지면서 열적 평형을 이루게 되는 온도로 습구온도에 가까워진다.

07 화력발전설비에서 생산된 전력을 이용함과 동시에 전력을 생산하는 과정에서 발생하는 배기열을 냉난방 및 급탕 등에 이용하는 방식이며, 전력과 열을 함께 공급하는 에너지 절약형 발전 방식으로 에너지 종합효율이 높고 수요지 부근에 설치할 수 있는 열원 방식은?

① 흡수식 냉온수 방식
② 지역냉난방 방식
③ 열회수 방식
④ 열병합발전(co-generation) 방식

해설 열병합발전(co-generation) 방식
화력발전설비에서 생산된 전력을 이용함과 동시에 전력이 생산되는 과정에서 발생되는 열을 냉난방 및 급탕 등에 이용하는 방식

[정답] 01. ④ 02. ④
03. ③ 04. ④
05. ④ 06. ②
07. ④

08 공기여과기의 성능을 표시하는 용어 중 가장 거리가 먼 것은?

① 제거효율 ② 압력손실
③ 집진용량 ④ 소재의 종류

해설 공기여과기의 성능표시
제거효율(포집률), 집진용량(포집용량), 압력손실 등

09 보일러의 종류에 따른 특성을 설명한 것 중에 틀린 것은?

① 주철제 보일러는 분해, 조립이 용이하다.
② 노통연관 보일러는 수질관리가 용이하다.
③ 수관 보일러는 예열시간이 짧고 효율이 좋다.
④ 관류 보일러는 보유수량이 많고 설치면적이 크다.

해설 관류 보일러는 전열면적에 비해 보유수량이 적고 설치면적이 작다.

10 8000W의 열을 발산하는 기계실의 온도를 외기 냉방하여 26℃로 유지하기 위한 외기 도입량은? (단, 밀도 1.2kg/m³, 공기 정압비열 1.01kJ/kg℃, 외기온도 11℃이다.)

① 약 600.06m³/h ② 약 1584.16m³/h
③ 약 1851.85m³/h ④ 약 2160.22m³/h

해설 외기 도입량

$$Q[\text{m}^3/\text{h}] = \frac{q_s[\text{kJ/h}]}{\rho C \Delta t} = \frac{8000 \times 3.6}{1.2 \times 1.01 \times (26-11)} = 1584.16 \text{m}^3/\text{h}$$

※ 1 Watt = 3.6kJ/h

11 에너지손실이 가장 큰 공조방식은?

① 2중 덕트 방식
② 각층 유닛 방식
③ 팬코일 유닛 방식
④ 유인 유닛 방식

해설 에너지손실이 가장 큰 공조방식 : 2중 덕트 방식

12 온수난방과 비교한 증기난방 방식의 장점으로 가장 거리가 먼 것은?
① 방열면적이 작다.
② 설비비가 저렴하다.
③ 방열량 조절이 용이하다.
④ 예열시간이 짧다.

해설 증기난방은 증기량의 제어가 어려워 실내 방열량 조절이 어렵다.

13 건공기 중에 포함되어 있는 수증기의 중량으로 습도를 표시한 것은?
① 비교습도
② 포화도
③ 상대습도
④ 절대습도

해설 절대습도(χ, kg/kg') : 건공기 1kg' 중에 포함되어 있는 수증기 중량

14 스테인리스 강판(두께 1.8~4.0mm)을 와류형으로 감아 그 끝단을 용접으로 밀봉하고 파이프 플랜지 이외에는 가스켓을 사용하지 않으며, 주로 물-물에 주로 사용되는 열교환기는?
① 스파이럴형
② 원통 다관식
③ 플레이트형
④ 관형

해설 스파이럴형 열교환기
스테인리스 강판을 와류형(스파이럴)으로 감아서 그 끝단을 용접으로 밀봉하고 파이프 플랜지 이외에는 가스켓을 사용하지 않으며, 주로 물-물에 사용되는 열교환기

15 냉방 시 공조기의 송풍량을 산출하는 데 가장 밀접한 부하는?
① 재열부하
② 외기부하
③ 펌프·배관부하
④ 실내취득열량

해설 냉방 시 공조기의 송풍량 산출 시 부하 : 실내취득열량

16 공기를 가열하는 데 사용하는 공기가열코일의 종류로 가장 거리가 먼 것은?
① 증기(蒸氣)코일
② 온수(溫水)코일
③ 전열(電熱)코일
④ 증발(蒸發)코일

해설 공기가열코일의 종류 : 증기코일, 온수코일, 전열코일, 냉매코일 등

• 스파이럴형 열교환기
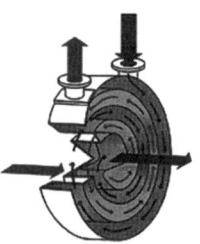

• 원통 다관식 열교환기

정답 08. ④ 09. ④
10. ② 11. ①
12. ③ 13. ④
14. ① 15. ④
16. ④

17 송풍기에 대한 설명 중 틀린 것은?

① 원심팬 송풍기는 다익팬, 리밋로드팬, 후향팬, 익형팬으로 분류된다.
② 블로워 송풍기는 원심블로워, 사류블로워, 축류블로워로 분류된다.
③ 후향팬은 날개의 출구각도를 회전과 역 방향으로 향하게 한 것으로 다익팬보다 높은 압력상승과 효율을 필요로 하는 경우에 사용한다.
④ 축류 송풍기는 저압에서 작은 풍량을 얻고자 할 때 사용하며, 원심식에 비해 풍량이 작고 소음도 작다.

해설 축류형 송풍기 : 기류의 방향이 회전축과 같은 방향의 것으로 냉각탑, 환기용 등에 사용되는 프로펠러 팬으로 저압에서 풍량이 많은 경우에 적합하며 원심식에 비해 소음이 크다.

18 다음 복사난방에 관한 설명 중 옳은 것은?

① 고온식 복사난방은 강판재 패널 표면의 온도를 100℃ 이상으로 유지하는 방법이다.
② 파이프 코일의 매설 깊이는 균등한 온도분포를 위해 코일 외경의 3배 정도로 한다.
③ 온수의 공급 및 환수 온도차는 가열면의 균일한 온도분포를 위해 10℃ 이상으로 한다.
④ 방이 개방상태에서도 난방효과가 있으나 동일 방열량에 대해 손실량이 비교적 크다.

해설 고온식 복사난방은 강판제 패널 표면의 온도를 100℃ 이상으로 유지한다.

19 패널복사난방에 관한 설명 중 옳은 것은?

① 천장고가 낮고 외기 침입이 없을 때 난방효과를 얻을 수 있다.
② 실내온도 분포가 균등하고 쾌감도가 높다.
③ 증발잠열(기화열)을 이용하므로 열의 운반능력이 크다.
④ 대류난방에 비해 방열면적이 적다.

해설 복사난방은 실내온도 분포가 균등하여 쾌감도가 높다.

20 외기의 온도가 −10℃이고 실내온도가 20℃이며 벽면적이 25m²일 때, 실내의 열손실량은? (단, 벽체의 열관류율 10W/m²·K, 방위계수는 북향으로 1.2이다.)

① 7kW
② 8kW
③ 9kW
④ 10kW

해설 벽체를 통한 열손실량
$q = K \cdot A \cdot \Delta t \times k = 10 \times 25 \times (20+10) \times 1.2 = 9,000\text{W} = 9\text{kW}$

2과목 냉동냉장설비

21 나선모양의 관으로 냉매증기를 통과시키고 이 나선관을 원형 또는 구형의 수조에 넣어 냉매를 응축시키는 방법을 이용한 응축기는?

① 대기식 응축기(atmospheric condenser)
② 지수식 응축기(submerged coil condenser)
③ 증발식 응축기(evaporative condenser)
④ 공냉식 응축기(air cooled condenser)

해설 쉘 앤 코일식(지수식) 응축기
나선모양의 관으로 냉매증기를 통과시키고 이 나선관을 원형 또는 구형의 수조에 넣어 냉매를 응축시키는 방식의 응축기

22 다음과 같은 대향류열교환기의 대수 평균 온도차는? (단, t_1 : 40℃, t_2 : 10℃, t_{w1} : 4℃, t_{w2} : 8℃이다.)

① 약 11.3℃
② 약 13.5℃
③ 약 15.5℃
④ 약 19.5℃

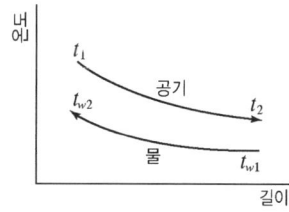

해설 대수 평균 온도차
$$\text{MTD} = \frac{(t_1 - t_{w2}) - (t_2 - t_{w1})}{\ln\frac{(t_1 - t_{w2})}{(t_2 - t_{w1})}} = \frac{\Delta t_1 - \Delta t_2}{\ln\frac{\Delta t_1}{\Delta t_2}}$$
$$= \frac{(40-8) - (10-4)}{\ln\frac{32}{6}} = 15.53℃$$

정답 17. ④ 18. ① 19. ② 20. ③ 21. ② 22. ③

23 다음과 같은 냉동기의 이론적인 성적계수는?

① 4.8
② 5.8
③ 6.5
④ 8.9

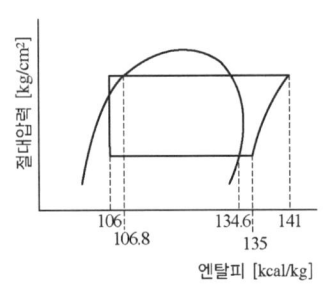

해설 $COP = \dfrac{q_e}{w} = \dfrac{135 - 106}{141 - 135} = 4.83$

24 냉동장치의 운전 중 압축기의 토출압력이 높아지는 원인으로 가장 거리가 먼 것은?

① 장치 내에 냉매를 과잉 충전하였다.
② 응축기의 냉각수가 과다하다.
③ 공기 등의 불응축 가스가 응축기에 고여 있다.
④ 냉각관이 유막이나 물때 등으로 오염되어 있다.

해설 응축기의 냉각수가 과다하면 냉각이 충분하므로 고압이 상승하지 않는다.

25 핀 튜브관을 사용한 공랭식 응축관의 자연대류식 수평, 수직 및 강제대류식 전열계수를 비교하였을 때 옳은 것은?

① 자연대류 수평형 > 자연대류 수직형 > 강제대류식
② 자연대류 수직형 > 자연대류 수평형 > 강제대류식
③ 강제대류식 > 자연대류 수평형 > 자연대류 수직형
④ 자연대류 수평형 > 강제대류식 > 자연대류 수직형

해설 공랭식 응축기에서의 전열계수 비교
강제대류식 > 자연대류 수평형 > 자연대류 수직형

26 다음 중 무기질 브라인이 아닌 것은?

① 식염수
② 염화마그네슘
③ 염화칼슘
④ 에틸렌글리콜

해설 무기질 브라인 : 염화나트륨(NaCl), 염화마그네슘($MgCl_2$), 염화칼슘($CaCl_2$)

27 냉동기 속 두 냉매가 아래 표에 조건으로 작동될 때, A냉매를 이용한 압축기의 냉동능력을 R_A, B냉매를 이용한 압축기의 냉동능력을 R_B인 경우, R_A/R_B의 비는? (단, 두 압축기의 피스톤 압출량은 동일하며, 체적효율도 75%로 동일하다.)

	A	B
냉동효과(kcal/kg)	296.03	40.34
비체적(m³/kg)	0.509	0.077

① 1.5 ② 1.0
③ 0.8 ④ 0.5

해설
$$\frac{R_A}{R_B} = \frac{\left(\frac{V_a \times 269}{3320 \times 0.509} \times \eta_v\right)}{\left(\frac{V_a \times 40.34}{3320 \times 0.077} \times \eta_v\right)} = \frac{0.1592}{0.1578} = 1.0$$

보충
냉동능력
$$RT = \frac{V_a \cdot q_e}{3320 \cdot v} \times \eta_v$$

28 냉동기에 사용하는 윤활유의 구비조건으로 틀린 것은?
① 불순물이 함유되어 있지 않을 것
② 전기 절연내력이 클 것
③ 응고점이 낮을 것
④ 인화점이 낮을 것

해설 윤활유는 인화점이 높아야 한다.

29 암모니아 냉동기에서 냉매가 누설되고 있는 장소에 적색 리트머스 시험지를 대면 어떤 색으로 변하는가?
① 황색 ② 다갈색
③ 청색 ④ 홍색

해설 암모니아 냉매 누설 시 적색 리트머스 시험지를 대면 청색으로 변한다.

30 왕복동식 압축기와 비교하여 터보 압축기의 특징으로 가장 거리가 먼 것은?
① 고압의 냉매를 사용하므로 취급이 다소 어렵다.
② 회전운동을 하므로 동적 균형을 잡기 좋다.
③ 흡입밸브, 토출밸브 등의 마찰 부분이 없으므로 고장이 적다.
④ 마모에 의한 손상이 적어 성능 저하가 없고 구조가 간단하다.

해설 터보 압축기에는 저압냉매를 사용하므로 취급이 다소 용이하다.

[정답] 23. ① 24. ②
25. ③ 26. ④
27. ② 28. ④
29. ③ 30. ①

31 다음 그림은 어떤 사이클인가? (단, P=압력, h=엔탈피, T=온도, S=엔트로피이다.)

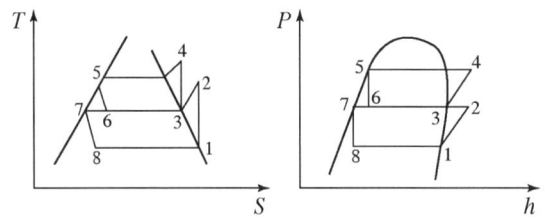

① 2단압축 1단팽창 사이클 ② 2단압축 2단팽창 사이클
③ 1단압축 1단팽창 사이클 ④ 1단압축 2단팽창 사이클

해설 2단압축 2단팽창 냉동시스템의 몰리엘 선도이다.

32 브라인의 금속에 대한 특징으로 틀린 것은?

① 암모니아가 브라인 중에 누설하면 알칼리성이 대단히 강해져 국부적인 부식이 발생한다.
② 유기질 브라인은 일반적으로 부식성이 강하나 무기질 브라인은 부식성이 적다.
③ 브라인 중에 산소량이 증가하면 부식량이 증가하므로 가능한 공기와 접촉하지 않도록 한다.
④ 방청제를 사용하며, 방청제로는 중크롬산소다를 사용한다.

해설 무기질브라인이 유기질브라인에 비해 부식성이 크다.

33 냉동부하가 10냉동톤인 냉동기의 압축기 출구 엔탈피가 457kJ/kg, 증발기 출구 엔탈피가 369kJ/kg, 증발기 입구 엔탈피가 128kJ/kg 일 때, 냉매 순환량은? (단, 1냉동톤=13900kJ/h이다.)

① 약 577kg/h ② 약 504kg/h
③ 약 325kg/h ④ 약 178kg/h

해설 $G = \dfrac{Q_e}{q_e} = \dfrac{10 \times 3320 \times 4.19}{(369 - 128)} = 577 \text{kg/h}$

34 증발온도와 압축기 흡입가스의 온도차를 적정 값으로 유지하는 것은?

① 온도조절식 팽창밸브
② 수동식 팽창밸브
③ 플로트 타입 팽창밸브
④ 정압식 자동 팽창밸브

해설 온도식(온도조절식) 팽창밸브
증발온도와 압축기 흡입가스 온도차(과열도)를 적정하게 유지하는 자동 팽창밸브

35 냉동장치의 액관 중 발생하는 플래시 가스의 발생 원인으로 가장 거리가 먼 것은?

① 액관의 입상높이가 매우 작을 때
② 냉매 순환량에 비하여 액관의 관경이 너무 작을 때
③ 배관에 설치된 스트레이너, 필터 등이 막혀있을 때
④ 액관이 직사광선에 노출될 때

해설 플래시 가스(Flash gas)의 발생원인
① 액관이 현저하게 입상되었거나 길 때
② 스트레이너, 드라이어 등이 막힌 경우
③ 액관 구경이 현저하게 가늘 경우
④ 전자밸브, 스톱밸브, 드라이어, 스트레이너 등의 구경이 적은 경우
⑤ 수액기나 액관이 직사광선에 노출된 경우
⑥ 액관을 보온없이 고온 장소에 통과시킨 경우
⑦ 과도하게 응축온도가 낮아진 경우

36 유량 100ℓ/min의 물을 15℃에서 9℃로 냉각하는 수냉각기가 있다. 이 냉동 장치의 냉동효과가 168kJ/kg일 경우 냉매순환량은? (단, 물의비열은 4.19kJ/kg·K로 한다.)

① 700kg/h
② 800kg/h
③ 900kg/h
④ 1000kg/h

해설 $G = \dfrac{Q_e}{q_e} = \dfrac{100 \times 60 \times 4.19 \times (15-9)}{168} = 900\text{kg/h}$

37 온도식 팽창밸브(TEV)의 작동과 관계없는 압력은?

① 증발기 압력
② 스프링의 압력
③ 감온통의 압력
④ 응축 압력

해설 온도식 팽창밸브(TEV)의 작동압력 : 증발 압력, 스프링의 압력, 감온통의 압력

팽창밸브의 안전관리

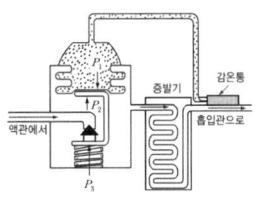

- P_1 : 감온통의 과열도 스프링
- P_2 : 증발압력
- P_3 : 조절나사 스프링 압력

[정답] 31. ② 32. ②
33. ① 34. ①
35. ① 36. ③
37. ④

38 축열 장치의 장점으로 거리가 먼 것은?

① 수처리가 필요 없고 단열공사비 감소
② 용량 감소 등으로 부속 설비를 축소 가능
③ 수전설비 축소로 기본전력비 감소
④ 부하 변동이 큰 경우에도 안정적인 열 공급 가능

해설 축열 장치의 단점으로 수처리가 필요한 경우가 있으며 축열조의 단열 및 방수시공비가 증가한다.

39 흡수식 냉동기에 사용하는 흡수제로써 요구조건으로 가장 거리가 먼 것은?

① 용액의 증발압력이 높을 것
② 농도의 변화에 의한 증기압으로 변화가 적을 것
③ 재생에 많은 열량을 필요로 하지 않을 것
④ 점도가 낮을 것

해설 흡수식 냉동기에서 흡수제인 용액의 증기압은 낮아야 한다.

40 이상적 냉동사이클에서 어떤 응축온도로 작동 시 성능계수가 가장 높은가? (단, 증발온도는 일정하다.)

① 20℃ ② 25℃
③ 30℃ ④ 35℃

해설 성능계수(성적계수)는 증발온도가 높고 응축온도가 낮을수록 증가한다.

보충
냉동사이클의 성능계수
$$COP = \frac{T_e}{T_c - T_e}$$

3과목 공조냉동설치·운영

41 밸브의 종류 중 콕(cock)에 관한 설명으로 틀린 것은?

① 콕의 종류에는 대표적으로 글랜드 콕과 메인 콕이 있다.
② 0~90° 회전시켜 유량조절이 가능하다.
③ 유체저항이 크며, 개폐 시 힘이 드는 단점이 있다.
④ 콕은 흐르는 방향을 2방향, 3방향, 4방향으로 바꿀 수 있는 분배밸브로 적합하다.

해설 콕은 전개 시에 유체의 마찰저항이 적고 개폐 시 힘이 들지 않는다.

42 바이패스관을 설치 장소로 적절하지 않은 곳은?
① 증기배관
② 감압밸브
③ 온도조절밸브
④ 인젝터

해설 바이패스관의 설치 : 감압밸브, 온도조절밸브, 증기트랩, 유량계 등

43 옥상탱크식 급수방식의 배관계통 순서로 옳은 것은?
① 저수탱크 → 양수펌프 → 옥상탱크 → 양수관 → 급수관 → 수도꼭지
② 저수탱크 → 양수관 → 양수펌프 → 급수관 → 옥상탱크 → 수도꼭지
③ 저수탱크 → 양수관 → 급수관 → 양수펌프 → 옥상탱크 → 수도꼭지
④ 저수탱크 → 양수펌프 → 양수관 → 옥상탱크 → 급수관 → 수도꼭지

해설 옥상탱크(고가수조) 급수방식 : 수도본관(상수도) → 지하저수조(저수탱크) → 양수펌프 → 양수관 → 옥상탱크 → 급수관 → 수도꼭지

44 급수방식 중 수도직결방식의 특징으로 틀린 것은?
① 위생적이고 유지관리측면에서 가장 바람직하다.
② 저수조가 있으므로 단수 시에도 급수할 수 있다.
③ 수도본관의 영향을 그대로 받아 수압 변화가 심하다.
④ 고층으로 급수가 어렵다.

해설 수도직결방식은 저수조가 없으며 단수 시에 급수할 수 없다.

45 관 트랩의 종류로 가장거리가 먼 것은?
① S트랩
② P트랩
③ U트랩
④ V트랩

해설 관 트랩의 종류 : P트랩, S트랩, U트랩

46 대구경 강관의 보수 및 점검을 위해 분해, 결합을 쉽게 할 수 있도록 사용되는 연결방법은?
① 나사접합
② 플랜지접합
③ 용접접합
④ 슬리이브접합

해설 관을 분해, 수리, 교체하고자 할 때
① 대구경 배관 : 플랜지 접합
② 소구경 배관 : 유니온 접합

[정답]
38. ① 39. ①
40. ① 41. ③
42. ④ 43. ④
44. ② 45. ④
46. ②

47 지역난방 방식 중 온수난방의 특징으로 가장 거리가 먼 것은?
① 보일러 취급은 간단하며, 어느 정도 큰 보일러라도 취급 주임자가 필요없다.
② 관 부식은 증기난방보다 적고 수명이 길다.
③ 장치의 열용량이 작으므로 예열시간이 짧다.
④ 온수 때문에 보일러의 연소를 정지해도 여열이 있어 실온이 급변되지 않는다.

해설 장치의 열용량이 커 예열시간이 길다.

48 펌프의 설치 및 배관상의 주의를 설명한 것 중 틀린 것은?
① 펌프는 기초 볼트를 사용하여 기초 콘크리트 위에 설치 고정한다.
② 펌프와 모터의 축 중심을 일직선상에 정확하게 일치시키고 볼트로 죈다.
③ 펌프의 설치 위치를 되도록 높여 흡입양정을 크게 한다.
④ 흡입구는 수면 위에서부터 관경의 2배 이상 물속으로 들어가게 한다.

해설 펌프의 설치 위치는 되도록 낮춰 흡입양정을 낮게 한다.

49 다음과 같이 압축기와 응축기가 동일한 높이에 있을 때, 배관방법으로 가장 적합한 것은?
① (가)
② (나)
③ (다)
④ (라)

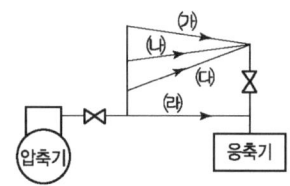

해설 압축기 토출가스 배관 : 압축기와 응축기가 동일 높이에 있을 경우에는 일단 수직 상승관을 설비한 다음 하향구배로 한다.

50 중앙식 급탕방식의 장점으로 가장 거리가 먼 것은?
① 기구의 동시이용률을 고려하여 가열장치의 총용량을 적게 할 수 있다.
② 기계실 등에 다른 설비 기계와 함께 가열장치 등이 설치되기

때문에 관리가 용이하다.
③ 배관에 의해 필요 개소에 어디든지 급탕할 수 있다.
④ 설비 규모가 작기 때문에 초기 설비비가 적게 든다.

해설 설비규모가 크기 때문에 초기 설비비가 많이 든다.

51 제어방식에서 기억과 판단기구 및 검출기를 가진 제어방식은?
① 순서프로그램제어
② 피드백제어
③ 조건제어
④ 시한제어

해설 피드백제어의 가장 중요한 특징은 입력(목표치)과 출력(결과치)을 비교하여 두 개의 오차인 제어편차가 0이 되도록 조작량을 제어하므로, 출력치를 비교하기 위해서는 출력치를 검출해야 하므로 검출기가 필요하고, 목표치와 출력치를 비교하여 판단을 해야 하므로 판단장치가 필요하다.

보충
시한제어
정해진 제어 순서를 정해진 시간에 행하는 제어

52 서보전동기에 대한 설명으로 틀린 것은?
① 정·역운전이 가능하다.
② 직류용은 없고 교류용만 있다.
③ 급가속 및 급감속이 용이하다.
④ 속응성이 대단히 높다.

해설 서보모터는 속응성, 정역전, 변속 등 신뢰도가 높고 제어성이 좋아 정밀기기에 많이 사용되나 발열량이 많아 강제 냉각방식이 필요하며 서보 모터는 DC서보모터와 AC서보모터로 나뉜다.

53 유도전동기의 1차 접속을 △에서 Y로 바꾸면 기동 시의 1차 전류는 어떻게 변화하는가?
① $\frac{1}{3}$로 감소
② $\frac{1}{\sqrt{3}}$로 감소
③ $\sqrt{3}$배로 증가
④ 3배로 증가

해설 전동기의 한 상의 임피던스를 Z라고 하고, Y결선을 하면, 전원전압을 V가 선간으로 걸리므로 한 상에 걸리는 전압은 $V/\sqrt{3}$이 되므로 전류 I_Y는 $I_Y = V/(\sqrt{3}Z)$가 된다. △결선 시에는 한 상에 걸리는 전압이 $\sqrt{3}V$가 되므로 $I_\Delta = \sqrt{3}V/Z$이므로 연결을 △에서 Y로 바꾸면 전류는 다음과 같은 관계를 갖는다.

$$\frac{I_\Delta}{I_Y} = \frac{\frac{\sqrt{3}V}{Z}}{\frac{V}{\sqrt{3}Z}} = \frac{\sqrt{3}V}{Z}\frac{\sqrt{3}Z}{V} = 3 \Rightarrow I_\Delta = 3I_Y$$

따라서, 전류는 △에서 Y로 바꾸면 1/3로 감소한다.

정답 47. ③ 48. ③ 49. ① 50. ④ 51. ② 52. ② 53. ①

54. 프로세스제어(process control)에 속하지 않는 것은?

① 온도
② 압력
③ 유량
④ 자세

해설 프로세스제어(공정제어)
제어량이 온도, 압력, 유량, 레벨 등이며 플랜트나 생산공정 중의 상태량을 제어량으로 하는 제어로, 제어계에 가해지는 외란의 억제를 주목적으로 함.

보충 서보제어(추종제어)
물체의 위치, 방위, 자세 등의 기계적 변위를 제어량으로 해서 목표값의 임의의 변화에 추종하도록 구성된 제어계

55. 다음 중 3상 유도전동기의 회전방향을 바꾸려고 할 때 옳은 방법은?

① 전원 3선 중 2선의 접속을 바꾼다.
② 기동보상기를 사용한다.
③ 전원 주파수를 변환한다.
④ 전동기의 극수를 변환한다.

해설 3상 유도전동기는 고정자의 회전자속과 같은 방향으로 조금 늦게 회전을 하는데, 회전 방향을 바꾸려면 고정자의 자속의 회전 방향을 바꿔야 하며, 이를 실현하는 방법은 전원의 3상 중 2선의 위치를 바꾸면 된다.

56. 다음 중 지시계측기의 구성요소가 아닌 것은?

① 구동장치
② 제어장치
③ 제동장치
④ 유도장치

해설 지시계측기의 구성요소는 다음과 같다.
① **구동장치** : 측정하려고 하는 양에 대해서 계기 지침 등을 구동하는 장치
② **제어장치** : 구동장치에 발생한 힘을 제어하는 장치
③ **제동장치** : 계기의 지침 등의 가동부가 움직이는 경우 정지 시까지 많은 시간을 필요로 하므로 이를 빠르게 제동하는 장치
이외에 눈금과 지침 등이 있다. 따라서, 유도장치가 아니다.

57. 플레밍의 왼손법칙에서 둘째손가락(검지)이 가리키는 것은?

① 힘의 방향
② 자계 방향
③ 전류 방향
④ 전압 방향

해설 플레밍의 왼손법칙 : 평등자계 내에 존재하는 도체에 전류가 흐를 때 도체에 작용하는 힘의 방향을 알 수 있는 법칙으로 전동기의 구동 원리를 설명할 수 있다.

즉 전동기의 힘의 방향이므로 회전방향을 알 수 있다. 엄지손가락은 힘의 방향, 둘째손가락은 자속의 방향, 셋째 손가락은 전류의 방향을 가리킨다. 이러한 손가락의 방향은 플레밍의 오른손법칙도 동일하다.

58 다음과 같은 유접점 회로의 논리식은?

① $x\bar{y}+x\bar{y}$
② $(\bar{x}+\bar{y})(x+y)$
③ $\overline{xy}+\bar{x}\bar{y}$
④ $xy+\bar{x}\bar{y}$

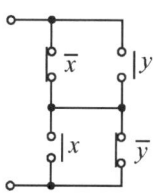

해설 회로의 위쪽의 $\bar{X}$와 Y는 병렬 연결이므로 $\bar{X}+Y$이고, 아래쪽의 X와 $\bar{Y}$도 병렬 연결이므로 $X+\bar{Y}$이다. 이 두 개의 회로가 직렬로 연결되어 있으므로 $(\bar{X}+Y)(X+\bar{Y})$가 된다.
$(\bar{X}+Y)(X+\bar{Y})=\bar{X}X+XY+\overline{XY}+Y\bar{Y}=XY+\overline{XY}$

보충 병렬 연결은 OR(논리합, +)로 쓸 수 있고, 직렬 연결은 AND(논리곱, ·)로 표시할 수 있다.

59 제어부의 제어동작 중 연속동작이 아닌 것은?

① P동작
② ON-OFF동작
③ PI동작
④ PID동작

해설 2위치 제어(ON-OFF동작) : 동작의 제어 조작량은 0%와 100%이므로 입력의 크기에 의해 2개의 값 중 어느 한쪽을 취하는 불연속 제어동작으로 정교한 제어를 필요로 하지 않는 동작 틈새가 가장 많은 조절계

60 다음 중 파형률을 바르게 나타낸 것은?

① $\dfrac{실효값}{평균값}$
② $\dfrac{최대값}{평균값}$
③ $\dfrac{최대값}{실효값}$
④ $\dfrac{실효값}{최대값}$

해설 파형률 : 실효값과 평균값의 비로 파형의 평활도를 보여줌.
$\left(파형율=\dfrac{실효값}{평균값}\right)$

보충 ① 실효값 : 교류의 크기를 동등한 일을 하는 직류값으로 표시한 값으로 수학적으로는 제곱의 평균값이 되며, 물리학적으로는 교류와 같은 물리학적인 일을 하는 직류값
② 파고율 : 최대값과 실효값의 비로 파형의 날카로운 정도를 표시
$\left(파고율=\dfrac{최대값}{실효값}\right)$

보충
① **비례동작(P동작)**
제어대상의 목표값과 출력값의 오차에 비례하는 조작량을 가하는 제어로 목표값에 근접하면 오차가 작아지므로 점진적으로 목표치를 달성할 수 있다. 그러나 외부적인 요인이 작용할 경우 대응이 불가능한 단점이 있다.

② **비례적분동작(PI동작)**
제어대상의 목표값과 현재값의 오차와 시간축이 만드는 면적에 비례하는 값에 비례동작의 조작량을 가산해서 출력하는 제어로 OFF-SET 등의 외부적인 요인에 제어계의 교란에 대한 대응이 가능한 장점이 있다.

③ **비례미분동작(PD동작)**
제어대상의 목표값과 현재값의 오차의 시간 미분치(변화량)에 비례하여 조작량과 비례동작의 조작량을 가산해서 출력하는 제어로, 오차의 변화의 속도에 대응하는 제어가 가능하다. 따라서, 동작오차가 커지는 것을 미연에 방지하고 진동이 제어되어 빨리 안정된다.

④ **비례적분미분동작(PID동작)**
적분동작에 의한 잔류 편차를 없애는 동작으로 정상 특성과, 미분동작으로 응답 속응성을 동시에 개선, 즉 PI제어기와 PD 제어기를 결합한 형태

정답
54. ④ 55. ①
56. ④ 57. ②
58. ④ 59. ②
60. ①

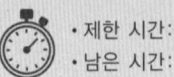

1과목 공기조화설비

01 여과기를 여과작용에 의해 분류할 때 해당되는 것이 아닌 것은?
① 충돌 점착식
② 자동 재생식
③ 건성 여과식
④ 활성탄 흡착식

 여과기의 분류
① 여과작용에 의한 분류 : 충돌 점착식, 건성 여과식, 전기식, 활성탄 흡착식
② 보수관리상의 분류 : 자동 청소형, 자동 재생형, 정기 청소형, 여과재 교환형, 유닛 교환형

02 풍량 600m³/min, 정압 60mmAq, 회전수 500rpm의 특성을 갖는 송풍기의 회전수를 600rpm으로 증가하였을 때 동력은? (단, 정압효율은 50%이다.)
① 약 12.1kW
② 약 18.2kW
③ 약 20.3kW
④ 약 24.5kW

$$kW_1 = \frac{QP_s}{102 \times 60 \times \eta_s} = \frac{600 \times 60}{102 \times 60 \times 0.5} = 11.76 kW$$
$$kW_2 = kW_1 \left(\frac{N_2}{N_1}\right)^3 = 11.76 \times \left(\frac{600}{500}\right)^3 = 20.32 kW$$

03 통과 풍량이 350m³/min일 때 표준 유닛형 에어필터의 수는 약 몇 개인가? (단, 통과 풍속은 1.5m/s, 통과면적은 0.5m²이며, 유효면적은 85%이다.)
① 4개
② 6개
③ 8개
④ 10개

 에어필터의 수
$$필요\ 개수 = \frac{\left(\frac{350}{60}\right)}{0.5 \times 1.5 \times 0.85} = 9.15 = 10개$$

04 가스난방에 있어서 실의 총 손실열량이 124000kJ/h, 가스의 발열량이 25000kJ/Nm³, 가스소요량이 7Nm³/h일 때 가스 스토브의 효율은?

① 약 71% ② 약 80%
③ 약 85% ④ 약 90%

해설 가스 스토브의 효율
$$\eta = \frac{난방부하}{연료소비량 \times 발열량} = \frac{Q}{G_f \times H_l} = \frac{114,000}{7 \times 25,000} = 0.71 = 71\%$$

05 제습장치에 대한 설명으로 틀린 것은?

① 냉각식 제습장치는 처리공기를 노점 온도 이하로 냉각시켜 수증기를 응축시킨다.
② 일반 공조에서는 공조기에 냉각코일을 채용하므로 별도의 제습장치가 없다.
③ 제습방법은 냉각식, 압축식, 흡수식, 흡착식이 있으나 대부분 냉각식을 사용한다.
④ 에어와셔방식은 냉각식으로 소형이고 수처리가 편리하여 많이 채용된다.

해설 에어와셔방식은 가습장치에 해당한다.

06 온수보일러의 상당방열면적이 110m²일 때, 환산증발량은?

① 약 91.8kg/h ② 약 112.2kg/h
③ 약 132.6kg/h ④ 약 153.0kg/h

해설 $$G_e = \frac{정격출력}{2,257} = \frac{EDR \times 방열기\ 방열량}{2,257} = \frac{110 \times 523 \times 3.6}{2,257} = 91.8\text{kg/h}$$

07 지하상가의 공조방식을 결정 시 고려해야 할 내용으로 틀린 것은?

① 취기를 발하는 점포는 확산되지 않도록 한다.
② 각 점포마다 어느 정도의 온도조절을 할 수 있게 한다.
③ 음식점에서는 배기가 필요하므로 풍량 밸런스를 고려하여 채용한다.
④ 공공지하보도 부분과 점포 부분은 동일 계통으로 한다.

해설 지하상가의 공조 시 공공지하보도 부분과 점포 부분은 별도의 계통으로 한다.

보충

난방부하(정격출력)
=상당방열면적×방열기 방열량
여기서, 방열기 (표준)방열량은
① 증기방열기=650 kcal/m²h
   =756 W/m²
② 온수방열기=450 kcal/m²h
   =523 W/m²

[정답] 01.② 02.③
03.④ 04.①
05.④ 06.①
07.④

05회 CBT 기출문제

08 각 실마다 전기스토브나 기름난로 등을 설치하여 난방을 하는 방식은?

① 온돌난방
② 중앙난방
③ 지역난방
④ 개별난방

해설 개별난방 : 각 실마다 전기스토브, 기름난로, 가스난로, 캐비닛 히터 등을 설치하여 난방하는 방식

09 공기조화 부하의 종류 중 실내부하와 장치부하에 해당되지 않는 것은?

① 사무기기나 인체를 통해 실내에서 발생하는 열
② 외부의 고온 기류가 실내로 들어오는 열
③ 덕트에서의 손실 열
④ 펌프동력에서의 취득 열

해설 펌프동력에서의 취득 열과 배관에서의 취득 열은 냉동기 부하에 해당된다.

10 엔탈피 55kJ/kg인 300m³/h의 공기를 엔탈피 38kJ/kg의 공기로 냉각시킬 때 제거 열량은? (단, 공기의 밀도는 1.2kg/m³이다.)

① 6120kJ/h
② 1538kJ/h
③ 1879kJ/h
④ 1085kJ/h

해설 냉각 시 제거열량
$q = G(h_2 - h_1) = 1.2Q(h_2 - h_1) = 1.2 \times 300 \times (55 - 38) = 6,120 \text{kJ/h}$

11 공조기 내에 흐르는 냉·온수 코일의 유량이 많아서 코일 내에 유속이 너무 클 때 적절한 코일은?

① 풀서킷 코일(full circuit coil)
② 더블서킷 코일(double circuit coil)
③ 하프서킷 코일(half circuit coil)
④ 슬로서킷 코일(slow circuit coil)

해설 ① 더블 서킷(더블 플로우) : 유량이 많아 코일 내 유속이 클 때
② 풀 서킷(싱글 플로우), 하프 서킷 : 유량이 적어 코일 내 유속이 작을 때

12 에어와셔에서 분무하는 냉수의 온도가 공기의 노점온도보다 높을 경우 공기의 온도와 절대습도의 변화는?

① 온도는 올라가고, 절대습도는 증가한다.
② 온도는 올라가고, 절대습도는 감소한다.
③ 온도는 내려가고, 절대습도는 증가한다.
④ 온도는 내려가고, 절대습도는 감소한다.

해설 분무하는 냉수의 온도가 공기의 노점온도보다 높을 경우 공기의 온도는 내려가고, 절대습도는 증가한다.

13 가습방식에 따른 분류 중 수분무식에 해당하는 것은?

① 회전식　　② 원심식
③ 모세관식　④ 적하식

해설 가습방식에 따른 분류
① 수분무식 : 원심식, 초음파식, 분무식
② 증발식 : 회전식, 모세관식, 적하식
③ 증기식 : 증기발생식, 증기공급식

14 공조장치의 공기여과기에서 에어필터 효율의 측정법이 아닌 것은?

① 중량법　　② 변색도법(비색법)
③ 집진법　　④ DOP법

해설 에어필터 효율 측정법 : 중량법, 변색도법(비색법, NBS법), 계수법(DOP법)

15 보일러의 종류 중 원통보일러의 분류에 해당되지 않는 것은?

① 폐열보일러　② 입형보일러
③ 노통보일러　④ 연관보일러

해설 폐열보일러는 특수보일러에 해당된다.

16 다음 수증기의 분압 표시로 옳은 것은? (단, P_w : 습공기 중의 수증기의 분압, P_s : 동일온도의 포화수증기의 분압, ϕ : 상대습도)

① $P_w = \phi - P_s$
② $P_w = \phi P_s$
③ $P_w = \dfrac{\phi}{P_s}$
④ $P_w = \phi + P_s$

해설 $\phi = \dfrac{P_w}{P_s}$ 에서 $P_w = \phi P_s$

정답	
08. ④	09. ④
10. ①	11. ②
12. ③	13. ②
14. ③	15. ①
16. ②	

17 축류 취출구로서 노즐을 분기덕트에 접속하여 급기를 취출하는 방식으로 구조가 간단하며 도달거리가 긴 것은?

① 펑커루버   ② 아네모스탯형
③ 노즐형   ④ 팬형

해설 노즐형 : 축류 취출구로서 구조가 간단하며 도달거리가 길다.

18 중앙에 냉동기를 설치하는 방식과 비교하여 덕트병용 패키지 공조방식에 대한 설명으로 틀린 것은?

① 기계실 공간이 적게 필요하다.
② 운전에 필요한 전문 기술자가 필요 없다.
③ 설치비가 중앙식에 비해 적게 든다.
④ 실내 설치 시 급기를 위한 덕트 샤프트가 필요하다.

해설 덕트병용 패키지 방식
실내에 설치되어 있는 패키지 공조기로 냉·온풍을 만들어 덕트를 통해 실내로 송풍하는 방식으로 실내 설치 시 급기를 위한 덕트 샤프트가 필요없다.

19 전공기 방식의 특징에 관한 설명으로 틀린 것은?

① 송풍량이 충분하므로 실내공기의 오염이 적다.
② 리턴 팬을 설치하면 외기냉방이 가능하다.
③ 중앙집중식이므로 운전, 보수관리를 집중화할 수 있다.
④ 큰 부하의 실에 대해서도 덕트가 작게 되어 설치공간이 적다.

해설 전공기 방식은 송풍량이 많아 덕트가 크게 되어 덕트 설치공간이 크다.

20 난방부하 계산 시 침입외기에 의한 열손실로 가장 거리가 먼 것은?

① 현열에 의한 열손실
② 잠열에 의한 열손실
③ 크로올 공간(crawl space)의 열손실
④ 굴뚝효과에 의한 열손실

해설 크로올 공간(crawl space)인 실링부의 열손실은 천장을 통한 열손실에 해당된다.

2과목 냉동냉장설비

21 흡수식 냉동기의 특징에 대한 설명으로 틀린 것은?
① 부분 부하에 대한 대응성이 좋다.
② 용량 제어의 범위가 넓어 폭넓은 용량 제어가 가능하다.
③ 초기 운전 시 정격 성능을 발휘할 때까지의 도달 속도가 느리다.
④ 압축식 냉동기에 비해 소음과 진동이 크다.

해설 흡수식 냉동기는 압축기를 사용하는 압축식 냉동기나 터보 냉동기에 비하여 소음과 진동이 적다.

22 감온식 팽창밸브의 작동에 영향을 미치는 것으로만 짝지어진 것은?
① 증발기의 압력, 스프링 압력, 흡입관의 압력
② 증발기의 압력, 응축기의 압력, 감온통의 압력
③ 스프링 압력, 흡입관의 압력, 압축기 토출 압력
④ 증발기의 압력, 스프링 압력, 감온통의 압력

해설 감온식 팽창밸브의 작동압력 : 증발 압력, 스프링 압력, 감온통 압력

보충 팽창밸브의 안전관리

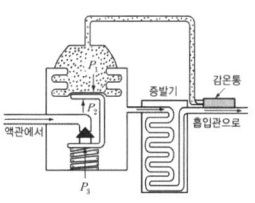

- P_1 : 감온통의 과열도 스프링
- P_2 : 증발압력
- P_3 : 조절나사 스프링 압력

23 프레온 냉동기의 제어장치 중 가용전(fusible pluge)은 주로 어디에 설치하는가?
① 열교환기   ② 증발기
③ 수액기   ④ 팽창밸브

해설 가용전(fusible plug)
프레온봉 응축기나 수액기, 냉매용기의 상부에 실치하여 화재 등으로 인한 온도 상승 시 가용합금이 용융되어 냉매가스를 분출한다.

보충 가용전

24 어느 냉동기가 2HP의 동력을 소모하여 시간당 21000kJ의 열을 저열원에서 제거한다면 이 냉동기의 성적계수는 약 얼마인가?
① 4   ② 5
③ 6   ④ 7

해설 $\text{COP} = \dfrac{Q_e}{W} = \dfrac{21{,}000}{2 \times 632 \times 4.19} = 4$

정답 17. ③ 18. ④
19. ④ 20. ③
21. ④ 22. ④
23. ③ 24. ①

25 유량 100L/min의 물을 15℃에서 10℃로 냉각하는 수냉각기가 있다. 이 냉동장치의 냉동효과가 125kJ/kg일 경우에 냉매순환량은 얼마인가? (단, 물의 비열은 4.19kJ/kg · K이다.)

① 16.7kg/h
② 100kg/h
③ 450kg/h
④ 960kg/h

해설 냉매순환량

$$G = \frac{Q_e}{q_e} = \frac{100 \times 60 \times 4.19 \times (15-10)}{125} = 100.56 \text{kg/h}$$

26 표준냉동사이클이 적용된 냉동기에 관한 설명으로 옳은 것은?

① 압축기 입구의 냉매 엔탈피와 출구의 냉매 엔탈피는 같다.
② 압축비가 커지면 압축기 출구의 냉매가스 토출 온도는 상승한다.
③ 압축비가 커지면 체적 효율은 증가한다.
④ 팽창밸브 입구에서 냉매의 과냉각도가 증가하면 냉동능력은 감소한다.

해설 ① 압축기 입구의 냉매 엔탈피가 출구의 냉매 엔탈피보다 작다.
③ 압축비가 커지면 체적 효율은 감소한다.
④ 팽창밸브 입구에서 냉매의 과냉각도가 증가하면 냉동능력은 증가한다.

27 냉동기의 성적계수가 6.84일 때 증발온도가 −13℃이다. 응축온도는?

① 약 15℃
② 약 20℃
③ 약 25℃
④ 약 30℃

해설 $T_c = \dfrac{T_e}{\text{COP}} + T_e = \dfrac{(-13+273)}{6.84} + (-13+273) = 298\text{K} = 25℃$

28 원심식 압축기의 특징이 아닌 것은?

① 체적식 압축기이다.
② 저압의 냉매를 사용하고 취급이 쉽다.
③ 대용량에 적합하다.
④ 서징현상이 발생할 수 있다.

해설 원심식 압축기는 원심식(터보형) 압축기이다.

29 전자식 팽창밸브에 관한 설명으로 틀린 것은?

① 응축압력의 변화에 따른 영향을 직접적으로 받지 않는다.
② 온도식 팽창밸브에 비해 초기투자비용이 비싸고 내구성이 떨어진다.
③ 일반적으로 슈퍼마켓, 쇼케이스 등과 같이 운전시간이 길고 부하변동이 비교적 큰 경우 사용하기 적합하다.
④ 전자식 팽창밸브는 응축기의 냉매유량을 전자제어장치에 의해 조절하는 밸브이다.

해설 전자식 팽창밸브는 증발기의 냉매유량을 전자제어장치에 의해 조절하는 밸브이다.

30 냉동사이클에서 등엔탈피 과정이 이루어지는 곳은?

① 압축기
② 증발기
③ 수액기
④ 팽창밸브

해설
① 팽창밸브 : 등엔탈피 과정
② 압축기 : 등엔트로피 과정

31 팽창밸브를 너무 닫았을 때 일어나는 현상이 아닌 것은?

① 증발압력이 높아지고 증발기 온도가 상승한다.
② 압축기의 흡입가스가 과열된다.
③ 능력당 소요동력이 증가한다.
④ 압축기의 토출가스 온도가 높아진다.

해설 팽창밸브를 너무 닫으면 증발압력과 증발온도가 내려가나 냉매순환량이 감소하여 압축기가 과열되고 토출가스 온도가 상승한다.

32 열펌프(heat pump)의 성적계수를 높이기 위한 방법으로 적당하지 못한 것은?

① 응축온도를 높인다.
② 증발온도를 높인다.
③ 응축온도와 증발온도와의 차를 줄인다.
④ 압축기 소요동력을 감소시킨다.

해설 응축온도는 낮게 증발온도는 높게 하여 온도차를 줄인다.

보충
열펌프의 성적계수
$$COP_H = \frac{Q_c}{W} = \frac{Q_c}{Q_c - Q_e}$$
$$= \frac{T_c}{T_c - T_e}$$

정답 25. ② 26. ② 27. ③ 28. ① 29. ④ 30. ④ 31. ① 32. ①

33 브라인에 대한 설명으로 옳은 것은?

① 브라인 중에 용해하고 있는 산소량이 증가하면 부식이 심해진다.
② 구비조건으로 응고점은 높아야 한다.
③ 유기질 브라인은 무기질에 비해 부식성이 크다.
④ 염화칼슘용액, 식염수, 프로필렌글리콜은 무기질 브라인이다.

해설 브라인 중에 용해되어 있는 산소량이 증가하면 부식이 심해지므로 공기와의 접촉을 피한다.

34 응축온도는 일정한데 증발온도가 저하되었을 때 감소되지 않는 것은?

① 압축비
② 냉동능력
③ 성적계수
④ 냉동효과

해설 응축온도가 일정하고 증발온도(증발압력)가 저하하면 압축비는 증가하게 된다.

35 밀폐형 압축기에 대한 설명으로 옳은 것은?

① 회전수 변경이 불가능하다.
② 외부와 관통으로 누설이 발생한다.
③ 전동기 이외의 구동원으로 작동이 가능하다.
④ 구동방법에 따라 직결구동과 벨트구동 방법으로 구분한다.

해설 밀폐형 압축기는 회전수 변경이 불가능하다.

36 냉동장치 내의 불응축 가스에 관한 설명으로 옳은 것은?

① 불응축 가스가 많아지면 응축압력이 높아지고 냉동능력은 감소한다.
② 불응축 가스는 응축기에 잔류하므로 압축기의 토출가스온도에는 영향이 없다.
③ 장치에 윤활유를 보충할 때에 공기가 흡입되어도 윤활유에 용해되므로 불응축 가스는 생기지 않는다.
④ 불응축 가스가 장치 내에 침입해도 냉매와 혼합되므로 응축압력은 불변한다.

해설 불응축 가스가 많아지면 응축압력이 높아지고 냉동능력은 감소한다.

보충
불응축 가스 존재 시 냉동장치에 미치는 영향
① 응축능력 및 냉동능력 감소
② 응축압력(고압) 상승으로 압축비 증대
③ 압축기 과열로 토출가스 온도 상승
④ 압축기 소요동력 증가 등

37 축열장치에서 축열재가 갖추어야 할 조건으로 가장 거리가 먼 것은?

① 열의 저장은 쉬워야 하나 열의 방출은 어려워야 한다.
② 취급하기 쉽고 가격이 저렴해야 한다.
③ 화학적으로 안정해야 한다.
④ 단위체적당 축열량이 많아야 한다.

 열의 출입이 용이하여야 하므로 열의 저장이나 방출이 쉬워야 한다.

38 방열벽의 열전도도가 0.023W/mK이고, 두께가 10cm인 방열벽의 열통과율은? (단, 외벽, 내벽에서의 열전달률은 각각 23W/m²K, 9.3W/m²K이다.)

① 약 $4.49\ W/m^2 K$ ② 약 $0.393\ W/m^2 K$
③ 약 $0.293\ W/m^2 K$ ④ 약 $0.22\ W/m^2 K$

 $K = \dfrac{1}{\dfrac{1}{\alpha_o} + \dfrac{l_n}{\lambda_n} + \dfrac{1}{\alpha_i}} = \dfrac{1}{\dfrac{1}{23} + \dfrac{0.1}{0.023} + \dfrac{1}{9.3}} = 0.22 W/m^2 K$

39 압축기의 체적효율에 대한 설명으로 틀린 것은?

① 압축기의 압축비가 클수록 커진다.
② 틈새가 작을수록 커진다.
③ 실제로 압축기에 흡입되는 냉매증기의 체적과 피스톤이 배출한 체적과의 비를 나타낸다.
④ 비열비 값이 적을수록 적게 든다.

 압축기의 압축비가 클수록 체적효율은 작아진다.

40 다음 증발기의 종류 중 전열효과가 가장 좋은 것은? (단, 동일 용량의 증발기로 가정한다.)

① 플레이트형 증발기   ② 핀 코일식 증발기
③ 나관 코일식 증발기   ④ 쉘 튜브식 증발기

 건식 중 쉘 튜브식 증발기의 열통과율은 400~500 kcal/m²·h·℃ 정도로 전열이 우수하다.
 ① 플레이트형 증발기 : 10~12 kcal/m²·h·℃
 ② 핀 코일식 증발기 : 13~17 kcal/m²·h·℃(강제대류식)
 ③ 나관 코일식 증발기 : 7~13 kcal/m²·h·℃
 ④ 쉘 튜브식 증발기 : 400~500 kcal/m²·h·℃

[정답] 33.① 34.① 35.① 36.① 37.① 38.④ 39.① 40.④

3과목 공조냉동설치·운영

41 이음쇠 중 방진, 방음의 역할을 하는 것은?
① 플렉시블형 이음쇠   ② 슬리브형 이음쇠
③ 스위블형 이음쇠   ④ 루프형 이음쇠

해설 방진, 방음의 역할을 하는 이음쇠 : 플렉시블형 이음쇠(Flexible joint)

42 다음 중 각 장치의 설치 및 특징에 대한 설명으로 틀린 것은?
① 슬루스 밸브는 유량조절용 보다는 개폐용(ON-OFF용)에 주로 사용된다.
② 슬루스 밸브는 일명 게이트 밸브라고도 한다.
③ 스트레이너는 배관 속 먼지, 흙, 모래 등을 제거하기 위한 부속품이다.
④ 스트레이너는 밸브 뒤에 설치한다.

해설 스트레이너는 밸브 앞에 설치하여 이물질을 제거하기 위한 부속품이다.

43 주철관의 이음방법이 아닌 것은?
① 소켓 이음(socket joint)   ② 플레어 이음(flare joint)
③ 플랜지 이음(flange joint)   ④ 노허브 이음(no-hub joint)

해설 플레어 이음(flare joint)
20mm 이하의 동관 이음법으로 관의 분해조립이 용이하여 냉동배관에 많이 사용하는 이음방법이다.

44 배관 회로의 환수방식에 있어 역환수방식이 직접환수방식보다 우수한 점은?
① 순환펌프의 동력을 줄일 수 있다.
② 배관의 설치 공간을 줄일 수 있다.
③ 유량을 균등하게 배분시킬 수 있다.
④ 재료를 절약할 수 있다.

보충
플렉시블 이음쇠

보충
플레어 이음

해설 역환수방식
공급관과 환수관의 마찰저항을 동일하게 하여 유량을 균등하게 배분

45 배관 부속기기인 여과기(strainer)에 대한 설명으로 틀린 것은?
① 여과기의 종류에는 형상에 따라 Y형, U형, V형 등이 있다.
② 여과기의 설치 목적은 관 내 유체의 이물질을 제거하여 수량계, 펌프 등을 보호하는 데 있다.
③ U형 여과기는 유체의 흐름이 수평이므로 저항이 작아 주로 급수배관용에 사용한다.
④ V형 여과기는 유체가 스트레이너 속을 직선적으로 흐르므로 Y형이나 U형에 비해 유속에 대한 저항이 적다.

해설 U형 여과기
유체의 흐름이 직각이므로 저항이 크나 보수나 점검 등이 편리하여 주로 급유배관용에 많이 사용한다.

46 배관이나 밸브 등의 보온 시공한 부분의 서포트부에 설치되며 관의 자중 또는 열팽창에 의한 보온재의 파손을 방지하기 위해 사용하는 것은?
① 가이드(guide)
② 파이프슈(pipe shoe)
③ 브레이스(brace)
④ 앵커(anchor)

해설 파이프슈(pipe shoe)
파이프로 배관을 직접 접속하는 지지대로 배관의 수평부와 곡관부를 지지하는 데 사용

47 가스설비 배관 시 관의 지름은 폴(pole)식을 사용하여 구한다. 이때 고려할 사항이 아닌 것은?
① 가스의 유량
② 관의 길이
③ 가스의 비중
④ 가스의 온도

해설 저압배관에서의 가스유량(폴의 공식)

$$Q = K\sqrt{\dfrac{D^5 H}{S \cdot L}}$$

여기서, Q : 가스 유량(m³/h) K : 유량계수
D : 관 내경(cm) H : 허용압력손실수두(mmAq)
S : 비중 L : 관의 길이(m)

[정답] 41. ① 42. ④
43. ② 44. ③
45. ③ 46. ②
47. ④

05회 CBT 기출문제

48 특수 통기 방식 중 배수 수직관에 선회력을 주어 공기코어를 형성하여 통기관 역할을 하는 것은?

① 소벤트 방식(sovent system)
② 섹스티어 방식(sextia system)
③ 스택 벤트 방식(stack vent system)
④ 에어 챔버 방식(air chamber system)

해설 섹스티어 방식(sextia system)
유수에 선회력을 주어 수직관의 배관 중앙에 공기코어를 형성하여 하나의 관으로 배수, 통기관을 겸하는 방식으로 고층이나 APT 등에 많이 사용하는 이음 방식

49 배관에서 보온재 선택 시 고려할 사항으로 가장 거리가 먼 것은?

① 안전 사용 온도 범위 ② 열전도율
③ 내용연수 ④ 운반비용

해설 보기에서 운반비용은 보온재 선택 시 고려사항 중 가장 거리가 멀다.

50 급수설비에서 급수펌프 설치 시 캐비테이션(cavitation) 방지책에 대한 설명으로 틀린 것은?

① 펌프의 회전수를 빠르게 한다.
② 흡입배관은 굽힘부를 적게 한다.
③ 단흡입 펌프를 양흡입 펌프로 바꾼다.
④ 흡입관경은 크게 하고 흡입 양정을 짧게 한다.

해설 펌프의 회전수를 빠르게 하면 캐비테이션 현상이 발생할 우려가 크다.

51 파형률이 가장 큰 것은?

① 구형파 ② 삼각파
③ 정현파 ④ 포물선파

해설 파형률은 실효값과 평균값의 비로 파형의 평활도를 보여주는 값으로, 값이 클수록 직류에 가까워지는 것이다. 삼각파는 파형률이 1.155, 구형파는 1, 정현파는 1.11이므로 삼각파가 가장 크다.

답안 표기란

48	① ② ③ ④
49	① ② ③ ④
50	① ② ③ ④
51	① ② ③ ④

보충
섹스티어 방식
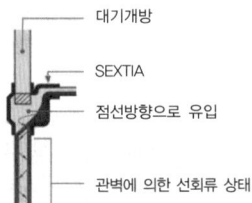

보충
파형률 = 실효값 / 평균값

52 배리스터의 주된 용도는?

① 서지전압에 대한 회로 보호용
② 온도 측정용
③ 출력전류 조절용
④ 전압 증폭용

해설 배리스터
Variable resistor의 약칭으로, 인가되는 전압에 의해서 저항값이 변하는 비선형 2단자 반도체소자로, 낙뢰 전압 등의 이상전압, 전기접점의 불꽃을 소거하는 등 반도체 정류기, 트랜지스터 등의 회로를 서지전압으로부터 보호하는 데 사용

53 동작신호를 조작량으로 변환하는 요소로서 조절부와 조작부로 이루어진 요소는?

① 기준입력 요소
② 동작신호 요소
③ 제어 요소
④ 피드백 요소

해설 제어요소
목표치와 현재치를 비교한 오차 즉, 동작신호를 제어기에 입력하여 제어대상에 인가할 조작량으로 변환하는 부분으로 조절부와 조작부로 구성

54 목표값이 시간에 대하여 변화하지 않는 제어로 정전압장치나 일정 속도제어 등에 해당하는 제어는?

① 프로그램제어
② 추종제어
③ 정치제어
④ 비율제어

해설 제어목적에 따른 제어의 분류
① 정치제어 : 어떤 일정한 목표값을 시간에 관계없이 유지하는 제어
② 프로그램제어 : 정해진 프로그램에 따라 제어량을 변화시키는 제어
③ 추치제어 : 임의의 시간적 변화를 하는 목표값에 제어량을 추종하는 제어
④ 비율제어 : 목표값이 다른 것과 일정 비율 관계를 가지고 변화하는 제어

55 변압기의 정격용량은 2차 출력단자에서 얻어지는 어떤 전력으로 표시하는가?

① 피상전력
② 유효전력
③ 무효전력
④ 최대전력

해설 변압기의 출력은 정격 2차 전압, 2차 전류로 계산된 2차측의 피상전력이다.

보충
① **조절부** : 기준 입력신호와 검출부의 출력신호를 제어 시스템에 필요한 신호로 만들어 조작부에 보내는 부분
② **조작부** : 조절부로부터 받은 신호를 조작량으로 변환하여 제어 대상에 보내는 부분
③ **검출부** : 제어량 즉, 제어결과를 검출하는 부분
④ **동작신호** : 기준입력과 주궤환신호와의 편차신호로 제어동작을 일으키는 원천이 되는 신호
⑤ **기준입력요소** : 목표값을 검출치와 비교할 수 있도록 변환시키는 요소

[정답] 48. ② 49. ④ 50. ① 51. ② 52. ① 53. ③ 54. ③ 55. ①

56 전압계에 대한 설명으로 틀린 것은?

① 동작원리는 전류계와 같다.
② 회로에 직렬로 접속한다.
③ 내부저항이 있다.
④ 가동코일형은 직류측정에 사용된다.

해설 전압을 측정하기 위해서는 측정하고자 하는 지점에 전압계를 병렬로 연결한다.

57 제벡 효과(Seebeck effect)를 이용한 센서에 해당하는 것은?

① 저항 변화용
② 인덕턴스 변화용
③ 용량 변화용
④ 전압 변화용

해설 제벡 효과(열전대 효과)
서로 다른 금속도체 양단을 접속시키고 접속부에 온도차를 주면 회로에 전류가 흐르게 되는 현상 즉, 기전력이 발생한다. 따라서 이러한 기전력의 변화를 이용하여 온도감지센서, 열전온도계 등에 응용된다.

보충 펠티에 효과
제벡 효과의 반대의 현상으로 전류를 흘려주면 서로 다른 금속도체의 양단에 온도차가 생기는 효과로 정수기나 와인냉장고 등의 소형 냉동장치에 사용한다.

58 다음 중 프로세스 제어에 속하는 것은?

① 장력
② 압력
③ 전압
④ 저항

해설 프로세스 제어(공정 제어)
제어량이 온도, 압력, 유량, 레벨 등이며 플랜트나 생산공정 중의 상태량을 제어량으로 하는 제어로 제어계에 가해지는 외란의 억제를 주목적으로 함.

보충 제어량에 의한 분류
① 서보 제어(추종 제어) : 물체의 위치, 방위, 자세 등의 기계적 변위를 제어량으로 해서 목표값의 임의의 변화에 추종하도록 구성된 제어계
② 자동조정 : 정전압 장치나 조속기 제어와 같이 전압, 전류, 주파수, 회전속도 등 전기적 기계적 양을 주로 제어하는 것으로, 응답속도가 빠른 것이 특징

보충
전압계는 전기회로의 전압을 측정하는 계기로 일반적으로 측정결과를 숫자로 표시하는 디지털 전압계와 눈금 및 지침으로 표시하는 지시전압계가 사용되고 있다.

① 가동코일형 : 가동코일에 흐르는 직류에 의한 자력과 그 전류에 의한 전자력을 이용
② 가동철편형 : 코일에 전류를 흘려 전자석을 만들고 자석에 의한 철편에 작용하는 인력에 의하여 구동(직류, 교류 모두 사용)
③ 전류력계형 : 전류 상호간에 작용하는 힘을 이용(교류, 직류 모두 사용)
④ 정류형 : 교류를 직류로 바꾼 후 직류로 측정
⑤ 정전형 : 대전체 사이의 인력과 반발력을 이용하여 구동 (직류, 교류 모두 사용)
⑥ 열전형 : 전류의 열작용에 의한 금속선의 팽창 또는 종류가 다른 금속의 접합점의 온도차에 의한 기전력으로 가동 코일형 계기를 동작하는 계기 (고주파 교류에 사용)

- 동작원리는 직렬로 연결된 내부저항을 통하여 분압한 전압에 의하여 지시바늘을 움직이는데, 동작원리 자체는 전류계와 일치한다.
- 전류계는 전류를 측정하고자 하는 부분에 직렬로 연결한다.
- 전류와 전압측정을 할때 전류계는 부하에 직렬로 연결하고, 전압계는 부하에 병렬로 연결한다.

59 직류전동기는 속도제어를 비교적 간단하게 할 수 있고 기동 토크가 크므로 엘리베이터나 전차 등에 많이 사용되고 있다. 직류전동기에 가해지는 전압을 제어하여 속도제어로 많이 사용되는 방법은?

① 전압제어방식
② 계자저항제어방식
③ 1단속도제어방식
④ 워드-레오너드방식

해설 워드-레오너드법
가변전압을 공급하기 위하여 직류발전기를 설치하고 이를 구동하기 위한 직류전동기를 이용하여 공급하는 방식으로, 전동기와 발전기 대신에 반도체 스위치를 사용하는 방식을 정지 워드-레오너드 방식이라 하는데, 많이 사용하는 방법으로서 전압제어법의 하나의 방법이다.

60 그림은 제어회로의 일부이다. 회로의 설명이 틀린 것은?

① 자기유지회로이다.
② 논리식은 Y=X+Y이다.
③ X가 "1"이면, 항상 Y는 "1"이다.
④ Y가 "1"인 상태에서 X가 0이면, Y는 0이 되는 회로이다.

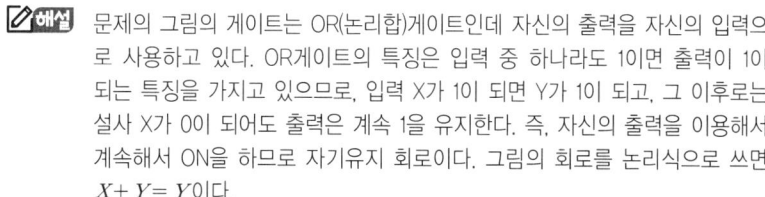

해설 문제의 그림의 게이트는 OR(논리합)게이트인데 자신의 출력을 자신의 입력으로 사용하고 있다. OR게이트의 특징은 입력 중 하나라도 1이면 출력이 1이 되는 특징을 가지고 있으므로, 입력 X가 1이 되면 Y가 1이 되고, 그 이후로는 설사 X가 0이 되어도 출력은 계속 1을 유지한다. 즉, 자신의 출력을 이용해서 계속해서 ON을 하므로 자기유지 회로이다. 그림의 회로를 논리식으로 쓰면 $X+Y=Y$이다.

답안 표기란

| 59 | ① | ② | ③ | ④ |
| 60 | ① | ② | ③ | ④ |

보충

① **계자제어법**
분권 권선에 직렬로 저항을 접속하여 계자 전류를 조정 (정출력 제어)

② **전기자 저항제어법**
전기자 회로에 직렬 저항을 넣어 부하 전류에 의한 전압 강하를 증가시켜 속도를 조절

정답 56. ② 57. ④
58. ② 59. ④
60. ④

1과목 공기조화설비

01 극간풍의 풍량을 계산하는 방법으로 틀린 것은?
① 환기 횟수에 의한 방법
② 극간 길이에 의한 방법
③ 창 면적에 의한 방법
④ 재실 인원수에 의한 방법

해설 극간풍량 산정법
① 환기 횟수법
② 틈새 길이법(극간 길이법)
③ 창문 면적법
④ 이용 빈도수에 의한 방법

02 환기와 배연에 관한 설명으로 틀린 것은?
① 환기란 실내의 공기를 차거나 따뜻하게 만들기 위한 것이다.
② 환기는 급기 또는 배기를 통하여 이루어진다.
③ 환기는 자연적인 방법, 기계적인 방법이 있다.
④ 배연 설비란 화재 초기에 발생하는 연기를 제거하기 위한 설비이다.

해설 환기의 목적
실내공기의 열, 증기, 취기, 분진, 유해물질에 의한 오염과 산소농도 감소 등에 의한 재실자의 불쾌감이나 위생적 위험성 증대의 방지 등과 주변 환경의 악화로 부터의 보호에 있다.

03 공기조화방식 분류 중 전공기방식이 아닌 것은?
① 멀티존 유닛방식
② 변풍량 재열식
③ 유인유닛방식
④ 정풍량식

해설 수-공기 방식
팬코일 유닛 방식(덕트병용), 유인 유닛 방식, 복사 냉난방 방식

04 다음 분류 중 천장 취출방식이 아닌 것은?
① 아네모스탯형
② 브리즈 라인형
③ 팬형
④ 유니버설형

해설 ① 천장 취출형 : 아네모스탯형, 팬형, 펑커루버형, 라인형 등
② 벽부 취출형 : 그릴, 레지스터, 유니버설형, 노즐형 등

05 다음 중 엔탈피의 단위는?
① kJ/kg · ℃
② kJ/kg
③ W/m²K
④ W/mK

해설 엔탈피의 단위 : kcal/kg, kJ/kg

06 다음의 표시된 벽체의 열관류율은? (단, 내표면의 열전달율 α_i = 8W/m²K, 외표면의 열전달율 α_o = 20W/m²K, 벽돌의 열전도율 λ_a = 0.5W/mK, 단열재의 열전도율 λ_b = 0.03W/mK, 모르터의 열전도율 λ_c = 0.62W/mK이다.)
① 0.685W/m²K
② 0.778W/m²K
③ 0.813W/m²K
④ 1.460W/m²K

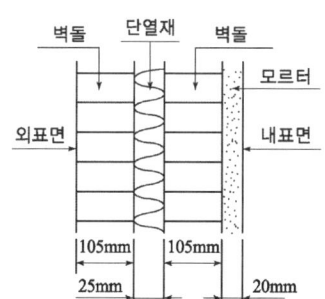

해설 $K = \dfrac{1}{\dfrac{1}{\alpha_i} + \dfrac{l_n}{\lambda_n} + \dfrac{1}{\alpha_o}} = \dfrac{1}{\dfrac{1}{8} + \dfrac{0.105}{0.5} + \dfrac{0.025}{0.03} + \dfrac{0.105}{0.5} + \dfrac{0.02}{0.62} + \dfrac{1}{20}}$
$= 0.685 \text{W/m}^2\text{K}$

07 다음 중 현열부하에만 영향을 주는 것은?
① 건구온도
② 절대습도
③ 비체적
④ 상대습도

해설 현열부하 : 실내 건구온도에 변화를 주는 열량

08 전열량의 변화와 절대습도 변화의 비율을 무엇이라고 하는가?
① 현열비
② 포화비
③ 열수분비
④ 절대비

해설 열수분비(kcal/kg) : 전열량의 변화와 절대습도 변화의 비율
$U = \dfrac{\Delta h (\text{전열량 변화})}{\Delta x (\text{절대습도 변화})} = \dfrac{h_2 - h_1}{x_2 - x_1}$

[정답] 01. ④ 02. ①
03. ③ 04. ④
05. ② 06. ①
07. ① 08. ③

09 유인 유닛 공조방식에 대한 설명으로 옳은 것은?

① 실내환경 변화에 대응이 어렵다.
② 덕트 공간이 비교적 크다.
③ 각 실의 제어가 어렵다.
④ 회전부분이 없어 동력(전기) 배선이 필요없다.

해설 유인 유닛에는 회전부분이 없어 동력(전기)배선이 필요 없다.

보충 유인 유닛(인덕션) 방식(수공기 방식)
중앙에 설치된 공조기에서 1차 공기를 고속으로 유인 유닛에 보내 유닛의 노즐에서 불어내고 그 압력으로 실내의 2차 공기를 유인하여 송풍하는 방식으로 개별제어가 가능하고 덕트 스페이스가 적으나 유닛에서 소음이 발생한다.

10 습공기 선도상에서 확인할 수 있는 사항이 아닌 것은?

① 노점 온도
② 습공기의 엔탈피
③ 효과 온도
④ 수증기 분압

해설 효과온도는 습공기 선도상에서 확인할 수 없다.

11 공기조화기의 냉수코일을 설계하고자 할 때의 설명으로 틀린 것은?

① 코일을 통과하는 물의 속도는 1m/s 정도가 되도록 한다.
② 코일 출입구의 수온 차는 대개 5~10℃ 정도가 되도록 한다.
③ 공기와 물의 흐름은 병류(평행류)로 하는 것이 대수평균 온도차가 크게 된다.
④ 코일의 모양은 효율을 고려하여 가능한 한 정방형으로 한다.

해설 공기와 냉수의 흐름은 역류(대항류)로 하여 대수 평균 온도차가 크게 한다.

보충
냉수코일의 설계
① 공기와 물의 흐름을 대향류로 한다.
② 물과 공기의 대수평균온도차(MTD)를 크게 한다.
③ 코일의 유속은 1m/s 전후로 한다.
④ 코일의 통과풍속을 2~3m/s 정도로 한다.
⑤ 냉수의 입출구 온도차를 5℃ 전후로 한다.
⑥ 코일의 설치는 수평으로 한다.

12 전공기식 공기조화에 관한 설명으로 틀린 것은?

① 덕트가 소형으로 되므로 스페이스가 작게 된다.
② 송풍량이 충분하므로 실내공기의 오염이 적다.
③ 중앙집중식이므로 운전, 보수관리를 집중화할 수 있다.
④ 병원의 수술실과 같이 높은 공기의 청정도를 요구하는 곳에 적합하다.

해설 전공기 방식은 송풍량이 많아 덕트가 크게 되므로 덕트 스페이스도 크다.

13 펌프를 작동원리에 따라 분류할 때 왕복펌프에 해당하지 않는 것은?

① 피스톤 펌프
② 베인 펌프
③ 다이어프램 펌프
④ 플런저 펌프

해설 베인 펌프는 회전펌프에 해당된다.

14 다음과 같은 사무실에서 방열기 설치 위치로 가장 적당한 것은?

① [①, ②]
② [②, ⑤]
③ [③, ④]
④ [④, ⑥]

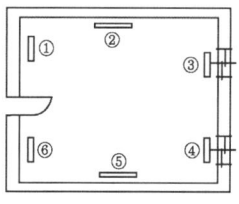

해설 방열기의 설치 : 외기에 접하는 창문 아래쪽에 설치

15 덕트의 설계법을 순서대로 나열한 것 중 가장 바르게 연결한 것은?

① 송풍량 결정 – 덕트경로 결정 – 덕트치수 결정 – 취출구 및 흡입구 위치결정 – 송풍기 선정 – 설계도 작성
② 송풍량 결정 – 취출구 및 흡입구 위치결정 – 덕트경로 결정 – 덕트치수 결정 – 송풍기 선정 – 설계도 작성
③ 덕트치수 결정 – 송풍량 결정 – 덕트경로 결정 – 취출구 및 흡입구 위치결정 – 송풍기 선정 – 설계도 작성
④ 덕트치수 결정 – 덕트경로 결정 – 취출구 및 흡입구 위치결정 – 송풍량 결정 – 송풍기 선정 – 설계도 작성

해설 덕트의 설계순서 : 송풍량 결정 – 취출구 및 흡입구 위치결정 – 덕트경로 설정 – 덕트치수 결정 – 송풍기 선정 – 설계도 작성

16 다음의 습공기 선도상에서 E–F는 무엇을 나타내는 것인가?

① 가습
② 재열
③ CF(Contact Factor)
④ BF(By–pass Factor)

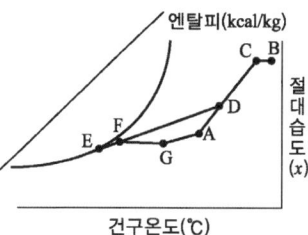

해설 바이패스 팩터, $BF = \dfrac{F-E}{D-E}$

콘택트 팩터, $CF = \dfrac{D-F}{D-E}$

[정답] 09. ④ 10. ③ 11. ③ 12. ① 13. ② 14. ③ 15. ② 16. ④

17 공조용 가습장치 중 수분무식에 해당하지 않는 것은?

① 원심식　　② 초음파식
③ 분무식　　④ 적하식

해설
① 수분무식 : 원심식, 초음파식, 분무식
② 증발식(기화식) : 회전식, 모세관식, 적하식
③ 증기식 : 증기발생식, 증기공급식

보충
직선 덕트에서의 마찰손실
$$H_L = \lambda \cdot \frac{l}{d} \cdot \frac{V^2}{2g} \cdot \rho \, [\text{Pa}]$$

18 덕트의 직관부를 통해 공기가 흐를 때 발생하는 마찰저항에 대한 설명 중 틀린 것은?

① 관의 마찰 저항계수에 비례한다.
② 덕트의 지름에 반비례한다.
③ 공기의 평균 속도의 제곱에 비례한다.
④ 중력 가속도의 2배에 비례한다.

해설 마찰저항은 덕트의 지름과 중력 가속도에 반비례한다.

19 다음 장치도 및 $t-x$ 선도와 같이 공기를 혼합하여 냉각, 재열한 후 실내로 보낸다. 여기서, 외기부하를 나타내는 식은? (단, 혼합공기량은 G(kg/h)이다.)

① $q = G(h_3 - h_4)$
② $q = G(h_1 - h_3)$
③ $q = G(h_5 - h_4)$
④ $q = G(h_3 - h_2)$

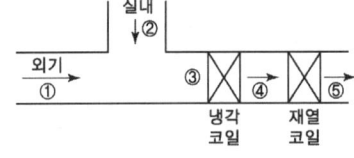
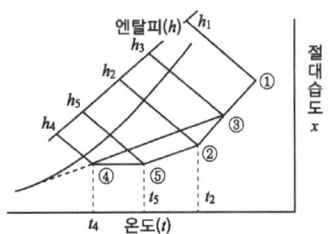

해설 외기부하 $q_o = G(h_3 - h_2) = G_o(h_1 - h_2)$

20 습공기를 냉각하게 되면 공기의 상태가 변화한다. 이때 증가하는 상태값은?

① 건구온도　　② 습구온도
③ 상대습도　　④ 엔탈피

해설 습공기를 냉각하면 상대습도는 증가한다.

2과목 냉동냉장설비

21 이상 기체를 체적이 일정한 상태에서 가열하면 온도와 압력은 어떻게 변하는가?

① 온도가 상승하고 압력도 높아진다.
② 온도는 상승하고 압력은 낮아진다.
③ 온도는 저하하고 압력이 높아진다.
④ 온도가 저하하고 압력도 낮아진다.

해설 체적이 일정한 상태에서 가열하면 온도가 상승하고 압력도 높아진다.

22 그림과 같은 이론 냉동 사이클이 적용된 냉동장치의 성적계수는? (단, 압축기의 압축효율 80%, 기계효율 85%로 한다.)

① 2.4
② 3.1
③ 4.4
④ 5.1

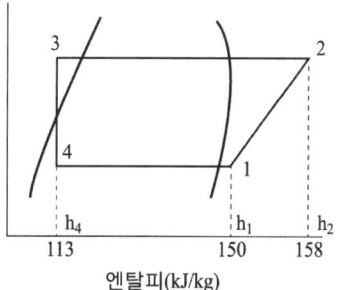
엔탈피(kJ/kg)

해설
① 이론 성적계수, $\varepsilon_o = \dfrac{q_e}{w} = \dfrac{150-113}{158-150} = 4.63$

② 실제 성적계수, $\varepsilon = \varepsilon_o \times \eta_c \times \eta_m = 4.63 \times 0.8 \times 0.85 = 3.1$

23 단열재의 선택요건에 해당되지 않는 것은?

① 열전도도가 크고 방습성이 클 것
② 수축변형이 적을 것
③ 흡수성이 없을 것
④ 내압강도가 클 것

해설 단열재는 열전도도가 작고 방습성은 커야 한다.

24 3kW 기관이 1분간에 하는 일의 열당량은?

① 약 10800kJ
② 약 1800kJ
③ 약 1080kJ
④ 약 180kJ

해설 $\dfrac{3 \times 3{,}600}{60} = 180 \text{kJ/min}$

보충
$1\text{kW} = 3{,}600\text{kJ/h}$

[정답] 17.④ 18.④ 19.④ 20.③ 21.① 22.② 23.① 24.④

25 팽창밸브로 모세관을 사용하는 냉동장치에 관한 설명 중 틀린 것은?

① 교축 정도가 일정하므로 증발부하 변동에 따라 유량조절이 불가능하다.
② 밀폐형으로 제작되는 소형 냉동장치에 적합하다.
③ 내경이 크거나 길이가 짧을수록 유체저항의 감소로 냉동능력은 증가한다.
④ 감압정도가 크면 냉매 순환량이 적어 냉동능력을 감소시킨다.

해설 모세관은 내경이 크거나 길이가 짧을수록 유체저항은 감소하나 냉동능력을 증가시키지는 않는다.

26 수냉식 응축기에 대한 설명 중 옳은 것은?

① 냉각수량이 일정한 경우 냉각수 입구온도가 높을수록 응축기 내의 냉매는 액화하기 쉽다.
② 종류에는 입형 셸 튜브식, 7통로식, 지수식 응축기 등이 있다.
③ 이중관식 응축기는 냉매증기와 냉각수를 평행류로 함으로써 냉각수량이 많이 필요하다.
④ 냉각수의 증발잠열을 이용해 냉매가스를 냉각한다.

해설 수냉식 응축기의 종류
셸 튜브식, 2중관식, 7통로식, 쉘 엔 코일식(지수식), 대기식 응축기

27 프레온 냉동장치에서 유분리기를 설치하는 경우가 아닌 것은?

① 만액식 증발기를 사용하는 장치의 경우
② 증발온도가 높은 냉동장치의 경우
③ 토출가스 배관이 긴 경우
④ 토출가스에 다량의 오일이 섞여나가는 경우

해설 프레온 냉동장치에서 유분리기를 설치하는 경우
① 증발온도가 낮은 저온장치의 경우
② 만액식 증발기 사용 시
③ 토출가스 배관이 긴 경우
④ 토출가스에 다량의 오일이 섞여나가는 경우

28 2원냉동 사이클에서 중간열교환기인 캐스케이드 열교환기의 구성은 무엇으로 이루어져 있는가?

① 저온측 냉동기의 응축기와 고온측 냉동기의 증발기
② 저온측 냉동기의 증발기와 고온측 냉동기의 응축기
③ 저온측 냉동기의 응축기와 고온측 냉동기의 응축기
④ 저온측 냉동기의 증발기와 고온측 냉동기의 증발기

> 해설 캐스케이드 응축기(콘덴서) : 2원냉동이나 다원 냉동장치에서 저온측 응축기를 고온측 증발기로 냉각시키는 장치

29 프레온계 냉동장치의 배관재료로 가장 적당한 것은?

① 철 ② 강
③ 동 ④ 마그네슘

> 해설 프레온 냉동장치의 배관재료 : 동관

30 카르노 사이클의 기관에서 20℃와 300℃ 사이에서 작동하는 열기관의 열효율은?

① 약 42% ② 약 48%
③ 약 52% ④ 약 58%

> 해설 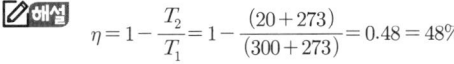 $\eta = 1 - \dfrac{T_2}{T_1} = 1 - \dfrac{(20+273)}{(300+273)} = 0.48 = 48\%$

31 열에 대한 설명으로 옳은 것은?

① 온도는 변화하지 않고 물질의 상태를 변화시키는 열은 잠열이다.
② 냉동에서 주로 이용되는 것은 현열이다.
③ 잠열은 온도계로 측정할 수 있다.
④ 고체를 기체로 직접 변화시키는 데 필요한 승화열은 감열이다.

> 해설 ① 현열(감열) : 물질의 상태변화 없이 온도변화에만 필요한 열
> ② 잠열(숨은열) : 물질의 온도변화 없이 상태변화에만 필요한 열

32 건식 증발기의 종류에 해당되지 않는 것은?

① 셸 코일식 냉각기 ② 핀 코일식 냉각기
③ 보델로 냉각기 ④ 플레이트 냉각기

> 해설 건식 증발기의 종류
> 셸 엔 튜브식, 셸 엔 코일식, 핀 코일식, 나관 코일식, 플레이트 증발기

답안 표기란

28	① ② ③ ④
29	① ② ③ ④
30	① ② ③ ④
31	① ② ③ ④
32	① ② ③ ④

보충

열효율(η)
$$\eta = \dfrac{W}{Q_1} = \dfrac{Q_1 - Q_2}{Q_1}$$
$$= \dfrac{T_1 - T_2}{T_1} = 1 - \dfrac{T_2}{T_1}$$

보충

보델로 냉각기
대기식 응축기와 비슷한 구조로 물 및 우유 등을 냉각하는 데 이용

정답 25. ③ 26. ②
27. ② 28. ①
29. ③ 30. ②
31. ① 32. ③

33. 몰리에르 선도에 대한 설명 중 틀린 것은?

① 과열구역에서 등엔탈피선은 등온선과 거의 직교한다.
② 습증기 구역에서 등온선과 등압선은 평행하다.
③ 습증기 구역에서만 등건조도선이 존재한다.
④ 등비체적선은 과열 증기구역에서도 존재한다.

해설 과열(증기)구역에서는 등엔탈피선은 수직이며 등온선은 우측으로 하향곡선을 그린다.

34. 만액식 증발기의 특징으로 가장 거리가 먼 것은?

① 전열작용이 건식보다 나쁘다.
② 증발기 내에 액을 가득 채우기 위해 액면 제어 장치가 필요하다.
③ 액과 증기를 분리시키기 위해 액분리기를 설치한다.
④ 증발기 내에 오일이 고일 염려가 있으므로 프레온의 경우 유회수장치가 필요하다.

해설 만액식은 전열작용이 건식보다 우수하다.

35. 제빙능력이 50ton/day, 제빙원수 온도가 5℃, 제빙된 얼음의 평균온도가 −6℃일 때, 제빙조에 설치된 증발기의 냉동부하는? (단, 물의 비열은 4.2kJ/kg·℃, 얼음의 비열은 2.1kJ/kg·℃, 물의 응고잠열은 334kJ/kg이다.)

① 약 771,540kJ/h
② 약 765,833kJ/h
③ 약 185,220kJ/h
④ 약 18,379kJ/h

해설 $Q = \dfrac{50{,}000 \times [\{(4.2 \times 5) + 334 + (2.1 \times 6)\}]}{24} = 765{,}833 \text{kJ/h}$

36. 12kW 펌프의 회전수가 800rpm, 토출량 1.5m³/min인 경우 펌프의 토출량을 1.8m³/min으로 하기 위하여 회전수를 얼마로 변화하면 되는가?

① 850rpm
② 960rpm
③ 1025rpm
④ 1365rpm

답안 표기란

33	①	②	③	④
34	①	②	③	④
35	①	②	③	④
36	①	②	③	④

보충
만액식 증발기의 특징
① 액압축 방지를 위해 액분리기 설치
② 냉매액이 많아 전열이 우수 양호하고 액체냉각에 사용
③ 증발기에 오일이 체류하므로 유회수장치(Oil return system) 필요

해설

$Q_2 = Q_1 \left(\dfrac{N_2}{N_1}\right)$ 에서

$N_2 = N_1 \left(\dfrac{Q_2}{Q_1}\right) = 800 \times \left(\dfrac{1.8}{1.5}\right) = 960\text{rpm}$

37 액체나 기체가 갖는 모든 에너지를 열량의 단위로 나타낸 것을 무엇이라고 하는가?

① 엔탈피 ② 외부에너지
③ 엔트로피 ④ 내부에너지

해설 엔탈피(h, i : kJ/kg)
어떤 물질 1kg이 가지고 있는 모든 에너지(열량)의 총합

38 흡수식 냉동기의 구성품 중 왕복동 냉동기의 압축기와 같은 역할을 하는 것은?

① 발생기 ② 증발기
③ 응축기 ④ 순환펌프

해설 압축기 역할 : 흡수기와 발생기(재생기)

39 간접 냉각 냉동장치에 사용하는 2차 냉매인 브라인이 갖추어야 할 성질로 틀린 것은?

① 열전달 특성이 좋아야 한다.
② 부식성이 없어야 한다.
③ 비등점이 높고, 응고점이 낮아야 한다.
④ 점성이 커야 한다.

해설 브라인은 점성이 적고 순환 pump의 동력 소비가 적을 것

40 암모니아 냉매의 특성이 아닌 것은?

① 수분을 함유한 암모니아는 구리와 그 합금을 부식시킨다.
② 대규모 냉동장치에 널리 사용되고 있다.
③ 물과 윤활유에 잘 용해된다.
④ 독성이 강하고, 강한 자극성을 가지고 있다.

해설 암모니아는 물과 잘 용해되고 윤활유와는 용해도가 떨어진다.

3과목 공조냉동설치·운영

41 다음의 경질염화비닐관에 대한 설명 중 틀린 것은?
① 전기 절연성이 좋으므로 전기부식 작용이 없다.
② 금속관에 비해 차음효과가 크다.
③ 열전도율이 동관보다 크다.
④ 극저온 및 고온배관에 부적당하다.

해설 경질염화 비닐관(PVC관)은 전기절연성이 크고 마찰저항이 적다.

42 일반적으로 루프형 신축이음의 굽힘 반경은 사용관경의 몇 배 이상으로 하는가?
① 1배　　② 3배
③ 4배　　④ 6배

해설 루프형 신축이음의 곡률(굽힘) 반경은 관지름의 6배 이상으로 한다.

43 기수 혼합식 급탕기를 사용하여 물을 가열할 때 열효율은?
① 100%　　② 90%
③ 80%　　④ 70%

해설 기수 혼합식 급탕기는 저탕조에 직접 증기를 불어 넣어 가열하므로 열효율을 100%이다.

44 밸브의 일반적인 기능으로 가장 거리가 먼 것은?
① 관 내 유량 조절 기능
② 관 내 유체의 유동 방향 전환 기능
③ 관 내 유체의 온도 조절 기능
④ 관 내 유체 유동의 개폐 기능

해설 밸브의 기능
① 개폐 기능　② 유량 조절　③ 흐름방향 전환

45 고가 탱크식 급수설비에서 급수경로를 바르게 나타낸 것은?

① 수도본관 → 저수조 → 옥상탱크 → 양수관 → 급수관
② 수도본관 → 저수조 → 양수관 → 옥상탱크 → 급수관
③ 저수조 → 옥상탱크 → 수도본관 → 양수관 → 급수관
④ 저수조 → 옥상탱크 → 양수관 → 수도본관 → 급수관

해설 고가수조(고가탱크)식 급수방식의 경로
수도본관(상수도) → 지하저수조(수수탱크) → 양수펌프 → 양수관 → 옥상탱크 → 급수관 → 각 수전

46 관의 용접이음에 대한 설명으로 가장 거리가 먼 것은?

① 돌기부가 없어서 보온시공이 용이하다.
② 나사이음보다 이음부의 강도가 크고 누수의 우려가 적다.
③ 누설의 염려가 없고 시설유지비가 절감된다.
④ 관 두께의 불균일한 부분으로 인해 유체의 압력 손실이 크다.

해설 이음부위의 관 두께가 일정하여 유체의 압력손실이 적다.

47 난방, 급탕, 급수배관의 높은 곳에 설치되어 공기를 제거하여 유체의 흐름을 원활하게 하는 것은?

① 안전밸브　　　② 에어벤트밸브
③ 팽창밸브　　　④ 스톱밸브

해설 공기빼기밸브(Auto Air Vent valve : AAV)
난방, 급탕, 급수배관 등의 높은 곳에 설치하여 공기를 제거하여 유체의 흐름을 원활하게 하는 밸브

48 오수만을 정화조에서 단독으로 정화처리한 후 공공하수도에 방류하는 반면에 잡배수 및 우수는 그대로 공공하수도로 방류되는 방식은?

① 합류식　　　② 분류식
③ 단독식　　　④ 일체식

해설
① **분류식** : 오수만을 정화처리 하여 공공하수도에 방류하고 잡배수, 우수는 그대로 배수하는 방식
② **합류식** : 오수와 잡배수를 모아 동일 배수계통으로 배수하는 방식

[정답] 41. ③　42. ④　43. ①　44. ③　45. ②　46. ④　47. ②　48. ②

49. 급수배관에 관한 설명으로 틀린 것은?

① 배관시공은 마찰로 인한 손실을 줄이기 위해 최단거리로 배관한다.
② 주배관에는 적당한 위치에 플랜지 이음을 하여 보수 점검을 용이하게 한다.
③ 불가피하게 산형배관이 되어 공기가 체류할 우려가 있는 곳에는 공기실(air chamber)을 설치한다.
④ 수질의 오염을 방지하기 위하여 수도꼭지를 설치할 때는 토수구 공간을 충분히 확보한다.

해설 산형 배관이 되어 공기가 체류할 우려가 있는 곳에는 공기빼기밸브를 설치한다.

50. 유체의 저항은 크나 개폐가 쉽고 유량 조절이 용이하며, 직선 배관 중간에 설치하는 밸브는?

① 슬루스밸브 ② 글로브밸브
③ 체크밸브   ④ 전동밸브

해설 글로브밸브: 유체의 마찰저항은 크나 개폐가 쉽고 유량 조절이 용이하다.

51. 전력량 1kWh는 몇 kcal의 열량을 낼 수 있는가?

① 4.3   ② 8.6
③ 430   ④ 860

해설 $H = 0.24Pt = 0.24 \times 1000 \times 3600 = 864 \times 10^3 \text{ cal} = 864 \text{kcal}$

52. 절연저항을 측정하는 데 사용되는 것은?

① 후크온 메타
② 회로시험기
③ 메거
④ 휘이트스톤 브리지

해설 절연저항 측정기(메거, megger)
어떠한 곳의 메가옴을 측정하여 누전의 유무를 판단하는 계기

보충

① 휘이트스톤 브리지
알고 있는 저항을 이용하여 미지의 저항을 측정하기 위한 도구

② 후크온 메타
전류계를 이용해서 전류를 측정하는 경우 전류계를 직렬로 연결해서 측정해야 하는데 실제 배선된 선에서는 불가능하므로 배선된 선 그대로 전류를 측정하는 데 사용하는 기기로 전류에 비례해서 자속이 발생하는 홀 효과를 이용하며 후크메타 또는 클램프메타라고도 함.

53 출력이 압력에 전혀 영향을 주지 못하는 제어는?

① 프로그램제어 ② 피드백제어
③ 시퀀스제어 ④ 폐회로제어

해설 시퀀스제어
회로제어는 간단하고 복잡하지 않은 점은 장점이 있으나 제어동작이 출력과 관계없이 시간적인 순서에 따라 진행되므로 출력에 오차가 발생하여도 정정할 수 없는 단점이 있다.

보충 ① 피드백 제어(폐 루프제어, 뒤먹임 제어)
피드백 제어의 가장 중요한 특징은 입력(목표치)과 출력(결과치)을 비교하여 두 개의 오차인 제어편차가 0이 되도록 조작량을 제어하므로 고정도의 제어가 가능하나 비용이 많이 듦.
② 프로그램 제어
목표치가 임의의 값으로 변화하는 추치제어 중 목표치의 변화의 양상을 미리알고 있는 경우의 제어

54 그림과 같은 회로에서 해당되는 램프의 식으로 옳은 것은?

① $L_7 = \overline{X} \cdot Y \cdot Z$
② $L_2 = \overline{X} \cdot Y \cdot Z$
③ $L_3 = \overline{X} \cdot Y \cdot Z$
④ $L_8 = \overline{X} \cdot Y \cdot Z$

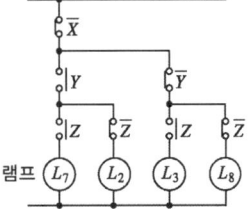

해설 유접점 회로의 병렬은 논리합(OR)을 직렬은 논리곱(AND)을 의미하고 b접점은 반전기(NOT)를 의미하므로 회로의 램프가 점등되는 논리식은 다음과 같다.
$L_7 = \overline{X}YZ$, $L_2 = \overline{X}Y\overline{Z}$, $L_3 = \overline{X}\overline{Y}Z$, $L_8 = \overline{X}\,\overline{Y}\,\overline{Z}$

55 PI 제어동작은 프로세스 제어계의 정상특성 개선에 흔히 사용된다. 이것에 대응하는 보상요소는?

① 동상 보상요소 ② 지상 보상요소
③ 진상 보상요소 ④ 지상 및 진상 보상요소

해설 ① 동상 보상요소 : 비례제어의 동작을 의미하며 비례제어는 외란 등에 대응이 불가능
② 지상 보상(지연)요소 : I제어를 의미하며 오프셋 등의 외부적인 요인에 의한 제어계의 오차 등의 정상오차를 개선함.
③ 진상 보상요소 : D제어를 의미하며 오차의 기울기를 이용하여 예측제어를 행함.
PI제어동작은 비례동작에 의해 발생하는 오프셋을 소멸시키기 위해 적분동작을 첨가시킨 동작으로 지상 보상요소이다.

보충
① **지상(遲相)(지연)**
입력에 비하여 출력의 위상이 뒤지는 것을 의미(적분기)
② **진상(進相)**
입력에 비하여 출력의 위상이 빠른 것을 의미(미분기)

[정답] 49. ③ 50. ②
51. ④ 52. ③
53. ③ 54. ①
55. ②

56. 출력의 변동을 조정하는 동시에 목표값에 정확히 추종하도록 설계한 제어계는?

① 추치제어 ② 프로세스제어
③ 자동조정 ④ 정치제어

해설 추치제어
임의의 시간적 변화를 하는 목표값에 제어량을 추종하도록 제어하는 방법

57. 유도전동기에서 동기속도는 3600rpm이고, 회전수는 3420rpm이다. 이때의 슬립은 몇 %인가?

① 2 ② 3
③ 4 ④ 5

해설 유도전동기는 원리상 고정자에서 만들어지는 회전자속의 속도보다 회전자가 늦게 돌아가는데 그 차이를 나타내는 지표가 슬립이다. 슬립은 다음과 같은 식으로 계산한다.

$$S = \frac{N_S - N}{N_S}$$

N_S : 동기 속도(전원에 의한 합성자속의 회전속도)
N : 회전자 속도

$$= \frac{3600 - 3420}{3600} = 0.05 \Rightarrow 5\%$$

58. 종류가 다른 금속으로 폐회로를 만들어 두 접속점에 온도를 다르게 하면 전류가 흐르게 되는 것은?

① 펠티에 효과 ② 평형 현상
③ 제벡 효과 ④ 자화 현상

해설
① 제벡 효과(열전대 효과)
서로 다른 금속도체 양단을 접속시키고 접속부에 온도차를 주면 회로에 전류가 흐르게 되는 현상 즉, 기전력이 발생한다. 따라서 이러한 기전력의 변화를 이용하여 온도감지센서, 열전온도계 등에 응용된다.

② 펠티에 효과
제벡 효과의 반대의 현상으로 전류를 흘려주면 서로 다른 금속도체의 양단에 온도차가 생기는 효과로, 정수기나 와인냉장고 등의 소형냉동장치에 사용한다.

보충

① **정치제어** : 목표치가 일정한 경우의 제어
② **프로세스제어(공정제어)** : 제어량의 온도, 유량, 액위, 농도, 밀도 등의 플랜트나 생산 공정 중의 상태량을 제어
③ **자동조정** : 정전압 장치나 조속기 제어와 같이 전압, 전류, 주파수, 회전속도 등 전기적·기계적 양을 주로 제어하는 것으로, 응답속도가 빠른 것이 특징으로 주로 목표치에 의한 분류를 하면 정치제어에 속함.

59 계전기 접점의 아크를 소거할 목적으로 사용되는 소자는?

① 배리스터(Varistor)
② 바렉터다이오드
③ 터널다이오드
④ 서미스터

해설 배리스터(Variable resistor)
인가되는 전압에 의해서 저항값이 변하는 비선형 2단자 반도체소자로 낙뢰 전압 등의 이상전압, 전기접점의 불꽃을 소거하는 등 반도체 정류기, 트랜지스터 등의 회로를 서지전압으로부터 보호에 사용

보충
서미스터
온도에 따라 저항이 변하는 반도체소자로, 온도가 상승하면 저항은 감소하는 부특성을 가지고 있으며, 이러한 특성을 이용하여 온도를 측정(온도 → 전압)

60 단상 변압기 3대를 3상 병렬 운전하는 경우에 불가능한 운전 상태의 결선 방법은?

① △-△와 Y-Y
② △-Y와 Y-△
③ △-△와 △-Y
④ △-Y와 △-Y

해설 ① 운전 가능한 조합
△-△와 △-△, △-△와 Y-Y, Y-Y와 Y-Y, Y-△와 Y-△, △-Y와 △-Y, △-Y와 Y-△
② 운전 불가능한 조합
△-△와 △-Y, △-Y와 Y-Y

[정답] 56. ① 57. ④ 58. ③ 59. ① 60. ③

week 3
CBT 기출문제

공조냉동기계산업기사

제 07 회 CBT 기출문제
제 08 회 CBT 기출문제
제 09 회 CBT 기출문제

1과목 공기조화설비

01 기화식(증발식) 가습장치의 종류로 옳은 것은?

① 원심식, 초음파식, 분무식
② 전열식, 전극식, 적외선식
③ 과열증기식, 분무식, 원심식
④ 회전식, 모세관식, 적하식

해설 가습방식에 따른 분류
① 수분무식 : 원심식, 초음파식, 분무식
② 증발식 : 회전식, 모세관식, 적하식
③ 증기식 : 증기발생식, 증기공급식

02 덕트 병용 팬 코일 유닛(fan coil unit) 방식의 특징이 아닌 것은?

① 열부하가 큰 실에 대해서도 열부하의 대부분을 수배관으로 처리할 수 있으므로 덕트 치수가 적게 된다.
② 각 실 부하 변동을 용이하게 처리할 수 있다.
③ 각 유닛의 수동제어가 가능하다.
④ 청정구역에 많이 사용된다.

해설 청정구역에 사용하는 공조방식으로는 클린룸설비를 적용한다.

03 중앙식(전공기) 공기조화 방식의 특징에 관한 설명으로 틀린 것은?

① 중앙집중식이므로 운전, 보수관리를 집중화할 수 있다.
② 대형 건물에 적합하며 외기냉방이 가능하다.
③ 덕트가 대형이고 개별식에 비해 설치 공간이 크다.
④ 송풍 동력이 적고 겨울철 가습하기가 어렵다.

해설 전공기 방식은 공조기에서 공급된 냉·온풍을 덕트를 통해 실내로 취출하여 공기에 의해 실내부하를 처리하는 방식으로 송풍 동력이 크고 겨울철 가습이 가능하다.

04 온수난방에 대한 설명으로 옳지 않은 것은?

① 온수난방의 주 이용 열은 잠열이다.
② 열용량이 커서 예열시간이 길다.
③ 증기난방에 비해 비교적 높은 쾌감도를 얻을 수 있다.
④ 온수의 온도에 따라 저온수식과 고온수식으로 분류한다.

해설 온수난방의 주 이용열은 현열이다.

05 급수온도 35℃에서 증기압력 1.5MPa, 온도 400℃의 증기를 40kg/h 발생시키는 보일러의 마력(HP)은? (단, 1.5MPa, 400℃에서 과열증기 엔탈피는 3300kJ/kg이다.)

① 2.43
② 2.62
③ 3.57
④ 3.70

해설 보일러 마력
$$B\text{-}HP = \frac{Ga(h_2 - h_1)}{15.65 \times 2,257} = \frac{40 \times \{3,300 - (35 \times 4.19)\}}{15.65 \times 2,257} = 3.57$$

06 가열코일을 흐르는 증기의 온도를 t_s, 가열코일 입구공기온도를 t_1, 출구공기온도를 t_2라고 할 때 산술평균온도식으로 옳은 것은?

① $t_s - (t_1 + t_2)/2$
② $t_2 - t_1$
③ $t_1 + t_2$
④ $[(t_s - t_1) + (t_s - t_2)]/\ln[(t_s - t_1)/(t_s - t_2)]$

해설 산술평균온도차
$$\Delta tm = t_s - \frac{(t_1 + t_2)}{2}$$

보충
대수평균온도식
$$MTD = \frac{(t_s - t_1) - (t_s - t_2)}{\ln\frac{(t_s - t_1)}{(t_s - t_2)}}$$
$$= \frac{(t_s - t_1) - (t_s - t_2)}{2.3 \log\frac{(t_s - t_1)}{(t_s - t_2)}}$$

07 송풍기 특성곡선에서 송풍기의 운전점에 대한 설명으로 옳은 것은?

① 압력곡선과 저항곡선의 교차점
② 효율곡선과 압력곡선의 교차점
③ 축동력곡선과 효율곡선의 교차점
④ 저항곡선과 축동력곡선의 교차점

해설 송풍기 운전점 : 압력곡선과 저항곡선의 교차점

[정답] 01. ④ 02. ④ 03. ④ 04. ① 05. ③ 06. ① 07. ①

08 콜드 드래프트(cold draft) 현상이 가중되는 원인으로 가장 거리가 먼 것은?

① 인체 주위의 공기온도가 너무 낮을 때
② 인체 주위의 기류속도가 작을 때
③ 주위 공기의 습도가 낮을 때
④ 주위 벽면의 온도가 낮을 때

해설 콜드 드래프트의 원인
① 인체 주위의 공기온도가 너무 낮을 때
② 인체 주위의 기류 속도가 너무 빠를 때
③ 주위 공기의 습도가 낮을 때
④ 주위 벽면의 온도가 너무 낮을 때
⑤ 극간풍이 많을 때

09 냉방부하 종류 중 현열로만 이루어진 부하는?

① 조명에서의 발생 열
② 인체에서의 발생 열
③ 문틈에서의 틈새 바람
④ 실내기구에서의 발생 열

해설 조명에서의 발생 열은 현열부하만 발생한다.

10 다음 중 필터의 모양은 패널형, 지그재그형, 바이패스형 등이 있으며, 유해가스나 냄새를 제거할 수 있는 것은?

① 건식 여과기
② 점성식 여과기
③ 전자식 여과기
④ 활성탄 여과기

해설 활성탄 필터 : 흡착작용에 의하여 유해가스(아황산가스 등)나 냄새 등을 제거하며, 필터에 먼지 등이 많이 쌓이면 유해가스의 제거효율이 떨어지므로 프리필터 전방에 설치하면 효과적이다.

11 덕트의 분기점에서 풍량을 조절하기 위하여 설치하는 댐퍼는 어느 것인가?

① 방화 댐퍼
② 스플릿 댐퍼
③ 볼륨 댐퍼
④ 터닝 베인

해설 스플릿 댐퍼 : 덕트의 분기점에 설치하여 풍량을 분배하고 조절하는 댐퍼

12 다음 중 천장형으로서 취출기류의 확산성이 가장 큰 취출구는?

① 펑커루버
② 아네모스탯
③ 에어커튼
④ 고정날개 그릴

해설 아네모스탯형 : 천장형 취출구로 1차공기에 의한 2차공기의 유인성과 확산성이 큰 취출구로 도달거리는 짧다.

13 실내 냉난방 부하 계산에 관한 내용으로 설명이 부적당한 것은?

① 열부하 구성 요소 중 실내 부하는 유리면 부하, 구조체 부하, 틈새바람 부하, 내부 칸막이 부하 및 실내 발열부하로 구성된다.
② 열부하 계산의 목적은 실내 부하의 상태, 덕트나 배관의 크기 등을 구하기 위한 기초가 된다.
③ 최대 난방 부하란 실내에서 발생되는 부하가 1일 중 가장 크게 되는 시각의 부하로서 저녁에 발생한다.
④ 냉방 부하란 쾌적한 실내 환경을 유지하기 위하여 여름철 실내 공기를 냉각, 감습시켜 제거하여야 할 열량을 의미한다.

해설 최대 난방 부하란 실내에서 발생되는 부하가 1일 중 가장 크게 되는 시각의 부하로서 오전에 발생한다.

14 지하철 터널 환기의 열부하에 대한 종류로 가장 거리가 먼 것은?

① 열차주행에 의한 발열
② 열차 제동 발생 열량
③ 보조기기에 의한 발열
④ 열차 냉방기에 의한 발열

해설 지하철 터널의 열부하 종류
① 열차주행에 의한 발열
② 보조기기에 의한 발열(공기압축기, 제어회로 등)
③ 열차 냉방기에 의한 발열
④ 지중으로의 방열

15 다음 그림의 방열기 도시기호 중 'W-H'가 나타내는 의미는 무엇인가?

① 방열기 쪽수
② 방열기 높이
③ 방열기 종류(형식)
④ 연결배관의 종류

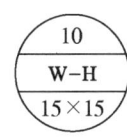

해설
① 방열기 쪽수 : 10쪽
③ 방열기 종류(형식) : 벽걸이-수평형(W-H)
④ 연결배관의 종류 : 유입관경 15A×유출관경 15A

16 실내온도가 25℃이고, 실내 절대습도가 0.0165kg/kg의 조건에서 틈새바람에 의한 침입 외기량이 200L/s일 때 현열부하와 잠열부하는? (단, 실외온도 35℃, 실외 절대습도 0.0321kg/kg, 공기의 비열 1.01kJ/kg · K, 물의 증발잠열 2501kJ/kg이다.)

① 현열부하 2424kW, 잠열부하 7803kW
② 현열부하 2424kW, 잠열부하 9364kW
③ 현열부하 2828kW, 잠열부하 10144kW
④ 현열부하 2828kW, 잠열부하 10924kW

해설
① $q_S = \rho Q \cdot C \cdot \Delta t = 1.2 \times \left(\dfrac{200}{1000}\right) \times 1.01 \times (35-25)$
$= 2.424 \text{kJ/s (kW)}$

② $q_L = \rho Q \cdot r \cdot \Delta x = 1.2 \times \left(\dfrac{200}{1000}\right) \times 2,501 \times (0.0321 - 0.0165)$
$= 9.364 \text{kJ/s (kW)}$

17 가변풍량(VAV) 방식에 관한 설명으로 틀린 것은?

① 각 방의 온도를 개별적으로 제어할 수 있다.
② 연간 송풍 동력이 정풍량 방식보다 적다.
③ 부하의 증가에 대해서 유연성이 있다.
④ 동시 부하율을 고려하여 용량을 결정하기 때문에 설비 용량이 크다.

해설 대규모 건물인 경우 가변풍량 방식은 동시 부하율을 고려하여 용량을 결정하므로 설비 용량이 감소한다.

18 덕트의 치수 결정법에 대한 설명으로 옳은 것은?

① 등속법은 각 구간마다 압력손실이 같다.
② 등마찰 손실법에서 풍량이 10000m³/h 이상이 되면 정압재취득법으로 하기도 한다.
③ 정압재취득법은 취출구 직전의 정압이 대략 일정한 값으로 된다.
④ 등마찰 손실법에서 각 구간마다 압력손실을 같게 해서는 안 된다.

해설 정압재취득법
① 덕트 내 취출구에서 취출된 후에도 일정한 정압을 유지하기 위하여 취출 후의 덕트 내의 풍속(동압)을 감소시켜서 정압을 올리는 방법
② 각 취출구 또는 분기부 직전의 정압이 일정하게 되도록 하는 방법

19 다음 중 라인형 취출구의 종류가 아닌 것은?
① 캄라인형
② 다공판형
③ 펑커루버형
④ 슬롯형

해설 라인형 취출구 : 브리즈라인형, 캄라인형, T라인형, 슬롯형, T바형, 다공판형

20 실내의 현열부하가 8.8kW, 실내와 말단장치(diffuser)의 온도가 각각 27℃, 17℃일 때 송풍량은?
① 3137kg/h
② 2618kg/h
③ 2325kg/h
④ 2186kg/h

해설 송풍량, $G = \dfrac{q_s}{C \cdot \Delta t} = \dfrac{8.8 \times 3{,}600}{1.01 \times (27-17)} = 3{,}137 \text{kg/h}$

2과목 냉동냉장설비

21 냉동장치 내의 불응축 가스가 혼입되었을 때 냉동장치의 운전에 미치는 영향으로 가장 거리가 먼 것은?
① 열교환 작용을 방해하므로 응축압력이 낮게 된다.
② 냉동능력이 감소한다.
③ 소비전력이 증가한다.
④ 실린더가 과열되고 윤활유가 열화 및 탄화된다.

해설 냉동장치 내 불응축 가스 혼입 시 열교환 작용을 방해하므로 응축압력은 높게 된다.

22 압축기 기동 시 윤활유가 심한 기포현상을 보일 때 주된 원인은?
① 냉동능력이 부족하다.
② 수분이 다량 침투했다.
③ 응축기의 냉각수가 부족하다.
④ 냉매가 윤활유에 다량 녹아있다.

해설 윤활유에 심한 기포현상 발생은 냉매가 윤활유에 다량 녹아있는 오일포밍 현상 때문이다.

[정답] 16. ② 17. ④
18. ③ 19. ③
20. ① 21. ①
22. ④

23 플래시 가스(flash gas)는 무엇을 말하는가?

① 냉매 조절 오리피스를 통과할 때 즉시 증발하여 기화하는 냉매이다.
② 압축기로부터 응축기에 새로 들어오는 냉매이다.
③ 증발기에서 증발하여 기화하는 새로운 냉매이다.
④ 압축기에서 응축기에 들어오자마자 응축하는 냉매이다.

해설 플래시 가스(flash gas)
  냉매 조절 오리피스(팽창밸브)를 통과할 때 즉시 증발하여 기화하는 냉매 가스

24 몰리에르 선도 상에서 건조도(X)에 관한 설명으로 옳은 것은?

① 몰리에르 선도의 포화액선상 건조도는 1이다.
② 액체 70%, 증기 30%인 냉매의 건조도는 0.7이다.
③ 건조도는 습포화증기 구역 내에서만 존재한다.
④ 건조도라 함은 과열증기 중 증기에 대한 포화액체의 양을 말한다.

해설 ① 건조도는 포화액 0, 포화증기는 1이다.
  ② 건조도라 함은 습증기 중 증기에 대한 양으로 건조는 0.3이다.
  ③ 건조도는 습포화증기 구역 내에서만 존재한다.
  ④ 건조도라 함은 습포화증기 중 증기에 대한 포화증기의 양을 말한다.

25 액분리기(Accumulator)에서 분리된 냉매의 처리방법이 아닌 것은?

① 가열시켜 액을 증발 후 응축기로 순환시키는 방법
② 증발기로 재순환시키는 방법
③ 가열시켜 액을 증발 후 압축기로 순환시키는 방법
④ 고압측 수액기로 회수하는 방법

해설 액분리기에서 분리된 냉매의 처리방법
  ① 증발기로 재순환시킨다.
  ② 열교환기에 의해 증발시켜 압축기로 회수시킨다.
  ③ 액회수 장치를 이용하여 고압측 수액기로 회수한다.

26 팽창밸브 개도가 냉동 부하에 비하여 너무 작을 때 일어나는 현상으로 가장 거리가 먼 것은?

① 토출가스 온도상승 ② 압축기 소비동력 감소
③ 냉매순환량 감소 ④ 압축기 실린더 과열

해설 팽창밸브의 개도가 과소 시
① 압축비 증가 ② 압축기 소요동력 증가
③ 윤활유 열화 및 탄화 ④ 냉매순환량, 냉동능력 감소
⑤ 증발압력(저압) 및 증발온도 저하
⑥ 압축기 실린더 과열 및 토출가스온도 상승

27 응축기의 냉각 방법에 따른 분류로서 가장 거리가 먼 것은?

① 공랭식 ② 노냉식
③ 증발식 ④ 수냉식

해설 냉각방법에 따른 응축기의 분류
① 공랭식 : 대기의 공기로 냉각
② 수냉식 : 상온 이하의 물로 냉각
③ 증발식 : 물의 증발잠열을 이용하여 냉각

28 어떤 냉동장치에서 응축기용의 냉각수 유량이 7000kg/h이고 응축기 입구 및 출구 온도가 각각 15℃와 28℃이었다. 압축기로 공급한 동력이 5.4×10^4 kJ/h이라면 이 냉동기의 냉동능력은? (단, 냉각수의 비열은 4.1855kJ/kg·K이다.)

① 2.27×10^5 kJ/h ② 3.27×10^5 kJ/h
③ 4.67×10^4 kJ/h ④ 5.67×10^4 kJ/h

해설 $Q_e = Q_c - AW = \{7000 \times 4.1855 \times (28-15)\} - (5.4 \times 10^4)$
$= 326881 = 3.27 \times 10^5$ kJ/h

29 다음과 같은 성질을 갖는 냉매는 어느 것인가?

- 증기의 밀도가 크기 때문에 증발기관의 길이는 짧아야 한다.
- 물을 함유하면 Al 및 Mg 합금을 침식하고, 전기저항이 크다.
- 천연고무는 침식되지만 합성고무는 침식되지 않는다.
- 응고점(약 -158℃)이 극히 낮다.

① NH_3 ② R-12
③ R-21 ④ H_2O

해설 R-12에 대한 성질이다.

[정답] 23.① 24.③ 25.① 26.② 27.② 28.② 29.②

30 어떤 냉동기로 1시간당 얼음 1ton을 제조하는 데 50PS의 동력을 필요로 한다. 이때 사용하는 물의 온도는 10℃이며 얼음은 −10℃이었다. 이 냉동기의 성적계수는? (단, 융해열은 335kJ/kg이고, 물의 비열은 4.2kJ/kg · K, 얼음의 비열은 2.09kJ/kg · K이다.)

① 2.0 ② 3.0
③ 4.0 ④ 5.0

해설
$$COP = \frac{Q_e}{W} = \frac{(1,000 \times 2.09 \times 10) + (1,000 \times 335) + (1,000 \times 4.2 \times 10)}{50 \times 632 \times 4.2} = 3.0$$

보충 1마력, 1PS = 632kcal/h (1kcal/h = 4.2kJ/h)

31 왕복동식과 비교하여 스크롤 압축기의 특징으로 틀린 것은?

① 흡입밸브나 토출밸브가 있어 압축효율이 낮다.
② 토크 변동이 적다.
③ 압축실 사이의 작동가스의 누설이 적다.
④ 부품수가 적고 고효율, 저소음, 저진동, 고신뢰성을 기대할 수 있다.

해설 스크롤 압축기는 흡입밸브나 토출밸브가 없어 압축효율이 높다.

32 이상 기체를 정압하에서 가열하면 체적과 온도의 변화는 어떻게 되는가?

① 체적증가, 온도상승
② 체적일정, 온도일정
③ 체적증가, 온도일정
④ 체적일정, 온도상승

해설 정압하에서 체적과 온도는 비례관계로 가열하면 체적 및 온도는 상승한다. (샬의 법칙)

33 다음의 몰리에르 선도는 어떤 냉동장치를 나타낸 것인가?

① 1단압축 1단팽창 냉동시스템
② 1단압축 2단팽창 냉동시스템
③ 2단압축 1단팽창 냉동시스템
④ 2단압축 2단팽창 냉동시스템

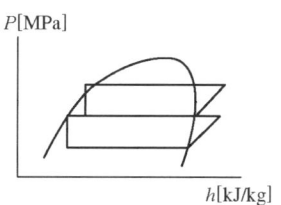

해설 2단압축 2단팽창 냉동시스템의 몰리에르 선도이다.

34 냉동사이클에서 응축온도를 일정하게 하고 증발온도를 상승시키면 어떤 결과가 나타나는가?

① 냉동효과 증가   ② 압축비 증가
③ 압축일량 증가   ④ 토출가스 온도 증가

해설 증발온도(증발압력)의 변화

구 분	증발온도 저하 시	증발온도 상승 시
압축비	증가	감소
냉동효과	감소	증가
압축일량	증가	감소
토출가스 온도	상승	저하
성적계수	감소	증가

35 30℃의 공기가 체적 1m³의 용기에 게이지 압력 5kg/cm²의 상태로 들어 있다. 용기 내에 있는 공기의 무게는?

① 약 2.6kg   ② 약 6.8kg
③ 약 69kg   ④ 약 293kg

해설 이상 기체 상태방정식에 따라

$$PV = GRT = \frac{W}{M}RT$$

$$G = \frac{PV}{\frac{R}{M}T} = \frac{(5+1.033) \times 10^4 \times 1}{\frac{848}{29} \times (30+273)} = 6.8\text{kg}$$

36 몰리에르 선도 상에서 압력이 증대함에 따라 포화액선과 건조포화 증기선이 만나는 일치점을 무엇이라고 하는가?

① 한계점   ② 임계점
③ 상사점   ④ 비등점

해설 임계점 : 포화액선과 건조포화 증기선이 만나는 점으로 증발잠열이 0이다.

[정답] 30. ② 31. ① 32. ① 33. ④ 34. ① 35. ② 36. ②

37 증발식 응축기에 관한 설명으로 틀린 것은?

① 수냉식 응축기와 공랭식 응축의 작용을 혼합한 형이다.
② 외형과 설치면적이 작으며 값이 비싸다.
③ 겨울철에는 공랭식으로 사용할 수 있으며 연간운전에 특히 우수하다.
④ 냉매가 흐르는 관에 노즐로부터 물을 분무시키고 송풍기로 공기를 보낸다.

해설 증발식 응축기는 외형과 설치면적이 크며 값이 비싸다.

38 브라인의 구비조건으로 틀린 것은?

① 상 변화가 잘 일어나서는 안 된다.
② 응고점이 낮아야 한다.
③ 비열이 적어야 한다.
④ 열전도율이 커야 한다.

해설 브라인은 비열 및 열용량이 커야 한다.

39 다음의 압력-엔탈피 선도를 이용한 압축냉동 사이클의 성적계수는?

① 2.36
② 4.71
③ 9.42
④ 18.84

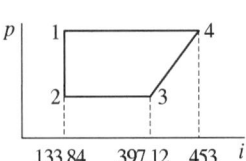

해설 성적계수(COP) $= \dfrac{q_e}{Aw} = \dfrac{397.12 - 133.84}{453 - 397.12} = 4.71$

40 증발기에서 나오는 냉매가스의 과열도를 일정하게 유지하기 위해 설치하는 밸브는?

① 모세관
② 플로트형 밸브
③ 정압식 팽창밸브
④ 온도식 자동 팽창밸브

해설 온도식 자동 팽창밸브(TEV) : 증발기 출구 냉매가스의 과열도를 일정하게 유지하기 위한 팽창밸브

온도식 팽창밸브

3과목 공조냉동설치·운영

41 열팽창에 의한 배관의 신축이 방열기에 미치지 않도록 하기 위하여 방열기 주위의 배관은 다음 중 어느 방법으로 하는 것이 좋은가?

① 슬리브형 신축이음
② 신축 곡관이음
③ 스위블이음
④ 벨로우즈형 신축이음

해설 방열기 주위 배관의 신축이음 : 스위블이음

42 100A 강관을 B호칭으로 표시하면 얼마인가?

① 4B
② 10B
③ 16B
④ 20B

해설
① 4B = 100A(mm)
② 10B = 250A(mm)
③ 16B = 400A(mm)
④ 20B = 400A(mm)

43 유속 2.4m/s, 유량 15000L/h일 때 관경을 구하면 몇 mm인가?

① 42
② 47
③ 51
④ 53

해설
$$D = \sqrt{\frac{4Q}{\pi V}} = \sqrt{\frac{4 \times 15}{3.14 \times 2.4 \times 3600}} = 0.047\text{m} = 47\text{mm}$$

44 수직관 가까이에 기구가 설치되어 있을 때 수직관 위로부터 일시에 다량의 물이 흐르게 되면 그 수직관과 수평관의 연결관에 순간적으로 진공이 생기면서 봉수가 파괴되는 현상은?

① 자기 사이펀작용
② 모세관작용
③ 분출작용
④ 흡출작용

해설 흡출(흡인)작용
오배수 수직관 가까이에 위생기구가 설치되어 있을 때 수직관 위로부터 일시에 다량의 물이 흐르게 되면 그 수직관과 수평관의 연결관에 순간적으로 진공이 생기면서 봉수가 파괴되는 현상

보충
1inch(1″) = 1B = 25mm

정답
37. ② 38. ③
39. ② 40. ④
41. ③ 42. ①
43. ② 44. ④

45 배관재료 선정 시 고려해야 할 사항으로 가장 거리가 먼 것은?
① 관속을 흐르는 유체의 화학적 성질
② 관속을 흐르는 유체의 온도
③ 관의 이음방법
④ 관의 압축성

해설 배관재료 선정 시 관의 압축성은 고려대상에 해당되지 않는다.

보충 관 재료 선택 시 고려사항
① 유체의 화학적 성질   ② 유체의 사용압력 및 온도
③ 재료의 부식성   ④ 관의 이음방법 등

46 배관은 길이가 길어지면 관 자체의 하중, 열에 의한 신축, 유체의 흐름에서 발생하는 진동이 배관에 작용한다. 이것을 방지하기 위한 관 지지 장치의 종류가 아닌 것은?
① 서포트(support)   ② 레스트레인트(restraint)
③ 익스팬더(expander)   ④ 브레이스(brace)

해설 배관의 지지 장치 종류 : 행거, 서포트, 리스트레인트, 브레이스

47 다음 중 배관의 부식방지 방법이 아닌 것은?
① 전기절연을 시킨다.
② 도금을 한다.
③ 습기와의 접촉을 피한다.
④ 열처리를 한다.

해설 열처리는 가열·냉각 등의 조작을 적당한 속도로 하여 그 재료의 특성을 개량하는 조작으로 배관의 부식방지 방법과는 관계가 없다.

48 배수관에서 발생한 해로운 하수가스의 실내침입을 방지하기 위해 배수 트랩을 설치한다. 배수 트랩의 종류가 아닌 것은?
① 가솔린 트랩   ② 디스크 트랩
③ 하우스 트랩   ④ 벨 트랩

해설 디스크 트랩은 증기 트랩의 종류이다.

보충
배수 트랩
P트랩, S트랩, 하우스(U)트랩, 드럼 트랩, 벨 트랩, 가솔린 트랩(포집기) 등

49 증기 트랩장치에서 벨로즈 트랩을 안전하게 작동시키기 위해 트랩 입구쪽에 최저 약 몇 m 이상을 냉각관으로 해야 하는가?

① 0.1
② 0.4
③ 0.8
④ 1.2

해설 증기 트랩 입구의 냉각관(냉각 레그) 길이 : 1.2m 이상

50 배관 부속 중 분기관을 낼 때 사용하는 것은?

① 벤드
② 엘보
③ 티
④ 유니온

해설 배관의 분기 시 사용하는 부속 : 티, 와이, 크로스

51 유도전동기에서 인가전압은 일정하고 주파수가 수 % 감소할 때 발생되는 현상으로 틀린 것은?

① 동기속도가 감소한다.
② 철손이 약간 증가한다.
③ 누설리액턴스가 증가한다.
④ 역률이 나빠진다.

해설 주파수가 작아지면 먼저 고정자의 회전자속의 속도, 즉 동기속도(회전자장의 속도)가 감소하며, 이에 따라 회전자의 속도 또한 감소한다. 이러한, 전체적인 주파수의 감소는 철손을 증가시킨다. 이때 인가주파수가 작아졌으므로 리액턴스 성분이 작아져 역률도 감소하게 된다. 기동전류는 임피던스가 감소하므로 증가하며 2차 회로의 동손이 증가하므로 온도는 상승하게 된다. 누설리액턴스는 주파수와 관계없다.

52 다음 중 압력을 변위로 변환시키는 장치로 알맞은 것은?

① 노즐플래퍼
② 다이어프램
③ 전자석
④ 차동변압기

해설 다이어프램 : 압력의 검출에 적당한 기기로 청동, 인청동 등을 사용하여 한쪽 또는 양쪽에 압력을 가했을 때 발생하는 변위를 검출(압력 → 변위)

53 다음 중 온도보상용으로 사용되는 것은?

① 다이오드
② 다이액
③ 서미스터
④ SCR

해설 서미스터는 Thermally sensitive resistor의 합성어로 온도변화에 대해 저항값이 민감하게 변하는 저항기이다. 온도상승에 저항값이 떨어지는 부성온도특성(NTC) 서미스터는 일반적으로 온도감지기와 전자회로의 온도보상용으로 사용되고 온도가 올라가면 저항값도 올라가는 정온도특성(PTC) 서미스터는 자기 가열 때문에 발열체 또는 스위칭 용도로 사용된다.

보충

① **압력 → 변위** : 벨로즈, 다이어프램, 스프링
② **전압 → 변위** : 전자석, 전자코일
③ **변위 → 압력** : 노즐플래퍼, 유압분사관
④ **노즐플래퍼** : 제어량을 벨로스나 다이어프램을 통과시켜 플래퍼에 전달하고 그것의 변위에 맞추어 공기 출구부의 압력 변화를 신호로 노즐에서 분출하는 공기의 양을 조절하여 조작부 공기 모터에 보내주는 기구로 공기식 자동제어에 사용한다(변위 → 압력).
⑤ **차동변압기** : 기계적 직선 변위량을 전압으로 변형하는 위치검출센서로 사용(변위 → 전압)

정답
45. ④ 46. ③
47. ④ 48. ②
49. ④ 50. ③
51. ③ 52. ②
53. ③

07회 CBT 기출문제

54 그림과 같은 회로의 출력단 X의 진리값으로 옳은 것은? (단, L은 Low, H는 High이다.)

① L, L, L, H
② L, H, H, H
③ L, L, H, H
④ H, L, L, H

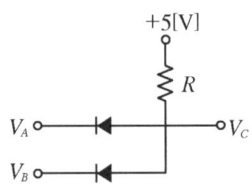

해설 그림의 회로는 AND회로로, 두 개의 입력전압이 전부 H가 되어야 출력이 H가 된다.

55 궤환제어계에서 제어요소란?

① 조작부와 검출부
② 조절부와 검출부
③ 목표값에 비례하는 신호 발생
④ 동작신호를 조작량으로 변환

해설 제어요소(Control element) : 동작신호를 조작량으로 변환하는 부분으로 조절부와 조작부로 구성

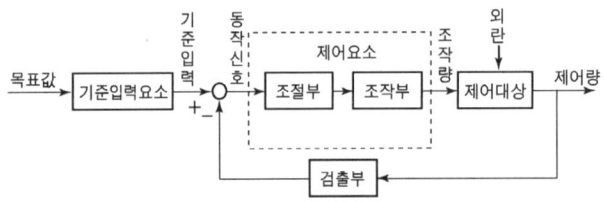

56 어떤 대상물의 현재 상태를 사람이 원하는 상태로 조절하는 것을 무엇이라 하는가?

① 제어량　　② 제어대상
③ 제어　　　④ 물질량

해설 제어 : 어떠 대상물을 현재 상태에서 원하는 상태로 조절하는 것을 의미함.

57 권수 50회이고 자기인덕턴스가 0.5mH인 코일이 있을 때 여기에 전류 50A를 흘리면 자속은 몇 Wb인가?

① 5×10^{-3}　　② 5×10^{-4}
③ 2.5×10^{-2}　④ 2.5×10^{-3}

[보충] OR회로

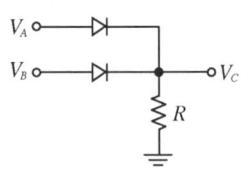

[보충]
① **조절부** : 기준 입력 신호와 검출부의 출력신호를 제어 시스템에 필요한 신호로 만들어 조작부에 보내는 것
② **조작부** : 조절부로부터 받은 신호를 조작량으로 변환하여 제어 대상에 보내는 부분
③ **검출부** : 제어량 즉, 제어결과를 검출하는 부분
④ **동작신호** : 기준입력과 주궤환신호와의 편차신호로 제어동작을 일으키는 원천이 되는 신호

[보충]
① **제어대상** : 제어를 하고자 하는 시스템으로, 회전속도를 제어하는 시스템이라면 전동기, 냉장고라면 압축기 등이 해당됨.
② **제어량** : 제어를 할 때 직접적으로 제어에 대상이 되는 값, 즉 온도, 압력, 회전수, 전류 등을 의미함.

해설

$e_1 = N\dfrac{\Delta\Phi}{\Delta t} = L\dfrac{\Delta I}{\Delta t}$ 여기서, L : 자기인덕턴스

위 식에서 기전력을 동일하다고 보고, 자속이나 전류의 변화가 일정하다고 가정하면 다음 식으로 자속을 얻을 수 있다.

$N\dfrac{\phi}{t} = L\dfrac{I}{t} \Rightarrow N\phi = LI \Rightarrow \phi = \dfrac{LI}{N} = \dfrac{50 \times 5 \times 10^{-4}}{50} = 5 \times 10^{-4}\text{Wb}$

58 직류기에서 불꽃없이 정류를 얻는 데 가장 유효한 방법은?

① 탄소브러시와 보상권선
② 자기포화와 브러시 이동
③ 보극과 탄소브러시
④ 보극과 보상권선

해설 직류기에서 리액턴스전압이 발생하면 브러시가 전기적 중성점에 위치해도 불꽃이 발생하는데 이런 결점을 보상하기 위하여 리액턴스전압과 크기가 같고 방향이 반대인 기전력을 유도하기 위하여 보극을 설치한다. 보극에 의하여 유도되는 기전력을 정류전압이라고 한다.

59 분상기동형 단상유도전동기를 역회전시키는 방법은?

① 주권선과 보조권선 모두를 전원에 대하여 반대로 접속한다.
② 콘덴서를 주권선에 삽입하여 위상차를 갖게 한다.
③ 콘덴서를 보조권선에 삽입한다.
④ 주권선과 보조권선 중 하나를 전원에 대하여 반대로 접속한다.

해설 단상유도전동기는 원래 3상 유도전동기와 다르게 회전자장이 발생하지 않는다. 그러나 2상 전동기로 생각하면 회전자장이 발생하는데 정지 시에는 정회전이나 역회전 방향으로 회전하고자 하는 토크가 동일하여 회전을 하지 않는다. 이때 기동장치인 보조권선이 토크의 균형을 깨뜨리면 그 방향으로 회전하므로, 주권선이나 보조권선 중 하나의 전원의 극을 반대로 하면 역회전하게 된다.

60 변압기의 특성 중 규약효율이란?

① $\dfrac{\text{출력}}{\text{출력}-\text{손실}}$
② $\dfrac{\text{출력}}{\text{출력}+\text{손실}}$
③ $\dfrac{\text{입력}}{\text{입력}-\text{손실}}$
④ $\dfrac{\text{입력}}{\text{입력}+\text{손실}}$

해설 규약효율 : 출력 또는 입력과 손실을 기준으로 다음과 같은 방법으로 계산

규약효율[%] $= \dfrac{\text{출력}}{\text{출력}+\text{손실}} \times 100 = \dfrac{\text{입력}-\text{손실}}{\text{입력}} \times 100$

보충

① **전일효율** : 하루 중의 출력 전력량과 입력전력량의 비를 말한다.
② **최대효율** : 철손과 동손이 일치할 때 변압기의 효율은 최대가 된다.

정답
54. ① 55. ④
56. ③ 57. ②
58. ③ 59. ④
60. ②

08회 CBT 기출문제

1과목 공기조화설비

01 난방설비에 관한 설명으로 옳은 것은?

① 온수난방은 증기난방에 비해 예열시간이 길어서 충분한 난방감을 느끼는데 시간이 걸린다.
② 증기난방은 실내 상하온도차가 적어 유리하다.
③ 복사난방은 급격한 외기 온도의 변화에 대해 방열량 조절이 우수하다.
④ 온수난방의 주 이용열은 온수의 증발잠열이다.

해설 온수난방은 증기난방에 비해 예열시간이 길어서 충분한 난방감을 느끼는데 시간이 걸린다.

보충 온수난방의 장·단점

장 점	단 점
① 방열량(온도)조절이 용이하다.	① 열용량이 커 예열시간이 길다.
② 증기난방에 비해 쾌감도가 좋다.	② 수두(높이)에 제한을 받는다.
③ 열용량이 커 동결우려가 적다.	③ 방열면적과 관지름이 크다.
④ 취급이 용이하며 안전하다.	④ 설비비가 비싸다.

02 일반적인 취출구의 종류로 가장 거리가 먼 것은?

① 라이트-트로퍼(light-troffer)형
② 아네모스탯(annemostat)형
③ 머쉬룸(mushroom)형
④ 웨이(way)형

해설 머쉬룸(mushroom)형 : 천장이 아닌 주로 바닥에 설치하는 흡입구이다.

03 취급이 간단하고 각 층을 독립적으로 운전할 수 있어 에너지 절감 효과가 크며 공사기간 및 공사비용이 적게 드는 방식은?

① 패키지 유닛 방식
② 복사 냉난방 방식
③ 인덕션 유닛 방식
④ 2중 덕트 방식

해설 패키지 유닛 방식 : 취급이 간단하고 각 층을 독립적으로 운전할 수 있어 에너지 절감효과가 크며 공사기간 및 공사비용이 적게 드는 방식

04 공조방식 중 각 층 유닛방식에 관한 설명으로 틀린 것은?

① 송풍 덕트의 길이가 짧게 되고 설치가 용이하다.
② 사무실과 병원 등의 각층에 대하여 시간차 운전에 유리하다.
③ 각 층 슬래브의 관통덕트가 없게 되므로 방재상 유리하다.
④ 각 층에 수배관을 설치하지 않으므로 누수의 염려가 없다.

해설 각 층에 수배관을 해야 하므로 누수의 우려가 있다.

05 전열량에 대한 현열량의 변화의 비율로 나타내는 것은?

① 현열비 ② 열수분비
③ 상대습도 ④ 비교습도

해설 현열비 : 전열량에 대한 현열량의 변화의 비율

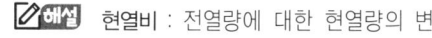

$$SHF = \frac{\text{현열}}{\text{전열}} = \frac{\text{현열}}{\text{현열} + \text{잠열}} = \frac{q_s}{q_s + q_L}$$

06 현열 및 잠열에 관한 설명으로 옳은 것은?

① 여름철 인체로부터 발생하는 열은 현열뿐이다.
② 공기조화 덕트의 열손실은 현열과 잠열로 구성되어 있다.
③ 여름철 유리창을 통해 실내로 들어오는 열은 현열뿐이다.
④ 조명이나 실내기구에서 발생하는 열은 현열뿐이다.

해설 ① 여름철 인체로부터 발생하는 열은 현열과 잠열이다.
② 공기조화 덕트의 열손실은 현열로만 구성되어 있다.
④ 조명이나 실내기구에서 발생하는 열은 현열과 잠열이다.

07 수분량 변화가 없는 경우의 열수분비는?

① 0 ② 1
③ -1 ④ ∞

해설 열수분비
① 수분량의 변화가 없을 때
$$U = \frac{dh}{dx} = \frac{dh}{0} = \infty$$
② 엔탈피의 변화가 없을 때
$$U = \frac{dh}{dx} = \frac{0}{dx} = 0$$

정답 01. ① 02. ③
03. ① 04. ④
05. ① 06. ③
07. ④

08 다음 가습방법 중 가습효율이 가장 높은 것은?
① 증발 가습
② 온수 분무 가습
③ 증기 분무 가습
④ 고압수 분무 가습

해설 수증기를 공기 중에 분사하는 증기 분무 가습이 가습효율이 가장 좋다.

09 원심식 송풍기의 종류로 가장 거리가 먼 것은?
① 리버스형 송풍기
② 프로펠러형 송풍기
③ 관류형 송풍기
④ 다익형 송풍기

해설 송풍기의 분류
① 원심식 : 다익형, 터보형, 익형, 리밋 로드형, 리버스형 등
② 축류형 : 프로펠러형, 베인형, 튜브형 등

10 송풍기에 관한 설명 중 틀린 것은?
① 송풍기 특성곡선에서 팬 전압은 토출구와 흡입구에서의 전압차를 말한다.
② 송풍기 특성곡선에서 송풍량을 증가시키면 전압과 정압은 산형(山形)을 이루면서 강하한다.
③ 다익형 송풍기는 풍량을 증가시키면 축 동력은 감소한다.
④ 팬 동압은 팬 출구를 통하여 나가는 평균속도에 해당되는 속도압이다.

해설 다익형 송풍기는 풍량을 증가시키면 축 동력도 증가한다.

11 공기의 감습 방식으로 가장 거리가 먼 것은?
① 냉각방식
② 흡수방식
③ 흡착방식
④ 순환수분무방식

해설 공기의 감습 방식
① 냉각방식
② 압축감습
③ 흡수방식
④ 흡착방식

12 다음 공조방식 중에 전공기 방식에 속하는 것은?

① 패키지 유닛 방식
② 복사 냉난방 방식
③ 팬 코일 유닛 방식
④ 2중덕트 방식

해설
① 패키지 유닛 방식 : 냉매방식
② 복사 냉난방 방식 : 수공기방식
③ 팬 코일 유닛 방식 : 수방식
④ 2중덕트 방식 : 전공기방식

13 열원방식의 분류 중 특수 열원방식으로 분류되지 않는 것은?

① 열회수 방식(전열 교환 방식)
② 흡수식 냉온수기 방식
③ 지역 냉난방 방식
④ 태양열 이용 방식

해설 흡수식 냉온수기 방식은 일반 열원 방식에 해당된다.

보충
특수 열원방식
열회수 방식, 열병합 발전 방식, 축열 방식, 태양열 이용 방식, 지역 냉난방 방식

14 다음 그림과 같은 덕트에서 점 ①의 정압 P_1 =15mmAq, 속도 V_1 =10m/s일 때, 점 ②에서의 전압은? (단, ①-②구간의 전압손실은 2mmAq, 공기의 밀도는 1kg/m³로 한다.)

① 15.1mmAq
② 17.1mmAq
③ 18.1mmAq
④ 19.1mmAq

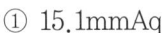

해설 ②에서의 전압=①의 (정압+동압)-①, ②구간의 전압손실

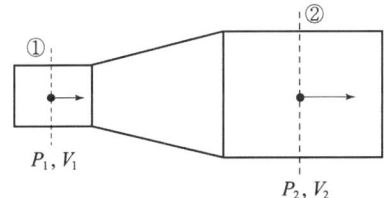

$$P_T = \left\{15 + \left(\frac{10^2}{2 \times 9.8} \times 1\right)\right\} - 2 = 18.1\text{mmAq}$$

15 31℃의 외기와 25℃의 환기를 1 : 2의 비율로 혼합하고 바이패스 팩터가 0.16인 코일로 냉각 제습할 때의 코일 출구온도는? (단, 코일의 표면온도는 14℃이다.)

① 약 14℃
② 약 16℃
③ 약 27℃
④ 약 29℃

해설
① 혼합공기온도, $t_3 = \dfrac{(1 \times 31) + (2 \times 25)}{1+2} = 27$℃

② 냉각코일 출구온도, 바이패스팩터 $BF = \dfrac{t_x - 14}{27 - 14}$ 에서

$t_x = \{0.16 \times (27-14)\} + 14 = 16$℃

정답
08. ③ 09. ②
10. ③ 11. ④
12. ④ 13. ②
14. ③ 15. ②

16 난방기기에 사용되는 방열기 중 강제대류형 방열기에 해당하는 것은?

① 유닛히터
② 길드 방열기
③ 주철제 방열기
④ 베이스보드 방열기

해설 유닛히터 : 팬과 코일 등이 내장된 강제대류형 방열기

17 다음의 송풍기에 관한 설명 중 ( ) 안에 알맞은 내용은?

> 동일 송풍기에서 정압은 회전수 비의 (㉠)하고, 소요동력은 회전수 비의 (㉡) 한다.

① ㉠ 2승에 비례   ㉡ 3승에 비례
② ㉠ 2승에 반비례 ㉡ 3승에 반비례
③ ㉠ 3승에 비례   ㉡ 2승에 비례
④ ㉠ 3승에 반비례 ㉡ 2승에 반비례

해설 동일 송풍기에서 풍량은 회전수 비의 정비례하고 정압은 회전수 비의 2승에 비례하고, 소요동력은 회전수 비의 3승에 비례한다.

보충 송풍기의 상사법칙

구분	공식	설명
풍량	$Q_2 = Q_1 \left(\dfrac{N_2}{N_1}\right)$	풍량은 회전수 비에 정비례한다.
정압	$P_2 = P_1 \left(\dfrac{N_2}{N_1}\right)^2$	풍압은 회전수 비의 2승에 비례한다.
동력	$kW_2 = kW_1 \left(\dfrac{N_2}{N_1}\right)^3$	동력은 회전수 비의 3승에 비례한다.

18 건물의 11층에 위치한 북측 외벽을 통한 손실열량은? (단, 벽체면적 40m², 열관류율 0.43W/m²·℃, 실내온도 26℃, 외기온도 -5℃, 북측 방위계수 1.2, 복사에 의한 외기온도 보정 3℃이다.)

① 약 495.36W
② 약 525.38W
③ 약 577.92W
④ 약 639.84W

해설 외벽을 통한 손실열량
$q = K \cdot A \cdot \{(t_r - t_o) - \Delta t_a\} \times k$
$= 0.43 \times 40 \times [\{26 - (-5)\} - 3] \times 1.2 = 577.92W$

19 증기난방 설비에서 일반적으로 사용 증기압이 어느 정도부터 고압식이라고 하는가?

① 0.01 kgf/cm² 이상
② 0.35 kgf/cm² 이상
③ 1 kgf/cm² 이상
④ 10 kgf/cm² 이상

해설 증기압력에 따른 분류

고압식	증기의 압력 1.0 kgf/cm² 이상
저압식	증기의 압력 1.0 kgf/cm² 미만

20 바이패스 팩터에 관한 설명으로 옳은 것은?

① 흡입공기 중 온난 공기의 비율이다.
② 송풍공기 중 습공기의 비율이다.
③ 신선한 공기와 순환공기의 밀도 비율이다.
④ 전 공기에 대해 냉·온수코일을 그대로 통과하는 공기의 비율이다.

해설 바이패스 팩터(BF) : 전 공기에 대해 냉·온수코일을 그대로 통과하는 공기의 비율

2과목 냉동냉장설비

21 냉동장치의 압축기 피스톤 압출량이 120m³/h, 압축기 소요동력이 1.1kW, 압축기 흡입가스의 비체적이 0.65m³/kg, 체적효율이 0.81일 때, 냉매 순환량은?

① 100kg/h
② 150kg/h
③ 200kg/h
④ 250kg/h

해설 $G = \dfrac{V_a}{v} \times \eta^v = \dfrac{120}{0.65} \times 0.81 = 149.54 \, \text{kg/h}$

22 응축기에서 고온 냉매가스의 열이 제거되는 과정으로 가장 적합한 것은?

① 복사와 전도
② 승화와 증발
③ 복사와 기화
④ 대류와 전도

해설 응축기에서 열이 제거되는 과정 : 전도와 대류

답안 표기란
19 ① ② ③ ④
20 ① ② ③ ④
21 ① ② ③ ④
22 ① ② ③ ④

정답
16. ① 17. ①
18. ③ 19. ③
20. ④ 21. ②
22. ④

23 냉동사이클 중 P-h 선도(압력-엔탈피 선도)로 계산할 수 없는 것은?

① 냉동능력 ② 성적계수
③ 냉매순환량 ④ 마찰계수

해설 P-h 선도에서는 마찰계수를 계산할 수 없다.

24 다음 중 증발식 응축기의 구성요소로서 가장 거리가 먼 것은?

① 송풍기 ② 응축용 핀-코일
③ 물분무 펌프 및 분배장치 ④ 엘리미네이터, 수공급장치

해설 응축용 핀-코일은 공랭식 응축기의 구성요소이다.

25 증발온도(압력)하강의 경우 장치에 발생되는 현상으로 가장 거리가 먼 것은?

① 성적계수(COP) 감소 ② 토출가스 온도상승
③ 냉매 순환량 증가 ④ 냉동 효과 감소

해설 증발온도(압력)하강 시 팽창밸브의 개도가 감소하므로 냉매 순환량은 감소한다.

보충 증발온도(증발압력)의 변화

구 분	증발온도 하강	증발온도 상승
압축비	증가	감소
냉동효과	감소	증가
압축일량	증가	감소
토출가스 온도	상승	저하
성적계수	감소	증가

26 냉동장치의 증발압력이 너무 낮은 원인으로 가장 거리가 먼 것은?

① 수액기 및 응축기내에 냉매가 충만해 있다.
② 팽창밸브가 너무 조여 있다.
③ 증발기의 풍량이 부족하다.
④ 여과기가 막혀 있다.

해설 수액기 및 응축기내의 냉매가 충만하면 응축압력은 상승한다.

27 냉동사이클이 다음과 같은 T-S 선도로, 표시되었다. T-S 선도 4-5-1의 선에 관한 설명으로 옳은 것은?

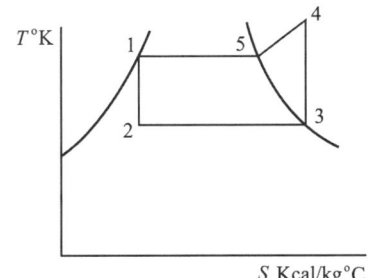

① 4-5-1은 동압선이고 응축과정이다.
② 4-5는 압축기 토출구에서 압력이 떨어지고 5-1은 교축과정이다.
③ 4-5는 불응축 가스가 존재할 때 나타나며, 5-1만이 응축과정이다.
④ 4에서 5로 온도가 떨어진 것은 압축기에서 흡입가스의 영향을 받아서 열을 방출했기 때문이다.

해설 4-5-1은 동압선이고 응축과정으로 4→5에서 과열이 제거되고 5→1은 실제 응축과정이다.

28 표준냉동사이클에 대한 설명으로 옳은 것은?
① 응축기에서 버리는 열량은 증발기에서 취하는 열량과 같다.
② 증기를 압축기에서 단열압축하면 압력과 온도가 높아진다.
③ 팽창밸브에서 팽창하는 냉매는 압력이 감소함과 동시에 열을 방출한다.
④ 증발기내에서의 냉매증발온도는 그 압력에 대한 포화온도보다 낮다.

해설 ① 응축기에서 버리는 열량은 증발기에서 취하는 열량과 압축열량과의 합과 같다.
③ 팽창밸브에서 팽창하는 냉매는 압력이 감소함과 동시에 열을 흡수하여 플래쉬가스가 발생한다.
④ 증발기내에서의 냉매증발온도는 그 압력에 대한 포화온도와 같다.

29 냉동장치에서 윤활의 목적으로 가장 거리가 먼 것은?
① 마모 방지   ② 기밀 작용
③ 열의 축적   ④ 마찰동력 손실방지

해설 압축기 윤활유(냉동기유)의 역할
① 윤활 작용 ② 냉각 작용 ③ 밀봉(기밀, 축봉) 작용
④ 감마 작용 ⑤ 방청 작용 ⑥ 패킹보호 작용
⑦ 청정 작용 등

[정답] 23. ④ 24. ② 25. ③ 26. ① 27. ① 28. ② 29. ③

30 압축기의 체적효율에 대한 설명으로 옳은 것은?

① 이론적 피스톤 압출량을 압축기 흡입직전의 상태로 환산한 흡입가스량으로 나눈 값이다.
② 체적 효율은 압축비가 증가하면 감소한다.
③ 동일 냉매 이용 시 체적효율은 항상 동일하다.
④ 피스톤 격간이 클수록 체적효율은 증가한다.

해설 체적효율이 감소하는 원인
① 압축비가 클수록
② 클리어런스(틈새)가 클수록
③ 흡입가스가 과열 될수록(비체적이 클수록)
④ 압축기가 작을수록(실린더 체적이 작을수록)
⑤ 압축기의 회전수가 빨라 변의 개폐가 확실치 못하고 저항이 커질수록

31 10 냉동톤의 능력을 갖는 역카르노 사이클이 적용된 냉동기관의 고온부 온도가 25℃, 저온부 온도가 -20℃일 때, 이 냉동기를 운전하는데 필요한 동력은?

① 1.8kW ② 3.1kW
③ 6.9kW ④ 9.4kW

해설
$COP = \dfrac{T_e}{T_c - T_e} = \dfrac{-20+273}{(25+273)-(-20+273)} = 5.62$

$COP = \dfrac{Q_e}{AW}$ 에서 $AW = \dfrac{Q_e}{COP} = \dfrac{10 \times 3,320}{5.62 \times 860} = 6.87 \text{kW}$

32 표준 냉동장치에서 단열팽창과정의 온도와 엔탈피 변화로 옳은 것은?

① 온도 상승, 엔탈피 변화없음
② 온도 상승, 엔탈피 높아짐
③ 온도 하강, 엔탈피 변화없음
④ 온도 하강, 엔탈피 낮아짐

해설 교축팽창에 따른 단열팽창과정에서 온도는 하강하고 엔탈피 변화는 없다.

33 물 10kg을 0℃에서 70℃까지 가열하면 물의 엔트로피 증가는? (단, 물의 비열은 4.18kJ/kg · K이다.)

① 4.14kJ/K
② 9.54kJ/K
③ 12.74kJ/K
④ 52.52kJ/K

해설 엔트로피 증가
$$ds = \int_1^2 \frac{\delta q}{T} = \int_1^2 \frac{G \cdot C \cdot \Delta t}{T} = G \cdot C \times \ln\left(\frac{T_2}{T_1}\right)$$
$$= 10 \times 4.18 \times \ln\left(\frac{70+273}{0+273}\right) = 9.54 \text{kJ/K}$$

34 터보 압축기의 특징으로 틀린 것은?

① 부하가 감소하면 서징 현상이 일어난다.
② 압축되는 냉매증기 속에 기름방울이 함유되지 않는다.
③ 회전운동을 하므로 동적균형을 잡기 좋다.
④ 모든 냉매에서 냉매회수장치가 필요 없다.

해설 터보 압축기의 특징
① 저압냉매를 사용하며 대용량에 주로 사용한다.
② 회전운동을 하므로 진동이 적고 동적균형을 잡기 좋다.
③ 부하가 감소하면 서징(맥동) 현상이 일어날 수 있다.
④ 냉매회수장치가 필요하다.(단, R-12는 제외)

35 냉매에 대한 설명으로 틀린 것은?

① 응고점이 낮을 것
② 증발열과 열전도율이 클 것
③ R-500은 R-12와 R-152를 합한 공비 혼합냉매라 한다.
④ R-21은 화학식으로 $CHCl_2F$이고, $CClF_2-CClF_2$는 R-113이다.

해설 $CClF_2 - CClF_2(C_2Cl_2F_4)$는 R-114이다.

36 냉동장치에서 흡입배관이 너무 작아서 발생되는 현상으로 가장 거리가 먼 것은?

① 냉동능력 감소
② 흡입가스의 비체적 증가
③ 소비동력 증가
④ 토출가스온도 강하

해설 냉동장치에서 흡입배관이 너무 작으면 압력강하가 발생하여 압축비가 증가하므로 압축기 토출가스온도는 상승한다.

정답 30.② 31.③ 32.③ 33.② 34.④ 35.④ 36.④

37 왕복동 압축기의 유압이 운전 중 저하되었을 경우에 대한 원인을 분류한 것으로 옳은 것을 모두 고른 것은?

> ㉠ 오일 스트레이너가 막혀 있다.
> ㉡ 유온이 너무 낮다.
> ㉢ 냉동유가 과충전되었다.
> ㉣ 크랭크실내의 냉동유에 냉매가 너무 많이 섞여 있다.

① ㉠, ㉡   ② ㉢, ㉣
③ ㉠, ㉣   ④ ㉡, ㉢

해설 ㉠ 오일 스트레이너가 막혀 있다.
㉣ 크랭크실내의 냉동유에 냉매가 너무 많이 섞여 있다.

38 2단압축 냉동장치에서 게이지 압력계의 지시계가 고압 15kgf/cm²g, 저압 100mmHg을 가리킬 때, 저단압축기와 고단압축기의 압축비는? (단, 저·고단의 압축비는 동일하다.)

① 3.6   ② 3.8
③ 4.0   ④ 4.2

해설 고단압축기 압축비

$$P_r = \frac{고압\ 절대\ 압력}{중간압력\ 절대\ 압력} = \frac{15+1.033}{3.79} = 4.2$$

$$중간압력 = \sqrt{P_c \times P_e} = \sqrt{(15+1.033) \times \left\{1.033 \times \left(1 - \frac{100}{760}\right)\right\}} = 3.79 \text{kgf/cm}^2$$

여기서, 저압 100mmHg의 압력은 100mmHgVac의 진공압력으로 계산하여 풀이하였다.

39 1단 압축 1단 팽창 냉동장치에서 흡입증기가 어느 상태일 때 성적계수가 제일 큰가?

① 습증기   ② 과열증기
③ 과냉각액   ④ 건포화증기

해설 압축기 흡입증기, 즉 증발기 출구상태가 과열증기일 때 성적계수가 제일 크다.

40 흡수식 냉동기에 사용되는 냉매와 흡수제의 연결이 잘못된 것은?

① 물(냉매) — 황산(흡수제)
② 암모니아(냉매) — 물(흡수제)
③ 물(냉매) — 가성소다(흡수제)
④ 염화에틸(냉매) — 취화리튬(흡수제)

해설 흡수식 냉동기의 냉매와 흡수제

냉 매	흡 수 제
암모니아	물, 로단 암모니아
물	리튬브로마이드, 가성소다, 황산, 염화리튬 등
염화에틸	사염화 에탄
메 탄 올	취화리튬, 메탄올 용액
톨 루 엔	파라핀유

3과목 공조냉동설치 · 운영

41 배관 작업시 동관용 공구와 스테인리스 강관용 공구로 병용해서 사용할 수 있는 공구는?

① 익스팬더　　② 튜브커터
③ 사이징 툴　　④ 플레어링 툴 세트

해설 튜브커터는 동관과 스테인리스 강관을 절단할 수 있다.

42 도시가스 내 부취제의 액체 주입식 부취설비 방식이 아닌 것은?

① 펌프 주입 방식　　② 적하 주입 방식
③ 위크식 주입 방식　　④ 미디연결 비이페스 방식

해설 액체 주입식 부취설비
① 펌프 주입 방식, ② 적하 주입 방식, ③ 미터연결 바이패스 방식

43 관 이음 중 고체나 유체를 수송하는 배관, 밸브류, 펌프, 열교환기 등 각종 기기의 접속 및 관을 자주 해체 또는 교환할 필요가 있는 곳에 사용되는 것은?

① 용접 접합　　② 플랜지 접합
③ 나사 접합　　④ 플레어 접합

해설 플랜지 접합 : 각종 기기의 접속 및 관을 자주 해체 또는 교환할 필요가 있는 곳에 사용되는 접합

보충
플랜지 이음

44 펌프에서 물을 압송하고 있을 때 발생하는 수격작용을 방지하기 위한 방법으로 틀린 것은?

① 급격한 밸브 폐쇄는 피한다.
② 관 내 유속을 빠르게 한다.
③ 기구류 부근에 공기실을 설치한다.
④ 펌프에 플라이 휠(fly wheel)을 설치한다.

해설 방지대책
① 공기실(air chamber)이나 수격방지기(WHC)를 설치한다.
② 관경을 크게 하여 유속을 낮춘다.
③ 펌프에 플라이 휠(fly wheel)을 설치하여 펌프의 급속한 속도변화를 방지한다.
④ 조압수조(surge tank)를 설치한다.
⑤ 밸브는 송출구 가까이 설치하고 개폐를 천천히 한다.
⑥ 배관을 가능한 직선으로 시공한다.

45 다음 중 열역학적 트랩의 종류가 아닌 것은?

① 디스크형 트랩   ② 오리피스형 트랩
③ 열동식 트랩   ④ 바이패스형 트랩

해설 열동식 트랩은 온도조절식 트랩으로 실로폰 트랩, 방열기 트랩, 벨로즈 트랩이라고도 한다.

보충
열역학적 트랩의 종류
오리피스형 트랩, 디스크형 트랩, 바이패스형 트랩

46 배수관 트랩의 봉수 파괴 원인이 아닌 것은?

① 자기 사이펀 작용
② 모세관 작용
③ 봉수의 증발 작용
④ 통기관 작용

해설 배수관 트랩에서의 봉수 파괴 원인
① 봉수의 자연 증발
② 모세관 현상
③ 자기 사이펀 작용
④ 유도사이펀 작용(감압에 의한 흡인작용)
⑤ 역압에 의한 분출(토출작용)
⑥ 관성에 의한 배출

47 다음 신축이음 방법 중 고압증기의 옥외배관에 적당한 것은?
① 슬리브 이음　② 벨로즈 이음
③ 루프형 이음　④ 스위블 이음

해설 고압증기의 옥외배관에 적당한 신축이음 : 루프형 이음

48 관의 보냉 시공의 주된 목적은?
① 물의 동결방지　② 방열방지
③ 결로방지　④ 인화방지

해설 ① 보온 : 증기관이나 온수관 등에 대한 단열로서 불필요한 방열을 방지하고 인체에 화상을 입히는 위험 방지나 실내 공기의 이상 온도 상승의 방지
② 보냉 : 냉수관, 냉매 배관 등에 대한 단열로서 불필요한 열 취득을 방지하고 표면의 결로방지가 목적
③ 방로 : 급수관, 배수관 등에 대한 단열로서 주로 관의 표면에 일어나는 결로방지가 목적

49 통기설비의 통기 방식에 해당하지 않는 것은?
① 루프 통기 방식　② 각개 통기 방식
③ 신정 통기 방식　④ 사이펀 통기 방식

해설 통기 방식의 분류 : 각개 통기, 신정 통기, 루프 통기, 도피 통기, 결합 통기, 습윤 통기, 공용 통기 방식 등

50 가스 배관의 크기를 결정하는 요소로 가장 거리가 먼 것은?
① 관의 길이　② 가스의 비중
③ 가스의 압력　④ 가스 기구의 종류

해설 저압배관에서의 가스유량(폴의 공식)

$$Q = K\sqrt{\frac{D^5 H}{S \cdot L}}$$

여기서, Q : 가스 유량(m³/h), K : 유량계수, D : 관 내경(cm)
H : 허용압력손실수두(mmAq), S : 가스비중, L : 배관 길이(m)

51 제어요소는 무엇으로 구성되어 있는가?
① 비교부　② 검출부
③ 조절부와 조작부　④ 비교부와 검출부

해설 제어요소는 목표치와 현재치를 비교한 오차, 즉 동작신호를 제어기에 입력하여 제어대상에 인가할 조작량으로 변환하는 조절부와 조작부로 구성된다.

정답　44. ②　45. ③
46. ④　47. ③
48. ③　49. ④
50. ④　51. ③

52 기준권선과 제어권선의 두 고정자권선이 있으며, 90도 위상차가 있는 2상 전압을 인가하여 회전자계를 만들어서 회전자를 회전시키는 전동기는?

① 동기전동기
② 직류전동기
③ 스탭전동기
④ AC 서보전동기

해설 AC 서보전동기 : 명령에 따라 정확한 위치와 속도를 맞출 수 있는 모터
① AC 서보전동기는 큰 회전력이 요구되지 않는 시스템에 사용한다.
② 기준권선과 제어권선의 두 고정자 권선에 90도의 위상차가 있는 2상 전압을 인가하여 회전자계를 만든다.
③ 고정자의 기준권선에는 정전압을 인가하며 제어권선에는 제어용 전압을 인가한다.
④ 제어전압을 입력으로 회전자의 회전각을 출력으로 보았을 때 전달함수는 적분요소와 2차요소의 직렬결합으로 볼 수 있다.

53 전기로의 온도를 1000℃로 일정하게 유지시키기 위하여 열전온도계의 지시값을 보면서 전압조정기로 전기로에 대한 인가전압을 조절하는 장치가 있다. 이 경우 열전온도계는 다음 중 어느 것에 해당되는가?

① 조작부
② 검출부
③ 제어량
④ 조작량

해설 전기로의 제어 목적은 온도를 일정하게 유지하는 것이므로 전기로의 제어의 결과는 온도로서 나타나게 된다. 이와 같이 제어대상의 출력 즉, 여기서 온도를 검출하는 장치는 온도계이며 이는 결국 검출부가 된다. 그 밖의 제어대상은 전기로 조작량은 인가전압, 조작부는 전압조정기가 된다.

보충

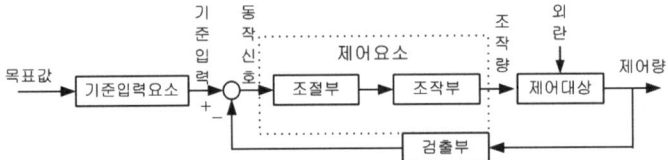

① 제어대상 : 전기로
② 제어량 : 온도
③ 목표값 : 1,000℃
④ 검출부 : 열전온도계

54 교류전류의 흐름을 방해하는 소자는 저항이외에도 유도코일, 콘덴서 등이 있다. 유도코일과 콘덴서 등에 대한 교류전류의 흐름을 방해하는 저항력을 갖는 것을 무엇이라고 하는가?

① 리액턴스 ② 임피던스
③ 컨덕턴스 ④ 어드미턴스

해설 리액턴스 : 저항을 제외한 교류에서 전류의 흐름을 방해하는 성분을 의미하는데 주로 인덕턴스와 콘덴서에 의하여 발생된다.

보충 인덕턴스의 리액턴스를 유도리액턴스라고 하는데 $X_L = \omega L$이고, 콘덴서의 리액턴스를 용량성리액턴스라고 하는데 $X_C = 1/\omega C$이다.

55 220V, 1kW의 전열기에서 전열선의 길이를 2배로 늘리면 소비전력은 늘리기 전의 전력에 비해 몇 배로 변화하는가?

① 0.25 ② 0.5
③ 1.25 ④ 1.5

해설 전압을 알고 있고 전열선의 길이를 2배로 늘였으므로 길이에 비례하는 저항은 2배로 커진다. 다음과 같이 풀 수 있다.

$P_1 = \dfrac{V^2}{R}$ $P_2 = \dfrac{V^2}{2R} = 0.5\dfrac{V^2}{R} = 0.5P_1 = 0.5 \times 1\text{kW} = 0.5\text{kW}$

보충 소비전력 공식

$$P = I^2R = \dfrac{V^2}{R}$$

56 지시 전기계기의 정확성에 의한 분류가 아닌 것은?

① 0.2급 ② 0.5급
③ 2.5급 ④ 5급

해설 ① 한국공업규격의 지시 전기계기에 의하여 전류계, 전압계, 전력계, 무효전력계는 정밀도에 따라 0.2급, 0.5급, 1.0급, 1.5급, 2.5급으로 분류한다.
② 각 급의 수치는 유효측정범위에 대한 오차의 범위를 나타낸 것으로 0.2급은 오차가 정격값 ±0.2% 이내라는 것을 나타낸 것이다.

57 목표값이 시간적으로 임의로 변하는 경우의 제어로서 서보기구가 속하는 것은?

① 정치 제어 ② 추종 제어
③ 마이컴 제어 ④ 프로그램 제어

해설 추종 제어 : 목표값의 임의의 변화에 대하여 추종하도록 구성된 제어로 서보 제어가 대표적인 예이다.

보충
① **정치 제어** : 목표치가 일정한 경우의 제어
② **프로그램 제어** : 제어 목표값을 미리 정해진 프로그램에 따라 변화시키는 자동제어로서 열차의 무인운전이나 열처리로의 온도제어에 적용

정답 52. ④ 53. ②
54. ① 55. ②
56. ④ 57. ②

58 주상변압기의 고압측에 몇 개의 탭을 두는 이유는?

① 선로의 전압을 조정하기 위하여
② 선로의 역률을 조정하기 위하여
③ 선로의 잔류전하를 방전시키기 위하여
④ 단자가 고장이 발생하였을 때를 대비하기 위하여

해설 주상변압기
한전 배전선로에 설치되어 주로 고압을 저압으로 낮추기 위해 전주 위에 설치되는 변압기로 선로의 전압을 조정하기 위하여 여러 개의 탭을 자기고 있다.

59 제어기기에서 서보전동기는 어디에 속하는가?

① 검출기기 ② 조작기기
③ 변환기기 ④ 증폭기기

해설 서보전동기(서보모터)
명령에 따라 정확한 위치와 속도를 맞출 수 있는 모터로 제어대상을 조작하는 조작기기(프린터, DVD, 공작기계, CCTV 카메라, 캠코더, 로봇)

60 피드백 제어계에서 반드시 있어야 할 장치는?

① 전동기 시한 제어장치
② 발전기로서의 동작 장치
③ 응답속도를 느리게 하는 장치
④ 목표값과 출력을 비교하는 장치

해설 피드백 제어의 특징
피드백 제어의 가장 중요한 특징은 입력(목표치)과 출력(결과치)을 비교하여 두 개의 오차인 제어편차가 0이 되도록 조작량을 제어한다.

보충

① **조작기기**: 제어장치에 있어서 조절부로부터의 조작량으로 바꾸어 제어대상에 작용하는 부분
② **검출기**: 제어량을 검출하여 피드백신호를 만드는 요소
③ **서보모터**: 속응성, 정역전, 변속 등 신뢰가 높고 제어성이 좋아 정밀기기에 많이 사용되나 발열량이 많아 강제 냉각방식이 필요하며, 서보모터는 DC서보모터와 AC서보모터로 나뉜다.

정답 58. ① 59. ②
60. ④

1과목 공기조화설비

01 물 또는 온수를 직접 공기 중에 분사하는 방식의 수분무식 가습장치의 종류에 해당되지 않는 것은?

① 원심식
② 초음파식
③ 분무식
④ 가습팬식

해설 가습장치의 종류
① 수분무식 : 원심식, 초음파식, 분무식
② 증발식 : 회전식, 모세관식, 적하식
③ 증기식

02 공기 세정기에 관한 설명으로 틀린 것은?

① 공기 세정기의 통과풍속은 일반적으로 약 2~3m/s이다.
② 공기 세정기의 가습기는 노즐에서 물을 분무하여 공기에 충분히 접촉시켜 세정과 가습을 하는 것이다.
③ 공기 세정기의 구조는 루버, 분무노즐, 플러딩노즐, 엘리미네이터 등이 케이싱 속에 내장되어 있다.
④ 공기 세정기의 분무 수압은 노즐 성능상 약 20~50kPa이다.

해설 공기 세정기의 분무 노즐압력은 1.4~2.5 kg/cm²(140~250 kPa) 정도이나 보통 1개의 노즐에서의 분무압력은 0.5kg/cm²이면 충분하며 공기실 내를 통과하는 표준풍속은 2.5~3.5 m/s 정도이다.

03 난방부하를 줄일 수 있는 요인이 아닌 것은?

① 극간풍에 의한 잠열
② 태양열에 의한 복사열
③ 인체의 발생열
④ 기계의 발생열

해설 난방부하를 줄일 수 있는 요인(여유로 본다.)
① 태양열에 의한 복사열
② 인체 발생 부하
③ 기구(기계) 발생 부하

정답 01. ④ 02. ④
03. ①

04 공기조화의 단일덕트 정풍량 방식의 특징에 관한 설명으로 틀린 것은?

① 각 실이나 존의 부하변동에 즉시 대응할 수 있다.
② 보수관리가 용이하다.
③ 외기냉방이 가능하고 전열교환기 설치도 가능하다.
④ 고성능 필터 사용이 가능하다.

해설 단일덕트 정풍량 방식
중앙기계실에 설치한 공기조화기에서 조화한 공기를 주 덕트를 통해 각 실내에 일정 풍량을 공급하는 방식으로 실내부하에 따라 각 실의 개별제어가 어렵다.

05 공기조화의 분류에서 산업용 공기조화의 적용범위에 해당하지 않는 것은?

① 실험실의 실험조건을 위한 공조
② 양조장에서 술의 숙성온도를 위한 공조
③ 반도체 공장에서 제품의 품질 향상을 위한 공조
④ 호텔에서 근무하는 근로자의 근무환경 개선을 위한 공조

해설 호텔에서 근무하는 근로자의 근무환경 개선을 위한 공조 : 보건용 공기조화

보충
공기조화의 분류
① 쾌감(보건)용 공조 : 사람을 대상(학교, 사무실, 빌딩 등)
② 산업용 공조 : 물품, 기계 등을 대상(공장, 전화국, 창고, 전자계산실, 컴퓨터실 등)

06 노즐형 취출구로서 취출구의 방향을 좌우상하로 바꿀 수 있는 취출구는?

① 유니버셜형
② 펑커루버형
③ 팬(pan)형
④ T라인(R-line)형

해설 펑커루버형 : 취출구의 방향을 좌우상하로 바꿀 수 있는 취출구

07 건구온도 10℃, 습구온도 3℃의 공기를 덕트 중 재열기로 건구온도 25℃까지 가열하고자 한다. 재열기를 통하는 공기량이 1500m³/min인 경우, 재열기에 필요한 열량은? (단, 공기의 비체적은 0.849m³/kg이다.)

① 6,360 kJ/min
② 7,435 kJ/min
③ 26,767 kJ/h
④ 26,767 kJ/min

해설 재열기에 필요한 열량

$$q_{RH} = G \cdot C \cdot \Delta t = \rho Q \cdot C \cdot \Delta t = \frac{Q}{v} \cdot C \cdot \Delta t$$

$$= \frac{1,500}{0.849} \times 1.01 \times (25-10) = 26,767\,\text{kJ/min}$$

08 공기조화설비에 사용되는 냉각탑에 관한 설명으로 옳은 것은?

① 냉각탑의 어프로치는 냉각탑의 입구 수온과 그 때의 외기 건구온도와의 차이다.

② 강제통풍식 냉각탑의 어프로치는 일반적으로 약 5℃이다.

③ 냉각탑을 통과하는 공기량(kg/h)을 냉각탑의 냉각수량(kg/h)으로 나눈 값을 수공기비라 한다.

④ 냉각탑의 레인지는 냉각탑의 출구 공기온도와 입구 공기온도의 차이다.

해설 냉각탑의 어프로치는 5℃ 정도이다.

09 600rpm으로 운전되는 송풍기의 풍량이 400m³/min, 전압 40 mmAq, 소요동력 4kW의 성능을 나타낸다. 이때 회전수를 700rpm으로 변화시키면 몇 kW의 소요동력이 필요한가?

① 5.44 kW　　② 6.35 kW

③ 7.27 kW　　④ 8.47 kW

해설

$$kW_2 = kW_1 \left(\frac{N_2}{N_1}\right)^3 = 4 \times \left(\frac{700}{600}\right)^3 = 6.35kW$$

10 아래 그림은 공기조화기 내부에서의 공기의 변화를 나타낸 것이다. 이 중에서 냉각코일에서 나타나는 상태변화는 공기선도상 어느 점을 나타내는가?

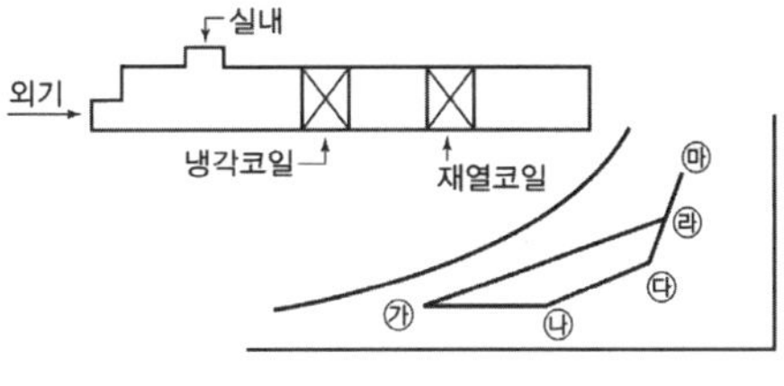

① ㉮ - ㉯

② ㉯ - ㉰

③ ㉱ - ㉮

④ ㉱ - ㉲

해설 ① 재열코일에서의 상태변화

② 실내에서의 상태변화

③ 냉각코일에서의 상태변화

④ 외기 도입에 따른 상태변화

답안 표기란

08	①	②	③	④
09	①	②	③	④
10	①	②	③	④

보충

쿨링 렌지와 어프로치

① 렌지 = 냉각탑 입구 수온 − 냉각탑 출구 수온

② 어프로치 = 냉각탑 출구 수온 − 외기 습구 온도

week 03

정답 04. ① 05. ④ 06. ② 07. ④ 08. ② 09. ② 10. ③

11 고속덕트의 특징에 관한 설명으로 틀린 것은?

① 소음이 작다.
② 운전비가 증대한다.
③ 마찰에 의한 압력손실이 크다.
④ 장방형 대신에 스파이럴관이나 원형덕트를 사용하는 경우가 많다.

해설 고속덕트의 주덕트의 풍속이 15 m/sec 이상으로 소음이 크다.

12 유효온도(ET, Effective Temperature)의 요소에 해당하지 않는 것은?

① 온도
② 기류
③ 청정도
④ 습도

해설 유효온도(ET) : 어떤 온도, 습도, 기류의 3가지 환경요소를 종합하여 인체에 미치는 영향을 동일 감각을 얻을 수 있는 정지(0m/s)된 포화상태(상대습도 100%)의 온도로 표시

13 상당외기온도차를 구하기 위한 요소로 가장 거리가 먼 것은?

① 흡수율
② 표면 열전달률(kcal/m² · h · ℃)
③ 직달 일사량(kcal/m² · h)
④ 외기온도(℃)

해설 상당외기온도(t_e)

$$t_e = \frac{\alpha}{\alpha_o} \cdot I + t_o$$

여기서, α : 벽체 표면의 일사 흡수율
I : 벽체 표면이 받는 전일사량
α_o : 표면 열전달률
t_o : 외기온도

14 냉방 시 유리를 통한 일사 취득열량을 줄이기 위한 방법으로 틀린 것은?

① 유리창의 입사각을 적게 한다.
② 투과율을 적게 한다.
③ 반사율을 크게 한다.
④ 차폐계수를 적게 한다.

해설 유리창을 통한 취득열량은 반사율, 흡수율, 투과율에 의해 달라지는데 이들은 태양 입사각에 따라 달라지며 투과율은 적게, 반사율은 크게 하여야 취득열량을 줄일 수 있다. 또한, 일사량의 차단을 위하여 블라인드 등을 이용하여 차폐계수를 적게 한다.

15 냉방부하 계산 시 상당외기온도차를 이용하는 경우는?
① 유리창의 취득열량　② 내벽의 취득열량
③ 침입외기 취득열량　④ 외벽의 취득열량

해설 일사의 영향을 받는 외벽이나 지붕의 냉방부하 계산 시 상당외기온도차를 이용한다.

$$q = K \times A \times \Delta t_e \, [\text{kcal/h}]$$

16 대사량을 나타내는 단위로 쾌적상태에서의 안정 시 대사량을 기준으로 하는 단위는?
① RMR　② clo
③ met　④ ET

해설 met(인체의 대사량) : 열적으로 쾌적한 상태에서 의자에 앉아 안정을 취하고 있을 때의 대사량

17 다음 중 중앙식 공조방식이 아닌 것은?
① 정풍량 단일 덕트방식　② 2관식 유인유닛방식
③ 각층 유닛방식　④ 패키지 유닛방식

해설 패키지 유닛방식 : 개별식 공조방식

18 다음 중 건축물의 출입문으로부터 극간풍 영향을 방지하는 방법으로 가장 거리가 먼 것은?
① 회전문을 설치한다.
② 이중문을 충분한 간격으로 설치한다.
③ 출입문에 브라인드를 설치한다.
④ 에어커튼을 설치한다.

해설 틈새바람(극간풍)을 줄이기 위한 방법
① 에어커튼을 설치한다.
② 출입구에 회전문을 설치한다.
③ 2중문을 설치한다.(내측문은 수동식)
④ 2중문의 중간에 컨벡터를 설치한다.

정답 11. ① 12. ③ 13. ③ 14. ① 15. ④ 16. ③ 17. ④ 18. ③

19 외기온도 13°C(포화 수증기압 12.83mmHg)이며, 절대습도 0.008 kg/kg일 때의 상대습도는 RH는? (단, 대기압은 760mmHg이다.)

① 37% ② 46%
③ 75% ④ 82%

해설
$$\phi = \frac{P_v}{P_s} \times 100 = \frac{9.65}{12.83} \times 100 = 75\%$$

여기서, $x = 0.622 \frac{P_v}{P - P_v}$ 에서

$0.622 P_v = x(P - P_v), \ 0.622 P_v = xP - xP_v$

$0.622 P_v + xP_v = xP, \ P_v(0.622 + x) = xP$

$P_v = \frac{xP}{(0.622 + x)} = \frac{0.008 \times 760}{(0.622 + 0.008)} = 9.65 \text{mmHg}$

20 다음 그림에 대한 설명으로 틀린 것은?

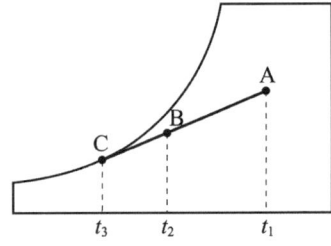

① A → B는 냉각감습 과정이다.
② 바이패스팩터(BF)는 $\frac{t_2 - t_3}{t_1 - t_3}$ 이다.
③ 코일의 열수가 증가하면 BF는 증가한다.
④ BF가 작으면 공기의 통과저항이 커져 송풍기동력이 증대될 수 있다.

해설 바이패스팩터(BF)를 감소시키는 방법
① 코일의 전열면적이 클 때
② 코일의 열수가 많을 때
③ 코일의 간격이 클 때
④ 통과 송풍량이 적을 때
⑤ 코일의 통과풍속을 작게 할 때

보충
바이패스팩터(BF)
냉각 또는 가열코일과 접촉하지 않고 그대로 통과하는 공기의 비율로 작을수록 좋다.

2과목 냉동냉장설비

21 냉동용 스크류 압축기에 대한 설명으로 틀린 것은?

① 왕복동식에 비해 체적효율과 단열효율이 높다.
② 스크류 압축기의 로터와 축은 일체식으로 되어 있고, 구동은 숫 로터에 의해 이루어진다.
③ 스크류 압축기의 로터 구성은 다양하나 일반적으로 사용되고 있는 것은 숫 로터 4개, 암 로터 4개인 것이다.
④ 흡입, 압축, 토출과정인 3행정으로 이루어진다.

해설 스크류 압축기는 암수 로터가 각각 1개씩으로 숫 로터의 구동에 의한 맞물림으로 압축이 이루어진다.

22 다음 열 및 열펌프에 관한 설명으로 옳은 것은?

① 일의 열당량은 $\frac{1\,\text{kcal}}{427\,\text{kg}\cdot\text{m}}$이다. 이것은 427kg·m의 일이 열로 변할 때, 1kcal의 열량이 되는 것이다.
② 응축온도가 일정하고 증발온도가 내려가면 일반적으로 토출 가스온도가 높아지기 때문에 열펌프의 능력이 상승된다.
③ 비열 0.5kcal/kg·℃, 비중량 1.2kg/L의 액체 2L를 온도 1℃ 상승시키기 위해서는 2kcal의 열량을 필요로 한다.
④ 냉매에 대해서 열의 출입이 없는 과정을 등온압축이라 한다.

해설 ① 일의 열당량 $A = 1\,\text{kcal}/427\,\text{kg}\cdot\text{m}$
② 열의 일당량 $J = 427\,\text{kg}\cdot\text{m}/1\,\text{kcal}$

23 증발기의 분류 중 액체 냉각용 증발기로 가장 거리가 먼 것은?

① 탱크형 증발기   ② 보데로형 증발기
③ 나관코일식 증발기   ④ 만액식 셸 엔드 튜브식 증발기

해설 나관코일식 증발기 : 공기 냉각용

24 기계적인 냉동방법 중 물을 냉매로 쓸 수 있는 냉동방식이 아닌 것은?

① 증기분사식   ② 공기압축식
③ 흡수식   ④ 진공식

해설 물을 냉매로 사용하는 냉동기
① 증기분사식 ② 진공식 ③ 흡수식 냉동기

[정답] 19. ③ 20. ③ 21. ③ 22. ① 23. ③ 24. ②

09회 CBT 기출문제

25 냉동장치에서 사용되는 각종 제어동작에 대한 설명으로 틀린 것은?

① 2위치 동작은 스위치의 온, 오프 신호에 의한 동작이다.
② 3위치 동작은 상, 중, 하 신호에 따른 동작이다.
③ 비례동작은 입력신호의 양에 대응하여 제어량을 구하는 것이다.
④ 다위치 동작은 여러 대의 피제어기기를 단계적으로 운전 또는 정지시키기 위한 것이다.

해설 3위치 동작: 자동 제어계에서 동작 신호가 어느 값을 경계로 하여 조작량이 3가지 값으로 단계적으로 변화하는 제어 동작(조작량을 0%, 50%, 100%와 같은 3가지의 위치로 하는 동작)

26 헬라이드 토치를 이용한 누설검사로 적절하지 않은 냉매는?

① R — 717
② R — 123
③ R — 22
④ R — 114

해설 헬라이드 토치는 프레온계 냉매의 누설검사가 가능하며 암모니아(R-717, NH_3) 냉매는 불가능하다.

27 냉동능력 20RT, 축동력 12.6kW인 냉동장치에 사용되는 수냉식 응축기의 열통과율 675kcal/m²·h·℃, 전열량의 외표면적 15m², 냉각수량 270L/min, 냉각수 입구온도 30℃일 때, 응축온도는? (단, 냉매와 물의 온도차는 산술평균 온도차를 사용한다.)

① 35℃
② 40℃
③ 45℃
④ 50℃

해설
$$t_c = \frac{Q_c}{K \cdot F} + \frac{t_{w1}+t_{w2}}{2} = \frac{(20 \times 3,320)+(12.6 \times 860)}{675 \times 15} + \frac{30+34.7}{2} = 40℃$$

여기서, 냉각수 출구수온
$Q_c = w \cdot c \cdot (t_{w2} - t_{w2})$에서
$$t_{w2} = \frac{Q_e + AW}{w \cdot c} + t_{w2} = \frac{(20 \times 3,320)+(12.6 \times 860)}{270 \times 60 \times 1} + 30 = 34.77℃$$

28 1HP는 약 몇 Btu/h인가?

① 172 Btu/h
② 252 Btu/h
③ 1053 Btu/h
④ 2547.6 Btu/h

보충 1kcal = 3.968 Btu

해설 1HP = 76kg·m/sec = 641.6kcal/hr ≒ 2,546Btu/hr

29 냉동기유에 대한 냉매의 용해성이 가장 큰 것은? (단, 동일한 조건으로 가정한다.)
① R − 113
② R − 22
③ R − 115
④ R − 717

해설 ① 윤활유와 용해도가 큰 냉매 : R-11, R-12, R-21, R-113
② 윤활유와 용해도가 적고 저온에서 분리되는 냉매 : R-13, R-14, R-22, R-114

30 −20℃의 암모니아 포화액의 엔탈피가 75kcal/kg이며, 동일 온도에서 건조포화증기의 엔탈피가 403kcal/kg이다. 이 냉매액이 팽창밸브를 통과하여 증발기에 유입될 때의 냉매의 엔탈피가 160kcal/kg이었다면 중량비로 약 몇 %가 액체 상태인가?
① 16%
② 26%
③ 74%
④ 84%

해설 액체의 중량비, 습도 $= \dfrac{403-160}{403-75} \times 100 = 74\%$

31 표준냉동사이클에서 팽창밸브를 냉매가 통과하는 동안 변화되지 않는 것은?
① 냉매의 온도
② 냉매의 압력
③ 냉매의 엔탈피
④ 냉매의 엔트로피

해설 팽창밸브에서는 등엔탈피변화로 냉매의 엔탈피 변화는 없다.

32 LNG(액화천연가스)의 냉열이용 방법 중 직접이용방식에 속하지 않는 것은?
① 공기액화분리
② 염소액화장치
③ 냉열발전
④ 액체탄산가스 제조

해설 LNG(−162℃, 액화천연가스)의 냉열이용
① 공기액화분리(액체산소, 질소, 알곤가스 생산)
② 냉열발전
③ 액체탄산가스 제조
④ 냉동창고 및 동결장치
⑤ 해수 담수화 등

[정답] 25. ② 26. ① 27. ② 28. ④ 29. ① 30. ③ 31. ③ 32. ②

33 냉동장치에서 고압측에 설치하는 장치가 아닌 것은?

① 수액기 ② 팽창밸브
③ 드라이어 ④ 액분리기

해설 액분리기의 설치위치 : 증발기 — 압축기 사이(저압측)에 설치

34 아래와 같이 운전되어 지고 있는 냉동사이클의 성적계수는?

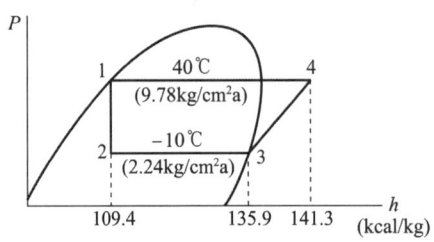

① 2.1 ② 3.3
③ 4.9 ④ 5.9

해설 $\text{COP} = \dfrac{q_e}{Aw} = \dfrac{h_3 - h_2}{h_4 - h_3} = \dfrac{135.9 - 109.4}{141.3 - 135.9} = 4.9$

35 암모니아를 냉매로 사용하는 냉동장치에서 응축압력의 상승원인으로 가장 거리가 먼 것은?

① 냉매가 과냉각 되었을 때
② 불응축가스가 혼입 되었을 때
③ 냉매가 과충전 되었을 때
④ 응축기 냉각관에 물 때 및 유막이 형성되었을 때

해설 응축압력의 상승원인
① 수냉식일 경우 냉각수량 부족 및 냉각수 온도 상승 시
② 공랭식일 경우 송풍량 부족 및 외기온도 상승 시
③ 응축기 냉각관에 스케일 등의 부착 시
④ 냉매의 과충전이나 응축부하 과대 시
⑤ 공기 또는 불응축가스 혼입

36 저온유체 중에서 1기압에서 가장 낮은 비등점을 갖는 유체는 어느 것인가?

① 아르곤   ② 질소
③ 헬륨   ④ 네온

해설 ① 아르곤 : -186℃
② 질소 : -196℃
③ 헬륨 : -269℃
④ 네온 : -246℃

37 팽창밸브를 통하여 증발기에 유입되는 냉매액의 엔탈피를 F, 증발기 출구 엔탈피를 A, 포화액의 엔탈피를 G라 할 때, 팽창밸브를 통과한 곳에서 증기로 된 냉매의 양의 계산식으로 옳은 것은? (단, P : 압력, h : 엔탈피를 나타낸다.)

① $\dfrac{A-F}{A-G}$

② $\dfrac{A-F}{F-G}$

③ $\dfrac{F-G}{A-G}$

④ $\dfrac{F-G}{A-F}$

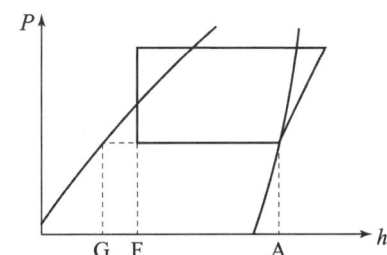

해설 건조도(x) : 냉매 중에 증기가 차지하는 비율
$x = \dfrac{F-G}{A-G}$

38 -10℃의 얼음 10kg을 100℃의 증기로 변화하는데 필요한 전열량은? (단, 얼음의 비열은 0.5kcal/kg·℃이고 융해잠열은 80kcal/kg, 물의 증발잠열은 539kcal/kg이다.)

① 1850 kcal   ② 3660 kcal
③ 7240 kcal   ④ 9120 kcal

해설 -10℃ 얼음 $\xrightarrow{①}$ 0℃ 얼음 $\xrightarrow{②}$ 0℃ 물 $\xrightarrow{③}$ 100℃ 물 $\xrightarrow{④}$ 100℃ 증기

$Q_1 = G \cdot C \cdot \Delta t = 10 \times 0.5 \times (0+10) = 50\text{kcal}$

$Q_2 = G \cdot r = 10 \times 80 = 800\text{kcal}$

$Q_3 = G \cdot C \cdot \Delta t = 10 \times 1 \times (100-0) = 1,000\text{kcal}$

$Q_4 = G \cdot r = 10 \times 539 = 5,390\text{kcal}$

$Q_T = 50 + 800 + 1,000 + 5,390 = 7,240\text{kcal}$

[정답] 33. ④ 34. ③
35. ① 36. ③
37. ③ 38. ③

39 냉동효과에 대한 설명으로 옳은 것은?
① 증발기에서 단위중량의 냉매가 흡수하는 열량
② 응축기에서 단위 중량의 냉매가 방출하는 열량
③ 압축 일을 열량의 단위로 환산한 것
④ 압축기 출·입구 냉매의 엔탈피 차

해설 냉동효과, 냉동력 : 증발기에서 단위중량의 냉매가 흡수하는 열량

40 헬라이드 토치는 프레온계 냉매의 누설검지기이다. 누설 시 식별방법은?
① 불꽃의 크기   ② 연료의 소비량
③ 불꽃의 온도   ④ 불꽃의 색깔

해설 헬라이드 토치에서의 불꽃변화(프레온 냉매 누설 시)
① 청색 : 누설이 없을 때
② 녹색 : 소량 누설 시
③ 자색 : 다량 누설 시
④ 꺼짐 : 과량 누설 시

3과목 공조냉동설치·운영

41 냉각탑 주위 배관 시 유의사항으로 틀린 것은?
① 2대 이상의 개방형 냉각탑을 병렬로 연결할 때 냉각탑의 수위를 동일하게 한다.
② 배수 및 오버플로우관은 직접배수로 한다.
③ 냉각탑을 동절기에 운전할 때는 동결방지를 고려한다.
④ 냉각수 출입구 측 배관은 방진이음을 설치하여 냉각탑의 진동이 배관에 전달되지 않도록 한다.

해설 배수 및 오버플로우관은 일반 배수관에 직접 연결하지 않고 간접배수로 한다.

42 급탕배관이 벽이나 바닥을 관통할 때 슬리브(sleeve)를 설치하는 이유로 가장 적절한 것은?

① 배관의 진동을 건물 구조물에 전달되지 않도록 하기 위하여
② 배관의 중량을 건물 구조물에 지지하기 위하여
③ 관의 신축이 자유롭고 배관의 교체나 수리를 편리하게 하기 위하여
④ 배관의 마찰저항을 감소시켜 온수의 순환을 균일하게 하기 위하여

해설 슬리브(sleeve) : 관의 신축에 대비하고 배관 수리 및 교체를 용이하게 하기 위하여 배관이 벽을 관통하는 경우에 콘크리트 타설전에 설치한다.

43 냉동 설비에서 고온·고압의 냉매 기체가 흐르는 배관은?

① 증발기와 압축기 사이 배관
② 응축기와 수액기 사이 배관
③ 압축기와 응축기 사이 배관
④ 팽창밸브와 증발기 사이 배관

해설 고온·고압의 냉매 가스배관 : 압축기와 응축기 사이 배관

보충 고온·고압의 냉매 액배관
응축기와 팽창밸브 사이의 배관

44 액화 천연가스의 지상 저장탱크에 대한 설명으로 틀린 것은?

① 지상 저장탱크는 금속 2중벽 탱크가 대표적이다.
② 내부탱크는 약 -162℃ 정도의 초저온에 견딜 수 있어야 한다.
③ 외부탱크는 일반적으로 연강으로 만들어 진다.
④ 증발 가스량이 지하 저장탱크보다 많고 저렴하며 안전하다.

해설 지하 저장탱크 : 동결식 지하 저장탱크는 지상식 저장탱크보다 서렴하고 안전하게 저장할 수 있는 것으로 증발 가스량이 지상식 저장탱크보다 많은 것이 단점이다.

45 펌프의 베이퍼 록 현상에 대한 발생 요인이 아닌 것은?

① 흡입관 지름이 큰 경우
② 액 자체 또는 흡입배관 외부의 온도가 상승할 경우
③ 펌프 냉각기가 작동하지 않거나 설치되지 않은 경우
④ 흡입 관로의 막힘, 스케일 부착 등에 의한 저항이 증가한 경우

해설 흡입관의 지름을 작게 하거나 설치위치를 높이면 베이퍼 록 현상이 발생할 수 있다.

보충 베이퍼 록 현상 : 펌프로 저비점 액체 등을 이송 시 증기가 발생하는 현상

[정답] 39. ① 40. ④ 41. ② 42. ③ 43. ③ 44. ④ 45. ①

46 관의 종류에 따른 접합방법으로 틀린 것은?

① 강관 — 나사접합
② 주철관 — 소켓접합
③ 연관 — 플라스턴접합
④ 콘크리트관 — 용접접합

해설 콘크리트관 접합방법
① 콤포(칼라)이음
② 모르타르접합

47 고온수 난방의 가압방법이 아닌 것은?

① 브리드 인 가압방식
② 정수두 가압방식
③ 증기 가압방식
④ 펌프 가압방식

해설 고온수 난방의 가압방법
① 정수두 가압방식
② 증기 가압방식
③ 질소가스 가압방식
④ 펌프 가압방식

보충 고온수 난방 2차측 접속방식에 따른 분류
① 직결 방식
② 브리드 인 방식
③ 열교환기 방식

48 스케줄 번호(schedule No.)를 바르게 나타낸 공식은? (단, S : 허용응력, P : 사용압력)

① $10 \times \dfrac{P}{S}$
② $10 \times \dfrac{S}{P}$
③ $10 \times \dfrac{S}{P^2}$
④ $10 \times \dfrac{P}{S^2}$

해설 스케줄 번호(schedule No) : 관 두께를 표시

$$sch-No = \dfrac{P}{S} \times 10$$

49 증기 관말 트랩 바이패스 설치 시 필요 없는 부속은?

① 엘보
② 유니온
③ 글로브 밸브
④ 안전 밸브

해설 안전밸브는 감압밸브 설치 시 2차측에 부착한다.

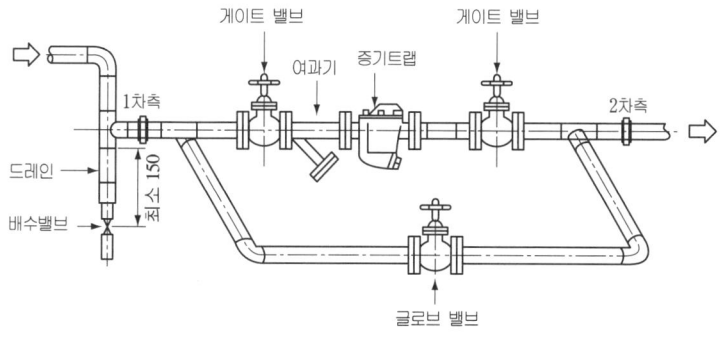

[관말 트랩 주위 배관]

50 급탕설비에 대한 설명으로 틀린 것은?

① 순환방식은 중력식과 강제식이 있다.
② 배관의 구배는 중력순환식의 경우 1/150, 강제순환식의 경우 1/200 정도이다.
③ 신축이음쇠의 설치는 강관은 20m, 동관은 30m마다 1개씩 설치한다.
④ 급탕량은 사용 인원이나 사용 기구 수에 의해 구한다.

해설 신축이음쇠의 설치
① 강관 : 30m
② 동관 : 20m마다 1개씩 설치한다.

51 서보기구와 관계가 가장 깊은 것은?

① 정전압 장치   ② A/D 변환기
③ 추적용 레이더   ④ 가정용 보일러

해설 서보기구
물체의 위치, 방위, 자세 등의 기계적 변위를 제어량으로 목표값의 임의의 변화에 추종하도록 구성된 제어계로 레이더 등이 있다.

52 직류 분권전동기의 용도에 적합하지 않은 것은?

① 압연기   ② 제지기
③ 송풍기   ④ 기중기

해설 분권전동기
계자와 전기자 권선이 병렬로 연결된 직류전동기로 부하에 따른 속도변화가 작은 정속도특성을 갖고 있어 권선기, 압연기, 컨베어벨트, 공작기계 제지기, 송풍기 등에 사용한다.

A/D 변환기
아날로그 신호를 디지털 신호로 변환하는 장치로 DDC제어에 꼭 필요한 장치이다.

직권전동기
계자와 전기자가 직렬로 연결된 직류전동기로 기동토크가 크며, 부하에 따라 속도의 변동이 심한 특성을 가진다. 주로 기중기, 자동차의 시동 전동기, 전동차에 사용한다.

정답
46. ④ 47. ①
48. ① 49. ④
50. ③ 51. ③
52. ④

53. 그림과 같은 시퀀스제어회로가 나타내는 것은? (단, A와 B는 푸시 버튼스위치, R은 전자접촉기, L은 램프이다.)

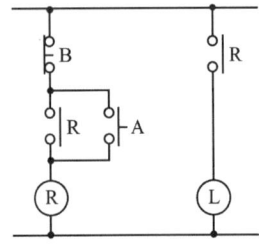

① 인터록
② 자기유지
③ 지연논리
④ NAND논리

해설 자기유지회로는 일종의 기억회로로 MC나 릴레이가 자신의 접점을 이용하여 계속해서 ON을 하는 회로로 기동회로로 많이 사용함

54. 60Hz, 6극인 교류 발전기의 회전수는 몇 rpm인가?

① 1200
② 1500
③ 1800
④ 3600

해설 $rpm = \dfrac{f \times 60}{\dfrac{P}{2}} = \dfrac{f \times 120}{P} = \dfrac{60 \times 120}{6} = 1200 rpm$

55. 프로세스 제어계의 제어량이 아닌 것은?

① 방위
② 유량
③ 압력
④ 밀도

해설 프로세스 제어
제어량이 온도, 압력, 유량, 레벨 등이며 플랜트나 생산공정 중의 상태량을 제어량으로 하는 제어로 제어계에 가해지는 외란의 억제를 주목적으로 함.

[보충] 서보 제어(추종 제어)
물체의 위치, 방위, 자세 등의 기계적 변위를 제어량으로 해서 목표값의 임의의 변화에 추종하도록 구성된 제어계

56. 제어기기의 대표적인 것으로는 검출기, 변환기, 증폭기, 조작기기를 들 수 있는데 서보모터는 어디에 속하는가?

① 검출기
② 변환기
③ 증폭기
④ 조작기기

서보전동기(서보모터)
위치나 각도 등의 제어에 사용하는 조작기기로 속응성, 정역전, 변속 등의 제어성이 높아 정밀제어에 사용되며 직류 및 교류 전동기가 사용이 되고 있다. 이 전동기는 필요한 경우에만 회전을 하므로 전동기 자체의 팬에 의한 냉각이 불충분하므로 외부의 냉각장치를 사용한다.(프린터, DVD, 공작기계, CCTV 카메라, 캠코더)

57 100Ω의 전열선에 2A의 전류를 흘렸다면 소모되는 전력은 몇 W인가?

① 100
② 200
③ 300
④ 400

해설
$$P = I^2 R = \frac{V^2}{R}$$
$P = I^2 R = 2^2 \times 100 = 400W$

58 시퀀스 제어에 관한 사항으로 옳은 것은?

① 조절기용이다.
② 입력과 출력의 비교장치가 필요하다.
③ 한시동작에 의해서만 제어되는 것이다.
④ 제어결과에 따라 조작이 자동적으로 이행된다.

해설 시퀀스 제어 : 미리 정해진 순서에 따라 각 단계별 제어를 행하는 제어이므로 제어결과에 따라 자동적으로 이행하게 된다.

59 그림과 같은 회로는?

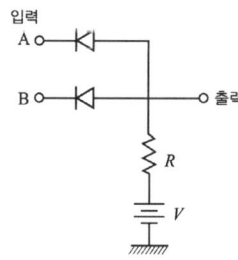

① OR회로
② AND회로
③ NOR회로
④ NAND회로

해설 어느 하나의 입력이라도 0이 되면 다이오드가 ON을 하여 출력은 0이 된다. 모든 입력이 1이 되면 출력은 1이 된다.

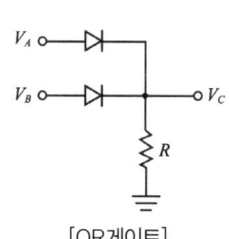
[OR게이트]

피드백 제어
제어결과(제어량)를 입력측으로 되돌리는, 즉 출력과 목표값을 비교 상호 일치되도록 연속적으로 제어하는데 직접적인 목표값을 사용할 수 없는 경우에는 기준입력요소와 비교하게 된다.

정답
53. ② 54. ①
55. ① 56. ④
57. ④ 58. ④
59. ②

60 교류의 실효값에 관한 설명 중 틀린 것은?

① 교류의 최대값은 실효값의 $\sqrt{2}$ 배이다.
② 전류나 전압의 한주기의 평균치가 실효값이다.
③ 상용전원이 220V라는 것은 실효값을 의미한다.
④ 실효값 100V인 교류와 직류 100V로 같은 전등을 점등하면 그 밝기는 같다.

해설 실효값 : 일반적으로 이야기하는 모든 교류는 실효값을 의미하며 수학적으로는 파형 신호의 순시치 제곱을 한 주기간 평균한 제곱근을 의미한다. 물리적으로는 1주기의 교류가 할 수 있는 일(물리학적인 일, 에너지)과 동일한 일을 할 수 있는 직류값으로 표시한 값으로 실효값에 $\sqrt{2}$ 를 곱하면 교류 최대값이 된다. 교류의 일반적인 평균값은 0이다.

정답 60. ②

10회 CBT 기출문제

1과목 공기조화설비

01 습공기 선도에서 상태점 A의 노점온도를 읽는 방법으로 옳은 것은?

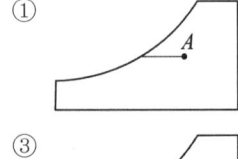

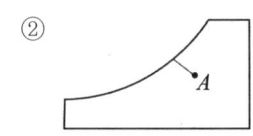

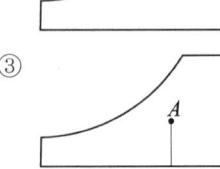

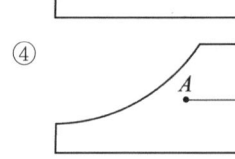

해설 노점온도(DP) : 상태점 A에서 왼쪽으로 수평선을 그어 상대습도 100%인 포화공기선과의 교점

02 온수배관의 시공 시 주의사항으로 옳은 것은?

① 각 방열기에는 필요시에만 공기배출기를 부착한다.
② 배관 최저부에는 배수밸브를 설치하며, 하향구배로 설치한다.
③ 팽창관에는 안전을 위해 반드시 밸브를 설치한다.
④ 배관 도중에 관 지름을 바꿀 때에는 편심이음쇠를 사용하지 않는다.

해설 배관 최저부에는 배수밸브를 설치하여 보수 시 물을 배수하고, 배관은 하향구배로 설치한다.

03 실내에 존재하는 습공기의 전열량에 대한 현열량의 비율을 나타낸 것은?

① 바이패스 팩터 ② 열수분비
③ 현열비 ④ 잠열비

해설 현열비(SHF) : 습공기의 전열량에 대한 현열량의 비율

$$SHF = \frac{현열}{전열} = \frac{q_S}{q_T} = \frac{q_S}{q_S + q_L}$$

04 아래 조건과 같은 병행류형 냉각코일의 대수평균온도차는?

① 8.74℃
② 9.54℃
③ 12.33℃
④ 13.10℃

공기온도	입구	32℃
	출구	18℃
냉수코일온도	입구	10℃
	출구	15℃

해설 대수평균온도차
$$MTD = \frac{\Delta t_1 - \Delta t_2}{\ln \frac{\Delta t_1}{\Delta t_2}}$$
$$= \frac{(32-10)-(18-15)}{\ln \frac{22}{3}}$$
$$= 9.54℃$$

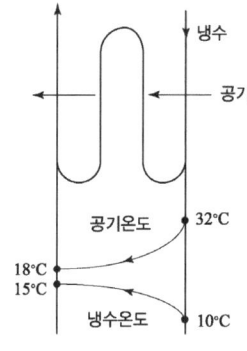

05 냉방 부하 중 현열만 발생하는 것은?

① 외기부하
② 조명부하
③ 인체발생부하
④ 틈새바람부하

해설 조명부하는 현열만 발생한다.

보충
현열 및 잠열부하 요소
① 극간풍(틈새바람)부하
② 인체발생부하
③ 실내기구부하
④ 외기부하

06 기계환기 중 송풍기와 배풍기를 이용하며 대규모 보일러실, 변전실 등에 적용하는 환기법은?

① 1종 환기
② 2종 환기
③ 3종 환기
④ 4종 환기

해설 제1종(병용식) 환기 : 송풍기와 배풍기를 이용하며 대규모 보일러실, 변전실 등에 적용

07 난방부하 계산 시 측정 온도에 대한 설명으로 틀린 것은?

① 외기온도 : 기상대의 통계에 의한 그 지방의 매일 최저온도의 평균값보다 다소 높은 온도
② 실내온도 : 바닥 위 1m의 높이에서 외벽으로부터 1m 이내 지점의 온도
③ 지중온도 : 지하실의 난방부하의 계산에서 지표면 10m 아래까지의 온도
④ 천장 높이에 따른 온도 : 천장의 높이가 3m 이상이 되면 직접 난방법에 의해서 난방 할 때 방의 윗부분과 밑면과의 평균온도

해설 실내온도
바닥 위 1.5m의 높이에서 외벽으로부터 1m 이상 떨어진 장소의 온도

[정답] 01. ① 02. ②
03. ③ 04. ②
05. ② 06. ①
07. ②

08 매 시간마다 50ton의 석탄을 연소시켜 압력 80kgf/cm², 온도 500℃의 증기 320ton을 발생시키는 보일러의 효율은? (단, 급수 엔탈피는 120.25kcal/kg, 발생증기 엔탈피 812.6kcal/kg, 석탄의 저위발열량은 5500kcal/kg이다.)

① 78% ② 81%
③ 88% ④ 92%

해설
$$\eta = \frac{G_a(h_2 - h_1)}{G_f \cdot H_l} = \frac{320 \times 1,000 \times (812.6 - 120.25)}{50 \times 1,000 \times 5,500} \times 100 = 80.56\%$$

여기서, G_a : 실제 증발량[kg/h]
h_2 : 발생증기의 엔탈피[kcal/kg]
h_1 : 급수의 엔탈피, 온도[kcal/kg]
G_f : 연료 사용량[kg/h]
H_l : 저위 발열량[kcal/kg]

09 온수 순환량이 560kg/h인 난방설비에서 방열기의 입구온도가 80℃, 출구온도가 72℃라고 하면 이때 실내에 발산하는 현열량은?

① 4520 kcal/h ② 4250 kcal/h
③ 4480 kcal/h ④ 4840 kcal/h

해설 $q = G \cdot C \cdot \Delta t = 560 \times 1 \times (80 - 72) = 4,480 \text{kcal/h}$

10 유인 유닛(IDU)방식에 대한 설명으로 틀린 것은?

① 각 유닛마다 제어가 가능하므로 개별실 제어가 가능하다.
② 송풍량이 많아서 외기 냉방효과가 크다.
③ 냉각, 가열을 동시에 하는 경우 혼합손실이 발생한다.
④ 유인 유닛에는 동력배선이 필요 없다.

해설 유인 유닛(IDU) 방식은 수공기방식으로 송풍량이 적어 외기 냉방효과가 떨어진다.

11 멀티 존 유닛 공조방식에 대한 설명으로 옳은 것은?

① 이중덕트 방식의 덕트 공간을 천장 속에 확보할 수 없는 경우 적합하다.

② 멀티 존 방식은 비교적 존 수가 대규모인 건물에 적합하다.
③ 각 실의 부하변동이 심해도 각 실에 대한 송풍량의 균형을 쉽게 맞춘다.
④ 냉풍과 온풍의 혼합시 댐퍼의 조정은 실내 압력에 의해 제어한다.

해설 멀티존 유닛 방식은 2중 덕트방식을 변형한 것으로 덕트 공간을 천장속에 확보할 수 없는 경우에 적합하다.

12 콜드 드래프트(cold draft)의 원인으로 틀린 것은?

① 인체 주위의 공기온도가 너무 낮을 때
② 인체 주위의 기류속도가 작을 때
③ 주위 벽면의 온도가 낮을 때
④ 주위 공기의 습도가 낮을 때

해설 콜드 드래프트의 원인
① 인체 주위의 공기온도가 너무 낮을 때
② 인체 주위의 기류 속도가 너무 빠를 때
③ 주위 공기의 습도가 낮을 때
④ 주위 벽면의 온도가 너무 낮을 때
⑤ 극간풍이 많을 때

13 다음은 공기조화에서 사용되는 용어에 대한 단위, 정의를 나타낸 것으로 틀린 것은?

절대습도	단위	kg/kg(DA)
	정의	건조 공기 1kg속에 포함되어 있는 습한 공기 중의 수증기량
수증기분압	단위	Pa
	정의	습공기 중의 수증기 분압
상대습도	단위	%
	정의	절대습도(x)와 동일온도에서의 포화공기의 절대습도(x_s)와의 비
노점온도	단위	℃
	정의	습한 공기를 냉각시켜 포화상태로 될 때의 온도

① 절대습도
② 수증기분압
③ 상대습도
④ 노점온도

해설 상대습도(ϕ, %) : 습공기의 수증기 분압과 그 온도에 있어서의 포화공기의 수증기 분압과의 비율

$$\varphi = \frac{\gamma_v}{\gamma_s}\times 100 = \frac{P_v}{P_s}\times 100 = \frac{\varphi P_s}{P_s}\times 100$$

보충
포화도, 비교습도
$$\varphi_s = \frac{x}{x_s}\times 100$$

[정답] 08.② 09.③ 10.② 11.① 12.② 13.③

14 다음 중 실내로 침입하는 극간풍량을 구하는 방법이 아닌 것은?

① 환기횟수에 의한 방법
② 창문의 틈새길이법
③ 창 면적으로 구하는 법
④ 실내외 온도차에 의한 방법

해설 극간풍량 산정법
① 환기횟수법
② 창문 틈새길이법
③ 창문 면적법
④ 이용 빈도수에 의한 방법

15 온풍 난방의 특징으로 틀린 것은?

① 실내온도분포가 좋지 않아 쾌적성이 떨어진다.
② 보수, 취급이 간단하고, 취급에 자격자를 필요로 하지 않는다.
③ 설치 면적이 적어서 설치장소에 제한이 없다.
④ 열용량이 크므로 착화 즉시 난방이 어렵다.

해설 온풍 난방은 열용량이 작아 착화시 즉시 난방이 가능하다.

16 재열기를 통과한 공기의 상태량 중 변화되지 않는 것은?

① 절대습도   ② 건구온도
③ 상대습도   ④ 엔탈피

해설 재열기는 공기를 가열하여 현열을 증가시키므로 절대습도는 변화되지 않는다.

17 난방 설비에 관한 설명으로 옳은 것은?

① 온수난방은 온수의 현열과 잠열을 이용한 것이다.
② 온풍난방은 온풍의 현열과 잠열을 이용한 것이다.
③ 증기난방은 증기의 현열을 이용한 대류난방이다.
④ 복사난방은 열원에서 나오는 복사에너지를 이용한 것이다.

해설 ① 온수난방 : 온수의 현열 이용
② 온풍난방 : 온풍의 현열 이용
③ 증기난방 : 증기의 잠열 이용
④ 복사난방 : 열원에서의 복사열 이용

18 밀봉된 용기와 위크(wick) 구조체 및 증기공간에 의하여 구성되며, 길이 방향으로는 증발부, 응축부, 단열부로 구분되는데 한쪽을 가열하면 작동유체는 증발하면서 잠열을 흡수하고 증발된 증기는 저온으로 이동하여 응축되면서 열교환하는 기기의 명칭은?

① 전열 교환기
② 플레이트형 열교환기
③ 히트 파이프
④ 히트 펌프

해설 히트 파이프(Heat pipe)
밀봉된 용기와 위크 구조체 및 증기 공간에 의하여 구성되며 길이 방향으로는 증발부, 응축부, 단열부로 구분되며 한쪽을 가열하면 작동유체는 증발하면서 잠열을 흡수하고 증발된 증기는 저온으로 이동하여 응축되면서 열교환하는 기기

★히트 파이프

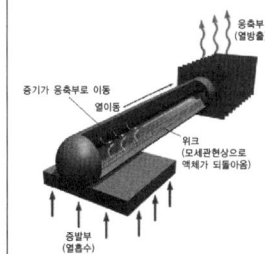

19 팬코일유닛 방식의 배관 방법에 따른 특징에 관한 설명으로 틀린 것은?

① 3관식에서는 손실열량이 타방식에 비하여 거의 없다.
② 2관식에서는 냉·난방의 동시운전이 불가능하다.
③ 4관식은 혼합손실은 없으나 배관의 양이 증가하여 공사비 등이 증가한다.
④ 4관식은 동시에 냉·난방운전이 가능하다.

해설 3관식은 공급관이 2개이고 환수관이 1개이므로 환수관에서 냉수와 온수의 혼합 열손실이 발생한다.

20 주철제 방열기의 표준 방열량에 대한 증기 응축수량은? (단, 증기의 증발잠열은 538kcal/kg이다.)

① $0.8 kg/m^2 \cdot h$
② $1.0 kg/m^2 \cdot h$
③ $1.2 kg/m^2 \cdot h$
④ $1.4 kg/m^2 \cdot h$

해설 응축수량 $= \dfrac{650}{538} = 1.2 kg/m^2 \cdot h$

[정답] 14. ④ 15. ④
16. ① 17. ④
18. ③ 19. ①
20. ③

2과목 냉동냉장설비

21 다음 중 스크롤 압축기에 관한 설명으로 틀린 것은?
① 인벌류트 치형의 두 개의 맞물린 스크롤의 부품이 선회운동을 하면서 압축하는 용적형 압축기이다.
② 토크변동이 적고 압축요소의 미끄럼 속도가 늦다.
③ 용량제어 방식으로 슬라이드 밸브방식, 리프트밸브 방식 등이 있다.
④ 고정스크롤, 선회스크롤, 자전방지 커플링, 크랭크 축 등으로 구성되어 있다.

해설 용량 제어방식으로 슬라이드 밸브를 사용하는 것은 스크류 압축기이다.

22 왕복동 압축기에서 -30~-70℃ 정도의 저온을 얻기 위해서는 2단 압축 방식을 채용한다. 그 이유로 틀린 것은?
① 토출가스의 온도를 높이기 위하여
② 윤활유의 온도 상승을 피하기 위하여
③ 압축기의 효율 저하를 막기 위하여
④ 성적계수를 높이기 위하여

해설 2단 압축 채용시 압축기 토출가스온도의 상승을 억제한다.

23 냉동장치의 부속기기에 관한 설명으로 옳은 것은?
① 드라이어 필터는 프레온 냉동장치의 흡입배관에 설치해 흡입증기 중의 수분과 찌꺼기를 제거한다.
② 수액기의 크기는 장치 내의 냉매순환량만으로 결정한다.
③ 운전 중 수액기의 액면계에 기포가 발생하는 경우는 다량의 불응축가스가 들어있기 때문이다.
④ 프레온 냉매의 수분 용해도는 작으므로 액 배관 중에 건조기를 부착하면 수분제거에 효과가 있다.

해설 프레온 냉매는 수분과의 용해도가 작아 수분에 의한 팽창밸브의 동결 폐쇄를 방지하기 위하여 팽창밸브 전에 건조기를 부착하여야 한다.

24 냉매가 암모니아일 경우는 주로 소형, 프레온일 경우에는 대용량까지 광범위하게 사용되는 응축기로 전열이 양호하고, 설치면적이 적어도 되나 냉각관이 부식되기 쉬운 응축기는?

① 이중관식 응축기
② 입형 쉘 앤드 튜브식 응축기
③ 횡형 쉘 앤드 튜브식 응축기
④ 7통로식 횡형 쉘 엔드식 응축기

해설 횡형 쉘 엔드 튜브식 응축기
암모니아와 프레온 장치에 광범위하게 사용되는 응축기로 전열이 양호하고, 설치면적이 적어도 되나 냉각관이 부식되기 쉬운 응축기이다.

25 일반적으로 냉동 운송설비 중 냉동자동차를 냉각장치 및 냉각방법에 따라 분류할 때 그 종류로 가장 거리가 먼 것은?

① 기계식 냉동차
② 액체질소식 냉동차
③ 헬륨냉동식 냉동차
④ 축냉식 냉동차

해설 냉동차의 냉각방법에 따른 구분
① 기계식 냉동차
② 축냉식 냉동차
③ 기타 냉동차
④ 액체질소식 냉동차
⑤ 드라이아이스식 냉동차

26 역카르노 사이클에서 고열원을 T_H, 저열원을 T_L이라 할 때 성능계수를 나타내는 식으로 옳은 것은?

① $\dfrac{T_H}{T_H - T_L}$
② $\dfrac{T_L}{T_H - T_L}$
③ $\dfrac{T_H - T_L}{T_H}$
④ $\dfrac{T_H - T_L}{T_L}$

해설 냉동기의 성능계수
$$COP_R = \frac{Q_2}{AW} = \frac{Q_2}{Q_1 - Q_2} = \frac{T_2}{T_1 - T_2} = \frac{T_L}{T_H - T_L}$$

27 하루에 10ton의 얼음을 만드는 제빙장치의 냉동부하는? (단, 물의 온도는 20℃, 생산되는 얼음의 온도는 −5℃이며, 이때 제빙장치의 효율은 0.8이다.)

① 223,000 kJ/h
② 46,200 kJ/h
③ 53,385 kJ/h
④ 73,200 kJ/h

해설 $Q = \dfrac{10,000 \times [\{(4.19 \times 20) + 334 + (2.1 \times 5)\}]}{24 \times 0.8} = 223,073 \text{kJ/h}$

[정답] 21. ③ 22. ①
23. ④ 24. ③
25. ③ 26. ②
27. ③

28 압축기에서 축마력이 400kW이고, 도시마력은 350kW일 때 기계효율은?

① 75.5% ② 79.5%
③ 83.5% ④ 87.5%

해설 기계효율 = $\dfrac{\text{도시(지시)마력}}{\text{축마력}} \times 100 = \dfrac{350}{400} \times 100 = 87.5\%$

29 다음 냉동기의 안전장치와 가장 거리가 먼 것은?

① 가용전 ② 안전밸브
③ 핫 가스장치 ④ 고, 저압 차단스위치

해설 핫 가스장치는 제상장치에 해당한다.

30 다음 냉동기의 T-S선도 중 습압축 사이클에 해당되는 것은?

①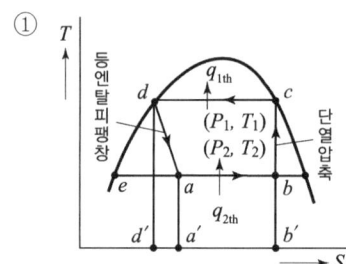
②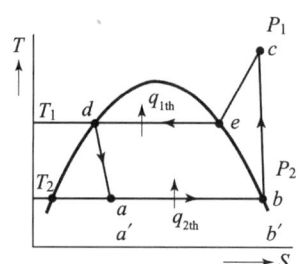
③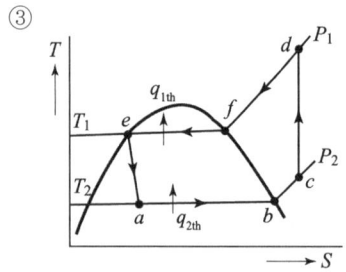
④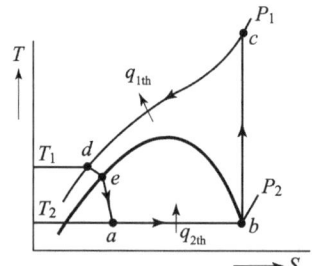

해설 ① 습압축 사이클
② 건압축 사이클
③ 과열압축 사이클

31 자연계에 어떠한 변화도 남기지 않고 일정온도의 열을 계속해서 일로 변환시킬 수 있는 기관은 존재하지 않는다를 의미하는 열역학 법칙은?

① 열역학 제 0 법칙
② 열역학 제 1 법칙
③ 열역학 제 2 법칙
④ 열역학 제 3 법칙

해설 열역학 제2 법칙 : 자연계에 아무런 변화를 남기지 않고 열을 기계적 일로 바꾸는 기관은 존재하지 않는다.

32 냉동장치의 냉매 액관 일부에서 발생한 플래쉬 가스가 냉동장치에 미치는 영향으로 옳은 것은?

① 냉매의 일부가 증발하면서 냉동유를 압축기로 재순환시켜 윤활이 잘 된다.
② 압축기에 흡입되는 가스에 액체가 혼입되어서 흡입 체적효율을 상승시킨다.
③ 팽창밸브를 통과하는 냉매의 일부가 기체이므로 냉매의 순환량이 적어져 냉동능력을 감소시킨다.
④ 냉매의 증발이 왕성해짐으로서 냉동능력을 증가시킨다.

해설 플래쉬 가스는 팽창밸브 통과 중 발생하는 가스로 실제 냉매 순환량이 적어져 냉동능력을 감소시킨다.

33 응축기에 대한 설명으로 틀린 것은?

① 응축기는 압축기에서 토출한 고온가스를 냉각시킨다.
② 냉매는 응축기에서 냉각수에 의하여 냉각되어 압력이 상승한다.
③ 응축기에는 불응축가스가 잔류하는 경우가 있다.
④ 응축기 냉각관의 수측에 스케일이 부착되는 경우가 있다.

해설 응축기에서의 냉매의 압력은 일정하고, 압력을 상승시키는 장치는 압축기이다.

34 상태 A에서 B로 가역 단열변화를 할 때 상태변화로 옳은 것은? (단, S : 엔트로피, h : 엔탈피, T : 온도, P : 압력이다.)

① $\triangle S = 0$
② $\triangle h = 0$
③ $\triangle T = 0$
④ $\triangle P = 0$

해설
① $\Delta S = 0$: 가역 단열변화
② $\Delta h = 0$: 비가역 단열변화
③ $\Delta T = 0$: 등온변화
④ $\Delta P = 0$: 등압변화

[정답] 28. ④ 29. ③ 30. ① 31. ③ 32. ③ 33. ② 34. ①

35 절대압력 20bar의 가스 10L가 일정한 온도 10℃에서 절대압력 1bar까지 팽창할 때의 출입한 열량은? (단, 가스는 이상기체로 간주한다.)

① 55 kJ ② 60 kJ
③ 65 kJ ④ 70 kJ

해설 등온과정에서의 출입열량
$$Q = P_1 V_1 \ln\frac{P_1}{P_2} = (20 \times 101) \times 0.01 \times \ln\left(\frac{20}{1}\right) = 60.5 \text{kJ}$$

36 냉동장치의 운전 중에 저압이 낮아질 때 일어나는 현상이 아닌 것은?

① 흡입가스 과열 및 압축비 증대
② 증발온도 저하 및 냉동능력 증대
③ 흡입가스의 비체적 증가
④ 성적계수 저하 및 냉매순환량 감소

해설 저압이 낮아지면 증발온도가 저하하고 냉동효과는 감소하여 냉동능력도 감소한다.

37 고온가스에 의한 제상 시 고온가스의 흐름을 제어하기 위해 사용되는 것으로 가장 적절한 것은?

① 모세관 ② 전자밸브
③ 체크밸브 ④ 자동팽창밸브

해설 전자밸브 : 고온가스 제상 시 고온가스(hot gas)의 흐름를 제어하기 위해 사용하는 밸브

38 비열에 관한 설명으로 옳은 것은?

① 비열이 큰 물질일수록 빨리 식거나 빨리 더워진다.
② 비열의 단위는 kJ/kg이다.
③ 비열이란 어떤 물질 1kg을 1℃ 높이는데 필요한 열량을 말한다.
④ 비열비는 정압 비열/정적 비열로 표시되며 그 값은 R-22가 암모니아 가스보다 크다.

해설 비열 : 어떤 물질 1kg을 1℃ 높이는데 필요한 열량(kcal/kg℃)

39 압축기의 클리어런스가 클 때 나타나는 현상으로 가장 거리가 먼 것은?

① 냉동능력이 감소한다.
② 체적효율이 저하한다.
③ 토출가스 온도가 낮아진다.
④ 윤활유가 열화 및 탄화된다.

해설 압축기 틈새(clearance) 증가 시
① 체적효율은 감소
② 토출가스온도 상승
③ 냉동능력 감소 등

40 냉매액이 팽창밸브를 지날 때 냉매의 온도, 압력, 엔탈피의 상태변화를 순서대로 올바르게 나타낸 것은?

① 일정, 감소, 일정
② 일정, 감소, 감소
③ 감소, 일정, 일정
④ 감소, 감소, 일정

해설 팽창밸브 통과시 냉매의 상태변화
① 온도 : 감소
② 압력 : 감소
③ 엔탈피 : 일정
④ 엔트로피 : 증가

3과목 공조냉동설치 · 운영

41 고가탱크 급수방식의 특징에 관한 설명으로 틀린 것은?

① 항상 일정한 수압으로 급수할 수 있다.
② 수압의 과대 등에 따른 밸브류 등 배관 부속품의 파손이 적다.
③ 취급이 비교적 간단하고 고장이 적다.
④ 탱크는 기밀 제작이므로 값이 싸진다.

해설 압력탱크방식의 탱크는 기밀 제작하므로 값이 비싸진다.

42 다음 중 강관 접합법으로 틀린 것은?

① 나사접합
② 플랜지접합
③ 압축접합
④ 용접접합

해설 강관 접합법 : 나사이음, 용접이음, 플랜지이음

정답 35. ② 36. ②
37. ② 38. ③
39. ③ 40. ④
41. ④ 42. ③

43 유체를 일정방향으로만 흐르게 하고 역류하는 것을 방지하기 위해 설치하는 밸브는?

① 3방 밸브 ② 안전 밸브
③ 게이트 밸브 ④ 체크 밸브

해설 체크 밸브(역지변) : 유체의 역류를 방지
① 스윙형 : 수직, 수평 배관에 사용
② 리프트형 : 수평 배관에만 사용
③ 풋형 : 펌프 흡입관 선단에 설치하는 여과기와 체크밸브를 조합한 밸브

44 도시가스 입상 관에 설치하는 밸브는 바닥으로부터 몇 m 범위에 설치해야 하는가? (단, 보호 상자에 설치하는 경우는 제외한다.)

① 0.5m 이상 1m 이내 ② 1m 이상 1.5m 이내
③ 1.6m 이상 2m 이내 ④ 2m 이상 2.5m 이내

해설 도시가스 입상 관에 설치하는 밸브 : 바닥으로부터 1.6m 이상 2m 이내에 설치

45 증기난방설비에 있어서 응축수 탱크에 모아진 응축수를 펌프로 보일러에 환수시키는 환수방법은?

① 중력 환수식 ② 기계 환수식
③ 진공 환수식 ④ 지역 환수식

해설 기계 환수식 : 응축수 탱크에 모아진 응축수를 펌프로 보일러에 환수시키는 환수방법

46 캐비테이션 현상의 발생조건으로 옳은 것은?

① 흡입양정이 작을 경우 발생한다.
② 액체의 온도가 낮을 경우 발생한다.
③ 날개차의 원주속도가 작을 경우 발생한다.
④ 날개차의 모양이 적당하지 않을 경우 발생한다.

해설 캐비테이션(공동)현상 발생 원인
① 흡입양정이 클 경우
② 액체의 온도가 높을 경우
③ 날개차의 원주속도가 클 경우
④ 날개차의 모양이 적당하지 않을 경우

47 압축공기 배관시공 시 일반적인 주의사항으로 틀린 것은?
① 공기 공급배관에는 필요한 개소에 드레인용 밸브를 장착한다.
② 주관에서 분기관을 취출할 때에는 관의 하단에 연결하여 이물질 등을 제거한다.
③ 용접개소는 가급적 적게 하고 라인의 중간 중간에 여과기를 장착하여 공기 중에 섞인 먼지 등을 제거한다.
④ 주관 및 분기관의 관 끝에는 과잉의 압력을 제거하기 위한 불어내기(blow)용 게이트 밸브를 설치한다.

해설 주관에서 분기관을 취출할 때에는 관의 상단에 연결하여 이물질 등을 제거한다.

48 증기난방의 단관 중력 환수식 배관에서 증기와 응축수가 동일한 방향으로 흐르는 순류관의 구배로 적당한 것은?
① 1/50~1/100
② 1/100~1/200
③ 1/150~1/250
④ 1/200~1/300

해설 단관 중력 환수식
① 상향 공급식(역류관) : $\frac{1}{50} \sim \frac{1}{100}$ 하향구배
② 하향 공급식(순류관) : $\frac{1}{100} \sim \frac{1}{200}$ 상향구배

49 다음 도면 표시기호는 어떤 방식인가?
① 5쪽짜리 횡형 벽걸이 방열기
② 5쪽짜리 종형 벽걸이 방열기
③ 20쪽짜리 길드 방열기
④ 20쪽짜리 대류 방열기

해설 5쪽, 벽걸이 – 횡형, 유입관경 20, 유출관경 20

50 다음 중 무기질 보온재가 아닌 것은?
① 암면
② 펠트
③ 규조토
④ 탄산마그네슘

해설 유기질 보온재 : 펠트, 코르크, 텍스류, 기포성수지(폼류)

보충
펠트
양모펠트와 우모펠트가 있으며 아스팔트로 방습한 것은 –60℃ 정도까지 유지할 수 있어 보냉용에 사용하며, 곡면 부분의 시공이 가능하다.

정답
43. ④ 44. ③
45. ② 46. ④
47. ② 48. ②
49. ① 50. ②

51. 논리함수 $X = A + AB$를 간단히 하면?

① $X = A$
② $X = B$
③ $X = A \cdot B$
④ $X = A + B$

해설 $X = A + AB = A(1+B) = A$

52. 연료의 유량과 공기의 유량과의 관계 비율을 연소에 적합하게 유지하고자 하는 제어는?

① 비율 제어
② 시퀀스 제어
③ 프로세스 제어
④ 프로그램 제어

해설 비율 제어
목표값이 다른 것과 일정 비율 관계를 가지고 변화하는 제어로 주로 보일러의 연소제어에 사용된다.

보충
① **프로세스 제어** : 제어량이 온도, 압력, 유량, 레벨 등이며 플랜트나 생산공정 중의 상태량을 제어량으로 하는 제어로 제어계에 가해지는 외란의 억제를 주목적으로 함
② **프로그램 제어** : 정해진 프로그램에 따라 제어량을 변화시키는 제어
③ **시퀀스 제어** : 미리 정해진 순서에 따라 제어의 각 단계를 차례로 진행시키는 제어(컨베이어, 엘리베이터, 세탁기, 커피 자동판매기 등)

53. 무효전력을 나타내는 단위는?

① VA
② W
③ Var
④ Wh

해설 교류전력에는 단순히 전압과 전류의 실효치를 곱한 피상전력, 피상전력의 허수성분인 무효전력과 피상전력의 실수성분이 있으며 그 중 실제로 일을 하는 전력이 유효전력이다. 피상전력의 단위는 VA, 무효전력의 단위는 Var, 유효전력의 단위는 W이다.

54. 출력의 변동을 조정하는 동시에 목표값에 정확히 추종하도록 설계한 제어계는?

① 추치 제어
② 안정 제어
③ 타력 제어
④ 프로세스 제어

해설 추치 제어 : 임의 시간적 변화를 하는 목표값에 제어량을 추종하는 제어

보충
프로세스 제어
제어량이 온도, 압력, 유량, 레벨 등이며 플랜트나 생산공정 중의 상태량을 제어량으로 하는 제어로 제어계에 가해지는 외란의 억제를 주목적으로 함.

55 회전중인 3상 유도전동기의 슬립이 1이 되면 전동기 속도는 어떻게 되는가?

① 불변이다.
② 정지한다.
③ 무구속 속도가 된다.
④ 동기속도와 같게 된다.

해설 유도전동기는 원리상 고정자에서 만들어지는 회전자속의 속도보다 회전자가 늦게 돌아가는데 그 차이를 나타내는 지표가 슬립이다. 슬립은 다음과 같은 식으로 계산한다.

$$S = \frac{N_S - N}{N_S}$$

위 식에서 N_S는 전원 주파수, N은 회전자 속도이다. $S=1$인 경우는 N이 0인 경우이므로 전동기는 정지상태가 된다.

답안 표기란

55	① ② ③ ④
56	① ② ③ ④
57	① ② ③ ④

보충
$s=0$인 경우는 $N_S = N$인 경우이므로 회전자가 동기속도로 회전하는 상태이다.

56 50Hz에서 회전하고 있는 2극 유도전동기의 출력이 20kW일 때 전동기의 토크는 약 몇 N·m인가?

① 48
② 53
③ 64
④ 84

해설 토크 T[N·m]와 전동기의 회전수 ω_m[rad/s]와 출력 P_w[W]의 관계는 $P_w = \omega T$이다. 이때, ω_m와 전기 각주파수 f의 관계는 $2\pi f/(P/2) = \omega_m$이다. 단, P는 전동기의 극수이다. 따라서, 토크는 다음식으로 얻을 수 있다.

$$P_w = \omega_m T = 2\pi f \frac{2}{P} T, \quad 20,000 = 2\pi \times 50 \frac{2}{2} T, \quad T = 63.67 \text{N·m}$$

57 60Hz, 6극 3상 유도전동기의 전부하에 있어서의 회전수가 1164 rpm이다. 슬립은 약 몇 %인가?

① 2
② 3
③ 5
④ 7

해설 전동기의 동기속도 N_0를 구해서 슬립의 식을 이용해서 계산 가능하다.

$$N_0 = \frac{f \times 60}{\frac{P}{2}} = \frac{60 \times 60}{3} = 1,200 \, rpm$$

$$s = \frac{N_0 - N}{N_0} = \frac{1,200 - 1,164}{1,200} = 0.03 = 3\%$$

정답 51. ① 52. ① 53. ③ 54. ① 55. ② 56. ③ 57. ②

58. 입력으로 단위계단함수 $u(t)$를 가했을 때, 출력이 그림과 같은 동작은?

① P 동작
② PD 동작
③ PI 동작
④ 2위치 동작

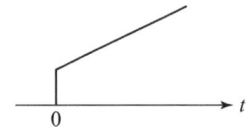

해설 PI(비례적분) 제어기
비례제어기+적분제어기의 구조로 입력이 계단함수인 일정값이므로 게인을 곱하는 비례제어기를 통과하면 단위계단함수와 같은 직선이 되지만 크기는 달라진다. 또, 단위계단함수를 적분제어기에 통과시키면 누적되므로 일정한 기울기의 직선이 만들어 진다. 따라서, 문제의 그림과 같은 모양이 된다.

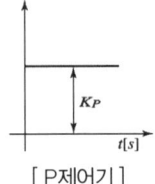 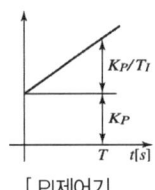 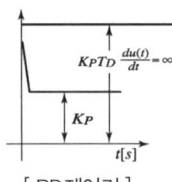 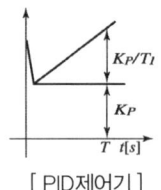

[P제어기]　[PI제어기]　[PD제어기]　[PID제어기]

59. 시퀀스 제어에 관한 설명 중 틀린 것은?

① 조합 논리회로도 사용된다.
② 시간 지연요소도 사용된다.
③ 유접점 계전기만 사용된다.
④ 제어결과에 따라 조작이 자동적으로 이행된다.

해설 시퀀스 제어 : 시퀀스 제어는 순차적으로 실행하는 제어를 의미 하는데 릴레이나 MC 등을 사용하는 유접점 제어방식과 반도체스위치를 사용하는 무접점 방식이 있다.

60. 공업공정의 제어량을 제어하는 것은?

① 비율 제어
② 정치 제어
③ 프로세스 제어
④ 프로그램 제어

해설 프로세스(공정) 제어 : 제어량이 온도, 압력, 유량, 레벨 등이며 플랜트나 생산 공정 중의 상태량을 제어량으로 하는 제어로 제어계에 가해지는 외란의 억제를 주목적으로 함

보충
① **정치 제어** : 언제나 일정한 값을 유지하도록 제어하는 것을 목적으로 하는 제어로 플랜트나 생산공정 중의 상태량을 제어량으로 하는 제어에 많이 사용된다.
② **프로그램 제어** : 미리 정해진 프로그램에 따라 제어량을 변화시키는 것을 목적으로 엘리베이터, 열처리로 등의 제어
③ **비율 제어** : 목표치가 있는 다른 양과 일정의 비율관계를 가지고 변화시키는 것을 목적으로 하는 수치 제어로 보일러의 공연비 제어나 가열로의 밸런스 제어, 몇 개의 유량을 섞어 제품을 만드는 혼합 제어 등이 많이 사용된다.

정답 58. ③ 59. ③
60. ③

11회 CBT 기출문제

1과목 공기조화설비

01 전공기 방식에 의한 공기조화의 특징에 관한 설명으로 틀린 것은?

① 실내공기의 오염이 적다.
② 계절에 따라 외기냉방이 가능하다.
③ 수배관이 없기 때문에 물에 의한 장치부식 및 누수의 염려가 없다.
④ 덕트가 소형이라 설치공간이 줄어든다.

해설 전공기 방식은 송풍량이 많아 덕트가 크게 되므로 덕트의 설치공간이 커진다.

장 점	단 점
① 송풍량이 많아서 실내공기의 오염이 적다.	① 덕트 스페이스가 크다.
② 중간기(봄, 가을)에 외기냉방이 가능하다.	② 냉·온풍의 운반에 소요되는 동력이 크다.
③ 바닥의 이용도가 좋다.	③ 공조실의 면적이 크다.
④ 수배관에서의 누수가 없다.	④ 개별 제어가 어렵다.

보충
전공기 방식(덕트 방식)
공조기에서 공급된 냉·온풍을 덕트를 통해 실내로 취출하여 공기에 의해 실내부하를 처리하는 방식

02 실내 취득 현열량 및 잠열량이 각각 3000W, 1000W, 장치 내 취득열량이 550W이다. 실내 온도를 25℃로 냉방하고자 할 때, 필요한 송풍량은 약 얼마인가? (단, 취출구 온도차는 10℃이다.)

① 105.6L/s　　② 150.8L/s
③ 295.8L/s　　④ 346.6L/s

해설 $Q = \dfrac{q_s}{\rho \cdot C \cdot \Delta t} = \dfrac{(3,000+550)\times 3.6}{1.2 \times 1.01 \times 10 \times 3,600} = 0.293\,\mathrm{m^3/s} = 293\mathrm{L/s}$

여기서, 1W=3.6kJ/h이며, 공기의 비열=0.24kcal/kg·℃=1.01kJ/kg·K 이다.

03 배관 계통에서 유량은 다르더라도 단위 길이당 마찰 손실이 일정하도록 관경을 정하는 방법은?

① 균등법　　② 정압재취득법
③ 등마찰손실법　　④ 등속법

해설 등마찰손실법 : 단위 길이당 마찰 손실이 일정하도록 관경을 정하는 방법

정답 01. ④　02. ③
03. ③

04 냉방시의 공기조화 과정을 나타낸 것이다. 그림과 같은 조건일 경우 냉각코일의 바이패스 팩터는? (단, ① 실내공기의 상태점, ② 외기의 상태점, ③ 혼합공기의 상태점, ④ 취출공기의 상태점, ⑤ 코일의 장치노점온도이다.)

① 0.15
② 0.20
③ 0.25
④ 0.30

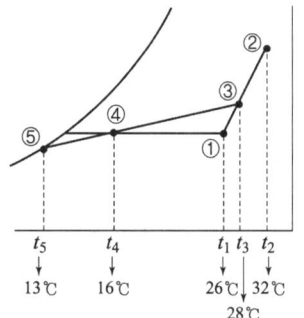

해설 냉각코일의 바이패스 팩터
$$BF = \frac{t_4 - t_5}{t_3 - t_5} = \frac{16 - 13}{28 - 13} = 0.2$$

답안 표기란
04 ① ② ③ ④
05 ① ② ③ ④
06 ① ② ③ ④

05 단일 덕트 방식에 대한 설명으로 틀린 것은?

① 단일 덕트 정풍량 방식은 개별 제어에 적합하다.
② 중앙기계실에 설치한 공기조화기에서 조화한 공기를 주 덕트를 통해 각 실내로 분배한다.
③ 단일 덕트 정풍량 방식에서는 재열을 필요로 할 때도 있다.
④ 단일 덕트 방식에서는 큰 덕트 스페이스를 필요로 한다.

해설 단일 덕트 방식 : 중앙 공조기에서 조화된 냉·온풍의 공기를 1개의 덕트를 통해 실내로 공급하는 방식
① 급기량이 일정하여 실내가 쾌적하다.
② 변풍량에 비하여 에너지 소비가 크다.
③ 각 실의 개별 제어가 어렵다.
④ 존의 수가 적은 규모에서는 타 방식에 비해 설비비가 싸다.

06 바이패스 팩터에 관한 설명으로 틀린 것은?

① 공기가 공기조화기를 통과할 경우, 공기의 일부가 변화를 받지 않고 원상태로 지나쳐갈 때 이 공기량과 전체 통과 공기량에 대한 비율을 나타낸 것이다.
② 공기조화기를 통과하는 풍속이 감소하면 바이패스 팩터는 감소한다.
③ 공기조화기의 코일 열수 및 코일 표면적이 작을 때 바이패스 팩터는 증가한다.

보충
바이패스 팩터(BF)
공기가 냉온수 코일과 접촉하지 않고 그대로 통과하는 공기의 비율로 바이패스 팩터는 작을수록 좋다.

④ 공기조화기의 이용 가능한 전열 표면적이 감소하면 바이패스 팩터는 감소한다.

해설 공기조화기의 냉온수 코일의 전열 표면적이 감소하면 바이패스 팩터는 증가한다.

07 온수난방의 특징에 대한 설명으로 틀린 것은?
① 증기난방보다 상하 온도차가 적고 쾌감도가 크다.
② 온도조절이 용이하고 취급이 증기보일러보다 간단하다.
③ 예열시간이 짧다.
④ 보일러 정지 후에도 실내난방은 여열에 의해 어느 정도 지속된다.

해설 온수난방은 열용량이 커 예열시간이 길다.

보충 온수난방의 특징

장 점	단 점
① 방열량(온도)조절이 용이하다.	① 열용량이 커 예열시간이 길다.
② 증기난방에 비해 쾌감도가 좋다.	② 수두(높이)에 제한을 받는다.
③ 열용량이 커 동결우려가 적다.	③ 방열면적과 관지름이 크다.
④ 취급이 용이하며 안전하다.	④ 설비비가 비싸다.

08 실내 온도분포가 균일하여 쾌감도가 좋으며 화상의 염려가 없고 방을 개방하여도 난방효과가 있는 방식은?
① 증기난방
② 온풍난방
③ 복사난방
④ 대류난방

해설 복사난방
실내의 천장, 바닥, 벽 등에 가열 코일(패널)을 묻어 코일 내에 온수를 공급하여 복사열에 의해 난방하는 방식으로 실내 온도분포가 균일하여 쾌감도가 좋으며 화상의 염려가 없고 방을 개방하여도 난방효과가 있는 방식

09 유인 유닛 방식의 특징으로 틀린 것은?
① 개별 제어가 가능하다.
② 중앙공조기는 1차공기만 처리하므로 규모를 줄일 수 있다.
③ 유닛에는 동력배선이 필요하지 않다.
④ 송풍량이 적어서 외기냉방의 효과가 크다.

해설 유인 유닛 방식은 수공기방식으로 송풍량이 적어서 외기냉방의 효과가 적다.

정답 04. ② 05. ①
06. ④ 07. ③
08. ③ 09. ④

10 흡수식 냉동기에서 흡수기의 설치 위치는?

① 발생기와 팽창밸브 사이
② 응축기와 증발기 사이
③ 팽창밸브와 증발기 사이
④ 증발기와 발생기 사이

해설 흡수식 냉동기의 사이클
증발기 → 흡수기 → 발생기(재생기) → 응축기 → 증발기

11 여름철을 제외한 계절에 냉각탑을 가동하면 냉각탑 출구에서 흰 색 연기가 나오는 현상이 발생할 때가 있다. 이 현상을 무엇이라고 하는가?

① 스모그(smog) 현상
② 백연(白煙) 현상
③ 굴뚝(stack effect) 현상
④ 분무(噴霧) 현상

해설 백연(白煙) 현상
냉각탑 출구에서 흰 색 연기가 나오는 현상으로 고온의 습공기가 저온의 외기와 만날 때 습공기 내 일부 수분이 응축되어 구름처럼 보이는 현상

12 풍량 450m³/min, 정압 50mmAq, 회전수 600rpm인 다익 송풍기의 소요동력은? (단, 송풍기의 효율은 50%이다.)

① 3.5kW
② 7.4kW
③ 11kW
④ 15kW

해설 다익 송풍기의 소요동력
$$kW = \frac{450 \times 50}{102 \times 60 \times 0.5} = 7.35 ≒ 7.4kW$$

보충
송풍기의 축동력
$$kW = \frac{Q \cdot P}{102 \times 60 \times \eta}$$
- Q : 송풍량(m³/min)
- P : 정압(mmAq)
- η : 정압효율

13 공기의 상태를 표시하는 용어와 단위의 연결로 틀린 것은?

① 절대습도 : kg/kg′
② 상대습도 : %
③ 엔탈피 : W/m²·K
④ 수증기분압 : Pa

해설 엔탈피의 단위, h = kcal/kg = kJ/kg

14 팬코일 유닛에 대한 설명으로 옳은 것은?

① 고속덕트로 들어온 1차 공기를 노즐에 분출시킴으로써 주위의 공기를 유인하여 팬코일로 송풍하는 공기조화기이다.

② 송풍기, 냉온수 코일, 에어필터 등을 케이싱 내에 수납한 소형의 실내용 공기조화기이다.
③ 송풍기, 냉동기, 냉온수 코일 등을 기내에 조립한 공기조화기이다.
④ 송풍기, 냉동기, 냉온수 코일, 에어필터 등을 케이싱 내에 수납한 소형의 실내용 공기조화기이다.

해설 팬코일 유닛(Fan Coil Unit)
송풍기, 냉온수 코일, 에어필터 등을 케이싱 내에 수납한 소형의 실내용 공기조화기

보충
유인 유닛
고속덕트로 들어온 1차 공기를 노즐에 분출시킴으로써 주위의 공기를 유인하여 팬코일로 송풍하는 공기조화기

15 온도 30℃, 절대습도 0.027kg/kg인 습공기의 엔탈피는?

① 23.69kJ/h ② 23.69Watt
③ 99.26kJ/h ④ 99.26kcal/h

해설
$h = 0.24 \cdot t + (0.441t + 597.5)x$
$= (0.24 \times 30) + \{(0.441 \times 30) + 597.5\} \times 0.027$
$= 23.69 \text{kcal/kg} \times 4.19 = 99.26 \text{kJ/h} = 27.57 \text{Watt}$

16 공기조화장치의 열운반장치가 아닌 것은?

① 펌프   ② 송풍기
③ 덕트   ④ 보일러

해설 공기조화 설비의 구성
① 열원장치 : 보일러, 냉동기, 흡수식 냉온수기, 빙축열장치, 히트펌프, 냉각탑 등
② 공기조화기 : 공기여과기, 공기냉각기(제습기), 공기가열기, 공기세정기(가습기)
③ 열운반장치 : 송풍기, 덕트, 펌프, 배관 등
④ 자동제어장치 : 온도, 습도제어장치

17 수관식 보일러에 관한 설명으로 틀린 것은?

① 보일러의 전열면적이 넓어 증발량이 많다.
② 고압에 적당하다.
③ 비교적 자유롭게 전열면적을 넓힐 수 있다.
④ 구조가 간단하여 내부 청소가 용이하다.

해설 수관식 보일러는 산업용으로 주로 사용하며, 구조가 복잡하여 내부 청소가 어렵다.

정답
10. ④ 11. ②
12. ② 13. ③
14. ② 15. ③
16. ④ 17. ④

18 다수의 전열판을 겹쳐 놓고 볼트로 연결시킨 것으로 판과 판 사이를 유체가 지그재그로 흐르면서 열교환이 이루어지고 열교환 능력이 매우 높아 필요 설치면적이 좁고 전열판의 증감으로 기기 용량의 변동이 용이한 열교환기는?

① 플레이트형 열교환기
② 스파이럴형 열교환기
③ 원통다관형 열교환기
④ 회전형 전열교환기

해설 판형(plate type) 열교환기
다수의 전열판 여러 장을 겹쳐 나열하여 볼트로 연결시킨 것으로 원통다관식에 비하여 열관류율이 3~5배 정도이므로 크기에 비해 열교환 능력이 매우 좋아 초고층 건물 등에서 많이 사용된다.

보충
플레이트형 열교환기

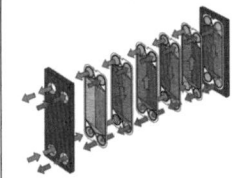

19 축열 시스템의 특징에 관한 설명으로 옳은 것은?

① 피크 컷(peak cut)에 의해 열원장치의 용량이 증가한다.
② 부분부하 운전에 쉽게 대응하기가 곤란하다.
③ 도시의 전력수급상태 개선에 공헌한다.
④ 야간운전에 따른 관리 인건비가 절약된다.

해설 축열 시스템
여름철 주간 전력부하를 야간으로 이전하고 에너지를 효율적으로 사용하는 측면에서 도시의 전력수급상태 개선에 공헌한다.

20 염화리튬, 트리에틸렌 글리콜 등의 액체를 사용하여 감습하는 장치는?

① 냉각감습장치
② 압축감습장치
③ 흡수식 감습장치
④ 세정식 감습장치

해설 흡수식(액체) 감습장치
염화리튬이나 트리에틸렌글리콜과 같은 흡수성이 큰 액체를 이용하는 방법으로 흡착된 수분을 증발시키기 위해 재생용 열원이 필요하다.

2과목 냉동냉장설비

21 정압식 팽창밸브는 무엇에 의하여 작동하는가?
① 응축압력
② 증발기의 냉매 과냉도
③ 응축온도
④ 증발압력

 정압식 팽창밸브(AEV) : 증발 압력을 일정하게 유지하는 팽창밸브

22 브라인의 구비조건으로 틀린 것은?
① 비열이 크고 동결온도가 낮을 것
② 점성이 클 것
③ 열전도율이 클 것
④ 불연성이며 불활성일 것

해설 브라인의 구비조건
① 열용량 및 비열이 크고 전열(열통과율)이 양호할 것
② 공정점과 점도가 낮을 것
③ 부식성이 없을 것
④ 비등점은 높고 응고점은 낮을 것
⑤ 누설 시 냉장물품에 손상이 없을 것
⑥ pH가 적당할 것(약알카리성 7.5~8.2 정도)
⑦ 가격이 싸고 구입이 용이할 것

23 냉동부하가 30RT이고, 냉각장치의 열통과율이 6kcal/m²·h·℃, 브라인의 입·출구 평균온도 10℃, 냉매의 증발온도가 4℃일 때 전열면적은?
① 1825m²
② 2767m²
③ 2932m²
④ 3123m²

해설 $F = \dfrac{Q_e}{K \cdot \Delta t_m} = \dfrac{30 \times 3{,}320}{6 \times (10-4)} = 2{,}767\text{m}^2$

24 할로겐 원소에 해당되지 않는 것은?
① 불소[F]
② 수소[H]
③ 염소[Cl]
④ 브롬[Br]

해설 할로겐족 원소
불소(F), 염소(Cl), 브롬(Br), 요오드(I), 아스타틴(At)

[정답] 18.① 19.③ 20.③ 21.④ 22.② 23.② 24.②

25. 두께 20cm인 콘크리트 벽 내면에, 두께 15cm인 스티로폼으로 방열을 하고, 그 내면에 두께 1cm의 내장 목재판으로 벽을 완성시킨 냉장실의 벽면에 대한 열관류율은? (단, 열전도율 및 열전달률은 아래와 같다.)

재 료	열전도율	
콘크리트	$0.9W/m \cdot K$	
스티로폼	$0.04W/m \cdot K$	
내장목재	$0.15W/m \cdot K$	
공기막계수	외부	$20W/m^2 \cdot K$
	내부	$6W/m^2 \cdot K$

① $1.35W/m^2 \cdot K$ ② $0.23W/m^2 \cdot K$
③ $0.13W/m^2 \cdot K$ ④ $0.02W/m^2 \cdot K$

해설 열관류율

$$K = \frac{1}{\frac{1}{\alpha_o} + \frac{l_n}{\lambda_n} + \frac{1}{\alpha_i}} = \frac{1}{\frac{1}{20} + \frac{0.2}{0.9} + \frac{0.15}{0.04} + \frac{0.01}{0.15} + \frac{1}{6}} = 0.23W/m^2 \cdot K$$

26. 암모니아 냉동장치에서 팽창밸브 직전의 엔탈피가 128kJ/kg, 압축기 입구의 냉매가스 엔탈피가 397kJ/kg이다. 이 냉동장치의 냉동능력이 12냉동톤일 때, 냉매순환량은? (단, 1냉동톤은 13900kJ/h이다.)

① 3320kg/h   ② 3228kg/h
③ 269kg/h   ④ 620kg/h

해설 냉매순환량

$$G = \frac{Q_e}{q_e} = \frac{12 \times 13,900}{(397 - 128)} = 620kg/h$$

27. 일의 열당량(A)을 옳게 표시한 것은?

① $427kg \cdot m/kcal$ ② $\frac{1}{427}kcal/kg \cdot m$
③ $102kcal/kg \cdot m$ ④ $860kg \cdot m/kcal$

해설 일의 열당량(A) = $\frac{1}{427}kcal/kg \cdot m$

28 냉동사이클에서 증발온도는 일정하고 응축온도가 올라가면 일어나는 현상이 아닌 것은?

① 압축기 토출가스 온도상승
② 압축기 체적효율 저하
③ COP(성적계수) 증가
④ 냉동능력(효과) 감소

해설 응축온도(압력)의 변화

구 분	응축온도 상승	응축온도 저하
압축비	증가	감소
냉동효과	감소	증가
소요동력	증가	감소
토출가스온도	상승	저하
성적계수	감소	증가

29 온도식 팽창밸브에서 흐르는 냉매의 유량에 영향을 미치는 요인으로 가장 거리가 먼 것은?

① 오리피스 구경의 크기
② 고·저압측 간의 압력차
③ 고압측 액상 냉매의 냉매온도
④ 감온통의 크기

해설 감온통의 크기는 온도식 팽창밸브에 유량의 영향을 미치지 않는다.

30 플래쉬 가스(flash gas)의 발생 원인으로 가장 거리가 먼 것은?

① 관경이 큰 경우
② 수액기에 직사광선이 비쳤을 경우
③ 스트레이너가 막혔을 경우
④ 액관이 현저하게 입상했을 경우

해설 플래쉬 가스(flash gas)의 발생 원인
① 팽창밸브(냉매 조절 오리피스)를 통과할 때 즉시 증발하여 기화하는 냉매가스
② 발생 원인
　㉠ 액관이 현저하게 입상되었거나 길 때
　㉡ 스트레이너, 드라이어 등이 막힌 경우
　㉢ 액관 구경이 현저하게 가늘 경우
　㉣ 전자밸브, 스톱밸브, 드라이어, 스트레이너 등의 구경이 작은 경우
　㉤ 수액기나 액관이 직사광선에 노출된 경우
　㉥ 액관을 보온없이 고온 장소에 통과시킨 경우
　㉦ 과도하게 응축온도가 낮아진 경우

[정답] 25. ② 26. ④ 27. ② 28. ③ 29. ④ 30. ①

31 영화관을 냉방하는 데 360000kcal/h의 열을 제거해야 한다. 소요 동력을 냉동톤당 1PS로 가정하면 이 압축기를 구동하는 데 약 몇 kW의 전동기가 필요한가?

① 79.8kW
② 69.8kW
③ 59.8kW
④ 49.8kW

해설 $PS = \dfrac{360,000}{3,320} = 108.4PS$, $108.4 \times 0.735 = 79.68kW$

32 액봉발생의 우려가 있는 부분에 설치하는 안전장치가 아닌 것은?

① 가용전
② 파열판
③ 안전밸브
④ 압력도피장치

해설 액봉발생 시 배관 내 압력이 상승하므로 안전밸브, 압력도피장치, 파열판 등을 안전장치로 사용한다.

33 카르노 사이클과 관련 없는 상태 변화는?

① 등온팽창
② 등온압축
③ 단열압축
④ 등적팽창

해설 카르노 사이클 : 이상적인 열기관 사이클
① 1→2과정 : 등온팽창
② 2→3과정 : 단열팽창
③ 3→4과정 : 등온압축
④ 4→1과정 : 단열압축

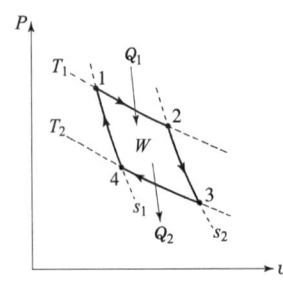
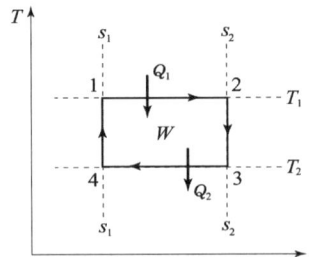

보충
- 1kW = 860kcal/h
- 1PS = 632kcal/h
- 1PS = 0.735kW

34 증기압축식 이론 냉동사이클에서 엔트로피가 감소하고 있는 과정은?

① 팽창과정 ② 응축과정
③ 압축과정 ④ 증발과정

해설 이론 냉동사이클에서 엔트로피가 감소하고 있는 과정 : 응축과정

35 진공계의 지시가 45cmHg일 때 절대압력은?

① 0.0421kgf/cm² abs ② 0.42kgf/cm² abs
③ 4.21kgf/cm² abs   ④ 42.1kgf/cm² abs

해설 $P = 1.033 \times \left(1 - \dfrac{h}{76}\right) \equiv 1.033 \times \left(1 - \dfrac{45}{76}\right) = 0.42 \text{kgf/cm}^2 \text{abs}$

36 매시 30℃의 물 2000kg을 -10℃의 얼음으로 만드는 냉동장치가 있다. 이 냉동장치의 냉각수 입구온도가 32℃, 냉각수 출구온도가 37℃이며, 냉각수량이 60m³/h일 때, 압축기의 소요동력은?

① 81.4kW ② 88.7kW
③ 90.5kW ④ 117.4kW

해설
$$kW = \dfrac{Q_c - Q_e}{860}$$
$$= \dfrac{\{60 \times 1,000 \times 1 \times (37-32)\} - [2,000 \times \{(1 \times 30) + 80 + (0.5 \times 10)\}]}{860}$$
$$= 81.4 \text{kW}$$

37 균압관의 설치 위치는?

① 응축기 상부 - 수액기 상부 ② 응축기 하부 - 팽창변 입구
③ 증발기 상부 - 압축기 출구 ④ 액분리기 하부 - 수액기 상부

해설 균압관의 설치
응축기와 수액기 상부를 연결한 배관으로서 응축기에서 수액기로 흐르는 액체의 흐름에 원활하게 하는 것으로 충분한 크기의 균압관을 사용한다.

38 압축기의 흡입밸브 및 송출밸브에서 가스누출이 있을 경우 일어나는 현상은?

① 압축일의 감소   ② 체적 효율이 감소
③ 가스의 압력이 상승 ④ 성적계수 증가

해설 압축기의 흡입밸브 및 송출밸브에서 가스누출 시 체적효율은 감소한다.

보충

압축기 토출밸브 누설 시 영향
① 체적효율 및 압축효율 감소
② 냉매 순환량 감소로 냉동능력 저하
③ 윤활유 열화 및 탄화
④ 소요동력 및 축수하중 증가
⑤ 실린더 과열 및 토출가스온도 상승

[정답] 31. ① 32. ①
33. ④ 34. ②
35. ② 36. ①
37. ① 38. ②

39 어떤 냉동장치의 냉동부하는 14000kcal/h, 냉매증기 압축에 필요한 동력은 3kW, 응축기 입구에서 냉각수 온도 30℃, 냉각수량 69L/min일 때, 응축기 출구에서 냉각수 온도는?

① 34℃ ② 38℃
③ 42℃ ④ 46℃

해설 $tw_2 = \dfrac{Q_e + AW}{wC} + tw_1 = \dfrac{14{,}000 + (3 \times 860)}{69 \times 60 \times 1} + 30 = 34\,°C$

40 교축작용과 관계 없는 것은?

① 등엔탈피 변화 ② 팽창밸브에서의 변화
③ 엔트로피의 증가 ④ 등적변화

해설 교축작용 : 줄-톰슨 효과, 단열팽창(교축팽창), 등엔탈피 변화, 엔트로피 증가

3과목 공조냉동설치 · 운영

41 다음과 같은 증기 난방배관에 관한 설명으로 옳은 것은?

① 진공환수방식으로 습식 환수방식이다.
② 중력환수방식으로 건식 환수방식이다.
③ 중력환수방식으로 습식 환수방식이다.
④ 진공환수방식으로 건식 환수방식이다.

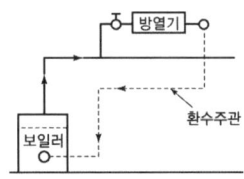

해설 펌프나 진공펌프를 사용하지 않은 중력환수방식으로서 보일러 수면보다 환수주관이 높게 설치되어 있으므로 건식 환수방식이다.
(중력환수방식-습식 환수방식)

42 LP가스의 주성분으로 옳은 것은?

① 프로판(C_3H_8)과 부틸렌(C_4H_8)
② 프로판(C_3H_8)과 부탄(C_4H_{10})
③ 프로필렌(C_3H_6)과 부틸렌(C_4H_8)
④ 프로필렌(C_3H_6)과 부탄(C_4H_{10})

해설 LPG(액화석유가스)의 주성분 : 프로판(C_3H_8)과 부탄(C_4H_{10})

43 가스배관 중 도시가스 공급배관의 명칭에 대한 설명으로 틀린 것은?

① 배관 : 본관, 공급관 및 내관 등을 나타낸다.
② 본관 : 옥외 내관과 가스 계량기에서 중간밸브 사이에 이르는 배관을 나타낸다.
③ 공급관 : 정압기에서 가스 사용자가 소유하거나 점유하고 있는 토지의 경계까지 이르는 배관을 나타낸다.
④ 내관 : 가스 사용자가 소유하거나 점유하고 있는 토지의 경계에서 연소기까지 이르는 배관을 나타낸다.

해설 도시가스 배관의 구분(본관 – 공급관 – 내관)
① 본관 : 도시가스 제조사업소의 부지 경계에서 정압기까지 이르는 배관
② 공급관 : 정압기에서 가스 사용자가 구분하여 소유하거나 점유하는 건축물의 외벽에 설치하는 계량기의 전단밸브(토지의 경계)까지 이르는 배관
③ 내관 : 가스 사용자가 소유하거나 점유하고 있는 토지의 경계에서 연소기까지 이르는 배관

44 개별식(국소식) 급탕방식의 특징으로 틀린 것은?

① 배관설비 거리가 짧고 배관에서의 열손실이 적다.
② 급탕장소가 많은 경우 시설비가 싸다.
③ 수시로 급탕하여 사용할 수 있다.
④ 건물의 완성 후에도 급탕장소의 증설이 비교적 쉽다.

해설 개별식은 급탕장소가 많은 경우 시설비가 비싸므로 중앙식 급탕방식을 채택한다.

45 통기방식 중 각 기구의 트랩마다 통기관을 설치하여 안정도가 높고 자기 사이펀 작용에도 효과가 있으며 배수를 완전하게 할 수 있는 이상적인 통기 방식은?

① 각개 통기 ② 루프 통기
③ 신정 통기 ④ 회로 통기

해설 각개 통기관
각 기구의 트랩마다 통기관을 설치하여 통기방식 중 가장 이상적인 통기방식이나 설비비가 많이 든다.

[정답] 39. ① 40. ④ 41. ② 42. ② 43. ② 44. ② 45. ①

46 증기난방 배관에서 증기트랩을 사용하는 주된 목적은?

① 관 내의 온도를 조절하기 위해서
② 관 내의 압력을 조절하기 위해서
③ 배관의 신축을 흡수하기 위해서
④ 관 내의 증기와 응축수를 분리하기 위해서

해설 증기트랩(steam trap)
증기 중 발생하는 응축수를 분리하여 수격작용 및 배관의 부식을 방지한다.

47 관 내에 분리된 증기나 공기를 배출하고 물의 팽창에 따른 위험을 방지하기 위해 설치하는 것은?

① 순환탱크
② 팽창탱크
③ 옥상탱크
④ 압력탱크

해설 팽창탱크
물의 팽창에 따른 배관이나 장치의 파손을 방지하고 관 내 공기를 배출하는 탱크

48 급수관의 직선관로에서 마찰손실에 관한 설명으로 옳은 것은?

① 마찰손실은 관 지름에 정비례한다.
② 마찰손실은 속도수두에 정비례한다.
③ 마찰손실은 배관 길이에 반비례한다.
④ 마찰손실은 관 내 유속에 반비례한다.

해설 배관의 마찰손실 수두는 관 마찰계수, 관 길이에 비례하고, 유속의 2승에 비례하며, 관경에는 반비례한다.
$$H_L = f \cdot \frac{l}{d} \cdot \frac{V^2}{2g}$$

49 배관의 행거(hanger)용 지지철물을 달아매기 위해 천장에 매입하는 철물은?

① 턴버클(turn buckle)
② 가이드(guide)
③ 스토퍼(stopper)
④ 인서트(insert)

해설 인서트 : 행거를 매달기 위해 천장 콘크리트에 미리 매입하는 철물

50 냉·온수 헤더에 설치하는 부속품이 아닌 것은?

① 압력계 　　　　② 드레인관
③ 트랩장치 　　　④ 급수관

해설 증기헤더 하부에 증기트랩 장치를 설치하여 응축수를 배출한다.

51 되먹임 제어계에서 ⓐ부분에 해당하는 것은?

① 조절부
② 조작부
③ 검출부
④ 목표값

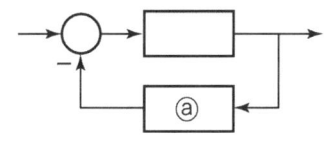

해설

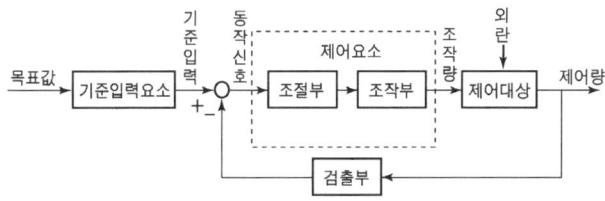

문제의 블록선도와 풀이의 블록선도를 비교하면 피드백 하는 부분의 ⓐ는 검출기로 구성되어 있다.

52 배리스터(Varistor)란?

① 비직선적인 전압-전류 특성을 갖는 2단자 반도체소자이다.
② 비직선적인 전압-전류 특성을 갖는 3단자 반도체소자이다.
③ 비직선적인 전압-전류 특성을 갖는 4단자 반도체소자이다.
④ 비직선적인 전압-전류 특성을 갖는 리액턴스 소자이다.

해설 배리스터(variable resistor)
인가되는 전압에 의해서 저항값이 변하는 비선형 2단자 반도체소자로 낙뢰 전압 등의 이상전압, 전기접점의 불꽃을 소거하는 등 반도체 정류기, 트랜지스터 등의 회로를 서지전압으로부터 보호하는 데 사용한다.

53 잔류 편차(off-set)를 발생하는 제어는?

① 미분 제어 　　　② 적분 제어
③ 비례 제어 　　　④ 비례 적분 미분 제어

해설 비례제어(P동작)
제어대상의 목표값과 출력값의 오차에 비례하는 조작량을 가하는 제어로 목표값에 근접하면 오차가 작아지므로 점점적으로 목표치를 달성할 수 있다. 그러나 외부적인 요인이 작용할 경우 대응이 불가능하여 잔류오차(잔류편차, 정상오차, 정상편차, 오프셋)가 남는 단점이 있다.

정답
46. ④　47. ②
48. ②　49. ④
50. ③　51. ③
52. ①　53. ③

11회 CBT 기출문제

54 직류전동기의 속도제어법으로 틀린 것은?

① 저항제어
② 계자제어
③ 전압제어
④ 주파수제어

해설 직류전동기는 직류를 사용하므로 주파수와는 관계없다.

55 교류에서 실효값과 최대값의 관계는?

① 실효값 $= \dfrac{최대값}{\sqrt{2}}$
② 실효값 $= \dfrac{최대값}{\sqrt{3}}$
③ 실효값 $= \dfrac{최대값}{2}$
④ 실효값 $= \dfrac{최대값}{3}$

해설 최대값 $= \sqrt{2} \times$실효값, 실효값 $= \dfrac{최대값}{\sqrt{2}}$

보충 실효값: 교류의 크기를 동등의 일을 하는 직류값으로 표시한 값으로 수학적으로는 제곱의 평균값이 되며, 물리학적으로는 교류와 같은 물리학적인 일을 하는 직류값

56 다음 중 다른 값을 나타내는 논리식은?

① $XY + Y$
② $\overline{X}Y + XY$
③ $(Y + X + \overline{X})Y$
④ $X(\overline{Y} + X + Y)$

해설
① $XY + Y = (X+1)Y = Y$
② $\overline{X}Y + XY = (\overline{X} + X)Y = Y$
③ $(Y + X + \overline{X})Y = (Y+1)Y = Y$
④ $X(\overline{Y} + X + Y) = X(1+X) = X$

보충
① 부울식을 정리할 때 간단히 사용할 수 있는 정리식은 다음과 같다.
$A \cdot A = A$, $A \cdot \overline{A} = 0$, $A \cdot 0 = 0$, $A \cdot 1 = 1$, $A + A = A$, $A + \overline{A} = 1$, $A + 0 = A$, $A + 1 = 1$

② 드모르강의 법칙은 부울대수식의 간단화에 많이 사용되는 식으로 다음과 같다.
$\overline{A \cdot B} = \overline{A} + \overline{B}$ $\overline{(A+B)} = \overline{A} \cdot \overline{B}$

보충
① **저항제어법**: 전기자에 직렬로 가변저항을 연결하여 전기자회로의 저항값을 변화시키는 법으로 단시간에 속도를 매우 감속할 때 사용하나 손실이 커지는 단점이 있다.

② **계자제어법**: 계자자속은 계자전류에 비례하므로 계자권선에 가변저항을 연결하여 계자전류를 변화시키는 방법이므로 전력손실이 작고 조작이 간편하지만 넓은 범위의 속도제어는 곤란하다.

③ **전압제어법**: 전기자에 가해지는 전압을 변화시키는 방법으로 속도의 제어범위가 넓고 정토크제어를 할 수 있으며, 효율이 좋으나 비용이 높아지는 단점이 있다. 제어방식으로는 워드레오나드방식(직류발전기+직류전동기), 정지 워드레오나드방식(반도체스위치), 일그너방식(직류발전기+유도전동기+플라이휠)이 있다.

57 프로세스 제어나 자동 조정 등 목표값이 시간에 대하여 변화하지 않는 제어를 무엇이라 하는가?

① 추종제어 ② 비율제어
③ 정치제어 ④ 프로그램제어

해설 정치제어 : 어떤 일정한 목표값을 시간에 관계없이 유지하는 제어로 물탱크의 수위제어나 전기로의 온도제어 등에 사용

58 되먹임 제어를 옳게 설명한 것은?

① 입력과 출력을 비교하여 정정동작을 하는 방식
② 프로그램의 순서대로 순차적으로 제어하는 방식
③ 외부에서 명령을 입력하는데 따라 제어하는 방식
④ 미리 정해진 순서에 따라 순서적으로 제어되는 방식

해설 피드백 제어(폐루프제어, 되먹임제어)
피드백제어의 가장 중요한 특징은 입력(목표치)과 출력(결과치)을 비교하여 두 개의 오차인 제어편차가 0이 되도록 조작량을 제어하므로 고정도의 제어가 가능하나 비용이 많이 든다.

59 변압기 내부 고장 검출용 보호계전기는?

① 차동계전기 ② 과전류계전기
③ 역상계전기 ④ 부족전압계전기

해설 차동계전기 : 피보호설비(또는 구간)에 유입하는 어떤 입력의 크기와 유출되는 출력의 크기의 차이가 일정치 이상이 되면 동작하는 계전기를 일괄하여 차동계전기라 하며, 변압기의 고장 검출용으로 사용된다.

60 온도에 따라 저항값이 변화하는 것은?

① 서미스터 ② 노즐플래퍼
③ 앰플리다인 ④ 트랜지스터

해설 서미스터 : 온도에 따라 저항이 변하는 반도체소자로 온도가 상승하면 저항은 감소하는 부특성을 가지고 있으며, 이러한 특성을 이용하여 온도를 측정(온도 → 전압)한다.

보충
① 노즐플래퍼 : 제어량을 벨로즈나 다이어프램을 통과시켜 플래퍼에 전달하고 그것의 변위에 맞추어 공기 출구부의 압력 변화를 신호로 노즐에서 분출하는 공기의 양을 조절하여 조작부 공기 모터에 보내 주는 기구로 공기식 자동제어에 사용한다.(변위 → 압력)
② 앰플리다인 : 전기자 반작용 여자형 발전기의 일종으로 발전기의 계자 권선에 주어진 약간의 입력 전력 변화를 전기자 화로에 의해 큰 출력 전력 변화로 증폭하는 회전기형의 증폭 장치이다.

보충
① 비율제어 : 목표값이 다른 것과 일정 비율 관계를 가지고 변화하는 제어로 보일러의 연소제어 등에 이용
② 프로그램제어 : 정해진 프로그램에 따라 제어량을 변화시키는 제어로 무인열차 등에 사용
③ 추치제어(추종제어) : 임의 시간적 변화를 하는 목표값에 제어량을 추종하는 제어로 서보제어 등과 같이 레이더, 조타장치 등에서 사용

보충
부족전압계전기
전압의 크기가 일정치 이하로 되었을 때 동작하는 계전기이며, 저전압계전기라 부르기도 한다.

정답 54. ④ 55. ①
56. ④ 57. ③
58. ① 59. ①
60. ①

1과목 공기조화설비

01 바닥 면적이 좁고 층고가 높은 경우에 적합한 공조기(AHU)의 형식은?
① 수직형 ② 수평형
③ 복합형 ④ 멀티존형

해설 수직형
공조기를 수직으로 배치, 공조실의 면적은 좁고 층고가 높은 경우 사용

02 저속덕트에 비해 고속덕트의 장점이 아닌 것은?
① 동력비가 적다.
② 덕트 설치 공간이 적어도 된다.
③ 덕트 재료를 절약할 수 있다.
④ 원격지 송풍에 적당하다.

해설 고속덕트의 풍속은 15 m/sec 이상으로 동력비와 소음이 크다.

03 결로현상에 관한 설명으로 틀린 것은?
① 건축 구조물 사이에 두고 양쪽에 수증기의 압력차가 생기면 수증기는 구조물을 통하여 흐르며, 포화온도, 포화압력 이하가 되면 응결하여 발생된다.
② 결로는 습공기의 온도가 노점온도까지 강하하면 공기중의 수증기가 응결하여 발생된다.
③ 응결이 발생되면 수증기의 압력이 상승한다.
④ 결로방지를 위하여 방습막을 사용한다.

해설 응결이 발생되면 수증기의 압력(수증기 분압)은 낮아진다.

04 패널복사 난방에 관한 설명으로 옳은 것은?
① 천장고가 낮고 외기 침입이 없을 때만 난방효과를 얻을 수 있다.
② 실내온도 분포가 균등하고 쾌감도가 높다.

③ 증발잠열(기화열)을 이용하므로 열의 운반능력이 크다.
④ 대류난방에 비해 방열면적이 적다.

해설 복사난방 : 실내의 천장, 바닥, 벽 등에 가열 코일(패널)을 묻어 코일 내에 온수를 공급하여 복사열에 의해 난방하는 방식

장 점	단 점
① 인체에 대한 쾌감도가 좋다. ② 상하온도차가 적고 온도분포가 균등하다. ③ 천장이 높은 실의 난방효과가 있다. ④ 바닥의 이용도가 좋다. ⑤ 실내온도가 낮아도 난방효과가 있으며 손실열량이 적다.	① 외기온도 변화에 따른 방열량 조절이 어렵다. ② 매립배관으로 보수, 점검이 어렵다. ③ 방수층 및 단열층 시공으로 시설비가 비싸다.

05 실내의 거의 모든 부분에서 오염가스가 발생되는 경우 실 전체의 기류분포를 계획하여 실내에서 발생하는 오염 물질을 완전히 희석하고 확산시킨 다음에 배기를 행하는 환기방식은?

① 자연 환기
② 제3종 환기
③ 국부 환기
④ 전반 환기

해설 전반 환기(희석 환기) : 실내의 거의 모든 부분에서 오염가스가 발생하는 경우에 실 전체의 기류분포를 계획하여 실내에서 발생하는 오염물질을 완전히 희석하고 확산시킨 다음에 배기를 행하는 것

06 공기설비의 열회수장치인 전열교환기는 주로 무엇을 경감시키기 위한 장치인가?

① 실내부하
② 외기부하
③ 조명부하
④ 송풍기부하

해설 전열교환기
① 실내의 배기와 환기용 외기를 열교환하는 장치로 공대공 열교환기라고도 한다.
② 회전식과 고정식 전열교환기가 있다.
③ 배기와 환기의 열교환으로 온도 및 습도(현열, 잠열)을 교환한다.
④ 열교환기 설치로 설비비와 기계실 스페이스가 많이 든다.
⑤ 외기부하를 감소시켜 기기의 용량이 작게 설계되어 운전경비가 절약된다.

07 공조용으로 사용되는 냉동기의 종류로 가장 거리가 먼 것은?

① 원심식 냉동기
② 자흡식 냉동기
③ 왕복동식 냉동기
④ 흡수식 냉동기

해설 자흡식 냉동기는 없다.

[정답] 01. ① 02. ①
03. ③ 04. ②
05. ④ 06. ②
07. ②

08 공기조화 방식에서 변풍량 유닛방식(VAV unit)을 풍량제어 방식에 따라 구분할 때, 공조기에서 오는 1차 공기의 분출에 의해 실내공기인 2차 공기를 취출하는 방식은 어느 것인가?

① 바이패스형 ② 유인형
③ 슬롯형 ④ 교축형

해설 유인형 유닛 : 공조기에서 오는 저온의 1차 공기의 분출에 의해 실내공기인 2차 공기를 취출하는 방식

09 보일러 동체 내부의 중앙 하부에 파형노통이 길이 방향으로 장착되며 이 노통의 하부 좌우에 연관들을 갖춘 보일러는?

① 노통보일러 ② 노통연관보일러
③ 연관보일러 ④ 수관보일러

해설 노통연관보일러 : 노통이 길이방향으로 있고 노통 상하좌우에 연관군들을 갖춘 보일러로써 중대형 건물에 많이 사용한다.

10 물·공기 방식의 공조방식으로서 중앙기계실의 열원설비로부터 냉수 또는 온수를 각 실에 있는 유닛에 공급하여 냉난방하는 공조방식은?

① 바닥취출 공조방식 ② 재열 방식
③ 팬코일 유닛 방식 ④ 패키지 유닛 방식

해설 팬코일 유닛(FCU) 방식
필터, 냉온수 코일, 송풍기가 내장된 팬코일 유닛에 중앙 기계실로 부터 냉온수를 공급하여 실내 부하를 처리하는 방식으로 개별 제어가 가능하다.

11 다익형 송풍기의 송풍기 크기(No)에 대한 설명으로 옳은 것은?

① 임펠러의 직경(mm)을 60(mm)으로 나눈 값이다.
② 임펠러의 직경(mm)을 100(mm)으로 나눈 값이다.
③ 임펠러의 직경(mm)을 120(mm)으로 나눈 값이다.
④ 임펠러의 직경(mm)을 150(mm)으로 나눈 값이다.

해설 송풍기의 크기, 번호(No)

$$\text{다익형} = \frac{\text{임펠러 직경[mm]}}{150}, \quad \text{축류형} = \frac{\text{임펠러 직경[mm]}}{100}$$

12 두께 20cm의 콘크리트벽 내면에 두께 5cm의 스티로폼 단열 시공하고, 그 내면에 두께 2cm의 나무판자로 내장한 건물 벽면의 열관류율은? (단, 재료별 열전도율(W/m·K)은 콘크리트 0.7, 스티로폼 0.03, 나무판자 0.15이고, 벽면의 표면 열전달률(W/m²·K)은 외벽 20, 내벽 8이다.)

① 0.31 W/m²·K
② 0.39 W/m²·K
③ 0.41 W/m²·K
④ 0.44 W/m²·K

해설 열관류율

$$K = \frac{1}{\frac{1}{\alpha_i} + \frac{l_n}{\lambda_n} + \frac{1}{\alpha_o}} = \frac{1}{\frac{1}{20} + \frac{0.2}{0.7} + \frac{0.05}{0.03} + \frac{0.02}{0.15} + \frac{1}{8}} = 0.44 \text{W/m}^2 \cdot \text{K}$$

13 1925kg/h의 석탄을 연소하여 10550kg/h의 증기를 발생시키는 보일러의 효율은? (단, 석탄의 저위발열량은 25271 kJ/kg, 발생증기의 엔탈피는 3717kJ/kg, 급수엔탈피는 221 kJ/kg으로 한다.)

① 45.8%
② 64.6%
③ 70.5%
④ 75.8%

해설 보일러의 효율

$$\eta = \frac{G_a(h_2 - h_1)}{G_f \cdot H_l} = \frac{10{,}550 \times (3{,}717 - 221)}{1{,}925 \times 25{,}271} = 0.758 = 75.8\%$$

보충

보일러 열효율(η)

$$\eta = \frac{\text{정격출력}}{\text{연료소비량} \times \text{저위발열량}}$$

$$= \frac{Q}{G_f \times H_l}$$

$$= \frac{G_a(h_2 - h_1)}{G_f \cdot H_l}$$

14 다음 중 냉방부하에서 현열만이 취득되는 것은?

① 재열 부하
② 인체 부하
③ 외기 부하
④ 극간풍 부하

해설 재열 부하는 현열만 발생한다.

보충

현열 및 잠열 부하 요소
① 극간풍(틈새바람) 부하
② 인체발생 부하
③ 실내기구 부하
④ 외기 부하

15 보일러의 종류에 따른 특징을 설명한 것으로 틀린 것은?

① 주철제 보일러는 분해, 조립이 용이하다.
② 노통연관 보일러는 수질관리가 용이하다.
③ 수관 보일러는 예열시간이 짧고 효율이 좋다.
④ 관류 보일러는 보유수량이 많고 설치면적이 크다.

해설 관류 보일러는 전열면적에 비해 보유수량이 적어 증기발생이 빠르고 설치면적이 작다.

정답 08. ② 09. ② 10. ③ 11. ④ 12. ④ 13. ④ 14. ① 15. ④

16 냉수 코일의 설계법으로 틀린 것은?

① 공기흐름과 냉수흐름의 방향을 평행류로 하고 대수평균온도차를 작게 한다.
② 코일의 열수는 일반 공기 냉각용에는 4~8열(列)이 많이 사용된다.
③ 냉수 속도는 일반적으로 1m/s 전후로 한다.
④ 코일의 설치는 관이 수평으로 놓이게 한다.

해설 공기와 냉수의 흐름은 역류(대향류)로 하여 대수평균온도차가 크게 한다.

보충
냉수 코일의 설계
① 공기와 물의 흐름을 대향류로 한다.
② 물과 공기의 대수평균온도차(LMTD)를 크게 한다.
③ 코일의 유속은 1m/s 전후로 한다.
④ 코일의 통과풍속을 2~3m/s 정도로 한다.
⑤ 냉수의 입출구 온도차를 5℃ 전후로 한다.
⑥ 코일의 설치는 수평으로 한다.

17 겨울철 침입외기(틈새바람)에 의한 잠열 부하(Watt)는? (단, Q는 극간풍량(m³/h)이며, t_o, t_r은 각각 실외, 실내온도(℃) x_o, x_r은 각각 실외, 실내 절대습도(kg/kg')이다.)

① $q_L = 1.21 \cdot Q \cdot (t_o - t_r)$
② $q_L = 0.29 \cdot Q \cdot (t_o - t_r)$
③ $q_L = 3001 \cdot Q \cdot (x_o - x_r)$
④ $q_L = 834 \cdot Q \cdot (x_o - x_r)$

해설 극간풍(틈새바람) 부하
① 현열 부하
$q_s = 0.24 \cdot G \cdot \Delta t = 0.29 \cdot Q \cdot \Delta t [\text{kcal/h}] = 1.21 \cdot Q \cdot \Delta t [\text{kJ/h}]$
$= 0.34 \cdot Q \cdot \Delta t [\text{Watt}]$
② 잠열 부하
$q_L = 597.5 \cdot G \cdot \Delta x = 717 \cdot Q \cdot \Delta x [\text{kcal/h}] = 3001 \cdot Q \cdot \Delta x [\text{kJ/h}]$
$= 834 \cdot Q \cdot \Delta x [\text{Watt}]$

18 가습장치의 가습방식 중 수분무식이 아닌 것은?

① 원심식
② 초음파식
③ 분무식
④ 전열식

해설 수분무식
물 또는 온수를 직접 공기 중에 분무하는 방식(원심식, 초음파식, 분무식)

보충
가습방식에 따른 분류
① 수분무식 : 원심식, 초음파식, 분무식
② 증발식 : 회전식, 모세관식, 적하식
③ 증기식 : 증기발생식, 증기공급식

19 일반적으로 난방 부하의 발생요인으로 가장 거리가 먼 것은?

① 일사 부하
② 외기 부하
③ 기기 손실 부하
④ 실내 손실 부하

해설 난방 부하 계산 시 태양열의 일사 부하나 인체 부하, 조명 부하, 기구 부하 등은 난방 부하를 경감시키는 요인으로 손실 부하에 해당되지 않는다.

20 시로코 팬의 회전속도가 N_1에서 N_2로 변화하였을 때, 송풍기의 송풍량, 전압, 소요동력의 변화 값은?

	451 rpm (N_1)	632 rpm (N_2)
송풍량(m^3/min)	199	㉠
전압(Pa)	320	㉡
소요동력(kW)	1.5	㉢

① ㉠ 278.9 ㉡ 628.4 ㉢ 4.1
② ㉠ 278.9 ㉡ 357.8 ㉢ 3.8
③ ㉠ 628.4 ㉡ 402.8 ㉢ 3.8
④ ㉠ 357.8 ㉡ 628.4 ㉢ 4.1

해설
㉠ 송풍량, $Q_2 = Q_1\left(\dfrac{N_2}{N_1}\right) = 199 \times \left(\dfrac{632}{451}\right) = 278.9 m^3/h$

㉡ 전압, $P_2 = P_1\left(\dfrac{N_2}{N_1}\right)^2 = 320 \times \left(\dfrac{632}{451}\right)^2 = 628.4 Pa$

㉢ 소요동력, $kW_2 = kW_1\left(\dfrac{N_2}{N_1}\right)^3 = 1.5 \times \left(\dfrac{632}{450}\right)^3 = 4.1 kW$

2과목 냉동냉장설비

21 증발식 응축기의 특징에 관한 설명으로 틀린 것은?

① 물의 소비량이 비교적 적다.
② 냉각수의 사용량이 매우 크다.
③ 송풍기의 동력이 필요하다.
④ 순환펌프의 동력이 필요하다.

해설 증발식 응축기는 주로 물의 증발잠열을 이용하여 냉각하므로 냉각수가 적게 든다.

정답 16. ① 17. ④ 18. ④ 19. ① 20. ① 21. ②

22. 응축기의 냉매 응축온도가 30℃, 냉각수의 입구수온이 25℃, 출구수온이 28℃일 때, 대수평균온도차(LMTD)는?

① 2.27℃ ② 3.27℃
③ 4.27℃ ④ 5.27℃

해설 대수평균온도차(LMTD)

$$\text{LMTD} = \frac{\Delta t_1 - \Delta t_2}{\ln\frac{\Delta t_1}{\Delta t_2}} = \frac{(30-25)-(30-28)}{\ln\frac{(30-25)}{(30-28)}} = 3.27℃$$

23. 무기질 브라인 중에 동결점이 제일 낮은 것은?

① $CaCl_2$ ② $MgCl_2$
③ $NaCl$ ④ H_2O

해설 공정점(동결점)
$NaCl(-21℃) > MgCl_2(-33.6℃) > CaCl_2(-55℃)$

24. 카르노 사이클을 행하는 열기관에서 1사이클당 80kg·m의 일량을 얻으려고 한다. 고열원의 온도(T_1)를 300℃, 1사이클당 공급되는 열량을 0.5kcal라고 할 때, 저열원의 온도(T_2)와 효율(η)은?

① $T_2=85℃$, $\eta=0.315$ ② $T_2=97℃$, $\eta=0.315$
③ $T_2=85℃$, $\eta=0.374$ ④ $T_2=97℃$, $\eta=0.374$

해설 ① 저열원의 온도(T_2)

$\eta = \dfrac{T_1-T_2}{T_1}$ 에서

$T_2 = T_1 - \eta T_1 = (300+273) - \{0.374 \times (300+273)\} = 358K - 273 = 85℃$

② 카르노 사이클의 열효율

$\eta = \dfrac{AW}{Q_1} = \dfrac{\frac{1}{427} \times 80}{0.5} = 0.374$

25. 열의 일당량은?

① 860 kg·m/kcal ② 1/860 kg·m/kcal
③ 427 kg·m/kcal ④ 1/427 kg·m/kcal

해설 J : 열의 일당량(427kg·m/kcal)
A : 일의 열당량($\frac{1}{427}$kcal/kg·m)

26 팽창밸브 종류 중 모세관에 대한 설명으로 옳은 것은?

① 증발기 내 압력에 따라 밸브의 개도가 자동적으로 조정된다.
② 냉동부하에 따른 냉매의 유량조절이 쉽다.
③ 압축기를 가동할 때 기동동력이 적게 소요된다.
④ 냉동부하가 큰 경우 증발기 출구 과열도가 낮게 된다.

해설 모세관 전후에는 압축기 정지 시 고·저압이 밸런스되어 기동동력이 적게 소요된다.

27 냉동장치의 저압차단스위치(LPS)에 관한 설명으로 옳은 것은?

① 유압이 저하되었을 때 압축기를 정지시킨다.
② 토출압력이 저하되었을 때 압축기를 정지시킨다.
③ 장치 내 압력이 일정압력 이상이 되면 압력을 저하시켜 장치를 보호한다.
④ 흡입압력이 저하되었을 때 압축기를 정지시킨다.

해설 저압차단스위치(LPS)
흡입압력(저압)이 일정 이하로 되면 작동하여 압축기를 정지

28 다음 그림은 역카르노 사이클을 절대온도(T)와 엔트로피(S) 선도로 나타내었다. 면적(1-2-2'-1')이 나타내는 것은?

① 저열원으로부터 받는 열량
② 고열원에 방출하는 열량
③ 냉동기에 공급된 열량
④ 고·저열원으로부터 나가는 열량

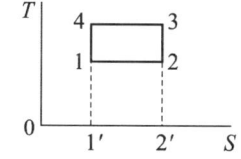

해설 ① 저열원으로부터 받는 열량(q_e) : 1-2-2'-1'
② 압출열량(W) : 1-2-3-4
③ 고열원에 방출하는 열량(q_c) : 1'-1-4-3-2-2'

29 압축냉동 사이클에서 엔트로피가 감소하고 있는 과정은?

① 증발과정
② 압축과정
③ 응축과정
④ 팽창과정

해설 엔트로피가 감소하는 과정 : 응축과정

보충
엔트로피 변화상태
① 압축 : 엔트로피 일정
② 응축 : 엔트로피 감소
③ 팽창 : 엔트로피 증가
④ 증발 : 엔트로피 증가

정답 22. ② 23. ①
24. ③ 25. ③
26. ③ 27. ④
28. ① 29. ③

30. 스크류 압축기의 특징에 관한 설명으로 틀린 것은?

① 경부하 운전 시 비교적 동력 소모가 적다.
② 크랭크 샤프트, 피스톤링, 컨넥팅 로드 등의 마모 부분이 없어 고장이 적다.
③ 소형으로서 비교적 큰 냉동능력을 발휘할 수 있다.
④ 왕복동식에서 필요한 흡입밸브와 토출밸브를 사용하지 않는다.

해설 스크류 압축기는 경부하 시에도 동력 소모가 크다.

31. 흡수식 냉동기에 관한 설명으로 옳은 것은?

① 초저온용으로 사용된다.
② 비교적 소용량보다는 대용량에 적합하다.
③ 열교환기를 설치하여도 효율은 변함없다.
④ 물 – LiBr식에서는 물이 흡수제가 된다.

해설 흡수식 냉동기는 비교적 소용량보다는 대용량에 적합하며 주로 냉방용에 사용된다.

32. 내부균압형 자동팽창밸브에 작용하는 힘이 아닌 것은?

① 스프링 압력
② 감온통 내부압력
③ 냉매의 응축압력
④ 증발기에 유입되는 냉매의 증발압력

해설 내부균압형 자동팽창밸브(TEV)의 작동압력
① 증발압력
② 조절나사 스프링 압력
③ 과열도 검출에 따른 감온통 압력

보충
팽창밸브의 안전관리

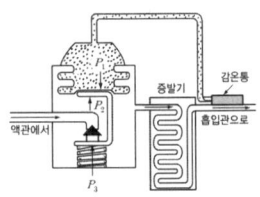

- P_1 : 감온통의 과열도 스프링
- P_2 : 증발압력
- P_3 : 조절나사 스프링 압력

33. 압축기의 압축방식에 의한 분류 중 용적형 압축기가 아닌 것은?

① 왕복동식 압축기 ② 스크류식 압축기
③ 회전식 압축기   ④ 원심식 압축기

해설 원심식 압축기는 터보 압축기로 용적형 압축기에 해당되지 않는다.

보충
용적형 압축기
왕복동식, 회전식, 스크류식, 스크롤 압축기

34 할라이드 토치로 누설을 탐지할 때 누설이 있는 곳에서는 토치의 불꽃색깔이 어떻게 변화 되는가?

① 흑색
② 파란색
③ 노란색
④ 녹색

해설 헬라이드 토치에서의 불꽃변화(프레온 냉매 누설 시)
① 청색 : 누설이 없을 때
② 녹색 : 소량 누설 시
③ 자색 : 다량 누설 시
④ 꺼짐 : 과량 누설 시

35 입형 셀 앤드 튜브식 응축기에 관한 설명으로 옳은 것은?

① 설치면적이 큰데 비해 응축 용량이 적다.
② 냉각수 소비량이 비교적 적고 설치장소가 부족한 경우에 설치한다.
③ 냉각수의 배분이 불균등하고 유량을 많이 함유하므로 과부하를 처리 할 수 없다.
④ 전열이 양호하며, 냉각관 청소가 용이하다.

해설 입형 셀 엔드 튜브식 응축기는 설치면적이 작고 운전 중 냉각관 청소가 용이하다.

36 냉각수 입구온도 33℃, 냉각수량 800L/min인 응축기의 냉각면적이 100m², 그 열통과율이 750kcal/m²·h·℃이며, 응축온도와 냉각수온도의 평균온도 차이가 6℃일 때, 냉각수의 출구온도는?

① 36.5℃
② 38.9℃
③ 42.4℃
④ 45.5℃

해설 $Q_c = K \cdot F \cdot \Delta t_m = w \cdot C \cdot (tw_2 - tw_1)$에서

$$tw_2 = \frac{K \cdot F \cdot \Delta t_m}{w \cdot C} + tw_1 = \frac{750 \times 100 \times 6}{800 \times 60 \times 1} + 33 = 42.4℃$$

37 열펌프 장치의 응축온도 35℃, 증발온도가 -5℃일 때, 성적계수는?

① 3.5
② 4.8
③ 5.5
④ 7.7

해설 히트펌프의 성적계수

$$COP_H = \frac{T_c}{T_c - T_e} = \frac{35 + 273}{(35 + 273) - (-5 + 273)} = 7.7$$

보충
히트펌프의 성적계수
$$COP_H = \frac{Q_c}{AW} = \frac{Q_c}{Q_c - Q_e}$$
$$= \frac{T_c}{T_c - T_e}$$
$$= 1 + COP_R$$

[정답] 30. ① 31. ② 32. ③ 33. ④ 34. ④ 35. ④ 36. ③ 37. ④

38 냉동장치에서 펌프다운의 목적으로 가장 거리가 먼 것은?

① 냉동장치의 저압 측을 수리하기 위하여
② 기동 시 액 해머 방지 및 경부하 기동을 위하여
③ 프레온 냉동장치에서 오일포밍(oil foaming)을 방지하기 위하여
④ 저장고 내 급격한 온도저하를 위하여

해설 펌프다운
저압측의 냉매를 고압측(응축기, 고압수액기)으로 이송시켜 저압측을 수리하거나 압축기 기동시 액 해머 방지 및 경부하 기동, 오일포밍 방지를 위하여

39 냉매와 화학분자식이 바르게 짝지어진 것은?

① R-500 → $CCl_2F_4 + CH_2CHF_2$
② R-502 → $CHClF_2 + CClF_2CF_3$
③ R-22 → CCl_2F_2
④ R-717 → NH_4

해설
① R-500 : R-12(CCl_2F_2)+R-152($C_2H_4F_2$)
② R-502 : R-22($CHClF_2$)+R-115(C_2ClF_5)
③ R-22 : $CHClF_2$
④ R-717 : NH_3

40 열역학 제2법칙을 바르게 설명한 것은?

① 열은 에너지의 하나로서 일을 열로 변화하거나 또는 열을 일로 변환시킬 수 있다.
② 온도계의 원리를 제공한다.
③ 절대 0도에서의 엔트로피 값을 제공한다.
④ 열은 스스로 고온물체로부터 저온물체로 이동되나 그 과정은 비가역이다.

해설 열역학 제2법칙
① 열은 스스로 고온물체로부터 저온물체로 이동되며, 그 과정은 비가역이다.
② 열은 그 자신만으로 저온도의 물체로부터 고온도의 물체로 이동할 수 없다.

3과목 공조냉동설치 · 운영

41 다음 중 동관 이음방법의 종류가 아닌 것은?

① 빅토릭 이음
② 플레어 이음
③ 용접 이음
④ 납땜 이음

해설 동관의 이음방법
땜 이음, 플레어 이음, 플랜지 이음

보충
주철관의 이음방법
소켓(허브) 이음, 노허브, 플랜지, 기계식, 타이톤, 빅토릭 이음 등

42 하나의 장치에서 4방밸브를 조작하여 냉·난방 어느 쪽도 사용할 수 있는 공기조화용 펌프를 무엇이라고 하는가?

① 열펌프
② 냉각펌프
③ 원심펌프
④ 왕복펌프

해설 열펌프(heat pump)
4방밸브를 조작하여 냉난방이 가능한 냉난방 장치

43 배수 및 통기설비에서 배수 배관의 청소구 설치를 필요로 하는 곳으로 가장 거리가 먼 것은?

① 배수 수직관의 제일 밑부분 또는 그 근처에 설치
② 배수 수평 주관과 배수 수평 분기관의 분기점에 설치
③ 100A 이상의 길이가 긴 배수관의 끝 지점에 설치
④ 배수관이 45° 이상의 각도로 방향을 전환하는 곳에 설치

해설 수평관의 관경이 100A 이하는 직선거리 15m마다, 100A 이상은 30m 이내마다 청소구를 설치한다.

44 체크밸브에 대한 설명으로 옳은 것은?

① 스윙형, 리프트형, 풋형 등이 있다.
② 리프트형은 배관의 수직부에 한하여 사용한다.
③ 스윙형은 수평배관에만 사용한다.
④ 유량조절용으로 적합하다.

해설 체크밸브의 종류
스윙형, 리프트형, 풋형, 헤머레스형(스모렌스키, 듀얼플레이트) 등

보충
체크밸브(역지변) : 유체의 역류를 방지
① 스윙형 : 수직, 수평 배관에 사용
② 리프트형 : 수평 배관에만 사용
③ 풋형 : 펌프 흡입관 선단에 설치하는 여과기와 체크밸브를 조합한 밸브

[정답] 38. ④ 39. ②
40. ④ 41. ①
42. ① 43. ③
44. ①

45 강관의 두께를 나타내는 스케줄번호(Sch No)에 대한 설명으로 틀린 것은? (단, 사용압력은 P(kg/cm²), 허용응력은 S(kg/mm²) 이다.)

① 노멀 스케줄 번호는 10, 20, 30, 40, 60, 80, 100, 120, 140, 160(10종류)까지로 되어 있다.
② 허용응력은 인장강도를 안전율로 나눈 값이다.
③ 미터계열 스케줄번호 관계식은 10×허용응력(S)/사용압력(P) 이다.
④ 스케줄번호(Sch No)는 유체의 사용압력과 그 상태에 있어서 재료의 허용응력과 비(比)에 의해서 관 두께의 체계를 표시한 것이다.

해설 스케줄번호(Schedule No) : 관의 두께를 표시

$$Sch-No = \frac{P}{S} \times 10$$

여기서, P : 최고 사용압력(kg/cm²)
S : 허용응력(kg/mm²) = 인장강도(kg/mm²)/안전율(4)

46 배관제도에서 배관의 높이 표시 기호에 대한 설명으로 틀린 것은?

① TOP : 관 바깥지름 윗면을 기준으로 한 높이 표시
② FL : 1층의 바닥면을 기준으로 한 높이 표시
③ EL : 관 바깥지름의 아랫면을 기준으로 한 높이 표시
④ GL : 포장된 지표면을 기준으로 한 높이 표시

해설 EL : 관의 중심을 기준으로 한 높이(기준면 기준)

47 증기 수평관에서 파이프의 지름을 바꿀 때 방법으로 가장 적절한 것은? (단, 상향구배로 가정한다.)

① 플랜지 접합을 한다.
② 티를 사용한다.
③ 편심 조인트를 사용해 아랫면을 일치시킨다.
④ 편심 조인트를 사용해 윗면을 일치시킨다.

해설 편심 조인트를 사용해 아랫면을 일치시켜 응축수 체류를 방지한다.

48 배수관에 트랩을 설치하는 주된 이유는?

① 배수관에서 배수의 역류를 방지한다.
② 배수관의 이물질을 제거한다.
③ 배수의 속도를 조절한다.
④ 배수관에 발생하는 유취와 유해가스의 역류를 방지한다.

해설 배수 트랩 : 배수관에서 발생한 냄새나 하수가스, 해충의 실내 침입을 방지하기 위해 설치

49 배관의 이동 및 회전을 방지하기 위하여 지지점의 위치에 완전히 고정하는 장치는?

① 앵커　　　　② 행거
③ 가이드　　　④ 브레이스

해설 앵커(Anchor) : 리스트레인트의 종류로 관의 이동 및 회전을 방지하기 위해 지지점에서 완전히 고정하는 것

50 다음 그림에 나타낸 배관시스템 계통도는 냉방설비의 어떤 열원방식을 나타낸 것인가?

① 냉수를 냉열매로 하는 열원방식
② 가스를 냉열매로 하는 열원방식
③ 증기를 온열매로 하는 열원방식
④ 고온수를 온열매로 하는 열원방식

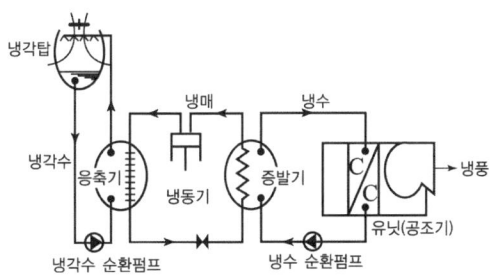

해설 증발기에서 나온 냉수를 공조기 냉각코일에 공급하여 냉방하는 시스템으로 냉수를 냉열매로 하는 열원방식이다.

51 서보기구용 검출기가 아닌 것은?

① 유량계　　　　② 싱크로
③ 전위차계　　　④ 차동변압기

해설 서보기구는 위치, 방향, 자세 등을 제어하는데, 유량을 측정하는 유량계는 공정(프로세스)제어에 필요한 장치이다.

보충

① **전위차계(포텐셔미터)**
　일종의 가변저항으로 2개의 직렬 연결된 저항은 전압을 분압한다는 원리를 이용하여 변위에 의하여 저항을 가변시켜 변화된 전압을 측정하는 것에 의하여 변위의 크기를 알 수 있는 장치(변위 → 전압)

② **차동변압기**
　기계적 직선 변위량을 전압으로 변형하는 위치 검출센서로 사용(변위 → 전압)

[정답] 45. ③　46. ③
　　　47. ③　48. ④
　　　49. ①　50. ①
　　　51. ①

52. 출력의 일부를 입력으로 되돌림으로써 출력과 기준 입력과의 오차를 줄여나가도록 제어하는 제어방법은?

① 피드백제어
② 시퀀스제어
③ 리세트제어
④ 프로그램제어

해설 피드백제어 : 피드백제어의 가장 중요한 특징은 입력(목표치)과 출력(결과치)을 비교하여 두 개의 오차인 제어편차가 0이 되도록 조작량을 제어하므로 고정도의 제어가 가능하나 비용이 많이 든다.

보충
① 프로그램제어 : 정해진 프로그램에 따라 목표치를 변화시키는 제어(무인열차)
② 시퀀스제어 : 미리 정해진 순서에 따라 제어의 각 단계를 차례로 진행시키는 제어(컨베이어, 엘리베이터, 세탁기, 커피 자동판매기 등)

53. 제어요소의 출력인 동시에 제어대상의 입력으로 제어요소가 제어대상에게 인가하는 제어신호는?

① 외란
② 제어량
③ 조작량
④ 궤환신호

해설

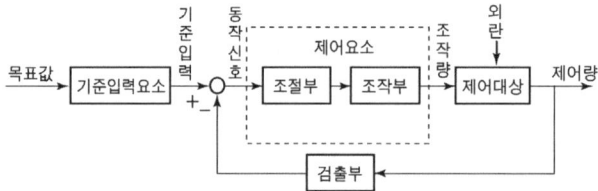

제어요소가 제어대상에 인가하는 신호는 그림과 같이 조작량이다.

54. 다음은 자기에 관한 법칙들을 나열하였다. 다른 3개와는 공통점이 없는 것은?

① 렌츠의 법칙
② 패러데이의 법칙
③ 자기의 쿨롱법칙
④ 플레밍의 오른손법칙

해설 렌츠의 법칙, 패러데이의 법칙, 플레밍의 오른손 법칙은 모두 자속과 기전력의 관계를 설명하는 법칙이나 자기의 쿨롱 법칙은 자극 사이의 힘을 설명하는 법칙이다.

보충
① 패러데이법칙
자속의 변동이 기전력을 유기한다는 법칙
② 플레밍의 오른손법칙
자속의 방향과 힘의 방향을 알고 있을 때 유도기전력의 전류의 방향을 알 수 있는 법칙
③ 렌츠의 법칙
자속이 변동할 때 자속의 크기와 전류의 방향을 알 수 있는 법칙

55 전력(electric power)에 관한 설명으로 옳은 것은?
① 전력은 전류의 제곱에 저항을 곱한 값이다.
② 전력은 전압의 제곱에 저항을 곱한 값이다.
③ 전력은 전압의 제곱에 비례하고 전류에 반비례한다.
④ 전력은 전류의 제곱에 비례하고 전압의 제곱에 반비례한다.

해설 전력
일종의 에너지로 단위시간당 일의 양으로 전력의 계산식은 다음과 같다.
$P = VI = I^2 R = \dfrac{V^2}{R}$

56 유도전동기의 속도제어에 사용할 수 없는 전력변환기는?
① 인버터
② 정류기
③ 위상제어기
④ 사이클로 컨버터

해설
① 인버터 : 전동기에 인가하는 전압의 크기나 주파수를 변화시켜 속도제어가 가능함
② 사이클로 컨버터 : 사이리스터를 사용하여 교류의 주파수를 변동시키는 전력 변환장치
③ 위상제어장치 : 교류의 ON을 하는 위상을 SCR 등을 사용하여 제어하여 전압의 크기를 제어하는 장치
④ 정류기 : 교류를 직류로 변환하는 장치로 교류전동기의 속도제어와는 관계없다.

57 다음 중 압력을 감지하는 데 가장 널리 사용되는 것은?
① 전위차계
② 마이크로폰
③ 스트레인 게이지
④ 회전자기 부호기

해설 스트레인 게이지
인장, 압력이 변하면 길이가 변화하고 따라서, 전기적 저항이 변화하는 원리를 이용한 게이지

58 조절부와 조작부로 구성되어 있는 피드백 제어의 구성요소를 무엇이라 하는가?
① 입력부
② 제어장치
③ 제어요소
④ 제어대상

해설 제어요소
목표치와 현재치를 비교한 오차 즉, 동작신호를 제어기에 입력하여 제어대상에 인가할 조작량으로 변환하는 조절부와 조작부로 구성

보충
유도전동기의 속도제어방법
① 고정자 전원 주파수를 가변 : 인버터
② 고정자 전압의 가변 : 인버터, 저항
③ 극수의 가변
④ 회전자 저항에 가변(권선형 유도전동기)

[정답] 52. ① 53. ③ 54. ③ 55. ① 56. ② 57. ③ 58. ③

59 3상 유도전동기의 회전방향을 바꾸려고 할 때 옳은 방법은?

① 기동보상기를 사용한다.
② 전원 주파수를 변환한다.
③ 전동기의 극수를 변환한다.
④ 전원 3선 중 2선의 접속을 바꾼다.

해설 3상 유도전동기는 고정자의 회전자속과 같은 방향으로 조금 늦게 회전 하는데 회전방향을 바꾸려면 고정자의 자속의 회전방향을 바꿔야 하며, 이를 실현하는 방법은 전원의 3선 중 2선의 위치를 바꾸면 된다.

60 자동제어계의 구성 중 기준입력과 궤한신호와의 차를 계산해서 제어 시스템에 필요한 신호를 만들어 내는 부분은?

① 조절부
② 조작부
③ 검출부
④ 목표설정부

해설 조절부
기준 입력 신호와 검출부의 출력신호를 제어 시스템에 필요한 신호로 만들어 조작부에 보내는 것

보충

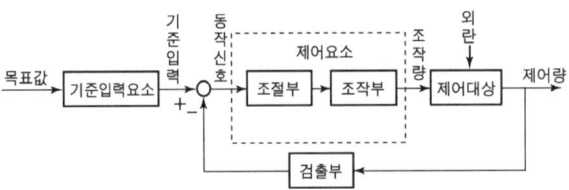

① 검출부 : 제어량 즉, 제어결과를 검출하는 부분
② 조작부 : 조절부로 부터 받은 신호를 조작량으로 변환하여 제어 대상에 보내는 부분

정답 59. ④ 60. ①

week 5

CBT 기출문제

공조냉동기계산업기사

제13회 CBT 기출문제
제14회 CBT 기출문제
제15회 CBT 기출문제

13회 CBT 기출문제

1과목 공기조화설비

01 다음 중 냉난방 과정을 설계할 때 주로 사용되는 습공기선도는? (단, h는 엔탈피, x는 절대습도, t는 건구온도, s는 엔트로피, p는 압력이다.)

① h-x 선도 ② t-s 선도
③ t-h 선도 ④ p-h 선도

해설 습공기 선도(h-x 선도) : 엔탈피 h를 경사축으로 절대습도 x를 종축으로 기준하여 공기의 상태량을 나타낸 선도로서 가장 많이 사용한다.

02 냉각수 출입구 온도차를 5℃, 냉각수의 처리 열량을 16380kJ/h로 하면 냉각수량(L/min)은? (단, 냉각수의 비열은 4.2kJ/kg·℃로 한다.)

① 10 ② 13
③ 18 ④ 20

해설 $G = \dfrac{q}{C \cdot \Delta t \times 60} = \dfrac{16,380}{4.2 \times 5 \times 60} = 13\text{kg/min}(\text{L/min})$

03 난방부하 계산에서 손실부하에 해당되지 않는 것은?

① 외벽, 유리창, 지붕에서의 부하
② 조명기구, 재실자의 부하
③ 틈새바람에 의한 부하
④ 내벽, 바닥에서의 부하

해설 난방부하를 경감시키는 부하
태양의 일사부하, 인체부하, 조명부하, 기구부하 등

보충 난방부하

구 분		부하의 발생요인
실내손실부하	외부손실열량	벽체를 통한 손실열량 (외벽, 지붕, 내벽, 바닥, 유리창, 문 등)
		틈새바람(극간풍)에 의한 손실열량
기기손실부하		덕트에서의 손실열량
외기부하		외기의 도입(환기)에 의한 손실열량

04 냉난방부하에 관한 설명으로 옳은 것은?

① 외기온도와 실내설정온도의 차가 클수록 냉난방도일은 작아진다.
② 실내의 잠열부하에 대한 현열부하의 비를 현열비라고 한다.
③ 난방부하 계산 시 실내에서 발생하는 열부하는 일반적으로 고려하지 않는다.
④ 냉방부하 계산 시 틈새바람에 대한 부하는 무시하여도 된다.

해설 난방부하 계산 시 실내에서 발생하는 인체부하, 조명부하, 기구부하 등은 난방부하를 경감시키는 요인으로 일반적으로 고려하지 않는다.

05 복사 냉·난방 방식에 관한 설명으로 틀린 것은?

① 실내 수배관이 필요하며, 결로의 우려가 있다.
② 실내에 방열기를 설치하지 않으므로 바닥이나 벽면을 유용하게 이용할 수 있다.
③ 조명이나 일사가 많은 방에 효과적이며, 천장이 낮은 경우에만 적용된다.
④ 건물의 구조체에 파이프를 설치하여 여름에는 냉수, 겨울에는 온수로 냉·난방을 하는 방식이다.

해설 복사 냉·난방 방식은 복사면으로 현열부하의 50~70%를 처리하고 나머지 현열부하와 잠열부하는 공기로 처리하는 방식으로 천장이 높은 방, 조명부하가 많은 방, 겨울철 윗면이 차가워지는 방 등에 적용한다.

06 공기 냉각코일에 대한 설명으로 틀린 것은?

① 소형 코일에는 일반적으로 외경 9~13mm 정도의 동관 또는 상관의 외측에 동, 또는 알루미늄제의 핀을 붙인다.
② 코일의 관내에는 물 또는 증기, 냉매 등의 열매가 통하고 외측에는 공기를 통과시켜서 열매와 공기를 열교환시킨다.
③ 핀의 형상은 관의 외부에 얇은 리본 모양의 금속판을 일정한 간격으로 감아 붙인 것을 에로핀형이라 한다.
④ 에로핀 중 감아 붙인 핀이 주름진 것을 평판핀, 주름이 없는 평면상의 것을 파형핀이라 한다.

해설 에로핀형(aero pin)은 관의 외부에 얇은 리본 모양의 금속판을 일정한 간격으로 감아 붙인 것으로 감아 붙인 핀이 주름진 것을 링클핀, 주름이 없는 평면상의 것을 스무드핀이라 한다.

정답 01.① 02.②
03.② 04.③
05.③ 06.④

13회 CBT 기출문제

07 냉각수는 배관내를 통하게 하고 배관 외부에 물을 살수하여 살수된 물의 증발에 의해 배관 내 냉각수를 냉각시키는 방식으로 대기오염이 심한 곳 등에서 많이 적용되는 냉각탑은?

① 밀폐식 냉각탑
② 대기식 냉각탑
③ 자연통풍식 냉각탑
④ 강제통풍식 냉각탑

해설 밀폐식 냉각탑
냉각수가 대기와 접촉하지 않아 수질오염이 적어 대기오염이 심한 곳에 적용한다.

08 다음 공기조화에 관한 설명으로 틀린 것은?

① 공기조화란 온도, 습도조정, 청정도, 실내기류 등 항목을 만족시키는 처리과정이다.
② 반도체산업, 전산실 등은 산업용 공조에 해당된다.
③ 보건용 공조는 재실자에게 쾌적환경을 만드는 것을 목적으로 한다.
④ 공조장치에 여유를 두어 여름에 실·내외 온도차를 크게 할수록 좋다.

해설 실·내외 온도차를 크게 하여 공조장치에 여유를 주면 장치용량이 커지고 에너지 소비량도 증가한다.

09 32W 형광등 20개를 조명용으로 사용하는 사무실이 있다. 이때 조명기구로부터의 취득열량은 약 얼마인가? (단, 안정기의 부하는 20%로 한다.)

① 550W
② 640W
③ 660W
④ 768W

해설 조명기구에서의 취득열량(형광등)
$q = 32 \times 20 \times 1.2 = 768W$

10 HEPA 필터에 적합한 효율 측정법은?

① 중량법
② 비색법
③ 보간법
④ 계수법

해설 계수법(DOP법)
고성능 필터인 HEPA 필터의 여과효율을 측정하는 방법으로 일정한 크기의 시험입자를 사용하여 먼지의 수를 계측하여 측정하는 방법

11 직교류형 및 대향류형 냉각탑에 관한 설명으로 틀린 것은?

① 직교류형은 물과 공기 흐름이 직각으로 교차한다.
② 직교류형은 냉각탑의 충진재 표면적이 크다.
③ 대향류형 냉각탑의 효율이 직교류형 보다 나쁘다.
④ 대향류형은 물과 공기 흐름이 서로 반대이다.

해설 직교류형은 대향류형에 비해 설치 면적이 크고, 높이는 낮고, 냉각효율도 낮다.

보충 냉각탑의 종류

구 분	직교류형	대향류형
효율	낮다	좋다
살수장치의 보수점검	쉽다	어렵고 노즐 막힘 우려
살수압력	낮음	높음
높이	낮음	높음
소음	적다	크다

12 공기를 가열하는데 사용하는 공기 가열코일이 아닌 것은?

① 증기코일
② 온수코일
③ 전기히터코일
④ 증발코일

해설 공기 가열코일의 종류
증기코일, 온수코일, 전열코일, 냉매코일 등

13 공기조화방식 중 중앙식 전공기방식의 특징에 관한 설명으로 틀린 것은?

① 실내공기의 오염이 적다.
② 외기냉방이 가능하다.
③ 개별제어가 용이하다.
④ 대형의 공조기계실을 필요로 한다.

해설 전공기방식
공조기에서 공급된 냉·온풍을 덕트를 통해 실내로 취출하여 공기에 의해 실내부하를 처리하는 방식으로 개별제어가 어렵다.

[정답] 07.① 08.④ 09.④ 10.④ 11.③ 12.④ 13.③

14 그림과 같은 단면을 가진 덕트에서 정압, 동압, 전압의 변화를 나타낸 것으로 옳은 것은? (단, 덕트의 길이는 일정한 것으로 한다.)

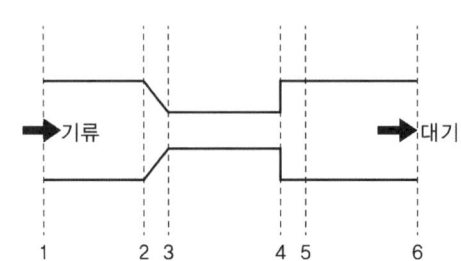

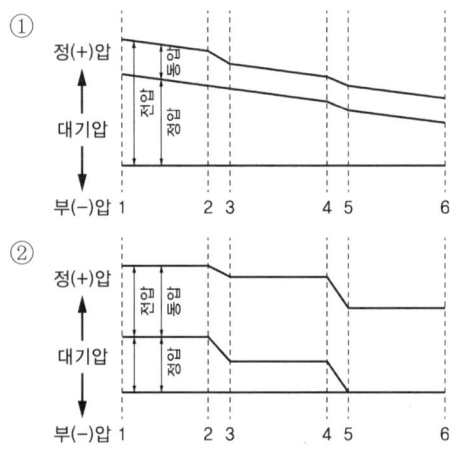

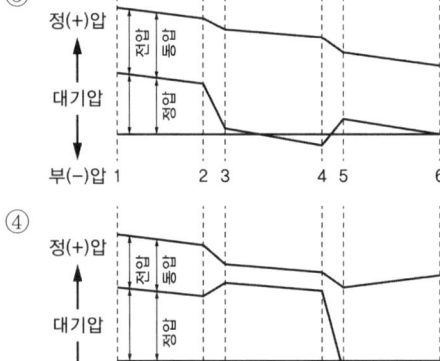

15 온수난방 방식의 분류에 해당되지 않는 것은?
① 복관식
② 건식
③ 상향식
④ 중력식

해설 온수난방의 구분
① 순환방식 : 자연 순환식(중력식), 강제 순환식(펌프식)
② 온수온도 : 고온수식, 보통온수식, 저온수식
③ 배관방식 : 단관식, 복관식, 역환수관식(리버스리턴)
④ 공급방식 : 상향식, 하향식

16 수관식 보일러의 특징에 관한 설명으로 틀린 것은?
① 드럼이 작아 구조상 고압 대용량에 적합하다.
② 구조가 복잡하여 보수·청소가 곤란하다.
③ 예열시간이 짧고 효율이 좋다.
④ 보유수량이 커서 파열 시 피해가 크다.

해설 수관식 보일러는 전열면적에 비해 보유수량은 적어 증발이 빠르다.

 수관식 보일러
상하부의 드럼에 고압에 잘 견디는 다수의 수관을 연결한 것으로 고압 대용량으로 전열면적이 크고 효율이 가장 좋고 증기발생이 매우 빠르나 부하변동에 따른 압력변화가 크고 가격이 비싸며, 산업용으로 많이 사용한다.

17 통과 풍량이 350m³/min일 때 표준 유닛형 에어필터의 수는? (단, 통과 풍속은 1.5m/s, 통과면적은 0.5m²이며, 유효면적은 80%이다.)
① 5개
② 6개
③ 8개
④ 10개

해설 에어필터의 수

필요 개수 $= \dfrac{\left(\dfrac{350}{60}\right)}{0.5 \times 1.5 \times 0.8} = 9.72 = 10$개

18 어느 실내에 설치된 온수 방열기의 방열면적이 10m² EDR일 때의 방열량(W)은?
① 4500
② 6500
③ 7558
④ 5233

해설 방열기 방열량=방열기 방열면적(EDR)×방열기 방열량
$q = 10 \times 523 = 5,230$W

 방열기 표준 방열량
① 증기 : 650 kcal/m²·h(756W/m²)
② 온수 : 450 kcal/m²·h(523W/m²)

[정답] 14. ③ 15. ② 16. ④ 17. ④ 18. ④

19 냉각코일로 공기를 냉각하는 경우에 코일표면온도가 공기의 노점온도보다 높으면 공기 중의 수분량 변화는?

① 변화가 없다.   ② 증가한다.
③ 감소한다.   ④ 불규칙적이다.

해설 코일표면온도가 노점온도보다 높으면 공기 중의 수분량 변화가 없고, 낮으면 수분량이 감소하여 절대습도가 낮아진다.

20 습공기의 수증기 분압과 동일한 온도에서 포화공기의 수증기 분압과의 비율을 무엇이라 하는가?

① 절대습도   ② 상대습도
③ 열수분비   ④ 비교습도

해설 상대습도(φ, %)
습공기의 수증기 분압과 그 온도에 있어서의 포화공기의 수증기 분압과의 비율

2과목 냉동냉장설비

21 어느 재료의 열통과율이 $0.35 W/m^2 \cdot K$, 외기와 벽면과의 열전달률이 $20 W/m^2 \cdot K$, 내부공기와 벽면과의 열전달률이 $5.4 W/m^2 \cdot K$이고, 재료의 두께가 187.5mm일 때, 이 재료의 열전도도는?

① $0.032 W/m \cdot K$ ② $0.056 W/m \cdot K$
③ $0.067 W/m \cdot K$ ④ $0.072 W/m \cdot K$

해설 $K = \dfrac{1}{\dfrac{1}{\alpha_1} + \dfrac{l}{\lambda} + \dfrac{1}{\alpha_2}}$ 에서 $0.35 = \dfrac{1}{\dfrac{1}{20} + \dfrac{0.1875}{\lambda} + \dfrac{1}{5.4}}$

$\lambda = 0.072 W/m \cdot K$

22 다음 중 냉각탑의 용량제어 방법이 아닌 것은?

① 슬라이드 밸브 조작 방법   ② 수량변화 방법
③ 공기 유량변화 방법   ④ 분할 운전 방법

해설 슬라이드 밸브에 의한 용량제어는 스크류압축기의 용량제어법이다.

23 축열장치에서 축열재가 갖추어야 할 조건으로 가장 거리가 먼 것은?

① 열의 저장은 쉬워야 하나 열의 방출은 어려워야 한다.
② 취급하기 쉽고 가격이 저렴해야 한다.
③ 화학적으로 안정해야 한다.
④ 단위체적당 축열량이 많아야 한다.

 열의 출입이 용이하여야 하므로 열의 저장이나 방출이 쉬워야 한다.

24 1kg의 공기가 온도 20℃의 상태에서 등온변화를 하여, 비체적의 증가는 0.5m³/kg, 엔트로피의 증가량은 0.05kcal/kg·℃였다. 초기의 비체적은 얼마인가? (단, 공기의 기체상수는 29.27kg·m/kg·℃이다.)

① $0.293\text{m}^3/\text{kg}$
② $0.465\text{m}^3/\text{kg}$
③ $0.508\text{m}^3/\text{kg}$
④ $0.614\text{m}^3/\text{kg}$

해설
$$\Delta S = AGR\ln\left(\frac{V_2}{V_1}\right)$$

$$\ln\left(\frac{V_2}{V_1}\right) = \frac{\Delta S}{AGR} = \frac{0.05}{\frac{1}{427} \times 1 \times 29.27}$$

$$\frac{V_2}{V_1} = e^{\frac{0.05 \times 427}{1 \times 29.27}} = 2.074$$

$\frac{V_2}{V_1} = 2.074$, $V_2 - V_1 = 0.5$, $V_2 = 0.5 + V_1$에서

$$\frac{V_2}{V_1} = \frac{0.5 + V_1}{V_1} = \frac{0.5}{V_1} + 1, \quad 2.074 = \frac{0.5}{V_1} + 1$$

$$\frac{0.5}{V_1} = 1.074, \quad V_1 = 0.465\text{m}^3/\text{kg}$$

보충 등온변화에 대한 엔트로피 변화량

$$\Delta S = GR\ln\left(\frac{V_2}{V_1}\right) = GR\ln\left(\frac{P_1}{P_2}\right)$$

25 다음 중 무기질 브라인이 아닌 것은?

① 염화나트륨
② 염화마그네슘
③ 염화칼슘
④ 에틸렌글리콜

 무기질 브라인
염화나트륨(NaCl), 염화마그네슘($MgCl_2$), 염화칼슘($CaCl_2$)

[정답] 19. ① 20. ②
21. ④ 22. ①
23. ① 24. ②
25. ④

13회 CBT 기출문제

26 증발식 응축기에 관한 설명으로 옳은 것은?
① 증발식 응축기는 많은 냉각수를 필요로 한다.
② 송풍기, 순환펌프가 설치되지 않아 구조가 간단하다.
③ 대기온도는 동일하지만 습도가 높을 때는 응축압력이 높아진다.
④ 증발식 응축기의 냉각수 보급량은 물의 증발량과는 큰 관계가 없다.

해설 증발식 응축기는 습도가 높으면 냉각수의 냉각능력이 떨어져 응축압력은 상승한다.

27 저온장치 중 얇은 금속판에 브라인이나 냉매를 통하게 하여 금속판의 외면에 식품을 부착시켜 동결하는 장치는?
① 반 송풍 동결장치
② 접촉식 동결장치
③ 송풍 동결장치
④ 터널식 공기 동결장치

해설 접촉식 동결장치: 얇은 금속판 내에 브라인이나 냉매를 통하게 하여 금속판의 외면과 식품을 접촉시켜 동결하는 장치로 일반 식품공장에 널리 사용되고 있다.

28 이상 냉동 사이클에서 응축기 온도가 40℃, 증발기 온도가 -10℃이면 성적계수는?
① 3.26
② 4.26
③ 5.26
④ 6.26

해설 성적계수, $COP = \dfrac{T_e}{T_c - T_e} = \dfrac{(-10+273)}{(40+273)-(-10+273)} = 5.26$

29 진공압력 300mmHg를 절대압력으로 환산하면 약 얼마인가? (단, 대기압은 101.3kPa이다.)
① 48.7kPa
② 55.4kPa
③ 61.3kPa
④ 70.6kPa

해설 $P = 101.3 \times \left(1 - \dfrac{300}{760}\right) = 61.3 \text{kPa}$

보충
표준대기압
1atm = 760mmHg = 10.33mAq = 1.033kg/cm² = 101,325N/m²(Pa) = 101kPa = 0.1MPa

30 다음 h-x(엔탈피-농도)선도에서 흡수식 냉동기 사이클을 나타낸 것으로 옳은 것은?

① c – d – e – f – c
② b – c – f – g – b
③ a – b – g – h – a
④ a – d – e – h – a

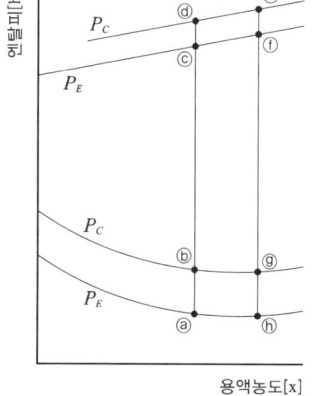

해설 흡수식 냉동사이클
ⓐ – ⓑ – ⓖ – ⓗ – ⓐ
ⓒ, ⓓ, ⓔ, ⓕ은 압력을 나타냄

31 브라인의 구비조건으로 틀린 것은?

① 열 용량이 크고 전열이 좋을 것
② 점성이 클 것
③ 빙점이 낮을 것
④ 부식성이 없을 것

해설 브라인은 점성이 작아야 순환이 양호하다.

32 15℃의 물로 0℃의 얼음을 100kg/h 만드는 냉동기의 냉동능력은 몇 냉동톤(RT)인가? (단, 1RT는 3320kcal/h이다.)

① 1.43
② 1.78
③ 2.12
④ 2.86

해설 $$RT = \frac{Q_e}{3,320} = \frac{G \cdot C \cdot \Delta t + G \cdot r}{3,320} = \frac{100 \times \{(1 \times 15) + 80\}}{3,320} = 2.86$$

33 이론 냉동사이클을 기반으로 한 냉동장치의 작동에 관한 설명으로 옳은 것은?

① 냉동능력을 크게 하려면 압축비를 높게 운전하여야 한다.
② 팽창밸브 통과 전후의 냉매 엔탈피는 변하지 않는다.
③ 냉동장치의 성적계수 향상을 위해 압축비를 높게 운전하여야 한다.
④ 대형 냉동장치의 암모니아 냉매는 수분이 있어도 아연을 침식시키지 않는다.

해설 팽창밸브 통과 전후의 냉매 엔탈피는 단열팽창과정으로 일정하다.

[정답] 26. ③ 27. ②
28. ③ 29. ③
30. ③ 31. ②
32. ④ 33. ②

34
냉동사이클에서 증발온도가 일정하고 압축기 흡입가스의 상태가 건포화 증기일 때, 응축온도를 상승시키는 경우 나타나는 현상이 아닌 것은?

① 토출압력 상승
② 압축비 상승
③ 냉동효과 감소
④ 압축일량 감소

해설 응축온도 상승 시 응축압력 상승으로 압축일량은 증가한다.

35
실제기체가 이상기체의 상태식을 근사적으로 만족하는 경우는?

① 압력이 높고 온도가 낮을수록
② 압력이 높고 온도가 높을수록
③ 압력이 낮고 온도가 높을수록
④ 압력이 낮고 온도가 낮을수록

해설 실제기체가 이상기체에 근사적으로 만족하는 경우
① 압력이 낮을 때
② 온도가 높을 때
③ 밀도가 작을수록(비체적이 클수록)

36
P-h(압력-엔탈피)선도에서 포화증기선상의 건조도는 얼마인가?

① 2
② 1
③ 0.5
④ 0

해설 ① 포화액의 건조도 : x=0
② 습포화증기의 건조도 : 0<x<1
③ 건조포화증기의 건조도 : x=1

37
암모니아 냉동장치에서 팽창밸브 직전의 냉매액 온도가 20℃이고 압축기 직전 냉매가스 온도가 -15℃의 건포화 증기이며, 냉매 1kg당 냉동량은 270kcal이다. 필요한 냉동능력이 14RT일 때, 냉매순환량은? (단, 1RT는 3320kcal/h이다.)

① 123kg/h
② 172kg/h
③ 185kg/h
④ 212kg/h

해설 $G = \dfrac{Q_e}{q_e} = \dfrac{14 \times 3,320}{270} = 172 \text{kg/h}$

보충
응축압력(응축온도) 상승 시 영향
① 응축압력 상승으로 압축비 증가
② 압축기 소요동력 증가
③ 피스톤 마모 및 토출가스온도 상승
④ 실린더 과열로 윤활유 열화 및 탄화
⑤ 냉동효과, 냉동능력, 성적계수 감소

38 냉동장치의 $P-i$(압력-엔탈피)선도에서 성적계수를 구하는 식으로 옳은 것은?

① $COP = \dfrac{i_4 - i_3}{i_3 - i_2}$

② $COP = \dfrac{i_3 - i_2}{i_4 - i_2}$

③ $COP = \dfrac{i_3 - i_2}{i_4 - i_3}$

④ $COP = \dfrac{i_4 - i_2}{i_3 - i_2}$

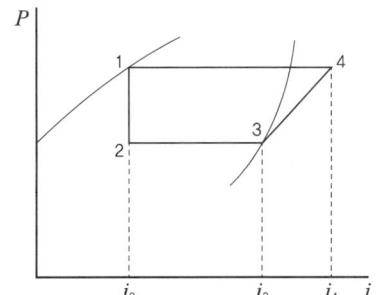

해설 냉동장치의 성적계수
$$COP = \frac{q_e}{Aw} = \frac{i_3 - i_2(i_1)}{i_4 - i_3}$$

39 2원 냉동사이클의 특징이 아닌 것은?

① 일반적으로 저온측과 고온측에 서로 다른 냉매를 사용한다.
② 초저온의 온도를 얻고자 할 때 이용하는 냉동사이클이다.
③ 보통 저온측 냉매로는 임계점이 높은 냉매를 사용하며, 고온측에는 임계점이 낮은 냉매를 사용한다.
④ 중간열교환기는 저온측에서는 응축기 역할을 하며, 고온측에서는 증발기 역할을 수행한다.

해설 저온측 냉매는 임계점이 낮은 냉매를, 고온측에는 임계점이 높은 냉매를 사용한다.

40 수냉식 응축기를 사용하는 냉동장치에서 응축압력이 표준압력보다 높게 되는 원인으로 가장 거리가 먼 것은?

① 공기 또는 불응축가스의 혼입
② 응축수 입구온도의 저하
③ 냉각수량의 부족
④ 응축기의 냉각관에 스케일이 부착

해설 응축압력의 상승원인
① 수냉식일 경우 냉각수량 부족 및 냉각수 온도 상승 시
② 공냉식일 경우 송풍량 부족 및 외기온도 상승 시
③ 응축기 냉각관에 스케일 등의 부착 시
④ 냉매의 과충전이나 응축부하 과대 시
⑤ 공기 또는 불응축가스 혼입

[정답] 34. ④ 35. ③
36. ② 37. ②
38. ③ 39. ③
40. ②

3과목 공조냉동설치·운영

41 배수 트랩의 종류에 해당하는 것은?
① 드럼 트랩 ② 버킷 트랩
③ 벨로즈 트랩 ④ 디스크 트랩

해설 배수 트랩 : P 트랩, S 트랩, U(하우스) 트랩, 드럼 트랩, 벨 트랩 등

42 다음 중 대구경 강관의 보수 및 점검을 위해 분해, 결합을 쉽게 할 수 있도록 사용되는 연결방법은?
① 나사접합 ② 플랜지접합
③ 용접접합 ④ 슬리브접합

해설 관을 분해, 수리, 교체하고자 할 때
① 소구경(50A 이하) 배관 : 유니온
② 대구경(65A 이상) 배관 : 플랜지

43 파이프 내 흐르는 유체가 "물"임을 표시하는 기호는?

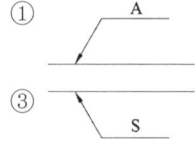
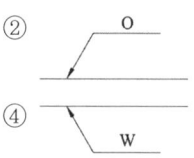

해설 ① 공기 ② 기름
③ 수증기 ④ 물

44 각 난방 방식과 관련된 용어의 연결로 옳은 것은?
① 온수난방 – 잠열 ② 증기난방 – 팽창탱크
③ 온풍난방 – 팽창관 ④ 복사난방 – 평균복사온도

해설 ① 온수난방 – 현열
② 증기난방 – 안전밸브
③ 온수난방 – 팽창관

보충
MRT(Mean Radiant Temperature)
평균복사온도로 복사난방과 관계가 있다.

45 냉동장치의 토출배관 시공 시 유의사항으로 틀린 것은?
① 관의 합류는 T이음보다 Y이음으로 한다.
② 압축기 정지 중에도 관내에 응축된 냉매가 압축기로 역류하지 않도록 한다.
③ 압축기에서 입상된 토출관의 수평 부분은 응축기 쪽으로 상향 구배를 한다.
④ 여러 대의 압축기를 병렬 운전할 때는 가스의 충돌로 인한 진동이 없게 한다.

해설 압축기에서 입상된 토출관의 수평 부분은 응축기 쪽으로 하향 구배를 한다.

46 다음 중 가스 공급 설비와 관련이 없는 것은?
① 가스 홀더
② 압송기
③ 정적기
④ 정압기

해설 가스 공급 설비 : 압송기, 가스 홀더, 정압기, 연소기구 등

47 관경 25A(내경 27.6mm)의 강관에 30L/min의 가스를 흐르게 할 때 유속(m/s)은?
① 0.14
② 0.34
③ 0.64
④ 0.84

해설 $V = \dfrac{4Q}{\pi D^2} = \dfrac{4 \times 0.03}{3.14 \times 0.0276^2 \times 60} = 0.84 \text{m/s}$

48 공기조화기에 설치된 공기 냉각코일 내에 흐르는 냉수의 적정 유속은?
① 약 1m/s
② 약 3m/s
③ 약 5m/s
④ 약 7m/s

해설 공기조화기 냉각코일의 유속 : 약 1m/s

49 다음 중 관을 도중에 분기시키기 위해 사용되는 부속품이 아닌 것은?
① 티(T)
② 와이(Y)
③ 크로스(cross)
④ 엘보(elbow)

해설 배관의 분기 시 사용하는 부속 : 티, 와이, 크로스

[정답] 41. ① 42. ② 43. ④ 44. ④ 45. ③ 46. ③ 47. ④ 48. ① 49. ④

50 펌프주위 배관에 대한 설명으로 틀린 것은?

① 흡입관의 길이는 가능하면 짧게 배관한다.
② 흡입관은 펌프를 향해서 약 1/50 정도의 올림 구배가 되도록 한다.
③ 토출관에는 글로브 밸브를 설치하고, 흡입관에는 체크 밸브를 설치한다.
④ 흡입측에는 진공계를 설치하고, 토출측에는 압력계를 설치한다.

해설
① 펌프 입구 : 물탱크 → 게이트 밸브 → 여과기 → 진공계(연성계) → 플렉시블 조인트 → 펌프
② 펌프 토출관 : 펌프 → 플렉시블 조인트 → 체크 밸브 → 압력계 → 게이트 밸브

51 3상 유도전동기의 출력이 5마력, 전압 220V, 효율 80%, 역률 90%일 때 전동기에 흐르는 전류는 약 몇 A인가?

① 11.6 ② 13.6
③ 15.6 ④ 17.6

해설
3상 유도전동기의 입력은 $P_{input} = \sqrt{3}\,VI\cos\theta$로 계산되고 출력은 5마력인데, 1마력당 0.75kW(1HP=746W)이므로 다음과 같은 수식을 쓸 수 있다. 단, $\cos\theta$는 역률로 0.90이다.

$$효율 = \frac{출력}{입력}$$

$$0.8 = \frac{5 \times 0.75}{\sqrt{3}\,VI\cos\theta} \text{에서 } I = \frac{3.75}{\sqrt{3} \times 220 \times 0.9 \times 0.8} = 13.6\text{A}$$

52 추종제어에 속하지 않는 제어량은?

① 유량 ② 방위
③ 위치 ④ 자세

해설 서보제어는 추종제어의 일종으로 임의 시간적 변화를 하는 목표값에 제어량을 추종하는 것으로 제어량은 물체의 위치, 방향 및 회전각도 등이 된다.

보충 프로세스제어(공정제어) : 제어량이 온도, 압력, 유량, 레벨 등이며 플랜트나 생산 공정 중의 상태량을 제어량으로 하는 제어로 제어계에 가해지는 외란의 억제를 주목적으로 한다.

53 시퀀스제어에 관한 설명으로 틀린 것은?

① 시간지연요소가 사용된다.
② 논리회로가 조합 사용된다.
③ 기계적 계전기 접점이 사용된다.
④ 전체 시스템에 연결된 접점들이 동시에 동작한다.

해설 시퀀스제어(개루프제어)
MC나 릴레이 등을 사용하며, 이런 기기들의 접점은 릴레이나 MC의 전자석이 여자되어야 작동되므로 전체 계통에 연결된 모든 스위치가 동시에 동작은 불가능하다.

보충
시퀀스제어
미리 정해진 순서에 따라 제어의 각 단계를 차례로 진행시키는 제어(컨베이어, 엘리베이터, 세탁기, 커피 자동판매기 등)

54 잔류편차가 존재하는 제어계는?

① 적분제어계
② 비례제어계
③ 비례적분제어계
④ 비례적분미분제어계

해설 비례동작(P동작)
제어대상의 목표값과 출력값의 오차에 비례하는 조작량을 가하는 제어로 목표값에 근접하면 오차가 작아지므로 점진적으로 목표치를 달성할 수 있다. 그러나 외부적인 요인이 작용할 경우 대응이 불가능해서 잔류편차(정상오차)가 남는 문제가 있다.

55 피드백 제어계에서 제어요소에 대한 설명인 것은?

① 목표값에 비례하는 기준, 입력신호를 발생하는 요소이다.
② 기준입력과 주궤환신호의 차로 제어동작을 일으키는 요소이다.
③ 제어를 하기 위해 제어대상에 부착시켜 놓은 장치이다.
④ 조작부와 조절부로 구성되어 동작신호를 조작량으로 변환하는 요소이다.

해설 제어요소
목표치와 현재치를 비교한 오차, 즉 동작신호를 제어기에 입력하여 제어대상에 인가할 조작량으로 변환하는 조절부와 조작부로 구성된다.

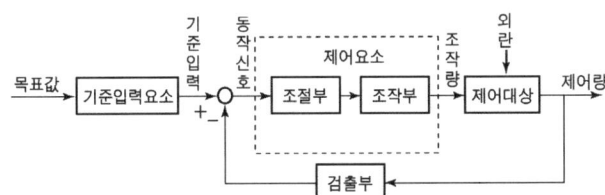

[정답] 50. ③ 51. ②
52. ① 53. ④
54. ② 55. ④

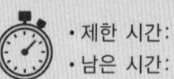

56. 전력선, 전기기기 등 보호대상에 발생한 이상상태를 검출하여 기기의 피해를 경감시키거나 그 파급을 저지하기 위하여 사용되는 것은?

① 보호계전기
② 보조계전기
③ 전자접촉기
④ 한시계전기

해설 보호계전기
전기회로의 단락, 과부하, 지락 등의 이상 발생 시 사고부분을 계통에서 분리해 사고가 타 계통으로 파급되는 것을 방지하고 기기가 가능한 한 손상을 받지 않도록 하는 기기

57. 목표값이 다른 양과 일정한 비율 관계를 가지고 변화하는 경우의 제어는?

① 추종제어
② 정치제어
③ 비율제어
④ 프로그램제어

해설 비율제어 : 목표값이 다른 양과 일정한 비율 관계를 가지고 변화하는 제어

보충
① 정치제어 : 언제나 일정한 값을 유지하도록 제어하는 것을 목적으로 한 제어
② 프로그램제어 : 정해진 프로그램에 따라 제어량을 변화시키는 제어
③ 추치제어 : 임의 시간적 변화를 하는 목표값에 제어량을 추종하는 제어

58. 서보 전동기는 다음 중 어디에 속하는가?

① 검출기
② 증폭기
③ 변환기
④ 조작기기

해설 조작기기
제어장치에 있어서 조절부로부터의 조작량으로 바꾸어 제어대상에 작용하는 부분으로 서보 전동기가 이에 속한다.

보충
① 검출기 : 제어량을 검출하여 피드백신호를 만드는 요소
② 서보모터 : 대표적인 조작기기로 속응성, 정역전, 변속 등 신뢰도가 높고 제어성이 좋아 정밀기기에 많이 사용되나 발열량이 많아 강제 냉각방식이 필요하며, 서보모터는 DC와 AC로 나뉜다.

답안 표기란

56	① ② ③ ④
57	① ② ③ ④
58	① ② ③ ④

보충
① **보조계전기** : 계전기의 접점에 의해 2차적으로 동작하고 그 접점으로 원래의 계전기를 보조하는 계전기로서 한시계전기를 포함해서 보조적 기능을 하는 계전기의 총칭
② **전자접촉기(MC)** : 전자력을 이용하여 접점 상태를 바꾸는 스위치
③ **한시계전기** : 입력신호를 받아 설정된 시간이 경과한 후 동작이 되는 일종의 계전기

59 변위를 전압으로 변환시키는 장치가 아닌 것은?

① 전위차계 ② 측온저항
③ 포텐셔미터 ④ 차동변압기

해설 측온저항체(저항온도계)
온도에 따라 저항이 변화하는 성질을 이용하여 온도센서로 사용한다.

보충 ① 전위차계(포텐셔미터)
일종의 가변저항으로 두 개의 직렬 연결된 저항은 전압을 분압한다는 원리를 이용하여 변위에 의하여 저항을 가변시켜 변화된 전압을 측정하는 것으로 변위의 크기를 알 수 있는 장치(변위 → 전압)
② 차동변압기
기계적 직선 변위량을 전압으로 변형하는 위치 검출센서로 사용(변위 → 전압)

60 권선형 유도전동기의 회전자 입력이 10kW일 때 슬립이 4%였다면 출력은 몇 kW인가?

① 4 ② 8
③ 9.6 ④ 10.4

 유도전동기의 출력 P와 회전자 입력(2차 입력) P_2의 관계는 다음과 같다. 단, s는 슬립이다.
$P = P_2(1-s) = 10(1-0.04) = 9.6\text{kW}$

[정답] 56. ① 57. ③
58. ④ 59. ②
60. ③

1과목　공기조화설비

01 덕트 내 공기가 흐를 때 정압과 동압에 관한 설명으로 틀린 것은?

① 정압은 항상 대기압 이상의 압력으로 된다.
② 정압은 공기가 정지상태일지라도 존재한다.
③ 동압은 공기가 움직이고 있을 때만 생기는 속도 압이다.
④ 덕트 내에서 공기가 흐를 때 그 동압을 측정하면 속도를 구할 수 있다.

해설　덕트 내 정압은 송풍기의 설치위치에 따라 대기압 이상이나 이하의 압력이 된다.

02 공기조화 방식의 특징 중 전공기식의 특징에 관한 설명으로 옳은 것은?

① 송풍 동력이 펌프 동력에 비해 크다.
② 외기냉방을 할 수 없다.
③ 겨울철에 가습하기가 어렵다.
④ 실내에 누수의 우려가 있다.

해설　전공기 방식은 공조기에서 공급된 냉·온풍을 덕트를 통해 실내로 취출하여 공기에 의해 실내부하를 처리하는 방식으로 송풍동력이 크다.

보충　전공기 방식의 장·단점

장 점	단 점
① 송풍량이 많아서 실내공기의 오염이 적다.	① 덕트 스페이스가 크다.
② 중간기(봄, 가을)에 외기냉방이 가능하다.	② 냉·온풍의 운반에 소요되는 동력이 크다.
③ 바닥의 이용도가 좋다.	③ 공조실의 면적이 크다.
④ 수배관에서의 누수가 없다.	④ 개별 제어가 어렵다.

03 증기난방 방식의 종류에 따른 분류 기준으로 가장 거리가 먼 것은?

① 사용 증기압력
② 증기 배관방식
③ 증기 공급방향
④ 사용 열매종류

해설 증기난방 방식의 종류

구 분	방 식	설 명
증기 압력	고압식	증기의 압력 1.0 kgf/cm² 이상
	저압식	증기의 압력 1.0 kgf/cm² 미만
배관 방식	단관식	증기관과 응축수관이 동일하게 하나로 구성
	복관식	증기관과 응축수관이 별개로 구성
공급 방식	상향식	최하층의 증기주관으로부터 입상관에 의해 증기 공급
	하향식	최상층의 증기주관으로부터 입하관에 의해 증기 공급
환수배관 방식	건식	응축수 환수주관이 보일러 수면보다 위에 위치
	습식	응축수 환수주관이 보일러 수면보다 아래에 위치
응축수 환수방식	중력 환수식	응축수 자체의 중력에 의하여 환수
	기계 환수식	중력에 의해 환수 후 펌프에 의하여 응축수를 보일러에 급수
	진공 환수식	진공펌프로 응축수를 환수하고 펌프에 의해 보일러에 급수

04 공조용 저속덕트를 등마찰법으로 설계할 때 사용하는 단위 마찰저항으로 가장 적당한 것은?

① 0.007~0.015 Pa/m ② 0.7~1.5 Pa/m
③ 7~15 Pa/m ④ 70~150 Pa/m

해설 등마찰손실법(등압법) : 덕트의 단위 길이당 마찰저항을 0.1mmAq/m(1Pa/m) 정도로 하고 풍량이 1,000m³/h 이상이 되면 소음발생이나 덕트의 강도상 문제가 있어 등속법으로 하기도 한다.

05 다음 중 저속덕트와 고속덕트를 구분하는 주덕트 내의 풍속으로 적당한 것은?

① 8m/s ② 15m/s
③ 25m/s ④ 45m/s

해설 고속덕트와 저속덕트의 구분 : 주덕트 내의 풍속 15m/s

06 다음 냉방부하 종류 중 현열부하만 이용하여 계산하는 것은?

① 극간풍에 의한 열량
② 인체의 발생열량
③ 기구의 발생열량
④ 송풍기에 의한 취득열량

해설 송풍기 및 덕트에 의한 취득열량은 현열부하만 발생한다.

보충
현열 및 잠열부하 요소
① 극간풍 부하
② 인체 부하
③ 실내기구 부하
④ 외기 부하

정답 01. ① 02. ①
03. ④ 04. ②
05. ② 06. ④

07 고온수 난방 배관에 관한 설명으로 옳은 것은?

① 장치의 열용량이 작아 예열시간이 짧다.
② 대량의 열량공급은 용이하지만 배관의 지름은 저온수 난방보다 크게 된다.
③ 관내 압력이 높기 때문에 관내면의 부식문제가 증기난방에 비해 심하다.
④ 공급과 환수의 온도차를 크게 할 수 있으므로 열수송량이 크다.

해설 고온수 난방은 공급과 환수의 온도차를 크게 할 수 있으므로 열수송량이 커 관경을 줄일 수 있다.

08 공기조화방식의 열매체에 의한 분류 중 냉매방식의 특징에 대한 설명으로 틀린 것은?

① 유닛에 냉동기를 내장하므로 국소적인 운전이 자유롭게 된다.
② 온도조절기를 내장하고 있어 개별제어가 가능하다.
③ 대형의 공조실을 필요로 한다.
④ 취급이 간단하고 대형의 것도 쉽게 운전할 수 있다.

해설 냉매방식은 냉동기를 내장한 패키지 유닛에 의해 냉방부하를 처리하는 방식으로 개별 제어 및 증설이 용이하며, 대형의 공조실은 필요없다.

09 일반적인 덕트설비를 설계할 때 덕트 설계순서로 옳은 것은?

① 덕트 계획 → 덕트치수 및 저항 산출 → 흡입·취출구 위치결정 → 송풍량 산출 → 덕트 경로결정 → 송풍기 선정
② 덕트 계획 → 덕트 경로설정 → 덕트치수 및 저항 산출 → 송풍량 산출 → 흡입·취출구 위치결정 → 송풍기 선정
③ 덕트 계획 → 송풍량 산출 → 흡입·취출구 위치결정 → 덕트 경로설정 → 덕트치수 및 저항 산출 → 송풍기 선정
④ 덕트 계획 → 흡입·취출구 위치결정 → 덕트치수 및 저항 산출 → 덕트 경로설정 → 송풍량 산출 → 송풍기 선정

해설 덕트설비 설계순서
덕트 계획 → 송풍량 산출 → 흡입·취출구 위치결정 → 덕트 경로설정 → 덕트치수 및 저항 산출 → 송풍기 선정

10 건구온도 10℃, 상대습도 60%인 습공기를 30℃로 가열하였다. 이 때의 습공기 상대습도는? (단, 10℃의 포화수증기압은 9.2mmHg이고, 30℃의 포화수증기압은 23.75mmHg이다.)

① 17% ② 20%
③ 23% ④ 27%

 해설

$$\varphi_{30℃} = \frac{P_v}{P_s} \times 100(\%) = \frac{5.52}{23.75} \times 100 = 23\%$$

$$\varphi_{10℃} = \frac{P_v}{P_s} \text{에서 } 0.6 = \frac{P_v}{9.2}, \ P_v = 5.52\text{mmHg}$$

11 온도가 20℃, 절대압력이 1MPa인 공기의 밀도(kg/m³)는? (단, 공기는 이상기체이며, 기체상수(R)는 0.287kJ/kg·K이다.)

① 9.55 ② 11.89
③ 13.78 ④ 15.89

 해설

$$\rho = \frac{G}{V} = \frac{P}{RT} = \frac{1 \times 1,000}{0.287 \times (20+273)} = 11.89\text{kg/m}^3$$

또는, $v = \frac{GRT}{P} = \frac{1 \times 0.287 \times (20+273)}{1 \times 1,000} = 0.0841\,\text{m}^3/\text{kg}$

$\rho = \frac{1}{v} = 11.89\text{kg/m}^3$

12 겨울철에 난방을 하는 건물의 배기열을 효과적으로 회수하는 방법이 아닌 것은?

① 전열교환기 방법 ② 현열교환기 방법
③ 열펌프 방법 ④ 축열조 방법

해설 축열방법은 값이 싼 심야전력을 이용하는 방법으로 심야에 냉동기를 가동하여 냉열을 축열조에 저장한 후 낮 시간에 이용하는 방법으로 건물의 배기열 회수와는 관계가 없다.

13 보일러에서 물이 끓어 증발할 때 보일러수가 물방울 또는 거품으로 되어 증기에 섞여 보일러 밖으로 분출되어 나오는 장해의 종류는?

① 스케일 장해 ② 부식 장해
③ 캐리오버 장해 ④ 슬러지 장해

해설 캐리오버(carry over)
① 보일러수 중에 불순물이 포함된 수분이 증기와 함께 보일러 본체 밖으로 배출되어 나오는 현상
② 보일러수 중에 용해 또는 현탁되어 있는 불순물과 수분이 증기와 함께 보일러 본체 밖으로 배출되어 나오는 현상

답안 표기란
10	① ② ③ ④
11	① ② ③ ④
12	① ② ③ ④
13	① ② ③ ④

정답
07. ④ 08. ③
09. ③ 10. ③
11. ② 12. ④
13. ③

14 송풍 공기량을 $Q[\text{m}^3/\text{s}]$, 외기 및 실내온도를 각각 t_o, $t_r[℃]$이라 할 때 침입외기에 의한 손실 열량 중 현열부하(kW)를 구하는 공식은? (단, 공기의 정압비열은 1.0kJ/kg · K, 밀도는 1.2kg/m³이다.)

① $1.0 \times Q \times (t_o - t_r)$
② $1.2 \times Q \times (t_o - t_r)$
③ $597.5 \times Q \times (t_o - t_r)$
④ $717 \times Q \times (t_o - t_r)$

해설 $qs = 1.2 \times Q \times 1.0 \times (t_o - t_r) [\text{kJ/s, kW}]$
여기서, $Q : \text{m}^3/\text{s}$이다.

보충 현열부하 공식(Q : m³/h)
$q_s = 0.29 \cdot Q \cdot \Delta t [\text{kcal/h}]$, $q_s = 1.21 \cdot Q \cdot \Delta t [\text{kJ/h}]$, $q_s = 0.34 \cdot Q \cdot \Delta t [\text{W}]$

15 증기난방의 장점이 아닌 것은?
① 방열기가 소형이 되므로 비용이 적게 든다.
② 열의 운반능력이 크다.
③ 예열시간이 온수난방에 비해 짧고 증기 순환이 빠르다.
④ 소음(steam hammering)을 일으키지 않는다.

해설 증기난방 시 증기에 의한 증기해머 현상으로 소음이 발생될 수 있다.

16 전열교환기에 대한 설명으로 틀린 것은?
① 회전식과 고정식 등이 있다.
② 현열과 잠열을 동시에 교환한다.
③ 전열교환기는 공기 대 공기 열교환기라고도 한다.
④ 동계에 실내로부터 배기되는 고온 · 다습공기와 한냉 · 건조한 외기와의 열교환을 통해 엔탈피 감소효과를 가져온다.

해설 동계에 실내로부터 배기되는 고온·다습공기와 한냉·건조한 외기와의 열교환을 통해 엔탈피 증가효과를 가져온다.

보충
전열교환기의 특징
① 실내의 배기와 환기용 외기를 열교환하는 장치로 공대공 열교환기라고도 한다.
② 배기와 환기의 열교환으로 온도 및 습도(현열, 잠열)을 교환한다.
③ 열교환기 설치로 설비비와 기계실 스페이스가 많이 든다.
④ 외기부하를 감소시켜 기기의 용량이 작게 설계되어 운전경비가 절약된다.
⑤ 회전식과 고정식 전열교환기가 있다.

17 가변 풍량 방식에 대한 설명으로 옳은 것은?
① 실내온도제어는 부하변동에 따른 송풍온도를 변화시켜 제어한다.
② 부분부하시 송풍기 제어에 의하여 송풍기 동력을 절감할 수 있다.

③ 동시 사용률을 적용할 수 없으므로 설비용량을 줄일 수 없다.
④ 시운전시 취출구의 풍량조절이 복잡하다.

해설 가변 풍량 방식은 부분부하시 송풍기 제어에 의하여 송풍기 동력을 절감할 수 있으며, 이때 리밋로드 팬을 사용하는 것이 좋다.

보충 가변 풍량(VAV) 방식 : 각실 또는 존마다 부하변동에 따른 송풍온도는 일정하게 유지하고 부하변동에 따른 취출풍량을 조절하는 변풍량유닛(VAV)을 설치하여 공조하는 방식
① 개별 제어가 용이하다.
② 타방식에 비해 에너지가 절약된다.
③ 동시사용률을 고려하면 공조기 및 덕트가 적어도 된다.
④ 부하감소에 따른 송풍량 감소로 실내공기의 청정도가 떨어진다.
⑤ 운전 및 유지관리가 어렵다.
⑥ 설비비가 많이 든다.

18 증기트랩(Steam trap)에 대한 설명으로 옳은 것은?
① 고압의 증기를 만들기 위해 가열하는 장치
② 증기가 환수관으로 유입되는 것을 방지하기 위해 설치한 밸브
③ 증기가 역류하는 것을 방지하기 위해 만든 자동밸브
④ 간헐운전을 하기 위해 고압의 증기를 만드는 자동밸브

해설 증기트랩(steam trap)
증기 중 발생하는 응축수만을 분리하고 증기가 환수관으로 유입되는 방지하여 배관의 수격작용 및 부식을 방지한다.

19 에어 핸들링 유닛(Air Handling Unit)의 구성요소가 아닌 것은?
① 공기 여과기
② 송풍기
③ 공기 냉각기
④ 압축기

해설 공기조화기의 구성요소
공기 여과기 → 공기 냉각기 → 공기 가열기 → 공기 세정기 → 송풍기

20 공기조화기(AHU)의 냉·온수 코일 선정에 대한 설명으로 틀린 것은?
① 코일의 통과풍속은 약 2.5m/s를 기준으로 한다.
② 코일 내 유속은 1.0m/s전후로 하는 것이 적당하다.
③ 공기의 흐름방향과 냉온수의 흐름방향은 평행류보다 대향류로 하는 것이 전열효과가 크다.
④ 코일의 통풍저항을 크게 할수록 좋다.

해설 코일의 통풍저항을 작게 할수록 좋다.

정답
14. ② 15. ④
16. ④ 17. ②
18. ② 19. ④
20. ④

2과목 냉동냉장설비

21 증기분사식 냉동장치에서 사용되는 냉매는?

① 프레온 ② 물
③ 암모니아 ④ 염화칼슘

해설 증기분사 냉동기 : 스팀 이젝터로 증발기 내를 진공으로 만들어 냉매인 물의 일부를 증발시켜 냉동을 행함.

22 핫가스(hot gas) 제상을 하는 소형 냉동장치에서 핫가스의 흐름을 제어하는 것은?

① 캐필러리튜브(모세관) ② 자동팽창밸브(AEV)
③ 솔레노이드밸브(전자밸브) ④ 증발압력조정밸브

해설 핫가스(hot gas)의 흐름 제어 : 솔레노이드밸브(전자밸브)

23 냉동장치의 액관 중 발생하는 플래시 가스의 발생 원인으로 가장 거리가 먼 것은?

① 액관의 입상높이가 매우 작을 때
② 냉매 순환량에 비하여 액관의 관경이 너무 작을 때
③ 배관에 설치된 스트레이너, 필터 등이 막혀 있을 때
④ 액관이 직사광선에 노출될 때

해설 플래시 가스(flash gas)의 발생 원인
① 액관이 현저하게 입상되었거나 길 때
② 스트레이너, 드라이어 등이 막힌 경우
③ 액관 구경이 현저하게 가늘 경우
④ 전자밸브, 스톱밸브, 드라이어, 스트레이너 등의 구경이 적은 경우
⑤ 수액기나 액관이 직사광선에 노출된 경우
⑥ 액관을 보온없이 고온 장소에 통과시킨 경우
⑦ 과도하게 응축온도가 낮아진 경우

24 다음 상태변화에 대한 설명으로 옳은 것은?

① 단열변화에서 엔트로피는 증가한다.

② 등적변화에서 가해진 열량은 엔탈피 증가에 사용된다.
③ 등압변화에서 가해진 열량은 엔탈피 증가에 사용된다.
④ 등온변화에서 절대일은 0 이다.

해설 등압변화에서 가해진 열량은 엔탈피 증가에 사용된다.

25 압축기의 체적효율에 대한 설명으로 틀린 것은?
① 압축기의 압축비가 클수록 커진다.
② 틈새가 작을수록 커진다.
③ 실제로 압축기에 흡입되는 냉매증기의 체적과 피스톤이 배출한 체적과의 비를 나타낸다.
④ 비열비 값이 적을수록 적게 된다.

해설 체적효율은 압축기의 압축비가 클수록 작아진다.

26 10kg의 산소가 체적 5m³로부터 11m³로 변화하였다. 이 변화가 일정 압력 하에 이루어졌다면 엔트로피의 변화(kcal/K)는? (단, 산소는 완전가스로 보고, 정압비열은 0.221kcal/kg·K로 한다.)
① 1.55
② 1.74
③ 1.95
④ 2.05

해설 정압변화에서의 엔트로피 변화량
$$\Delta S = GC_p \ln\frac{v_2}{v_1} = 10 \times 0.221 \times \ln\frac{11}{5} = 1.74 \text{kcal/K}$$

27 냉동사이클에서 응축온도를 일정하게 하고 압축기 흡입가스의 상태를 건포화 증기로 할 때 증발 온도를 상승시키면 어떤 결과가 나타나는가?
① 압축비 증가
② 성적계수 감소
③ 냉동효과 증가
④ 압축일량 증가

해설 증발온도가 상승하면 냉동효과는 증가한다.

보충 증발온도(증발압력)의 변화

구 분	증발온도 저하 시	증발온도 상승 시
압축비	증가	감소
냉동효과	감소	증가
압축일량	증가	감소
토출가스온도	상승	저하
성적계수	감소	증가

[정답] 21. ② 22. ③ 23. ① 24. ③ 25. ① 26. ② 27. ③

28 냉동효과에 관한 설명으로 옳은 것은?

① 냉동효과란 응축기에서 방출하는 열량을 의미한다.
② 냉동효과는 압축기의 출구 엔탈피와 증발기의 입구 엔탈피 차를 이용하여 구할 수 있다.
③ 냉동효과는 팽창밸브 직전의 냉매 액온도가 높을수록 크며, 또 증발기에서 나오는 냉매증기의 온도가 낮을수록 크다.
④ 냉동효과를 크게 하려면 냉매의 과냉각도를 증가시키는 방법을 취하면 된다.

해설 냉동효과를 크게 하려면 액가스열교환기를 사용하여 냉매의 과냉각도를 증가시킨다.

29 조건을 참고하여 산출한 이론 냉동사이클의 성적계수는?

[조건] (ㄱ) 증발기 입구 냉매엔탈피 : 250kJ/kg
(ㄴ) 증발기 출구 냉매엔탈피 : 390kJ/kg
(ㄷ) 압축기 입구 냉매엔탈피 : 390kJ/kg
(ㄹ) 압축기 출구 냉매엔탈피 : 440kJ/kg

① 2.5
② 2.8
③ 3.2
④ 3.8

해설 이론 냉동사이클의 성적계수
$$COP = \frac{q_e}{Aw} = \frac{390-250}{440-390} = 2.8$$

30 다음 중 몰리엘(P-h) 선도에 나타나 있지 않은 것은?

① 엔트로피
② 온도
③ 비체적
④ 비열

해설 몰리엘(P-h) 선도의 구성 : 압력, 온도, 엔탈피, 비체적, 건조도, 엔트로피

31 다음과 같은 냉동기의 냉동능력(RT)은? (단, 응축기 냉각수 입구온도 18℃, 응축기 냉각수 출구온도 23℃, 응축기 냉각수 수량 1500L/min, 압축기 주전동기 축마력은 80PS, 1RT는 3320kcal/h이다.)

① 135　　　　　　　　　② 120
③ 150　　　　　　　　　④ 125

해설　$Q_e = Q_c - AW = (w \cdot C \cdot \Delta t) - (PS \times 632)/3{,}320$
　　　　$= \{1{,}500 \times 60 \times 1 \times (23-18)\} - (80 \times 632)/3{,}320$
　　　　$= 120.31 RT$

32 다음 그림은 어떤 사이클인가? (단, P=압력, h=엔탈피, T=온도, S=엔트로피이다.)

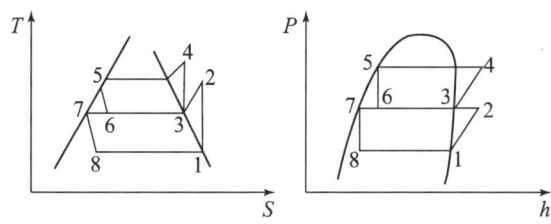

① 2단압축 1단팽창 사이클　　② 2단압축 2단팽창 사이클
③ 1단압축 1단팽창 사이클　　④ 1단압축 2단팽창 사이클

해설　2단압축 2단팽창 사이클이다.

33 냉동장치 내 불응축가스가 존재하고 있는 것이 판단되었다. 그 혼입의 원인으로 가장 거리가 먼 것은?

① 냉매 충전 전에 장치 내를 진공건조시키기 위하여 상온에서 진공 750mmHg까지 몇 시간 동안 진공 펌프를 운전하였기 때문이다.
② 냉매와 윤활유의 충전작업이 불량했기 때문이다.
③ 냉매와 윤활유가 분해하기 때문이다.
④ 팽창밸브에서 수분이 동결하고 흡입가스 압력이 대기압 이하가 되기 때문이다.

해설　냉매충전 전에 장치 내를 진공건조시키기 위하여 상온에서 진공 750mmHg까지 몇 시간 동안 진공 펌프를 운전하였을 경우 10mmHg의 불응축가스가 존재할 수 있으나 보기중에서는 불응축가스 흡입 원인으로는 거리가 멀다.

34 냉매의 구비조건으로 틀린 것은?

① 임계온도는 높고, 응고점은 낮아야 한다.
② 증발 잠열과 기체의 비열은 작아야 한다.
③ 장치를 침식하지 않으며 절연 내력이 커야 한다.
④ 점도와 표면장력은 작아야 한다.

해설　증발잠열은 커야 한다.

보충
냉매의 구비조건
① 대기압 이상의 압력에서 쉽게 증발할 것
② 임계 온도가 높아 상온에서 쉽게 액화할 것
③ 응고점은 낮고 증발잠열은 클 것
④ 액비열과 증기의 비열비가 작을 것
⑤ 점도와 표면장력이 적고 전열이 우수할 것
⑥ 절연내력이 크고 윤활유 작용하지 않을 것
⑦ 인화성, 악취, 독성이 없고 누설 발견이 용이할 것
⑧ 윤활유와 잘 작용하지 않을 것

정답　28.④　29.②
　　　　30.④　31.②
　　　　32.②　33.①
　　　　34.②

35 조건을 참고하여 산출한 흡수식냉동기의 성적계수는?

[조건] (ㄱ) 응축기 냉각열량 : 20000kJ/h
(ㄴ) 흡수기 냉각열량 : 25000kJ/h
(ㄷ) 재생기 가열량 : 21000kJ/h
(ㄹ) 증발기 냉동열량 : 24000kJ/h

① 0.88
② 1.14
③ 1.34
④ 1.52

해설 흡수식냉동기의 성적계수(성적률, 열효율)
$$COP = \frac{증발기 흡수열량}{재생기 가열량} = \frac{24,000}{21,000} = 1.14$$

36 중간냉각기에 대한 설명으로 틀린 것은?

① 다단압축냉동장치에서 저단측 압축기 압축압력(중간압력)의 포화온도까지 냉각하기 위하여 사용한다.
② 고단측 압축기로 유입되는 냉매증기의 온도를 낮추는 역할도 한다.
③ 중간냉각기의 종류에는 플래시형, 액냉각형, 직접팽창형이 있다.
④ 2단압축 1단팽창 냉동장치에는 플래시형 중간냉각방식이 이용되고 있다.

해설 중간냉각기의 종류
① 직접 팽창형 : 2단압축 1단팽창에 이용
② 액냉각형 : 2단압축 1단팽창에 이용
③ 플래시형 : 2단압축 2단팽창에 이용

37 수냉식 냉동장치에서 단수되거나 순환수량이 적어질 때 경고 장치 보호를 위해 작동하는 스위치는?

① 고압 스위치
② 저압 스위치
③ 유압 스위치
④ 플로우(flow) 스위치

해설 단수 릴레이
① 역할 : 브라인 및 수냉각기에서 유량의 감소나 단수에 따른 배관의 동파를 방지하고 압축기를 정지시킴
② 종류 : 단압식, 차압식, 수류식(플로우 스위치)

38 어떤 냉매의 액이 30℃의 포화온도에서 팽창밸브로 공급되어 증발기로부터 5℃의 포화증기가 되어 나올 때 1냉동톤당 냉매의 양(kg/h)은? (단, 5℃의 엔탈피는 140.83kcal/kg, 30℃의 엔탈피는 107.65kcal/kg이다.)

① 100.1
② 50.6
③ 10.8
④ 5.3

해설 냉매 순환량

$$G = \frac{Q_e}{q_e} = \frac{1 \times 3,320}{(140.83 - 107.65)} = 100.06 \text{kg/h}$$

39 냉동장치의 안전장치 중 압축기로의 흡입압력이 소정의 압력 이상이 되었을 경우 과부하에 의한 압축기용 전동기의 위험을 방지하기 위하여 설치되는 기기는?

① 증발압력 조정밸브(EPR)
② 흡입압력 조정밸브(SPR)
③ 고압 스위치
④ 저압 스위치

해설 흡입압력 조정밸브(SPR)
압축기로의 흡입압력이 소정의 압력 이상이 되었을 경우 과부하에 의한 압축기용 전동기의 위험을 방지하기 위하여 설치되는 기기

40 공기냉동기의 온도가 압축기 입구에서 −10℃, 압축기 출구에서 110℃, 팽창밸브 입구에서 10℃, 팽창밸브 출구에서 −60℃일 때, 압축기의 소요일량(kcal/kg)은? (단, 공기비열은 0.24kcal/kg·℃이다.)

① 12
② 14
③ 16
④ 18

해설 공기냉동기 압축기의 소요일량

$$Aw = q_c - q_e$$
$$= C_p(T_2 - T_3) - C_p(T_1 - T_4)$$
$$= \{0.24 \times (383 - 283)\} - \{0.24 \times (263 - 213)\}$$
$$= 12 \text{kcal/kg}$$

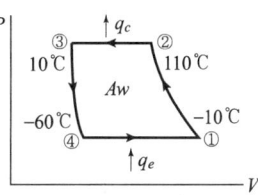

3과목 공조냉동설치 · 운영

41 가스배관에서 가스공급을 중단시키지 않고 분해·점검할 수 있는 것은?

① 바이패스관　② 가스미터
③ 부스터　　　④ 수취기

해설　바이패스관 : 가스공급을 중단시키지 않고 분해·점검할 수 있는 배관

42 급탕설비에 사용되는 저탕조에서 필요한 부속품으로 가장 거리가 먼 것은?

① 안전밸브　② 수위계
③ 압력계　　④ 온도계

해설　저탕조에는 물이 가득차 있으므로 수위계는 필요없다.

43 열전도도가 비교적 크고, 내식성과 굴곡성이 풍부한 장점이 있어 열교환기용 관으로 널리 사용되는 관은?

① 강관　　　② 플라스틱관
③ 주철관　　④ 동관

해설　동관의 특징
① 전기 및 열전도율이 좋다
② 전연성 풍부하여 가공이 용이하다.
③ 내식성 및 알칼리에 강하고 산성에는 약하다.
④ 가볍고 마찰저항은 적으나 충격에 약하다.
⑤ 연수나 증류수, 증기에 적합하지 않다.

44 다음 중 유기질 보온재의 종류가 아닌 것은?

① 석면　　　② 펠트
③ 코르크　　④ 기포성 수지

해설　유기질 보온재 : 펠트, 코르크, 텍스류, 기포성 수지(폼류)

45 배관설계 시 유의사항으로 틀린 것은?
① 가능한 동일 직경의 배관은 짧고, 곧게 배관한다.
② 관로의 색깔로 유체의 종류를 나타낸다.
③ 관로가 너무 길어서 압력손실이 생기지 않도록 한다.
④ 곡관을 사용할 때는 관 굽힘 곡률 반경을 작게 한다.

해설 곡관을 사용할 때는 관 굽힘 곡률 반경을 최대한 크게 한다.

46 도시가스배관을 지하에 매설하는 중압 이상인 배관(a)과 지상에 설치하는 배관(b)의 표면 색상으로 옳은 것은?
① (a) 적색 (b) 회색
② (a) 백색 (b) 적색
③ (a) 적색 (b) 황색
④ (a) 백색 (b) 황색

해설 도시가스배관 지하 매설 배관의 표면 색상
① 지상 배관 : 황색
② 매설 배관으로 중압 : 적색

47 다음 냉동기호가 의미하는 밸브는 무엇인가?
① 체크밸브
② 글로브밸브
③ 슬루스밸브
④ 앵글밸브

해설 역류방지밸브인 체크밸브 도시기호이다.

48 관의 끝을 나팔모양으로 넓혀 이음쇠의 테이퍼 면에 밀착시키고 너트로 체결하는 이음으로, 배관의 분해·결합이 필요한 경우에 이용하는 이음방법은?
① 빅토릭 이음(victoric joint)
② 그립식 이음(grip type joint)
③ 플레어 이음(flare joint)
④ 랩 조인트(lap joint)

해설 플레어 이음(flare joint)
관의 끝을 나팔모양으로 넓혀 이음쇠의 테이퍼면에 밀착시키고 너트로 체결하는 이음으로, 배관의 분해·결합이 필요한 경우에 이용하는 이음방법

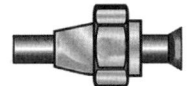

정답 41. ① 42. ②
43. ④ 44. ①
45. ④ 46. ③
47. ① 48. ③

49 증기난방 배관 방법에서 리프트 피팅을 사용할 때, 1단의 흡상고 높이는 얼마 이내로 해야 하는가?

① 4m 이내　　② 3m 이내
③ 2.5m 이내　　④ 1.5m 이내

해설　리프트 피팅 1단의 흡상고 높이 : 1.5m 이내

50 각 종류별 통기관경의 기준으로 틀린 것은?

① 건물의 배수탱크에 설치하는 통기관의 관경은 50mm 이상으로 한다.
② 각개통기관의 관경은 그것이 접속되는 배수관 관경의 1/2이상으로 한다.
③ 루프통기관의 관경은 배수수평지관과 통기수직관 중 작은 쪽 관경의 1/2 이상으로 한다.
④ 신정통기관의 관경은 배수수직관의 관경보다 작게 해야 한다.

해설　신정통기관의 관경은 배수수직관의 끝을 축소하지 않고 그대로 옥상에 개구한다.

51 피드백제어에서 반드시 필요한 장치는?

① 구동장치
② 안정도를 좋게 하는 장치
③ 입력과 출력을 비교하는 장치
④ 응답속도를 빠르게 하는 장치

해설　피드백제어(폐루프제어, 단일궤환제어, 되먹임제어)
입력과 출력을 비교하여 2개의 오차인 제어편차가 0이 되도록 조작량을 제어하므로 고정도의 제어가 가능하나 비용이 많이 든다.

52 $v = 200\sin(120\pi t + (\pi/3))\,V$인 전압의 순시값에서 주파수는 몇 Hz 인가?

① 50　　② 55
③ 60　　④ 65

해설 단상교류전압을 수식으로 표현하면 $v = V_{max}\sin(\omega t + \theta)$가 되는데, $\omega = 2\pi f$ 이므로 주파수는 다음과 같이 얻을 수 있다.
$$f = \frac{\omega}{2\pi} = \frac{120\pi}{2\pi} = 60\text{Hz}$$

53 제어량의 온도, 유량 및 액면 등과 같은 일반 공업량일 때의 제어는?

① 자동 조정
② 자력 제어
③ 프로세서 제어
④ 프로그램 제어

해설 프로세스제어 : 제어량이 온도, 압력, 유량, 레벨 등이며, 플랜트나 생산 공정중의 상태량을 제어량으로 하는 제어로 제어계에 가해지는 외란의 억제를 주목적으로 함.

54 그림에서 전류계의 측정범위를 10배로 하기 위한 전류계의 내부저항 $r[\Omega]$과 분류기 저항 $R[\Omega]$과의 관계는?

① $r = 9R$
② $r = R/9$
③ $r = 10R$
④ $r = R/10$

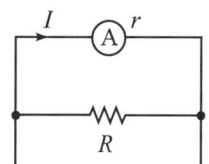

해설 내부저항 R_m인 전류계에 저항 R(분류기)를 병렬 연결하면 전류계의 측정 범위는 $\left(1 + \dfrac{R_m}{R}\right)$배로 증가한다.

$\left(1 + \dfrac{r}{R}\right) = n$, $R + r = 10R$, $9R = r$

55 온도보상용으로 사용되는 것은?

① SCR
② 다이액
③ 다이오드
④ 서미스터

해설 서미스터 : 온도에 따라 저항이 변하는 반도체 소자로 온도가 상승하면 저항은 감소하는 부특성을 가지고 있으며, 이러한 특성을 이용하여 온도를 측정(온도 → 전압)하여 온도보상을 할 때 사용한다.

56 목표값이 시간적으로 변하지 않는 일정한 제어는?

① 정치제어
② 추종제어
③ 비율제어
④ 프로그램제어

해설 정치제어 : 시간의 변화와 관계없이 목표값이 일정한 제어

보충
① 분류기 : 전류의 측정범위를 확대하기 위해 전류계와 병렬로 접속하는 저항
② 배율기 : 전압의 측정 범위를 확대하기 위해 전압계와 직렬로 접속하는 저항
③ 내부저항 R_m인 전압계와 저항 R(배율기)을 직렬연결하면 전압계의 측정범위는 $\left(1 + \dfrac{R}{R_m}\right)$배로 증가함.

보충
① 추종제어 : 목표치가 인위로 변화하는 경우의 제어
② 프로그램제어 : 제어 목표값을 미리 정해진 프로그램에 따라 변화시키는 자동제어로서 열차의 무인운전이나 열처리로의 온도제어에 적용
③ 비율제어 : 목표값이 다른것과 일정 비율 관계를 가지고 변화하는 것을 제어하는 것으로 보일러의 연료와 공기량의 제어가 대표적이다.

정답
49. ④ 50. ④
51. ③ 52. ③
53. ③ 54. ①
55. ④ 56. ①

57 제벡 효과(Seebeck effect)를 이용한 센서에 해당하는 것은?

① 저항 변화용 ② 용량 변화용
③ 전압 변화용 ④ 인덕턴스 변화용

해설 두 종류(철과 콘스탄탄, 크롬과 산화알루미늄 등)의 금속을 서로 접촉하고 한쪽은 높은 온도를, 반대쪽은 낮은 온도를 유지하면 기전력이 발생하는데 이 기전력을 열기전력이라고 하고, 기전력을 측정하면 온도 측정이 가능해지는데 이를 제벡 효과(Seebeck effect)라고 한다. 이러한 현상을 일으키는 것을 열전대라고 한다.

58 폐루프 제어계에서 제어요소가 제어대상에 주는 양은?

① 조작량 ② 제어량
③ 검출량 ④ 측정량

해설 그림을 보면 제어요소가 제어대상에 주는 양은 조작량이다.

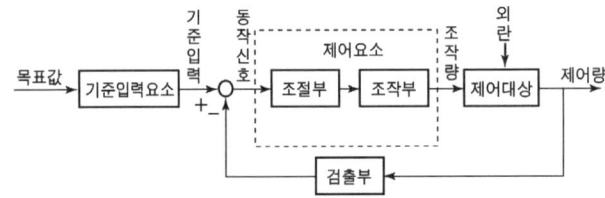

59 그림과 같은 유접점 회로를 간단히 한 회로는?

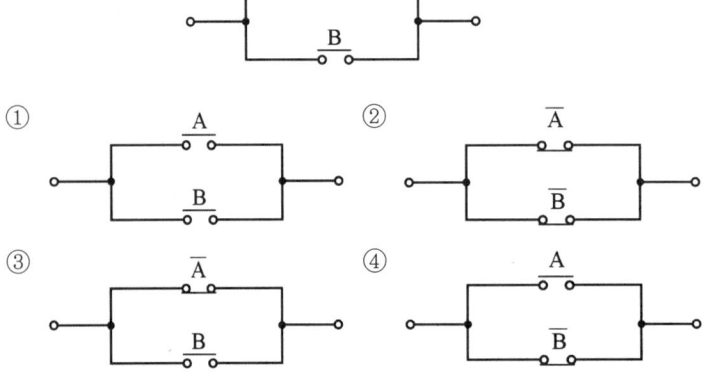

해설 ① $A+B$ ② $\overline{A}+\overline{B}$ ③ $\overline{A}+B$ ④ $A+\overline{B}$

스위치가 병렬로 연결되면 부울식으로는 OR가 되고, 직렬 연결은 AND가 된다. 따라서, 문제는 다음 식으로 만들 수 있다.

$A\overline{B}+B = \overline{\overline{A\overline{B}+B}} = \overline{\overline{A\overline{B}} \cdot \overline{B}} = \overline{(\overline{A}+B)\overline{B}} = \overline{\overline{A}\,\overline{B}+B\overline{B}} = \overline{\overline{A}\,\overline{B}} = A+B$

위 식처럼 드모르강 법칙을 사용하거나 또는 정의식으로 $X+\overline{X}Y=X+Y$ 으로 기억해도 된다. 따라서, 스위치 A와 B는 병렬 연결된 회로이다.

보충 ① 드모르강의 법칙 : 부울대수식의 간단화에 사용되는 식

$\overline{A \cdot B} = \overline{A}+\overline{B}$ $\overline{(A+B)} = \overline{A} \cdot \overline{B}$

② 부울식을 간단히 할 때 많이 사용하는 식

$A \cdot A = A$, $A+A = A$, $A+\overline{A}=1$, $A \cdot \overline{A}=0$, $A+0=A$, $A+1=1$,
$A \cdot 0 = 0$, $A \cdot 1 = 1$

60 3상 유도전동기의 출력이 15kW, 선간전압이 220V, 효율이 80%, 역률이 85%일 때, 이 전동기에 유입되는 선전류는 약 몇 A인가?

① 33.4 ② 45.6
③ 57.9 ④ 69.4

해설 효율 = $\dfrac{출력}{입력} = \dfrac{15,000}{P_{IN}} = 0.8$, $P_{INt} = 18,750\,\text{W}$

입력전압은 220V이고, 역률은 85%
$P_N = \sqrt{3}\,VI \times 0.85 = 18,750$
$18,750 = \sqrt{3} \times 220 \times I \times 0.85$
$I = 57.89\,\text{A}$

정답 57. ③ 58. ① 59. ① 60. ③

15회 CBT 기출문제

1과목 공기조화설비

01 난방부하의 변동에 따른 온도조절이 쉽고, 열용량이 커서 실내의 쾌감도가 좋으며, 공급온도를 변화시킬 수 있고, 방열기 밸브로 방열량을 조절할 수 있는 난방방식은?

① 온수난방방식 ② 증기난방방식
③ 온풍난방방식 ④ 냉매난방방식

해설 온수난방의 특징

장 점	단 점
① 방열량(온도) 조절이 용이하다.	① 열용량이 커 예열시간이 길다.
② 증기난방에 비해 쾌감도가 좋다.	② 수두(높이)에 제한을 받는다.
③ 열용량이 커 동결우려가 적다.	③ 방열면적과 관지름이 크다.
④ 취급이 용이하며, 안전하다.	④ 설비비가 비싸다.

02 다음 중 개방식 팽창탱크에 반드시 필요한 요소가 아닌 것은?

① 압력계 ② 수면계
③ 안전관 ④ 팽창관

해설 압력계는 밀폐형 팽창탱크에 필요하다.

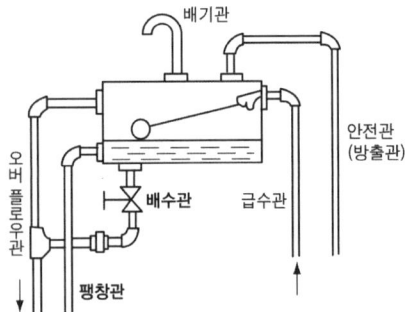

보충
개방식 팽창탱크의 주변배관
팽창관, 급수관, 배수관, 오버플로우관, 배기관, 안전관

03 단효용 흡수식 냉동기의 능력이 감소하는 원인이 아닌 것은?

① 냉수 출구온도가 낮아질수록 심하게 감소한다.
② 압축비가 작을수록 감소한다.
③ 사용 증기압이 낮아질수록 감소한다.
④ 냉각수 입구온도가 높아질수록 감소한다.

해설 흡수식 냉동기는 압축기를 사용하지 않으므로 압축비와 관련이 없다.

04 다음 중 습공기선도 상에 표시되지 않는 것은?
① 비체적
② 비열
③ 노점온도
④ 엔탈피

해설 습공기 선도의 구성
① 건구온도(DB : ℃)
② 습구온도(WB : ℃)
③ 노점온도(DP : ℃)
④ 절대습도(x : kg/kg')
⑤ 상대습도(φ : %)
⑥ 수증기 분압(P_v : Pa)
⑦ 비체적(v : m³/kg)
⑧ 엔탈피(h : kJ/kg)
⑨ 열수분비(u : kJ/kg)
⑩ 현열비선(SHF)

05 공기의 가습방법으로 틀린 것은?
① 에어워셔에 의한 방법
② 얼음을 분무하는 방법
③ 증기를 분무하는 방법
④ 가습팬에 의한 방법

해설 얼음을 분무하는 가습방법은 없다.

06 냉동기를 구동시키기 위하여 여름에도 보일러를 가동하는 열원방식은?
① 터보냉동기 방식
② 흡수식 냉동기 방식
③ 빙축열 방식
④ 열병합 발전 방식

해설 흡수식 냉동기는 발생기에 열을 공급하기 위해 여름에도 보일러를 가동할 수 있다.

07 일정한 건구온도에서 습공기의 성질 변화에 대한 설명으로 틀린 것은?
① 비체적은 절대습도가 높아질수록 증가한다.
② 절대습도가 높아질수록 노점온도는 높아진다.
③ 상대습도가 높아지면 절대습도는 높아진다.
④ 상대습도가 높아지면 엔탈피는 감소한다.

해설 상대습도가 높아지면 엔탈피는 증가한다.

[정답] 01.① 02.①
03.② 04.②
05.② 06.②
07.④

08 복사난방에 관한 설명으로 옳은 것은?

① 고온식 복사난방은 강판제 패널 표면의 온도를 100℃ 이상으로 유지하는 방법이다.
② 파이프 코일의 매설 깊이는 균등한 온도분포를 위해 코일 외경과 동일하게 한다.
③ 온수의 공급 및 환수 온도차는 가열면의 균일한 온도분포를 위해 10℃ 이상으로 한다.
④ 방이 개방상태에서도 난방효과가 있으나 동일 방열량에 대해 손실량이 비교적 크다.

해설 고온식 복사난방은 강판제 패널 표면의 온도를 100℃ 이상으로 유지한다.

09 A상태에서 B상태로 가는 냉방과정에서 현열비는?

① $\dfrac{h_1 - h_2}{t_1 - t_c}$

② $\dfrac{h_1 - h_c}{h_1 - h_2}$

③ $\dfrac{h_1 - h_c}{t_c - t_2}$

④ $\dfrac{h_c - h_2}{h_1 - h_2}$

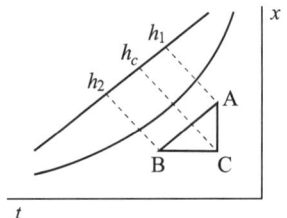

해설 현열비(SHF)

$$SHF = \dfrac{q_S}{q_T} = \dfrac{h_c - h_2}{h_1 - h_2}$$

10 다음 중 방열기의 종류로 가장 거리가 먼 것은?

① 주철제 방열기 ② 강판제 방열기
③ 컨벡터   ④ 응축기

해설 응축기는 방열기의 종류에 해당하지 않는다.

11 지하 주차장 환기설비에서 천장부에 설치되어 있는 고속노즐로부터 취출되는 공기의 유인효과를 이용하여 오염공기를 국부적으로 희석시키는 방식은?

① 제트팬 방식　　② 고속덕트 방식
③ 무덕트환기 방식　④ 고속노즐 방식

해설 고속노즐(디리벤트) 방식 : 지하 주차장 환기설비에서 천장에 설치되어 있는 고속노즐로부터 취출되는 공기의 유인효과를 이용하여 오염공기를 국부적으로 희석시키는 방식

12 다음은 난방부하에 대한 설명이다. (　)에 적당한 용어로서 옳은 것은?

> 겨울철에는 실내의 일정한 온도 및 습도를 유지하기 위하여 실내에서 손실된 (㉮)이나 부족한 (㉯)을 보충하여야 한다.

① ㉮ 수분량, ㉯ 공기량　② ㉮ 열량, ㉯ 공기량
③ ㉮ 공기량, ㉯ 열량　　④ ㉮ 열량, ㉯ 수분량

해설 난방부하는 겨울철에 실내의 일정한 온습도를 유지하기 위하여 실내에서 손실된 열량이나 부족한 수분량을 보충하는 데 필요한 열량이다.

13 인접실, 복도, 상층, 하층이 공조되지 않는 일반 사무실의 남측 내벽(A)의 손실 열량(kcal/h)은? (단, 설계조건은 실내온도 20℃, 실외온도 0℃, 내벽 열통과율(K)은 1.6kcal/m² · h · ℃로 한다.)

① 320
② 872
③ 1193
④ 2937

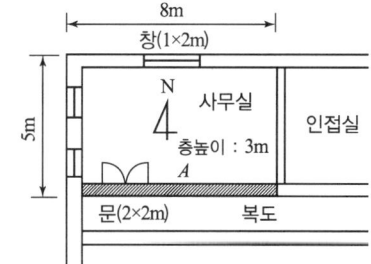

해설
$$q = K \cdot A \cdot \left(t_r - \frac{t_r + t_o}{2}\right)$$
$$= 1.6 \times \{(3 \times 8) - (2 \times 2)\} \times \left(20 - \frac{20 + 0}{2}\right)$$
$$= 320\,\text{kcal/h}$$

14 고성능의 필터를 측정하는 방법으로 일정한 크기(0.3μm)의 시험입자를 사용하여 먼지의 수를 계측하는 시험법은?

① 중량법　　　　　② TETD/TA법
③ 비색법　　　　　④ 계수(DOP)법

해설 계수법(DOP) : 고성능 필터인 HEPA필터의 여과효율을 측정하는 방법으로 일정한 크기의 시험입자를 사용하여 먼지의 수를 계측하여 측정하는 방법

15 다음 중 천장이나 벽면에 설치하고 기류방향을 자유롭게 조정할 수 있는 취출구는?

① 펑커루버형 취출구
② 베인형 취출구
③ 팬형 취출구
④ 아네모스탯형 취출구

해설 펑커루버형 취출구
목을 움직일 수 있어 취출기류의 방향조절이 가능하며, 공장, 주방 등의 국소(spot)냉방에 적당한 취출구

16 개방식 냉각탑의 설계 시 유의사항으로 옳은 것은?

① 압축식 냉동기 1RT당 냉각열량은 3.26kW로 한다.
② 쿨링 어프로치는 일반적으로 10℃로 한다.
③ 압축식 냉동기 1RT당 수량은 외기 습구온도가 27℃일 때 8L/min 정도로 한다.
④ 흡수식 냉동기를 사용할 때 열량은 일반적으로 압축식 냉동기의 약 1.7배~2.0배 정도로 한다.

해설 ① 압축식 냉동기 1RT당 냉각열량은 3,900kcal/h(4.55kW)로 한다.
② 쿨링 어프로치는 일반적으로 5℃로 한다.
③ 압축식 냉동기 1RT당 수량은 외기 습구온도가 27℃일 때 13L/min 정도로 한다.

17 어떤 실내의 취득열량을 구했더니 감열이 40kW, 잠열이 10kW였다. 실내를 건구온도 25℃, 상대습도 50%로 유지하기 위해 취출온도차 10℃로 송풍하고자 한다. 이때 현열비(SHF)는?

① 0.6
② 0.7
③ 0.8
④ 0.9

해설 현열비(감열비, SHF)

$$SHF = \frac{q_s}{q_T} = \frac{q_s}{q_s + q_L} = \frac{40}{40+10} = 0.8$$

18 수관보일러의 종류가 아닌 것은?

① 노통연관식 보일러 ② 관류보일러
③ 자연순환식 보일러 ④ 강제순환식 보일러

📝**해설** 수관보일러의 종류
① 자연순환식 보일러
② 강제순환식 보일러
③ 관류 보일러

19 온수난방 배관 시 유의사항으로 틀린 것은?

① 배관의 최저점에는 필요에 따라 배관 중의 물을 완전히 배수할 수 있도록 배수 밸브를 설치한다.
② 배관 내 발생하는 기포를 배출시킬 수 있는 장치를 한다.
③ 팽창관 도중에는 밸브를 설치하지 않는다.
④ 증기배관과는 달리 신축 이음을 설치하지 않는다.

📝**해설** 신축 이음은 온수, 증기, 냉수배관에 모두 설치한다.

20 실내취득열량 중 현열이 35kW일 때, 실내온도를 26℃로 유지하기 위해 12.5℃의 공기를 송풍하고자 한다. 송풍량(m³/min)은? (단, 공기의 비열은 1.0kJ/kg·℃, 공기의 밀도는 1.2kg/m³로 한다.)

① 129.6 ② 154.3
③ 308.6 ④ 617.2

📝**해설** 송풍량

$$Q = \frac{q_s}{\rho C \Delta t} = \frac{35 \times 3,600}{1.2 \times 1.01 \times (26-12.5) \times 60} = 129 \, \text{m}^3/\text{min}$$

또는, $Q = \dfrac{35 \times 1,000}{0.336 \times (26-12.5)} = 7,716 \, \text{m}^3/\text{h} = 129 \, \text{m}^3/\text{min}$

2과목 냉동냉장설비

21 다음 중 공비혼합냉매는 무엇인가?

① R401A ② R501
③ R717   ④ R600

📝**해설**
① 비공비혼합냉매 ② 공비혼합냉매
③ 암모니아냉매   ④ 부탄냉매

보충
송풍량 산출

$G(\text{kg/h}) = \dfrac{q_s[\text{kJ/h}]}{1.01 \Delta t}$

$Q(\text{m}^3/\text{h}) = \dfrac{q_s[\text{kJ/h}]}{1.21 \Delta t}$

$Q(\text{m}^3/\text{h}) = \dfrac{q_s[\text{W}]}{0.336 \Delta t}$

[정답]
15. ① 16. ④
17. ③ 18. ①
19. ④ 20. ①
21. ②

22. 냉동장치의 냉동능력이 3RT이고, 이때 압축기의 소요동력이 3.7 kW이였다면 응축기에서 제거하여야 할 열량(kcal/h)은?

① 13,142kJ/h
② 55,052kJ/h
③ 13,142W
④ 55,052W

해설 응축열량
$Q_c = Q_e + AW = (3 \times 3{,}320 \times 4.19) + (3.7 \times 3{,}600) = 55{,}052 \text{kJ/h} = 15.3 \text{kW}$

23. 다음 중 압축기의 보호를 위한 안전장치로 바르게 나열된 것은?

① 가용전, 고압스위치, 유압보호스위치
② 고압스위치, 안전밸브, 가용전
③ 안전밸브, 안전두, 유압보호스위치
④ 안전밸브, 가용전, 유압보호스위치

해설 압축기 보호장치 : 안전두, 고압차단스위치, 안전밸브, 유압보호스위치 등

24. 다음 그림에서 냉동효과(kJ/kg)는 얼마인가?

① 340.6
② 258.1
③ 82.5
④ 3.13

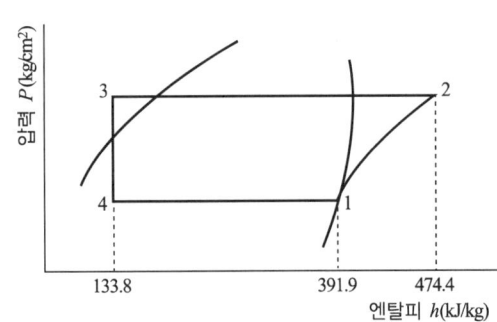

해설 냉동효과, $q_e = h_1 - h_4 = 391.9 - 133.8 = 258.1$

25. 암모니아 냉동장치에서 압축기의 토출압력이 높아지는 이유로 틀린 것은?

① 장치 내 냉매 충전량이 부족하다.
② 공기가 장치에 혼입되었다.
③ 순환 냉각수 양이 부족하다.
④ 토출 배관 중의 패쇄밸브가 지나치게 조여져 있다.

해설 장치 내 냉매 충전량이 부족하면 토출압력은 낮아진다.

26 냉동장치의 액분리기에 대한 설명으로 바르게 짝지어진 것은?

ⓐ 증발기와 압축기 흡입측 배관사이에 설치한다.
ⓑ 기동 시 증발기내의 액이 교란되는 것을 방지한다.
ⓒ 냉동부하의 변동이 심한 장치에는 사용하지 않는다.
ⓓ 냉매액이 증발기로 유입되는 것을 방지하기 위해 사용한다.

① ⓐ, ⓑ   ② ⓒ, ⓓ
③ ⓐ, ⓒ   ④ ⓑ, ⓒ

해설 액분리기(ACC)
① 역할 : 증발기 내 액교란을 방지 및 압축기로 액유입을 방지하여 압축기 액압축 방지
② 설치 위치 : 압축기 흡입측에 설치(증발기와 압축기 사이)

27 냉동장치의 운전에 관한 유의사항으로 틀린 것은?

① 운전 휴지 기간에는 냉매를 회수하고, 저압측의 압력은 대기압보다 낮은 상태로 유지한다.
② 운전 정지 중에는 오일 리턴 밸브를 차단시킨다.
③ 장시간 정지 후 시동 시에는 누설여부를 점검 후 기동시킨다.
④ 압축기를 기동시키기 전에 냉각수 펌프를 기동시킨다.

해설 운전 휴지 기간에는 냉매를 회수하고, 저압측의 압력은 대기압보다 높은 상태로 유지한다.

28 브라인 냉각장치에서 브라인의 부식방지 처리법이 아닌 것은?

① 공기와 접촉시키는 순환방식 채택
② 브라인의 pH를 7.5~8.2 정도로 유지
③ $CaCl_2$ 방청제 첨가
④ NaCl 방청제 첨가

해설 브라인의 부식방지법
① 브라인은 공기와 접촉을 피한다.
② 브라인의 pH를 약알카리성(pH 7.5~8.2 정도)으로 유지한다.
③ 브라인에 방청제를 첨가한다.

정답 22. ② 23. ③ 24. ② 25. ① 26. ① 27. ① 28. ①

29 표준냉동사이클에 대한 설명으로 옳은 것은?

① 응축기에서 버리는 열량은 증발기에서 취하는 열량과 같다.
② 증기를 압축기에서 단열압축하면 압력과 온도가 높아진다.
③ 팽창밸브에서 팽창하는 냉매는 압력이 감소함과 동시에 열을 방출한다.
④ 증발기 내에서의 냉매증발온도는 그 압력에 대한 포화 온도보다 낮다.

해설 증기를 압축기에서 단열압축하면 압력과 온도가 높아지고 엔트로피는 변화가 없다.

30 밀폐계에서 10kg의 공기가 팽창 중 400kJ의 열을 받아서 150kJ의 내부에너지가 증가하였다. 이 과정에서 계가 한 일(kJ)은?

① 550
② 250
③ 40
④ 15

해설 $dQ = dU + W$에서
$W = dQ - dU = 400 - 150 = 250\text{kJ}$

31 증기압축식 냉동장치에서 응축기의 역할로 옳은 것은?

① 대기 중으로 열을 방출하여 고압의 기체를 액화시킨다.
② 저온, 저압의 냉매기체를 고온, 고압의 기체로 만든다.
③ 대기로부터 열을 흡수하여 열 에너지를 저장한다.
④ 고온, 고압의 냉매기체를 저온, 저압의 기체로 만든다.

해설 응축기
압축기에서 토출된 고온고압의 냉매가스의 열을 대기중으로 방출하여 고압의 기체를 액화시킨다.

32 액분리기(Accumulator)에서 분리된 냉매의 처리방법이 아닌 것은?

① 가열시켜 액을 증발시킨 후 응축기로 순환시킨다.
② 증발기로 재순환시킨다.
③ 가열시켜 액을 증발시킨 후 압축기로 순환시킨다.
④ 고압측 수액기로 회수한다.

해설 액분리기에서 분리된 냉매액 처리방법
① 증발기로 재순환시킨다.
② 고압측 수액기로 회수한다.
③ 가열시켜 액을 증발시킨 후 압축기로 유입시킨다.

33 4마력(PS) 기관이 1분간에 하는 일의 열당량(kcal)은?
① 0.042
② 0.42
③ 4.2
④ 42.1

해설 $Q = 4PS \times 632 = 2,528 \, kcal/h = 42.1 \, kcal/min$

34 2단 압축식 냉동장치에서 증발압력부터 중간압력까지 압력을 높이는 압축기를 무엇이라고 하는가?
① 부스터
② 에코노마이저
③ 터보
④ 루트

해설 부스터
2단압축 냉동장치에서 증발압력부터 중간압력까지 압력을 높이는 저단측 압축기

35 엔트로피에 관한 설명으로 틀린 것은?
① 엔트로피는 자연현상의 비가역성 나타내는 척도가 된다.
② 엔트로피를 구할 때 적분경로는 반드시 가역변화여야 한다.
③ 열기관이 가역사이클이면 엔트로피는 일정하다.
④ 열기관이 비가역사이클이면 엔트로피는 감소한다.

해설 열기관이 비가역사이클이면 엔트로피는 증가한다.

36 R-22 냉매의 압력과 온도를 측정하였더니 압력이 15.8kg/cm²abs, 온도가 30℃였다. 이 냉매의 상태는 어떤 상태인가? (단, R-22 냉매의 온도가 30℃일 때 포화압력은 12.25kg/cm²abs이다.)
① 포화상태
② 과열 상태인 증기
③ 과냉 상태인 액체
④ 응고상태인 고체

해설 압력이 15.8kg/cm²abs, 온도가 30℃이면 과냉각액 상태이다.

[정답] 29.② 30.② 31.① 32.① 33.④ 34.① 35.④ 36.③

37 프레온 냉매를 사용하는 수냉식 응축기의 순환수량이 20L/min이며, 냉각수 입·출구 온도차가 5.5℃였다면, 이 응축기의 방출열량(kJ/h)은?

① 6,600
② 7,700
③ 27,720
④ 77,000

해설 응축기의 방출열량
$Q_c = w \cdot c \cdot \Delta t = 20 \times 60 \times 4.2 \times 5.5 = 27,720 \text{kJ/h}$

38 스크롤압축기의 특징에 대한 설명으로 틀린 것은?

① 부품수가 적고 고속회전이 가능하다.
② 소요토크의 영향으로 토출가스의 압력변동이 심하다.
③ 진동 소음이 적다.
④ 스크롤의 설계에 의해 압축비가 결정되는 특징이 있다.

해설 스크롤 압축기는 흡입과 동시에 동작이 원활하여 토크변동이 적고 진동이나 소음이 작다.

39 암모니아 냉동장치에서 팽창밸브 직전의 냉매액의 온도가 25℃이고, 압축기 흡입가스가 -15℃인 건조포화증기이다. 냉동능력 15RT가 요구될 때 필요 냉매순환량(kg/h)은? (단, 냉매순환량 1kg당 냉동효과는 1130kJ이다.)

① 168
② 172
③ 185
④ 212

해설 냉매순환량
$G = \dfrac{Q_e}{q_e} = \dfrac{15 \times 3,320 \times 4.2}{1130} = 185 \text{kg/h}$

답안 표기란

37	① ② ③ ④
38	① ② ③ ④
39	① ② ③ ④

보충

스크롤 압축기의 특징
고정 스크롤과 선회 스크롤사이에 형성된 압축공간이 점차 감소되어 스크롤 중심에 있는 토출구로 토출된다.
① 스크롤의 설계에 의해 용적비가 결정되고 이에 의해 압축비가 결정된다.
② 흡입과 토출동작이 원활하여 토크변동이 작다.
③ 부품수가 적고 고속회전에 적합하다.
④ 토출가스의 압력변동과 진동 및 소음이 적다.
⑤ 정지 시 고저압차로 역회전하므로 토출측이나 흡입측에 체크밸브를 설치한다.
⑥ 비교적 액압축에 강하고 체적효율, 기계효율이 높다.

40 냉동장치의 압력스위치에 대한 설명으로 틀린 것은?

① 고압스위치는 이상고압이 될 때 냉동장치를 정지시키는 안전장치이다.
② 저압스위치는 냉동장치의 저압측 압력이 지나치게 저하하였을 때 전기회로를 차단하는 안전장치이다.
③ 고저압스위치는 고압스위치와 저압스위치를 조합하여 고압측이 일정압력 이상이 되거나 저압측이 일정압력보다 낮으면 압축기를 정지시키는 스위치이다.
④ 유압스위치는 윤활유 압력이 어떤 원인으로 일정압력 이상으로 된 경우 압축기의 훼손을 방지하기 위하여 설치하는 보조장치이다.

해설 유압 보호 스위치(OPS)
윤활유 압력이 어떤 원인으로 일정압력 이하로 된 경우 압축기의 훼손을 방지하기 위하여 설치하는 장치

3과목 공조냉동설치·운영

41 온수난방 배관 시공 시 유의사항에 관한 설명으로 틀린 것은?

① 배관은 1/250 이상의 일정 기울기로 하고 최고부에 공기빼기밸브를 부착한다.
② 고장 수리용으로 배관의 최저부에 배수밸브를 부착한다.
③ 횡주배관 중에 사용하는 레듀서는 되도록 편심레듀서를 사용한다.
④ 횡주관의 관말에는 관말 트랩을 부착한다.

해설 횡주관의 관말에는 관말 트랩을 부착하는 것은 증기난방설비이다.

42 증기난방과 비교하여 온수난방의 특징에 대한 설명으로 틀린 것은?

① 온수난방은 부하 변동에 대응한 온도 조절이 쉽다.
② 온수난방은 예열하는데 많은 시간이 걸리지만 잘 식지 않는다.
③ 연료소비량이 적다.
④ 온수난방의 설비비가 저가인 점이 있으나 취급이 어렵다.

해설 온수난방은 설비비가 비싸나 취급이 쉽다.

온수난방의 특징
• 장점
① 방열량(온도)조절이 용이하다.
② 증기난방에 비해 쾌감도가 좋다.
③ 열용량이 커 동결우려가 적다.
④ 취급이 용이하며, 안전하다.

• 단점
① 열용량이 커 예열시간이 길다.
② 수두(높이)에 제한을 받는다.
③ 방열면적과 관지름이 크다.
④ 설비비가 비싸다.

[정답] 37.③ 38.②
39.③ 40.④
41.④ 42.④

43 다음은 횡형 셸 튜브 타입 응축기의 구조도이다. 열전달 효율을 고려하여 냉매 가스의 입구 측 배관은 어느 곳에 연결하여야 하는가?

① (1)
② (2)
③ (3)
④ (4)

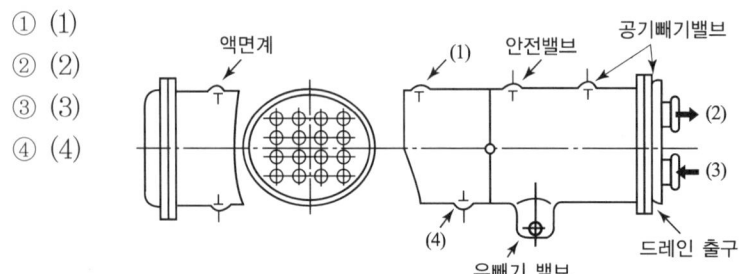

해설 냉매가스 입구는 셸 상부에 연결한다.

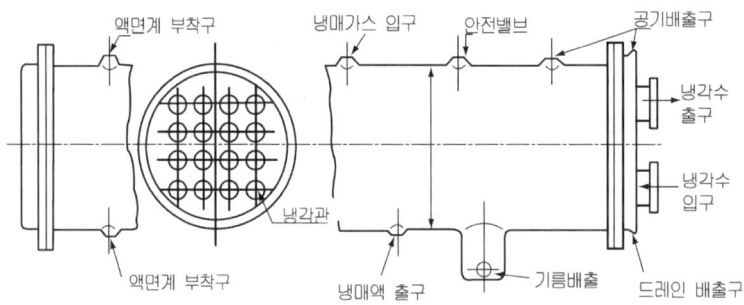

44 저온배관용 탄소강관의 기호는?

① STBH
② STHA
③ SPLT
④ STLT

해설 저온배관용 탄소강관 : SPLT

45 동합금 납땜 관이음쇠와 강관의 이종관 접합 시 1개의 동합금 납땜 관이음쇠로 90° 방향전환을 위한 부속의 접합부 기호 및 종류로 옳은 것은?

① C×F 90° 엘보
② C×M 90° 엘보
③ F×F 90° 엘보
④ C×M 어댑터

해설

① C×F 엘보   ② C×M 엘보   ③ F×F 엘보   ④ C×M 어댑터

46 증기난방 방식에서 응축수 환수방법에 따른 분류가 아닌 것은?

① 중력 환수식 ② 진공 환수식
③ 정압 환수식 ④ 기계 환수식

해설 응축수 환수방식 : 중력 환수식, 기계 환수식, 진공 환수식

47 급수관의 지름을 결정할 때 급수 본관인 경우 관내의 유속은 일반적으로 어느 정도로 하는 것이 가장 적절한가?

① 1~2m/s ② 3~6m/s
③ 10~15m/s ④ 20~30m/s

해설 급수 본관의 유속 : 1~2m/s

48 다음 중 중압 가스용 지중 매설관 배관재료로 가장 적합한 것은?

① 경질염화비닐관 ② PE 피복강관
③ 동합금관 ④ 이음매 없는 피복 황동관

해설 중압 가스용 지중 매설 배관재료 : 폴리에틸렌 피복광관(PE 피복강관, PLP관)

49 보온재의 구비 조건으로 틀린 것은?

① 열전도율이 클 것
② 불연성일 것
③ 내식성 및 내열성이 있을 것
④ 비중이 적고 흡습성이 적을 것

해설 열전도율이 작을 것

50 공장에서 제조 정제된 가스를 저장하여 가스 품질을 균일하게 유지하면서 제조량과 수요량을 조절하는 장치는?

① 정압기 ② 가스홀더
③ 가스미터 ④ 압송기

해설 가스홀더(gas holder) : 공장에서 제조 정제된 가스를 저장하여 가스 품질을 균일하게 유지하면서 제조량과 수요량을 조절하는 장치

정답
43. ① 44. ③
45. ① 46. ③
47. ① 48. ②
49. ① 50. ②

51. 되먹임 제어의 종류에 속하지 않는 것은?

① 순서제어
② 정치제어
③ 추치제어
④ 프로그램제어

해설 피드백(되먹임) 제어
입력(목표치)과 출력(결과치)을 비교하여 두 개의 오차인 제어편차가 0이 되도록 자동적으로 조작량을 제어하는 데 이러한 제어는 출력을 검출해야 하는 데 순서제어는 순차제어라 출력을 검출하지 않는다.

52. 직류전동기의 속도제어 방법 중 속도제어의 범위가 가장 광범위하며, 운전 효율이 양호한 것으로 워드 레너드 방식과 정지 레너드 방식이 있는 제어법은?

① 저항 제어법
② 전압 제어법
③ 계자 제어법
④ 2차여자 제어법

해설 전압제어
전기자에 가해지는 전압을 변화시키는 방법으로 속도의 제어범위가 넓고 정토크제어를 할 수 있으며, 효율이 좋으나 비용이 높아지는 단점이 있다. 이 방법으로 일그너 방식과 워드레오나드 방식이 있다.

53. 제어량은 회전수, 전압, 주파수 등이 있으며 이 목표치를 장기간 일정하게 유지시키는 것은?

① 서보기구
② 자동조정
③ 추치제어
④ 프로세스제어

해설 자동조정
정전압 장치나 조속기 제어와 같이 전압, 전류, 주파수, 회전속도 등 전기적 기계적양을 주로 제어하는 것으로 응답속도가 빠른 것이 특징

54. 전자회로에서 온도 보상용으로 많이 사용되고 있는 소자는?

① 저항
② 코일
③ 콘덴서
④ 서미스터

해설 서미스터
온도에 따라 저항이 변하는 반도체소자로 온도가 상승하면 저항은 감소하는 부특성을 가지고 있으며, 이러한 특성을 이용하여 온도를 측정(온도 → 전압)

보충

① **계자 제어법** : 분권 권선에 직렬로 저항을 접속하여 계자 전류를 조정(정출력 제어)
② **전기자 저항 제어법** : 전기자 회로에 직렬저항을 넣어 부하전류에 의한 전압강하를 증가시켜 속도를 조절할 수 있으나 효율이 저하한다.

보충

① **서보제어(기구)** : 임의의 변화를 하는 목표값(입력)에 제어량을 추종시키는 제어로 물체의 위치, 방위, 자세 등의 변위를 제어량(출력)으로 한다. 이 제어량은 기계적인 변위인 제어계로 입·출력 비교장치 및 출력을 검출할 센서(검출기)가 필요하다.
② **프로세스제어** : 제어량이 온도, 압력, 유량, 레벨 등이며, 플랜트나 생산 공정중의 상태량을 제어량으로 하는 제어로 제어계에 가해지는 외란의 억제를 주목적으로 한다.

55 그림과 같은 논리회로의 출력 Y는?

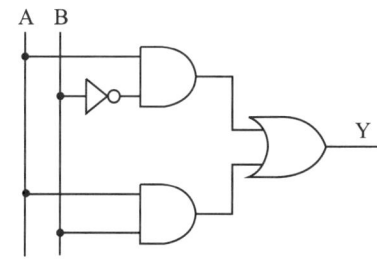

① $Y = AB + A\overline{B}$
② $Y = \overline{A}B + AB$
③ $Y = \overline{A}B + A\overline{B}$
④ $Y = \overline{A}\overline{B} + A\overline{B}$

해설 $Y = A\overline{B} + AB$

보충

AND
AND : $X = AB$

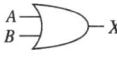
OR
OR : $X = A + B$

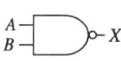
NAND
NAND : $X = \overline{AB}$

NOR
NOR : $X = \overline{A+B}$

NOT
NOT : $X = \overline{A}$

56 제어계의 응답 속응성을 개선하기 위한 제어동작은?

① D동작
② I동작
③ PD동작
④ PI동작

해설 비례미분동작(PD동작)
제어대상의 목표값과 현재값의 오차의 시간 미분치(변화량)에 비례하여 조작량과 비례동작의 조작량을 가산해서 출력하는 제어로 오차의 변화의 속도에 대응하는 제어가 가능하다. 따라서, 동작오차가 커지는 깃을 미연에 방지하고 진동이 제어되어 빨리 안정된다.

57 배리스터의 주된 용도는?

① 온도 측정용
② 전압 증폭용
③ 출력전류 조절용
④ 서지전압에 대한 회로 보호용

해설 배리스터
Variable resistor의 약칭으로 인가되는 전압에 의해서 저항값이 변하는 비선형 2단자 반도체 소자로 낙뢰 전압 등의 이상전압, 전기접점의 불꽃을 소거하는 등 반도체 정류기, 트랜지스터 등의 회로를 서지전압으로부터 보호하는데 사용한다.

정답
51. ① 52. ②
53. ② 54. ④
55. ① 56. ③
57. ④

58 열처리 노의 온도제어는 어떤 제어에 속하는가?

① 자동조정
② 비율제어
③ 프로그램제어
④ 프로세스제어

해설 열처리 노의 온도제어는 온도를 미리 정해진 값에 따라 올리고 내리기 때문에 프로그램 제어라 할 수 있다.

59 피드백 제어계의 구성요소 중 동작신호에 해당되는 것은?

① 목표값과 제어량의 차
② 기준입력과 궤환신호의 차
③ 제어량에 영향을 주는 외적 신호
④ 제어요소가 제어대상에 주는 신호

해설 동작신호 : 기준입력과 주궤환신호와의 편차신호로 제어동작을 일으키는 원천이 되는 신호로 동작신호는 기준입력과 궤환신호의 차이다.

60 동기속도가 3600rpm인 동기발전기의 극수는 얼마인가? (단, 주파수는 60Hz이다.)

① 2극
② 4극
③ 6극
④ 8극

해설 동기속도
$N = \dfrac{120f}{P}$ 에서 $P = \dfrac{120f}{N} = \dfrac{120 \times 60}{3,600} = 2$극

정답 58. ③ 59. ②
60. ①

week 6

공조냉동기계산업기사

CBT 기출문제

제16회 CBT 기출문제
제17회 CBT 기출문제
제18회 CBT 기출문제

16회 CBT 기출문제

1과목 공기조화설비

01 다음 중 공기조화기 부하를 바르게 나타낸 것은?

① 실내부하+외기부하+덕트통과열부하+송풍기부하
② 실내부하+외기부하+덕트통과열부하+배관통과열부하
③ 실내부하+외기부하+송풍기부하+펌프부하
④ 실내부하+외기부하+재열부하+냉동기부하

해설 공기조화기 냉각코일 부하
=실내부하+외기부하+덕트통과열부하+송풍기부하+재열부하

보충
냉동기 부하=공기조화기 냉각
코일부하+배관부하+펌프부하

02 압력 760mmHg, 기온 15℃의 대기가 수증기 분압 9.5mmHg를 나타낼 때 건조공기 1kg 중에 포함되어 있는 수증기의 중량은 얼마인가?

① 0.00623 kg/kg
② 0.00787 kg/kg
③ 0.00821 kg/kg
④ 0.00931 kg/kg

해설 $x = 0.622 \dfrac{P_v}{P-P_v} = 0.622 \times \dfrac{9.5}{760-9.5} = 0.00787 \text{kg/kg}'$

보충
절대습도(x, kg/kg')
건공기 1kg' 중에 포함되어 있는 수증기 중량

03 8000W의 열을 발산하는 기계실의 온도를 외기 냉방하여 26℃로 유지하기 위해 필요한 외기도입량(m³/h)은? (단, 밀도는 1.2kg/m³, 공기 정압비열은 1.01kJ/kg·℃, 외기온도는 11℃이다.)

① 600.06
② 1584.16
③ 1851.85
④ 2160.22

해설 외기도입량

$Q[\text{m}^3/\text{h}] = \dfrac{q_s[\text{kJ/h}]}{\rho C \Delta t} = \dfrac{8,000 \times 3.6}{1.2 \times 1.01 \times (26-11)} = 1,584.16 \text{m}^3/\text{h}$

여기서, 1W=3.6kJ/h이다.

04 증기난방에 대한 설명으로 옳은 것은?

① 부하의 변동에 따라 방열량을 조절하기가 쉽다.

② 소규모 난방에 적당하며 연료비가 적게 든다.
③ 방열면적이 작으며 단시간 내에 실내온도를 올릴 수 있다.
④ 장거리 열수송이 용이하며 배관의 소음 발생이 작다.

해설 증기난방은 증기의 증발잠열(응축잠열)을 이용하며, 온수난방에 비해 방열면적이 작고 단시간 내 실내 온도를 올릴 수 있다.

보충 증기난방의 특징

장 점	단 점
① 보유열량이 커 열운반능력이 좋다.	① 실내 상하 온도차가 커 쾌감도가 떨어진다.
② 예열시간이 짧고 신속한 난방이 가능하다.	② 방열량 조절이 어렵다.
③ 방열기 면적을 작게 할 수 있고 관경이 작아도 된다.	③ 한랭 시 동결의 우려가 있다.
	④ 시공성 및 제어성이 떨어진다.

05 공기조화방식의 분류 중 전공기 방식에 해당되지 않는 것은?
① 팬코일 유닛 방식
② 정풍량 단일덕트 방식
③ 2중덕트 방식
④ 변풍량 단일덕트 방식

해설 수방식 : 팬코일 유닛 방식

보충 팬코일 유닛(FCU) 방식
필터, 냉온수 코일, 송풍기가 내장된 팬코일 유닛에 중앙 기계실로부터 냉온수를 공급받아 실내 부하를 처리하는 수방식이다.

06 일반적인 취출구의 종류가 아닌 것은?
① 라이트-트로퍼(light-troffer)형
② 아네모스탯(annemostat)형
③ 머쉬룸(mushroom)형
④ 웨이(way)형

해설 머쉬룸형 : 천장인 설치하는 취출구가 아닌 바닥에 설치하는 흡입구이다.

07 다음 중 실내 환경기준 항목이 아닌 것은?
① 부유분진의 양
② 상대습도
③ 탄산가스 함유량
④ 메탄가스 함유량

해설 실내 환경기준

구 분	기 준
부유 분진량	$1m^3$당 0.15mg 이하
일산화탄소(CO) 함유량	10ppm 이하(0.001% 이하)
탄산가스(CO_2) 함유량	1,000ppm 이하(0.1% 이하)
온 도	17~28℃ 이하
상대습도	40~70% 이하
기류속도	0.5m/s 이하

[정답] 01. ① 02. ② 03. ② 04. ③ 05. ① 06. ③ 07. ④

08 극간풍을 방지하는 방법으로 적합하지 않는 것은?
① 실내를 가압하여 외부보다 압력을 높게 유지한다.
② 건축의 건물 기밀성을 유지한다.
③ 이중문 또는 회전문을 설치한다.
④ 실내외 온도차를 크게 한다.

해설 실내외 온도차가 클수록 실내외 비중량차에 따른 압력차가 커 극간풍의 유입이 증가한다.

09 덕트를 설계할 때 주의사항으로 틀린 것은?
① 덕트를 축소할 때 각도는 30° 이하로 되게 한다.
② 저속 덕트 내의 풍속은 15m/s 이하로 한다.
③ 장방형 덕트의 종횡비는 4 : 1 이상 되게 한다.
④ 덕트를 확대할 때 확대각도는 15° 이하로 되게 한다.

해설 덕트의 설계 시 주의사항
① 덕트의 종횡비(장변/단변) : 4 : 1 이하
② 덕트의 곡률 반경비(R/a) : 1.5~2배 이상
③ 덕트의 확대각도 : 15° 이하, 축소 : 30° 이하

10 상당방열면적을 계산하는 식에서 q_o는 무엇을 뜻하는가?

$$EDR = \frac{H_r}{q_o}$$

① 상당 증발량
② 보일러 효율
③ 방열기의 표준 방열량
④ 방열기의 전 방열량

해설 상당방열면적
$$EDR = \frac{H_r}{q_o} = \frac{난방부하(전방열량)}{방열기\ 방열량}$$

보충
방열기(표준) 방열량
① 증기 방열기 = 650kcal/m²h
 = 0.756 kW/m²
② 온수 방열기 = 450kcal/m²h
 = 0.523 kW/m²

11 중앙 공조기의 전열교환기에서는 어떤 공기가 서로 열교환을 하는가?
① 환기와 급기
② 외기와 배기
③ 배기와 급기
④ 환기와 배기

해설 전열교환기
① 실내의 배기와 환기용 외기를 열교환하는 장치로 공대공 열교환기라고도 한다.
② 배기와 환기의 열교환으로 온도 및 습도(현열, 잠열)를 교환한다.
③ 열교환기 설치로 설비와 기계실 스페이스가 많이 든다.
④ 외기부하를 감소시켜 기기의 용량이 작게 실계되어 운전경비가 절약된다.
⑤ 고정시과 회전식이 있다.

12 실내 발생열에 대한 설명으로 틀린 것은?
① 벽이나 유리창을 통해 들어오는 전도열은 현열뿐이다.
② 여름철 실내에서 인체로부터 발생하는 열은 잠열뿐이다.
③ 실내의 기구로부터 발생열은 잠열과 현열이다.
④ 건축물의 틈새로부터 침입하는 공기가 갖고 들어오는 열은 잠열과 현열이다.

해설 인체에서 발생하는 열은 현열과 잠열이 있다.

13 공기여과기의 성능을 표시하는 용어 중 가장 거리가 먼 것은?
① 제거효율 ② 압력손실
③ 집진용량 ④ 소재의 종류

해설 공기여과기의 성능표시
제거효율(포집률), 집진용량(포집용량), 압력손실 등

14 환기의 목적이 아닌 것은?
① 실내공기 정화 ② 열의 제거
③ 소음 제거 ④ 수증기 제거

해설 환기의 목적
① 실내공기 정화 ② 열 및 수증기(습기) 제거
③ 냄새 및 유독가스 제거 ④ 연소용 공기 공급(보일러실)

15 현열비를 바르게 표시한 것은?
① 현열량/전열량 ② 잠열량/전열량
③ 잠열량/현열량 ④ 현열량/잠열량

해설 현열비 : 전열량에 대한 현열량의 변화의 비
$$\text{SHF} = \frac{\text{현열}}{\text{전열}} = \frac{\text{현열}}{\text{현열}+\text{잠열}} = \frac{q_s}{q_s+q_L}$$

답안 표기란

12	①	②	③	④
13	①	②	③	④
14	①	②	③	④
15	①	②	③	④

보충
현열 및 잠열부하를 고려해야 하는 부하 : 극간풍부하, 인체부하, 실내기구부하, 외기부하

[정답] 08. ④ 09. ③
10. ③ 11. ②
12. ② 13. ④
14. ③ 15. ①

16회 CBT 기출문제

- 수험번호:
- 수험자명:

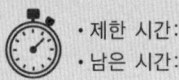

- 제한 시간:
- 남은 시간:

글자 크기 100% 150% 200%   화면 배치   · 전체 문제 수: · 안 푼 문제 수:

16 공조기 내에 흐르는 냉·온수 코일의 유량이 많아서 코일 내에 유속이 너무 빠를 때 사용하기 가장 적절한 코일은?

① 풀서킷 코일(full circuit coil)
② 더블서킷 코일(double circuit coil)
③ 하프서킷 코일(half circuit coil)
④ 슬로서킷 코일(slow circuit coil)

해설 코일의 선택
① 더블 서킷(더블 플로우) 코일 : 유량이 많아 코일 내 유속이 클 때
② 풀 서킷(싱글 플로우), 하프 서킷 코일 : 유량이 적어 코일 내 유속이 작을 때

답안 표기란
16 ① ② ③ ④
17 ① ② ③ ④
18 ① ② ③ ④

17 날개 격자형 취출구에 대한 설명으로 틀린 것은?

① 유니버셜형은 날개를 움직일 수 있는 것이다.
② 레지스터란 풍량조절 셔터가 있는 것이다.
③ 수직 날개형은 실의 폭이 넓은 방에 적합하다.
④ 수평 날개형은 그릴이라고도 한다.

해설 베인(날개) 격자형 취출구의 종류
① 그릴(고정 베인형) : 날개가 고정되고 셔터가 없는 것
② 유니버셜(가동 베인형) : 날개 각도를 변경할 수 있는 것
③ 레지스터 : 그릴 뒤에 풍량조절을 위한 셔터가 부착된 것

18 송풍기의 회전수 변환에 의한 풍량 제어 방법에 대한 설명으로 틀린 것은?

① 극수를 변환한다.
② 유도전동기의 2차측 저항을 조정한다.
③ 전동기에 의한 회전수에 변화를 준다.
④ 송풍 흡입측에 있는 댐퍼를 조인다.

해설 송풍기 회전수 제어방법
① 유도전동기의 2차측 저항의 조정
② 정류자 전동기에 의한 방법
③ 극수의 변환
④ 전동기에 의한 회전수 변화
⑤ 풀리(pulley)의 직경 변환 등

보충
유도전동기의 회전수 결정
$$N = \frac{120f}{p}(1-s)$$
여기서, N : 회전속도
f : 주파수
s : 슬립
p : 극수

19 어떤 실내의 전체 취득열량이 9kW, 잠열량이 2.5kW이다. 이때 실내를 26°C, 50%(RH)로 유지시키기 위해 취출 온도차를 10°C로 일정하게 하여 송풍한다면 실내 현열비는 얼마인가?

① 0.28　　② 0.68
③ 0.72　　④ 0.88

해설 현열비

$$SHF = \frac{q_s}{q_T} = \frac{q_s}{q_s + q_L} = \frac{q_T - q_L}{q_T} = \frac{9 - 2.5}{9} = 0.72$$

20 다음 중 온수난방 설비와 관계가 없는 것은?

① 리버스 리턴 배관　　② 하트포드 배관 접속
③ 순환펌프　　　　　　④ 팽창탱크

해설 하트포드 접속 : 저압 증기난방의 보일러 주변배관에서 보일러 수면이 안전 저수위이하로 내려가지 않도록 하는 배관설비

2과목 냉동냉장설비

21 2차 냉매인 브라인이 갖추어야 할 성질에 대한 설명으로 틀린 것은?

① 열용량이 적어야 한다.　　② 열전도율이 커야 한다.
③ 동결점이 낮아야 한다.　　④ 부식성이 없어야 한다.

해설 브라인은 현열을 이용하며, 열용량은 커야 한다.

보충 브라인의 구비조건
① 열용량 및 비열이 크고 전열(열통과율)이 양호할 것
② 공정점과 점도가 낮을 것
③ 부식성이 없을 것
④ 비등점은 높고 응고점은 낮을 것
⑤ 누설 시 냉장물품에 손상이 없을 것
⑥ pH가 적당할 것(약알카리성 7.5~8.2 정도)
⑦ 가격이 싸고 구입이 용이할 것

22 냉동장치의 운전 중에 냉매가 부족할 때 일어나는 현상에 대한 설명으로 틀린 것은?

① 고압이 낮아진다.
② 냉동능력이 저하한다.
③ 흡입관에 서리가 부착되지 않는다.
④ 저압이 높아진다.

해설 냉매가 부족하면 저압은 내려간다.

보충 냉매 부족 시 현상
① 흡입압력 및 토출압력이 낮아진다.
② 냉동능력이 감소한다.
③ 흡입가스가 과열된다.
④ 압축기가 과열되고 토출가스 온도는 상승한다.
⑤ 증발기 출구의 과열도가 커 팽창밸브(TEV)가 열린다.

[정답] 16. ② 17. ④ 18. ④ 19. ③ 20. ② 21. ① 22. ④

23. 히트 파이프의 특징에 관한 설명으로 틀린 것은?

① 등온성이 풍부하고 온도상승이 빠르다.
② 사용온도 영역에 제한이 없으며 압력손실이 크다.
③ 구조가 간단하고 소형경량이다.
④ 증발부, 응축부, 단열부로 구성되어 있다.

해설 히트 파이프는 사용온도 영역에 제한이 있으며, 압력손실이 적다.

히트 파이프
모관 구조체를 이용하여 응축액의 환류작용을 모세관 압력차를 통하며, 열 수송목적에 사용한다.

24. 다음 조건으로 운전되고 있는 수냉 응축기가 있다. 냉매와 냉각수와의 평균 온도차는?

[조 건]
- 냉각수 입구온도 : 16℃
- 냉각수 출구온도 : 24℃
- 응축기 열 통과율 : 3349.6kJ/m²·h·℃
- 냉각수량 : 200L/min
- 응축기 냉각면적 : 20m²

① 4℃ ② 5℃
③ 6℃ ④ 7℃

해설 냉매와 냉각수와의 평균 온도차(Δtm)
$$Q_c = K \cdot A \cdot \Delta tm = w \cdot c \cdot (tw_2 - tw_1)$$
$$\Delta tm = \frac{w \cdot c \cdot (tw_2 - tw_1)}{K \cdot A} = \frac{200 \times 60 \times 4.2 \times (24-16)}{3349.6 \times 20} = 6℃$$

25. 냉동장치 내 불응축 가스에 관한 설명으로 옳은 것은?

① 불응축 가스가 많아지면 응축압력이 높아지고 냉동능력은 감소한다.
② 불응축 가스는 응축기에 잔류하므로 압축기의 토출가스 온도에는 영향이 없다.
③ 장치에 윤활유를 보충할 때에 공기가 흡입되어도 윤활유에 용해되므로 불응축 가스는 생기지 않는다.
④ 불응축 가스가 장치 내에 침입해도 냉매와 혼합되므로 응축압력은 불변한다.

해설 불응축 가스가 많아지면 응축압력이 높아지고 냉동능력은 감소한다.

불응축 가스 존재 시 장치에 미치는 악영향
① 응축능력 감소(열교환 저하)
② 응축압력(고압) 상승으로 압축비 증가
③ 압축기 과열로 토출가스 온도 상승
④ 압축기 소요동력 증가 등

26 얼음 제조 설비에서 깨끗한 얼음을 만들기 위해 빙관 내로 공기를 송입, 물을 교반시키는 교반장치의 송풍압력(kPa)은 어느 정도인가?

① 2.5~8.5
② 19.6~34.3
③ 62.8~86.8
④ 101.3~132.7

해설 투명빙을 만들기 위한 공기 송풍압력 : 19.6~34.3 kPa

27 냉동 사이클이 -10℃와 60℃ 사이에서 역카르노 사이클로 작동될 때, 성적계수는?

① 2.21
② 2.84
③ 3.76
④ 4.75

해설 성적계수 $COP = \dfrac{T_e}{T_c - T_e} = \dfrac{(-10+273)}{(60+273)-(-10+273)} = 3.76$

28 증기 압축식 사이클과 흡수식 냉동 사이클에 관한 비교 설명으로 옳은 것은?

① 증기 압축식 사이클은 흡수식에 비해 축동력이 적게 소요된다.
② 흡수식 냉동 사이클은 열구동 사이클이다.
③ 흡수식은 증기 압축식의 압축기를 흡수기와 펌프가 대신한다.
④ 흡수식의 성능은 원리상 증기 압축식에 비해 우수하다.

해설 흡수식 냉동 사이클은 열에 의해 작동되는 열구동 냉동 사이클이다.

29 밀폐된 용기의 부압작용에 의하여 진공을 만들어 냉동작용을 하는 것은?

① 증기분사 냉동기
② 왕복동 냉동기
③ 스크류 냉동기
④ 공기압축 냉동기

해설 증기분사식 냉동기 : 이젝터에 노즐을 설치하여 증발기 내를 진공으로 하여 냉동하는 방법

30 다음 중 무기질 브라인이 아닌 것은?

① 염화칼슘
② 염화마그네슘
③ 염화나트륨
④ 트리클로로에틸렌

해설 무기질 브라인 : 염화나트륨(NaCl), 염화마그네슘($MgCl_2$), 염화칼슘($CaCl_2$)

답안 표기란				
26	①	②	③	④
27	①	②	③	④
28	①	②	③	④
29	①	②	③	④
30	①	②	③	④

[정답] 23. ② 24. ③
25. ① 26. ②
27. ③ 28. ②
29. ① 30. ④

31 저온용 냉동기에 사용되는 보조적인 압축기로서 저온을 얻을 목적으로 사용되는 것은?

① 회전 압축기(rotary compressor)
② 부스터(booster)
③ 밀폐식 압축기(hermetic compressor)
④ 터보 압축기(turbo compressor)

 부스터 : 저온 냉동기인 2단 압축 냉동장치에서 저압에서 중간 압력까지 높이는 보조 압축기인 저단 측 압축기

32 P-V(압력-체적)선도에서 1에서 2까지 단열 압축하였을 때 압축일량(절대일)은 어느 면적으로 표현되는가?

① 면적 1 2 c d 1
② 면적 1 d 0 b 1
③ 면적 1 2 a b 1
④ 면적 a e d 0 a

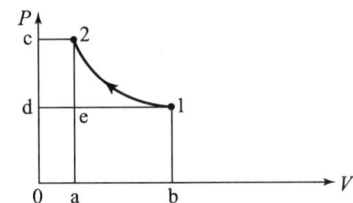

 ① 절대일 : 면적 1 2 a b 1
② 공업일 : 면적 1 2 c d 1

33 응축 부하계산법이 아닌 것은?

① 냉매순환량×응축기 입·출구엔탈피차
② 냉각수량×냉각수 비열×응축기 냉각수 입·출구온도차
③ 냉매순환량×냉동효과
④ 증발부하+압축일량

 응축부하 계산
① 증발부하+압축일량($Q_c = Q_e + AW$)
② 증발부하×방열계수($Q_c = Q_e \times C$)
③ 냉각수량×비열×온도차($Q_c = w \cdot c \cdot \Delta t$)
④ 열통과율×전열면적×온도차($Q_c = K \cdot A \cdot \Delta t_m$)
⑤ 냉매순환량×응축기 방열량($Q_c = G \cdot q_c$)

34 할라이드 토치로 누설을 탐지할 때 소량의 누설이 있는 곳에서 토치의 불꽃 색깔은 어떻게 변화 되는가?

① 보라색 ② 파란색
③ 노란색 ④ 녹색

해설 헬라이드 토치에서의 불꽃변화
① 청색 : 누설이 없을 때
② 녹색 : 소량 누설 시
③ 자색 : 다량 누설 시
④ 꺼짐 : 과량 누설 시

35 28℃의 원수 9ton을 4시간에 5℃까지 냉각하는 수냉각장치의 냉동능력은? (단, 1RT는 13900kJ/h로 한다.)

① 12.5RT ② 15.6RT
③ 17.1RT ④ 20.7RT

해설 $RT = \dfrac{9{,}000 \times 4.2 \times (28-5)/4}{13{,}900} = 15.64 \text{RT}$
여기서, 물의 비열은 1kcal/kg℃ = 4.2kJ/kgK이다.

36 냉동장치에서 교축작용(throttling)을 하는 부속기기는 어느 것인가?

① 다이아프램 밸브 ② 솔레노이드 밸브
③ 아이솔레이트 밸브 ④ 팽창 밸브

해설 교축작용(throttle) : 주울-톰슨 효과, 팽창밸브(단열팽창), 등엔탈피 변화, 엔트로피 증가

37 탱크식 증발기에 관한 설명으로 틀린 것은?

① 제빙용 대형 브라인이나 물의 냉각장치로 사용된다.
② 냉각관의 모양에 따라 헤링본식, 수직관식, 패러럴식이 있다.
③ 물건을 진열하는 선반대용으로 쓰기도 한다.
④ 증발기는 피냉각액 탱크 내의 칸막이 속에 설치되며 피냉각액은 이 속을 교반기에 의해 통과한다.

해설 선반대용으로 사용 가능한 증발기
① 카스케이드 증발기
② 멀티피드 멀티섹션 증발기

38 기준 냉동사이클로 운전할 때 단위질량당 냉동효과가 큰 냉매 순으로 나열한 것은?

① R11 > R12 > R22
② R12 > R11 > R22
③ R22 > R12 > R11
④ R22 > R11 > R12

해설 기준 냉동사이클에서의 냉동효과(kcal/kg)
R-22(40.15) > R-11(38.57) > R-12(29.52)

39 증발 잠열을 이용하므로 물의 소비량이 적고, 실외 설치가 가능하며, 송풍기 및 순환 펌프의 동력을 필요로 하는 응축기는?

① 입형 쉘앤 튜브식 응축기
② 횡형 쉘앤 튜브식 응축기
③ 증발식 응축기
④ 공랭식 응축기

해설 증발식 응축기의 특징

장 점	단 점
① 냉각수 소비가 가장 적다.	① 전열이 불량하다.
② 옥외설치가 가능하다.	② 압력 강하가 크다.
③ 냉각탑이 필요 없다.	③ 펌프 및 송풍기의 동력이 필요하다.
④ 공랭식으로도 사용이 가능하다.	④ 청소 및 보수가 어렵다.

40 유량 100L/min의 물을 15℃에서 9℃로 냉각하는 수냉각기가 있다. 이 냉동장치의 냉동 효과가 168kJ/kg일 경우 냉매순환량(kg/h)은? (단, 물의 비열은 4.2kJ/kg·K로 한다.)

① 700
② 800
③ 900
④ 1000

해설 $G = \dfrac{w \cdot c \cdot \Delta t}{q_e} = \dfrac{100 \times 60 \times 4.2 \times (15-9)}{168} = 900 \text{kg/h}$

3과목 공조냉동설치·운영

41 냉매배관 중 토출측 배관 시공에 관한 설명으로 틀린 것은?

① 응축기가 압축기보다 2.5m 이상 높은 곳에 있을 때에는 트랩을 설치한다.
② 수직관이 너무 높으면 2m마다 트랩을 1개씩 설치한다.

③ 토출관의 합류는 Y 이음으로 한다.
④ 수평관은 모두 끝 내림 구배로 배관한다.

해설 압축기 토출 수직관이 너무 높으면 10m마다 중간트랩을 설치하여 배관 중의 오일이 압축기로 역류되는 것을 방지한다.

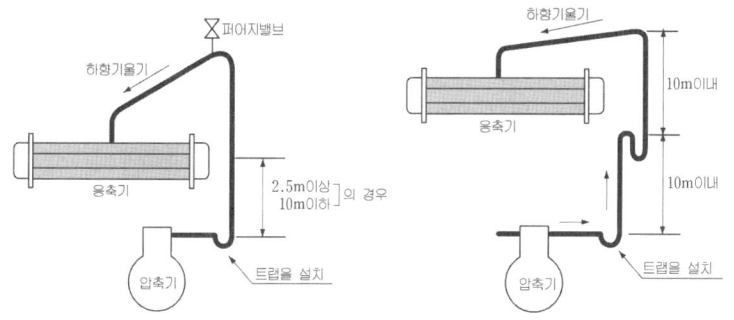

42 스트레이너의 종류에 속하지 않는 것은?

① Y형
② X형
③ U형
④ V형

해설
- 스트레이너 : 장치나 기기 앞에 설치하여 유체 속에 혼입된 이물질을 제거
- 종류 : Y형, U형, V형 등

43 한쪽은 커플링으로 이음쇠 내에 동관이 들어갈 수 있도록 되어 있고 다른 한쪽은 수나사가 있어 강 부속과 연결할 수 있도록 되어 있는 동관용 이음쇠는?

① 커플링 C×C
② 어댑터 C×M
③ 어댑터 Ftg×M
④ 어댑터 C×F

해설 C×M 어댑터 : 한쪽은 동관이 삽입되고 다른 한쪽은 수나사가 있는 동관 부속품

44 일반적으로 관의 지름이 크고 관의 수리를 위해 분해할 필요가 있는 경우 사용되는 파이프 이음에 속하는 것은?

① 신축 이음
② 엘보 이음
③ 턱걸이 이음
④ 플랜지 이음

해설 플랜지 이음 : 관 지름이 크고 관의 수리를 위해 분해할 필요가 있는 경우 사용

[정답] 38. ④ 39. ③
40. ③ 41. ②
42. ② 43. ②
44. ④

45 배수 배관의 시공상 주의점으로 틀린 것은?

① 배수를 가능한 한 빨리 옥외 하수관으로 유출할 수 있을 것
② 옥외 하수관에서 하수가스나 벌레 등이 건물 안으로 침입하는 것을 방지할 것
③ 배수관 및 통기관은 내구성이 풍부할 것
④ 한랭지에서는 배수, 통기관 모두 피복을 하지 않을 것

해설 한랭지에서는 배수관, 통기관 모두 동결되지 않도록 피복을 하도록 한다.

46 배수설비에 대한 설명으로 틀린 것은?

① 오수란 대소변기, 비데 등에서 나오는 배수이다.
② 잡배수란 세면기, 싱크대, 욕조 등에서 나오는 배수이다.
③ 특수배수는 그대로 방류하거나 오수와 함께 정화하여 방류시키는 배수이다.
④ 우수는 옥상이나 부지 내에 내리는 빗물의 배수이다.

해설 특수배수 : 병원, 연구소, 공장 등과 같이 특수한 물질을 제거해야 하는 배수

47 다음 중 소켓식 이음을 나타내는 기호는?

① 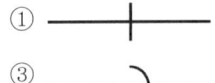   ②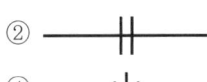
③   ④

해설 ① 나사 이음 ② 플랜지 이음
③ 소켓(턱걸이) 이음 ④ 유니온 이음

48 급수배관의 마찰손실수두와 가장 거리가 먼 것은?

① 관의 길이 ② 관의 직경
③ 관의 두께 ④ 유속

해설 관의 두께와 마찰손실수두와는 관계가 없다.

보충
달시-바이스바하 공식(마찰손실수두) : 배관의 마찰손실수두는 관마찰 계수, 관 길이에 비례하고, 유속의 2승에 비례하며, 관경에는 반비례한다.

$$H_L = f \cdot \frac{l}{d} \cdot \frac{V^2}{2g}$$

49 가스배관을 실내에 노출설치할 때의 기준으로 틀린 것은?

① 배관의 환기가 잘 되는 곳으로 노출하여 시공할 것

② 배관은 환기가 잘되지 않는 천장 · 벽 · 공동구 등에는 설치하지 아니할 것
③ 배관의 이음매(용접이음매 제외)와 전기계량기와는 60cm 이상 거리를 유지할 것
④ 배관 이음부와 단열조치를 하지 않은 굴뚝과의 거리는 5cm 이상의 거리를 유지할 것

해설 도시가스 사용시설의 시설 · 기술 · 검사 기준에 따른 가스배관의 이음부(용접이음매를 제외)와 전기설비의 거리
① 전기계량기 및 전기개폐기 : 60cm 이상
② 전기점멸기 및 전기접속기 : 15cm 이상
③ 절연전선(가스누출자동차단장치를 작동시키기 위한 전선은 제외) : 10cm 이상
④ 절연조치를 하지 않은 전선 및 단열조치를 하지 않은 굴뚝(배기통 포함, 밀폐형 강제급배기식 보일러(FF식 보일러)의 2중구조의 배기통은 '단열조치가 된 굴뚝'으로 보아 제외) : 15cm 이상

50
다음 중 중앙 급탕방식에서 경제성, 안정성을 고려한 적정 급탕온도(℃)는 얼마인가?

① 40
② 60
③ 80
④ 100

해설
• 급탕 공급 온도 : 60℃
• 적정 급탕 온도 : 60℃

51
유도전동기의 회전력에 관한 설명으로 옳은 것은?

① 단자전압에 비례한다.
② 단자전압과는 무관하다.
③ 단자전압의 2승에 비례한다.
④ 단자전압의 3승에 비례한다.

해설 유도전동기의 회전력(토크)은 전동기(단자)전압과 주파수의 비의 2승에 비례하고 슬립 주파수에는 비례한다.

52
정현파 전압 $v = 50\sin\left(628t - \dfrac{\pi}{6}\right)$[V]인 파형의 주파수는 얼마인가?

① 30
② 50
③ 60
④ 100

해설
$v = V_M \sin(\omega t + \theta) = V_M \sin(2\pi f t + \theta)$
ω[rad/s] : 각속도, f[Hz] : 주파수, t[s] : 시간
따라서, 시간 t의 앞의 것이 각속도 ω이고 주파수와 각속도의 관계는 $\omega = 2\pi f$이다.
$\omega = 628 \Rightarrow f = \dfrac{\omega}{2\pi} = \dfrac{628}{2\pi} = 100\,\text{Hz}$

보충
유도전동기의 회전력

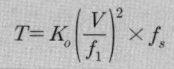

여기서,
V : 단자전압
f_1 : 단자전압(전원) 주파수
f_s : 슬립 주파수(전원 주파수 − 회전수)

53 피드백 제어계의 특징으로 옳은 것은?

① 정확성이 떨어진다.
② 감대폭이 감소한다.
③ 계의 특성 변화에 대한 입력 대 출력비의 감도가 감소한다.
④ 발진이 전혀 없고 항상 안정한 상태로 되어 가는 경향이 있다.

해설 피드백(되먹임) 제어
결과를 입력측으로 되돌려(Feedback) 현재의 출력과 목표값을 비교하는 특징이 있으므로 개회로 제어에 비하여 오차가 감소(어떤 입력에 대하여도 목표치에 근접 또는 정확한 값을 출력하므로 입력 대 출력 비의 감소), 이득의 증가, 안정성의 증가, 대역폭의 증가 등을 얻을 수 있다. 단 검출기 등을 필요로 하므로 시스템이 복잡하고 비용이 많이 든다.

54 스캔타임(scan time)에 대한 설명으로 맞는 것은?

① PLC 입력 모듈에서 1개 신호가 입력되는 시간
② PLC 출력 모듈에서 1개 출력이 실행되는 시간
③ PLC에 의해 제어되는 시스템의 1회 실행시간
④ PLC에 입력된 프로그램을 1회 연산하는 시간

해설 PLC는 프로그램을 전체를 반복적으로 실행하는 데 프로그램의 처음에서 끝까지 1회 실행하는 데 걸린 시간을 스캔타임이라한다.

55 교류 전기에서 실효치는?

① $\dfrac{최대치}{2}$
② $\dfrac{최대치}{\sqrt{3}}$
③ $\dfrac{최대치}{\sqrt{2}}$
④ $\dfrac{최대치}{3}$

해설 실효치는 수식으로 파형 신호의 순시치 제곱을 한 주기간 평균한 제곱근을 의미하나 물리적으로는 1주기의 교류가 할 수 있는 일(물리학적인 일, 에너지)과 동일한 일을 할 수 있는 직류값으로 표시한 값으로 교류 최대값을 $\sqrt{2}$로 나눈값이다.

56 농형 유도전동기의 기동법이 아닌 것은?

① 전전압기동법
② 기동보상기법
③ Y-△기동법
④ 2차저항법

보충
유도전동기의 속도 제어방법
① 고정자 전원 주파수를 가변 : 인버터
② 고정자 전압의 가변 : 인버터, 저항
③ 극수의 가변
④ 회전자저항에 가변(권선형 유도전동기)

해설 회전자(2차)저항 가변법은 권선형 유도전동기에만 적용 가능하다.

57 검출용 스위치에 해당하지 않는 것은?
① 리밋 스위치　　② 광전 스위치
③ 온도 스위치　　④ 복귀형 스위치

해설 복귀형 스위치는 동작 후 자동으로 초기 상태로 돌아오는 동작의 스위치

58 그림과 같은 논리회로는?
① OR 회로
② AND 회로
③ NOT 회로
④ NAND 회로

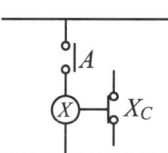

해설 접점 A는 a접점이므로 아무런 작동을 시키지 않으면 A는 OFF상태이므로 릴레이 X는 작동하지 않으므로 그의 b접점 X_C는 ON상태를 유지한다. 반대로 접점 A는 작동시키면 A는 ON상태이므로 릴레이 X는 작동하므로 그의 b접점은 OFF상태가 된다. 따라서, X_C는 접점 A의 상태와는 반대로 되므로 반전기(NOT) 출력이 된다.

59 어떤 계기에 장시간 전류를 통전한 후 전원을 OFF 시켜도 지침이 0으로 되지 않았다. 그 원인에 해당되는 것은?
① 정전계 영향　　② 스프링의 피로도
③ 외부자계 영향　　④ 자기가열 영향

해설 각종 계기는 일반적으로 측정 결과를 숫자로 표시하는 디지털 전압계와 눈금 및 지침으로 표시하는 지시 전압계가 사용되고 있는데 지시 전압계는 자속의 힘을 사용해서 지침을 움직이게 하고 초기화할 때 스프링의 힘을 사용하는데 장시간 지침을 일정한 힘을 가하게 되면 스프링의 피로에 의하여 초기의 위치로 돌아오지 못하는 경우도 있다.

60 자동제어의 조절기기 중 불연속 동작인 것은?
① 2위치 동작　　② 비례제어 동작
③ 적분제어 동작　　④ 미분제어 동작

해설 2위치(ON-OFF) 동작
동작의 제어 조작량은 0%와 100%이므로 입력의 크기에 의해 2개의 값 중 어느 한쪽을 취하는 동작으로 정교한 제어를 필요로 하지 않는 동작 틈새가 가장 많은 불연속 조절계

답안 표기란
57	①	②	③	④
58	①	②	③	④
59	①	②	③	④
60	①	②	③	④

보충
① 광전 스위치 : 빛을 이용하는 장치로 빛을 받거나 끊어지는 것을 검출하여 스위치를 on-off시키는 스위치
② 온도 스위치 : 설정온도에 도달하면 전기적 연결을 가하거나 연결을 해제하는 스위치
③ 리밋 스위치 : 기계장치의 동작의 한계점에 설치하여 스위치에 장치가 접촉하면 작동하여 접촉부에 전기적 연결을 가하거나 연결을 해제하는 스위치

[정답] 53. ③　54. ④
55. ③　56. ④
57. ④　58. ③
59. ②　60. ①

1과목 공기조화설비

01 원심송풍기에서 사용되는 풍량제어 방법 중 풍량과 소요 동력과의 관계에서 가장 효과적인 제어 방법은?

① 회전수 제어
② 베인 제어
③ 댐퍼 제어
④ 스크롤 댐퍼 제어

해설 송풍기 풍량제어에 따른 소요동력이 적은 순서
회전수 제어 < 베인 제어 < 스크롤 댐퍼 제어 < 댐퍼 제어

보충 송풍기 회전수 제어방법
① 유도전동기의 2차측 저항의 조정
② 정류자 전동기에 의한 방법
③ 극수의 변환
④ 전동기에 의한 회전수 변환
⑤ 풀리(pulley)의 직경 변환 등

02 다음 중 제올라이트(zeolite)를 이용한 제습방법은 어느 것인가?

① 냉각식
② 흡착식
③ 흡수식
④ 압축식

해설 흡착식 제습 : 실리카겔, 활성알루미나, 아드소울, 제올라이트 등의 고체 흡착제 사용하여 다공성 물질 표면에 흡착시키는 방법

보충 제올라이트(zeolite)
미세 다공성 알루미늄 규산염 광물인 제올라이트는 주로 흡착제나 촉매로 활용

03 습공기선도상에 나타나 있지 않은 것은?

① 상대습도
② 건구온도
③ 절대습도
④ 포화도

해설 습공기선도에서 포화도는 나타나 있지 않다.

보충 습공기선도의 구성
건구온도, 습구온도, 노점온도, 절대습도, 상대습도, 수증기분압, 엔탈피, 비체적, 열수분비

04 난방부하는 어떤 기기의 용량을 결정하는데 기초가 되는가?

① 공조장치의 공기냉각기
② 공조장치의 공기가열기
③ 공조장치의 수액기
④ 열원설비의 냉각탑

해설 난방부하는 공조장치의 공기가열기(가열코일) 용량 결정 시 기초가 된다.

05 난방방식과 열매체의 연결이 틀린 것은?

① 개별 스토브 — 공기
② 온풍 난방 — 공기
③ 가열 코일 난방 — 공기
④ 저온 복사 난방 — 공기

해설 저온 복사 난방은 코일에 온수 열매체를 이용하여 난방하는 방식이다.

06 기류 및 주위벽면에서의 복사열은 무시하고 온도와 습도만으로 쾌적도를 나타내는 지표를 무엇이라고 하는가?

① 쾌적 건강지표
② 불쾌지수
③ 유효온도지수
④ 청정지표

해설 불쾌지수 : 온도와 습도만으로 쾌적도를 나타내는 지표

보충
불쾌지수(DI)=0.72(건구온도+습구온도)+40.6

07 실내 냉방 부하 중에서 현열부하 2500W, 잠열부하 500W일 때 현열비는?

① 0.2
② 0.83
③ 1
④ 1.2

해설 현열비, $SHF = \dfrac{q_s}{q_s+q_L} = \dfrac{2,500}{2,500+500} = 0.83$

08 극간풍의 풍량을 계산하는 방법으로 틀린 것은?

① 환기 횟수에 의한 방법
② 극간 길이에 의한 방법
③ 창 면적에 의한 방법
④ 재실 인원수에 의한 방법

해설 극간풍량 산정법
① 환기 횟수법
② 틈새 길이법(극간 길이법)
③ 창문 면적법
④ 이용 빈도수에 의한 방법

보충
틈새바람(극간풍)을 줄일 수 있는 방법
① 회전문을 설치한다.
② 에어커튼을 설치한다.
③ 2중문을 설치한다.(내측에는 수동문 설치)
④ 2중문 중간에 컨벡터(대류형 방열기)를 설치한다.

09 공기조화방식에서 수-공기방식의 특징에 대한 설명으로 틀린 것은?

① 전공기방식에 비해 반송동력이 많다.
② 유닛에 고성능 필터를 사용할 수가 없다.
③ 부하가 큰 방에 대해 덕트의 치수가 적어질 수 있다.
④ 사무실, 병원, 호텔 등 다실 건물에서 외부 존은 수방식, 내부 존은 공기방식으로 하는 경우가 많다.

해설 수-공기 방식은 전공기방식에 비하여 반송동력이 적게 든다.

정답
01. ① 02. ②
03. ④ 04. ②
05. ④ 06. ②
07. ② 08. ④
09. ①

10 그림에서 공기조화기를 통과하는 유입공기가 냉각코일을 지날 때의 상태를 나타낸 것은?

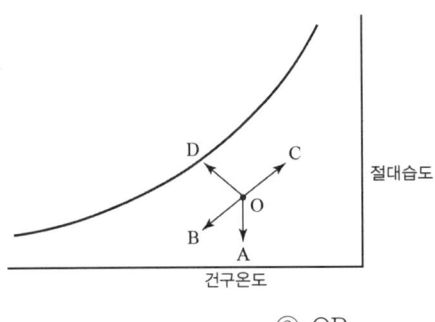

① OA
② OB
③ OC
④ OD

해설 여름철 유입공기가 냉각코일을 지나면 냉각제습(OB)된다.
① OA : 등온제습
② OB : 냉각제습
③ OC : 가열가습
④ OD : 냉각가습

11 복사난방의 특징에 대한 설명으로 틀린 것은?
① 외기온도 변화에 따라 실내의 온도 및 습도조절이 쉽다.
② 방열기가 불필요하므로 가구배치가 용이하다.
③ 실내의 온도분포가 균등하다.
④ 복사열에 의한 난방이므로 쾌감도가 크다.

해설 복사난방은 습도조절이 어렵다.

보충 복사난방 : 실내의 천장, 바닥, 벽 등에 가열 코일(패널)을 묻어 코일 내에 온수를 공급하여 복사열에 의해 난방하는 방식

장 점	단 점
① 인체에 대한 쾌감도가 좋다. ② 상하온도차가 적고 온도분포가 균등하다. ③ 천장이 높은 실의 난방효과가 있다. ④ 바닥의 이용도가 좋다. ⑤ 실내온도가 낮아도 난방효과가 있으며 손실열량이 적다.	① 외기온도 변화에 따른 방열량 조절이 어렵다. ② 매립배관으로 보수, 점검이 어렵다. ③ 방수층 및 단열층 시공으로 시설비가 비싸다.

12 다음 중 히트펌프 방식의 열원에 해당되지 않는 것은?

① 수 열원 ② 마찰 열원
③ 공기 열원 ④ 태양 열원

해설 히트펌프 열원방식의 종류 : 공기열원, 수열원, 태양 열원, 지열원 등

보충
수열원 히트펌프의 열원
지하수, 해수, 하수(河水)

13 송풍기의 법칙 중 틀린 것은? (단, 각각의 값은 아래 표와 같다.)

$Q_1(m^3/h)$	초기풍량
$Q_2(m^3/h)$	변화풍량
$P_1(mmAq)$	초기정압
$P_2(mmAq)$	변화정압
$N_1(rpm)$	초기회전수
$N_2(rpm)$	변화회전수
$d_1(mm)$	초기날개직경
$d_2(mm)$	변화날개직경

① $Q_2 = (N_2/N_1) \times Q_1$
② $Q_2 = (d_2/d_1)^3 \times Q_1$
③ $P_2 = (N_2/N_1)^3 \times P_1$
④ $P_2 = (d_2/d_1)^2 \times P_1$

해설 송풍기의 상사법칙

구 분	공 식	설 명
풍 량	$Q_2 = Q_1 \cdot \left(\dfrac{N_2}{N_1}\right) \cdot \left(\dfrac{D_2}{D_1}\right)^3$	풍량은 회전수에 정비례, 임펠러 지름의 3승에 비례
풍 압	$P_2 = P_1 \cdot \left(\dfrac{N_2}{N_1}\right)^2 \cdot \left(\dfrac{D_2}{D_1}\right)^2$	풍압은 회전수의 2승에 비례, 임펠러 지름의 2승에 비례
동 력	$kW_2 = kW_1 \cdot \left(\dfrac{N_2}{N_1}\right)^3 \cdot \left(\dfrac{D_2}{D_1}\right)^5$	동력은 회전수의 3승에 비례, 임펠러 지름의 5승에 비례

14 냉수 코일 설계 시 유의사항으로 옳은 것은?

① 대수 평균 온도차(MTD)를 크게 하면 코일의 열수가 많아진다.
② 냉수의 속도는 2m/s 이상으로 하는 것이 바람직하다.
③ 코일을 통과하는 풍속은 2~3m/s가 경제적이다.
④ 물의 온도 상승은 일반적으로 15℃ 전후로 한다.

해설 냉수코일의 설계 시 유의사항
① 공기와 물의 흐름을 대항류로 한다.
② 물과 공기의 대수평균온도차(MTD)를 크게 한다.
③ 코일에 유속은 1m/s 전후로 한다.
④ 코일의 통과풍속을 2~3m/s 정도로 한다.
⑤ 냉수의 입출구 온도차를 5℃ 전후로 한다.
⑥ 코일의 설치는 수평으로 한다.

정답 10. ② 11. ①
12. ② 13. ③
14. ③

15 다음 그림의 난방 설계도에서 콘벡터(Convector)의 표시 중 F가 가진 의미는?

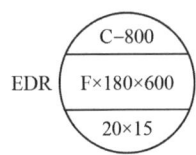

① 케이싱 길이　　② 높이
③ 형식　　　　　　④ 방열면적

해설 콘벡터의 표시

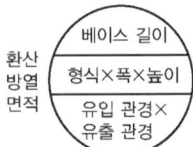

보충 콘벡터(convector)
강판제 케이싱 속에 열전도성이 우수한 핀(fin)을 붙여 대류작용만으로 열을 이동시켜 난방하는 대류형 방열기

16 공기조화 냉방 부하 계산 시 잠열을 고려하지 않아도 되는 경우는?

① 인체에서의 발생열
② 문틈에서의 틈새바람
③ 외기의 도입으로 인한 열량
④ 유리를 통과하는 복사열

해설 유리를 통과하는 복사열은 현열만 존재한다.

보충
잠열부하를 고려해야 하는 부하
① 외기부하
② 인체부하
③ 극간풍부하
④ 실내기구부하

17 공기 중에 분진의 미립자 제거뿐만 아니라 세균, 곰팡이, 바이러스 등까지 극소로 제한시킨 시설로서 병원의 수술실, 식품가공, 제약 공장 등의 특정한 공정이나 유전자 관련 산업 등에 응용되는 설비는?

① 세정실　　　　　　② 산업용 클린룸(ICR)
③ 바이오 클린룸(BCR)　④ 칼로리미터

해설 바이오 클린룸(BCR)에 대한 설명이다.

18 실내온도가 25℃이고, 실내 절대습도가 0.0165kg/kg의 조건에서 틈새바람에 의한 침입 외기량이 200L/s일 때 현열부하와 잠열부하는? (단, 실외온도는 35℃, 실외절대습도 0.0321kg/kg, 공기의 비열 1.01kJ/kg · K, 물의 증발잠열 2501kJ/kg이다.)

① 현열부하 $2.424\,kW$, 잠열부하 $7.803\,kW$
② 현열부하 $2.424\,kW$, 잠열부하 $9.364\,kW$
③ 현열부하 $2.828\,kW$, 잠열부하 $7.803\,kW$
④ 현열부하 $2.828\,kW$, 잠열부하 $9.364\,kW$

해설 틈새바람 부하
① 현열부하
$q_s = \rho \cdot Q \cdot C \cdot \Delta t = 1.2 \times 200 \times 1.01 \times (35-25)$
$= 2,424W = 2.424kW$
② 잠열부하
$q_L = \rho \cdot Q \cdot r \cdot \Delta x = 1.2 \times 200 \times 2,501 \times (0.0321 - 0.0165)$
$= 9,364W = 9.364kW$

19 건구온도 30℃, 상대습도 60%인 습공기에서 건공기의 분압(mmHg)은? (단, 대기압은 760mmHg, 포화 수증기압은 27.65mmHg이다.)

① 27.65
② 376.21
③ 743.41
④ 700.97

해설 건공기 분압 = 대기압 - 수증기 분압
= 760 - 16.59
= 743.41mmHg

여기서, 수증기 분압은
$\varphi = \dfrac{P_v}{P_s}$에서 $P_v = \varphi P_s = 0.6 \times 27.65 = 16.59$mmHg

보충
상대습도(φ, %)
$\varphi = \dfrac{P_v}{P_s} \times 100$

20 다음 중 보일러의 열효율을 향상시키기 위한 장치가 아닌 것은?
① 저수위 차단기
② 재열기
③ 절탄기
④ 과열기

해설 보일러 폐열회수장치
과열기 – 재열기 – 절탄기 – 공기 예열기

정답 15. ③ 16. ④
17. ③ 18. ②
19. ③ 20. ①

2과목 냉동냉장설비

21 단위에 대한 설명으로 틀린 것은?

① 열의 일당량은 427 kg·m/kcal이다.
② 1 kcal는 약 4.2 kJ이다.
③ 1 kWh는 760 kcal이다.
④ ℃ = 5(℉ - 32)/9이다.

해설 1kW = 860 kcal/h, 1kWh = 860 kcal

22 냉동기 윤활유의 구비조건으로 틀린 것은?

① 저온에서 응고하지 않고 왁스를 석출하지 않을 것
② 인화점이 낮고 고온에서 열화하지 않을 것
③ 냉매의 의하여 윤활유가 용해되지 않을 것
④ 전기 절연도가 클 것

해설 냉동기 윤활유는 인화점이 높아야 화재의 위험성이 적다.

23 아래 선도와 같은 암모니아 냉동기의 이론 성적계수(ⓐ)와 실제 성적계수(ⓑ)는 얼마인가? (단, 팽창밸브 직전의 액온도는 32℃이고, 흡입가스는 건포화 증기이며, 압축효율은 0.85, 기계효율은 0.91로 한다.)

① ⓐ 3.9 ⓑ 3.0
② ⓐ 3.9 ⓑ 2.1
③ ⓐ 4.9 ⓑ 3.8
④ ⓐ 4.9 ⓑ 2.6

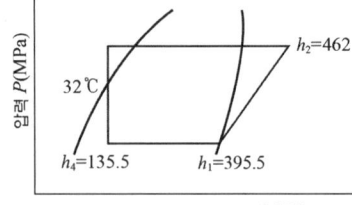

해설 ① 이론 성적계수

$$\epsilon_o = \frac{q_e}{Aw} = \frac{395.5 - 135.5}{462 - 395.5} = 3.91$$

② 실제 성적계수

$$\epsilon = \epsilon_o \times \eta_c \times \eta_m = 3.91 \times 0.85 \times 0.91 = 3.0$$

24 냉동사이클에서 응축기의 냉매 액 압력이 감소하면 증발온도는 어떻게 되는가?

① 감소한다. ② 증가한다.
③ 변화하지 않는다. ④ 증가하다 감소한다.

해설 응축기 냉매 압력이 감소하면 증발온도도 감소한다.

25 축열 시스템의 종류가 아닌 것은?

① 가스축열 방식 ② 수축열 방식
③ 빙축열 방식 ④ 잠열축열 방식

해설 축열 시스템의 종류 : ① 빙축열, ② 수축열, ③ 잠열축열

26 항공기 재료의 내한(耐寒)성능을 시험하기 위한 냉동 장치를 설치하려고 한다. 가장 적합한 냉동기는?

① 왕복동식 냉동기 ② 원심식 냉동기
③ 전자식 냉동기 ④ 흡수식 냉동기

해설 내한 성능 시험을 위해 초저온을 유지하여야 하므로 왕복동 압축식 냉동기를 사용하여야 한다.

27 몰리에르 선도상에서 압력이 증대함에 따라 포화액선과 건조포화증기선이 만나는 일치점을 무엇이라고 하는가?

① 한계점 ② 임계점
③ 상사점 ④ 비등점

해설 임계점 : 포화액선과 건조포화증기선가 만나는 점으로 증발잠열은 0이다.

28 다음 중 냉동방법의 종류로 틀린 것은?

① 얼음의 융해잠열 이용 방법
② 드라이아이스의 승화열 이용 방법
③ 액체질소의 증발열 이용 방법
④ 기계식 냉동기의 압축열 이용 방법

해설 냉동 방법

자연적인 냉동법	기계적인 냉동법
① 고체의 융해잠열(얼음)	① 증기 압축식 냉동법
② 액체의 증발잠열(프레온, 암모니아, 액화질소 등)	② 흡수식 냉동법
③ 고체의 승화잠열(드라이아이스)	③ 전자 냉동법(열전 냉동법) 등
④ 기한제(얼음+식염) 이용	

보충

축열 시스템
여름철 주간 전력부하를 야간으로 이전하고 에너지를 효율적으로 사용하는 측면에서 도시의 전력수급상태 개선에 공헌한다.

정답
21. ③ 22. ②
23. ① 24. ①
25. ① 26. ①
27. ② 28. ④

29 저온의 냉장실에서 운전 중 냉각기에 적상(성애)이 생길 경우 이것을 살수로 제상하고자 할 때 주의사항으로 틀린 것은?

① 냉각기용 송풍기는 정지 후 살수 제상을 행한다.
② 제상 수의 온도는 50~60℃정도의 물을 사용한다.
③ 살수하기 전에 냉각(증발)기로 유입되는 냉매액을 차단한다.
④ 분사 노즐은 항상 깨끗이 청소한다.

해설 살수 제상 시 물의 온도는 10~25℃ 정도이다.

30 압축기의 구조에 관한 설명으로 틀린 것은?

① 반밀폐형은 고정식이므로 분해가 곤란하다.
② 개방형에는 벨트 구동식과 직결 구동식이 있다.
③ 밀폐형은 전동기와 압축기가 한 하우징 속에 있다.
④ 기통 배열에 따라 입형, 횡형, 다기통형으로 구분된다.

해설 반밀폐형은 볼트로 조립되어 있어 분해 수리가 가능하다.

[반밀폐형 압축기]

[밀폐형 압축기]

31 증기압축 이론 냉동사이클에 대한 설명으로 틀린 것은?

① 압축기에서의 압축과정은 단열 과정이다.
② 응축기에서의 응축과정은 등압, 등엔탈피 과정이다.
③ 증발기에서의 증발과정은 등압, 등온과정이다.
④ 팽창 밸브에서의 팽창과정은 교축 과정이다.

해설 응축과정은 열을 방출하므로 엔탈피는 감소한다.

32 수산물의 단기 저장을 위한 냉각 방법으로 적합하지 않은 것은?

① 빙온 냉각   ② 염수 냉각
③ 송풍 냉각   ④ 침지 냉각

해설 수산물의 단기 저장을 위한 냉각 방법 : ① 빙온 냉각, ② 염수 냉각, ③ 송풍 냉각

33 냉매가 구비해야 할 조건으로 틀린 것은?

① 임계온도가 높고 응고온도가 낮을 것
② 같은 냉동능력에 대하여 소요동력이 적을 것
③ 전기절연성이 낮을 것
④ 저온에서도 대기압 이상의 압력으로 증발하고 상온에서 비교적 저압으로 액화할 것

> **해설** 냉매는 전기절연성이 커야 한다.

34 열에 대한 설명으로 틀린 것은?

① 열전도는 물질 내에서 열이 전달되는 것이기 때문에 공기 중에서는 열전도가 일어나지 않는다.
② 열이 온도차에 의하여 이동되는 현상을 열전달이라 한다.
③ 고온 물체와 저온 물체 사이에서는 복사에 의해서도 열이 전달된다.
④ 온도가 다른 유체가 고체벽을 사이에 두고 있을 때 온도가 높은 유체에서 온도가 낮은 유체로 열이 이동되는 현상을 열통과라고 한다.

> **해설** 공기 중에서도 물질 내에서의 열전도는 일어난다.

35 2원냉동 사이클에서 중간열교환기인 캐스케이드 열교환기의 구성은 무엇으로 이루어져 있는가?

① 저온측 냉동기의 응축기와 고온측 냉동기의 증발기
② 저온측 냉동기의 증발기와 고온측 냉동기의 응축기
③ 저온측 냉동기의 응축기와 고온측 냉동기의 응축기
④ 저온측 냉동기의 증발기와 고온측 냉동기의 증발기

> **해설** 캐스케이드 응축기(cascade condenser)
> 2원냉동 사이클에서 저온측 응축기를 고온측 증발기로 응축시키는 장치

36 흡수식 냉동기의 구성품 중 왕복동 냉동기의 압축기와 같은 역할을 하는 것은?

① 발생기 ② 증발기
③ 응축기 ④ 순환펌프

> **해설** 흡수식 냉동기에는 흡수기와 발생기는 증기 압축식 냉동기의 압축기 역할을 한다.

보충
흡수식 냉동기의 구성요소
흡수기 — 발생기(재생기) — 응축기 — 증발기

[정답]
29. ② 30. ①
31. ② 32. ④
33. ③ 34. ①
35. ① 36. ①

37 아래 조건을 갖는 수냉식 응축기의 전열 면적(m²)는 얼마인가? (단, 응축기 입구의 냉매가스의 엔탈피는 430kJ/kg, 응축기 출구의 냉매액의 엔탈피는 145kJ/kg, 냉매 순환량은 150kg/h, 응축온도는 38℃, 냉각수 평균온도는 32℃, 응축기의 열관류율은 236W/m²K이다.)

① 7.96
② 8.38
③ 8.90
④ 10.05

해설 $G \cdot q_c = K \cdot A \cdot \Delta t_m$ 에서
$$A = \frac{G \cdot q_c}{K \cdot \Delta t_m} = \frac{150 \times (430-145)}{236 \times 3.6 \times (38-32)} = 8.38 \text{m}^2$$
※ 1W = 3.6kJ/h

38 어떤 냉동장치의 계기 압력이 저압은 60mmHg, 고압은 673kPa이었다면 이때의 압축비는 얼마인가?

① 5.8
② 6.0
③ 7.4
④ 8.3

해설 압축비
$$P_r = \frac{\text{고압 절대 압력}}{\text{저압 절대 압력}} = \frac{673+101}{101 \times \left(1 - \frac{60}{760}\right)} = 8.3$$

39 압축기 실린더 직경 110mm, 행정 80mm, 회전수 900rpm, 기통수가 8기통인 암모니아 냉동장치의 냉동능력(RT)은 얼마인가? (단, 냉동능력은 $R = \frac{V}{C}$로 산출하며, 여기서 R은 냉동능력(RT), V는 피스톤 토출량(m³/h), C는 정수로서 8.4이다.)

① 39.1
② 47.7
③ 85.3
④ 234.0

해설 $R = \frac{V}{C} = \frac{328.27}{8.4} = 39.1 \text{RT}$
여기서, $V = \frac{\pi}{4} \times 0.11^2 \times 0.08 \times 8 \times 900 \times 60 = 328.27 \text{m}^3/\text{h}$

40 30냉동톤의 브라인 쿨러에서 입구온도가 -15℃일 때 브라인 유량이 매 분 0.6m³이면 출구온도(℃)는 얼마인가? (단, 브라인의 비중은 1.27, 비열은 2.8kJ/kg · ℃이고, 1냉동톤은 13900kJ/h이다.)

① -11.7℃
② -15.4℃
③ -20.4℃
④ -18.3℃

해설 $Q_e = G_b \cdot C_b \cdot (t_{b1} - t_{b2})$

$t_{b2} = t_{b1} - \dfrac{Q_e}{G_b \cdot C_b} = -15 - \dfrac{30 \times 13,900}{(0.6 \times 1,000 \times 1.27 \times 60) \times 2.8} = -18.3℃$

3과목 공조냉동설치 · 운영

41 주철관의 소켓이음 시 코킹작업을 하는 주된 목적으로 가장 적합한 것은?

① 누수 방지
② 경도 증가
③ 인장강도 증가
④ 내진성 증가

해설 주철관 소켓이음 시 코킹작업은 야안의 이탈을 방지하여 누수를 방지한다.

42 보온재에 관한 설명으로 틀린 것은?

① 무기질 보온재로는 암면, 유리면 등이 사용된다.
② 탄산마그네슘은 250℃ 이하의 파이프 보온용으로 사용된다.
③ 광명단은 밀착력이 강한 유기질 보온재이다.
④ 우모펠트는 곡면시공에 매우 편리하다.

해설 광명단 페인트
연단에 아마인유를 배합한 것으로 녹스는 것을 방지하기 위하여 사용되며 도료의 막이 굳어서 풍화에 대해 강하고 다른 착색 도료의 밑칠용으로 사용한다.

43 배관의 지지 목적이 아닌 것은?

① 배관의 중량지지 및 고정
② 신축의 제한 지지
③ 진동 및 충격 방지
④ 부식 방지

해설 배관의 지지와 부식과는 관계가 없다.

정답 37. ② 38. ④ 39. ① 40. ④ 41. ① 42. ③ 43. ④

44 배관의 도중에 설치하여 유체 속에 혼입된 토사나 이물질 등을 제거하기 위해 설치하는 배관 부품은?

① 트랩 ② 유니언
③ 스트레이너 ④ 플랜지

해설 여과기(Strainer) : 배관계의 장치나 기기 앞에 설치하여 유체속에 혼입된 토사나 이물질 등을 제거

45 호칭지름 20A의 관을 그림과 같이 나사 이음할 때, 중심 간의 길이가 200mm라 하면 강관의 실제 소요되는 절단 길이(mm)는? (단, 이음쇠의 중심에서 단면까지의 길이는 32mm, 나사가 물리는 최소의 길이는 13mm이다.)

① 136
② 148
③ 162
④ 200

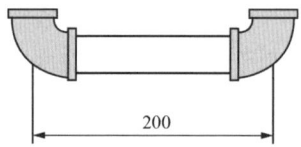

해설 배관의 실제 절단길이
$l = L - 2(A-B) = 200 - \{2 \times (32-13)\} = 162\,mm$

46 펌프 주위의 배관도이다. 각 부품의 명칭으로 틀린 것은?

① 나 : 스트레이너
② 가 : 플렉시블조인트
③ 라 : 글로브 밸브
④ 사 : 온도계

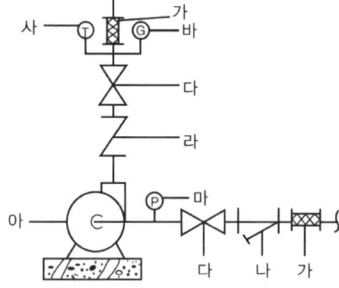

해설 라 : 역류방지밸브(체크밸브)

47 급배수 배관 시험 방법 중 물 대신 압축공기를 관 속에 압입하여 이음매에서 공기가 새는 것을 조사하는 시험 방법은?

① 수압시험 ② 기압시험
③ 진공시험 ④ 통기시험

[해설] 기압시험 : 압축공기를 관 속에 압입하여 이음매에서 공기가 새는 것을 확인하는 시험방법

48 동관접합 방법의 종류가 아닌 것은?
① 빅토릭 접합 ② 플레어 접합
③ 플랜지 접합 ④ 납땜 접합

[해설] 동관의 이음방법
① 땜 이음 ② 압축(플레어) 이음 ③ 플랜지 이음

보충
주철관의 이음방법
① 소켓(허브) 이음
② 노허브 이음
③ 플랜지 이음
④ 기계식 이음
⑤ 타이톤 이음
⑥ 빅토릭 이음

49 다음 중 온도에 따른 팽창 및 수축이 가장 큰 배관재료는?
① 강관 ② 동관
③ 염화비닐관 ④ 콘크리트관

[해설] 염화비닐관은 열팽창률이 강관의 7~8배로 커 온도변화에 신축이 심하다.

50 고층 건물이나 기구수가 많은 건물에서 입상관까지의 거리가 긴 경우, 루프통기의 효과를 높이기 위해 설치된 통기관은?
① 도피 통기관 ② 반송 통기관
③ 공용 통기관 ④ 신정 통기관

[해설] 도피 통기관 : 입상관까지의 거리가 긴 경우, 루프 통기관의 효과를 높이기 위해 설치된 통기관

보충
통기관의 분류
각개 통기, 신정 통기, 루프 통기, 도피 통기, 결합 통기, 습윤 통기, 공용 통기 방식 등

51 그림과 같은 피드백회로의 전달함수 $\dfrac{C(s)}{R(s)}$ 는?

① $\dfrac{1}{1+G(s)H(s)}$

② $1-\dfrac{1}{G(s)H(s)}$

③ $\dfrac{G(s)}{1-G(s)H(s)}$

④ $\dfrac{G(s)}{1+G(s)H(s)}$

[해설] 블록선도의 전달함수
$(R-CH(s))G(s)=C$
$RG(s)-CH(s)G(s)=C$
$RG(s)=C\{1+H(s)G(s)\}$
$C=\dfrac{G(s)}{1+H(s)G(s)}R$

[정답] 44.③ 45.③ 46.③ 47.② 48.① 49.③ 50.① 51.④

52 위치 감지용으로 적합한 장치는?

① 전위차계
② 회전자기부호기
③ 스트레인게이지
④ 마이크로폰

해설 전위차계(포텐셔 미터) : 일종의 가변저항으로 2개의 직렬 연결된 저항은 전압을 분압한다는 원리를 이용하여 변위(대상물의 움직임)에 의하여 저항을 가변시켜 변화된 전압을 측정하는 것으로 변위의 크기를 알 수 있는 장치 (변위 → 전압)

보충 스트레인게이지 : 인장 및 압력이 변화하면 길이가 변화하고 따라서 전기적 저항이 변화하는 원리를 이용한 게이지

53 제어계에서 동작신호를 조작량으로 변화시키는 것은?

① 제어량
② 제어요소
③ 궤환요소
④ 기준입력요소

해설 제어요소 : 목표치와 현재치를 비교한 오차, 즉 동작신호를 제어기에 입력하여 제어대상에 인가할 조작량으로 변환하는 조절부와 조작부로 구성

54 자동제어의 기본 요소로서 전기식 조작기기에 속하는 것은?

① 다이어프램
② 벨로우즈
③ 펄스 전동기
④ 파일럿 밸브

해설 펄스 전동기 : 전기식 조작기기로 펄스 수에 비례하는 각도만큼 회전하는 전동기로 서보기기로 많이 활용되는 전동기이다. 스텝핑 모터라고 하며 조작기기의 하나이다.

55 직류전동기의 속도제어 방법이 아닌 것은?

① 전압제어
② 계자제어
③ 저항제어
④ 슬립제어

보충
① **벨로우즈** : 원통의 외부에 많은 주름을 갖고 있어 압력변화에 따라 수직방향으로 신축이 가능한 압력용기로 압력에 따른 변위를 측정
② **다이어프램** : 압력의 검출에 적당한 기기로 청동, 인청동 등을 사용하여 한쪽 또는 양쪽에 압력을 가했을 때 발생하는 변위를 검출

해설 직류전동기의 속도제어 방법
① 계자 저항 제어법 : 분권 권선에 직렬로 저항을 접속하여 계자전류를 조정(정출력 제어)
② 전기자 저항 제어법 : 전기자 회로에 직렬저항을 넣어 부하전류에 의한 전압강하를 증가시켜 속도를 조절
③ 전압 제어법 : 전기자에 가해지는 전압을 변화시키는 방법으로 속도의 제어범위가 넓고 정토크제어를 할 수 있으며 효율이 좋으나 비용이 높아지는 단점이 있다.(일그너 방식, 워드레오나드 방식)

보충
① 농형 유도 전동기의 속도 제어법
  ㉠ 극수 변환법
  ㉡ 주파수 제어법
  ㉢ 전압 제어법
② 권선형 유도 전동기
  ㉠ 종속법(극수변환)
  ㉡ 2차저항 제어법(슬립제어)
  ㉢ 2차여자 제어법(슬립제어)

56 다음 분류기의 배율은? (단, R_s : 분류기의 저항, R_a : 전류계의 내부저항)

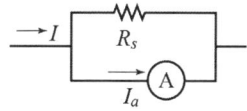

① $\dfrac{R_s}{R_a}$ ② $1+\dfrac{R_s}{R_a}$

③ $1+\dfrac{R_a}{R_s}$ ④ $\dfrac{R_a}{R_s}$

해설
저항의 병렬연결이므로 $\dfrac{R_s}{R_s+R_a}I=I_a$ 에서 $\dfrac{I}{I_a}=\dfrac{R_s+R_a}{R_s}=1+\dfrac{R_a}{R_s}$
원래 전류계에 흐를 수 있는 전류가 I_a이므로 분류계를 달면 $1+\dfrac{R_a}{R_s}$ 배로 측정범위가 확장된다.

57 그림과 같은 제어에 해당하는 것은?

① 개방제어
② 개루프 제어
③ 시퀀스 제어
④ 폐루프 제어

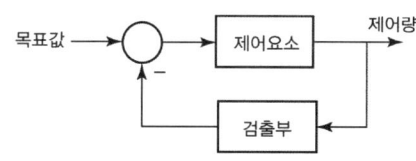

해설 피드백 제어(폐루프 제어, 되먹임 제어)
피드백 제어의 가장 중요한 특징은 입력(목표치)과 출력(결과치)을 비교하여 두 개의 오차인 제어편차가 0이 되도록 조작량을 제어하므로 고정도의 제어가 가능하나 비용이 많이 든다.

[정답] 52. ① 53. ②
54. ③ 55. ④
56. ③ 57. ④

58 평형위치에서 목표 값과 현재 수위와의 차이를 잔류편차(offset)라 한다. 다음 중 잔류편차가 있는 제어계는?

① 비례 동작(P 동작)
② 미분 동작(D 동작)
③ 비례 적분 동작(PI 동작)
④ 비례 적분 미분 동작(PID 동작)

해설 비례 동작 제어계와 비례 미분 동작 제어계는 오차에 대한 비례제어 이득이 곱해진 만큼 잔류편차가 발생한다.

보충 잔류편차(정상오차, 잔류오차)
제어를 시작하고 충분한 시간이 지난 후인 정상상태에서 목표치와의 오차

59 제어량이 온도, 압력, 유량, 액위, 농도 등과 같은 일반 공업량일 때의 제어는?

① 추종제어
② 시퀀스제어
③ 프로그래밍제어
④ 프로세스제어

해설 프로세스제어
제어량이 온도, 압력, 유량, 레벨 등이며 플랜트나 생산 공정 중의 상태량을 제어량으로 하는 제어로 제어계에 가해지는 외란의 억제를 주목적으로 함.

보충
① **추종제어**
목표값의 임의의 시간적 변화를 하는 경우 제어량을 그것에 추종시키기 위한 제어
② **프로그램제어**
추치제어 중 목표치의 변화의 상태를 미리 알고 있는 경우의 제어

60 시퀀스 제어에 관한 설명 중 틀린 것은?

① 시간지연요소가 사용된다.
② 조합 논리회로로도 사용된다.
③ 기계적 계전기 접점이 사용된다.
④ 전체 시스템의 접점들이 일시에 동작한다.

해설 시퀀스 제어는 MC나 릴레이를 사용하므로 이런 기기들의 접점은 릴레이나 MC의 전자석이 순차적으로 여자되어야 작동되므로 전체 계통에 연결된 모든 스위치가 동시에 동작하는 것은 불가능하다.

정답 58. ① 59. ④ 60. ④

18회 CBT 기출문제

1과목 공기조화설비

01 다음 중 직접 난방방식이 아닌 것은?
① 증기난방
② 온수난방
③ 복사난방
④ 온풍난방

해설 직접 난방 : 증기난방, 온수난방, 복사난방

보충
간접 난방
온풍난방, 공기조화 등

02 건축물의 출입문으로부터 극간풍의 영향을 방지하는 방법으로 틀린 것은?
① 회전문을 설치한다.
② 이중문을 충분한 간격으로 설치한다.
③ 출입문에 블라인드를 설치한다.
④ 에어커튼을 설치한다.

해설 틈새바람(극간풍)을 줄일 수 있는 방법
① 회전문을 설치한다.
② 에어커튼을 설치한다.
③ 이중문을 설치한다.(내측에는 수동문 설치)
④ 이중문 중간에 컨벡터(대류형 방열기)를 설치한다.

03 유리를 투과한 일사에 의한 취득열량과 가장 거리가 먼 것은?
① 유리창 면적
② 일사량
③ 환기횟수
④ 차폐계수

해설 유리창 부하
① 유리창의 일사부하

$$q_{GR} = I_{GR} \times A_g \times k_s$$

여기서, q_{GR} : 태양복사에 의한 취득열량(W)
I_{GR} : 표준 일사열량(W/m²)
A_g : 유리창 면적(m²)
k_s : 차폐계수

② 유리창의 통과열량

$$q_{GC} = K \times A_g \times \Delta t$$

여기서, q_{GC} : 유리창의 취득열량(W)
K : 유리창의 열관류(열통과)율(W/m²·K)
A_g : 유리창의 면적(m²)
Δt : 실내·외 온도차(℃, K)

정답 01. ④ 02. ③ 03. ③

04. 공조방식 중 송풍온도를 일정하게 유지하고 부하변동에 따라서 송풍량을 변화시킴으로써 실온을 제어하는 방식은?

① 멀티 존 유닛방식
② 이중덕트방식
③ 가변풍량방식
④ 패키지 유닛방식

해설 가변풍량(VAV)방식

각 실 또는 존마다 부하변동에 따른 송풍온도는 일정하게 유지하고 부하변동에 따른 취출풍량을 조절하는 변풍량유닛을 설치하여 공조하는 방식

- 특징 ① 개별 제어가 용이하다.
  ② 타방식에 비해 에너지가 절약된다.
  ③ 동시사용률을 고려하면 공조기 및 덕트가 적어도 된다.
  ④ 부하감소에 따른 송풍량 감소로 실내공기의 청정도가 떨어진다.
  ⑤ 운전 및 유지관리가 어렵다.
  ⑥ 설비비가 많이 든다.

05. 다음 중 냉방부하 계산 시 상당외기온도차를 이용하는 경우는?

① 유리창의 취득열량
② 내벽의 취득열량
③ 침입외기 취득열량
④ 외벽의 취득열량

해설 일사의 영향을 받는 외벽이나 지붕의 냉방부하 계산 시 상당외기온도차(Δte)를 이용한다.

$$q = K \cdot A \cdot \Delta te$$

06. 송풍기 회전수를 높일 때 일어나는 현상으로 틀린 것은?

① 정압 감소
② 동압 증가
③ 소음 증가
④ 송풍기 동력 증가

해설 송풍기 회전수가 증가하면 속도가 증가하므로 동압은 증가한다.

07. 냉방부하의 종류 중 현열만 존재하는 것은?

① 외기의 도입으로 인한 취득열
② 유리를 통과하는 전도열
③ 문틈에서의 틈새바람
④ 인체에서의 발생열

해설 유리를 통과하는 복사열은 현열만 존재한다.

보충
잠열부하를 고려해야 하는 부하
① 외기부하
② 인체부하
③ 극간풍부하
④ 실내기구부하

08 주로 소형 공조기에 사용되며, 증기 또는 전기 가열기로 가열한 온수 수면에서 발생하는 증기로 가습하는 방식은?

① 초음파형　　② 원심형
③ 노즐형　　　④ 가습팬형

해설 전열식(가습팬형)
수조(가습 pan)에 물을 넣고 증기코일 또는 전열기를 이용하여 수면에서 발생하는 증기를 이용하여 가습하며 효율이 나쁘고, 응답속도가 느려 패키지 등의 소형장치에 사용

09 31℃의 외기와 25℃의 환기를 1 : 2의 비율로 혼합하고 바이패스 팩터가 0.16인 코일로 냉각제습할 때 코일 출구온도(℃)는? (단, 코일의 표면온도는 14℃이다.)

① 14　　② 16
③ 27　　④ 29

해설 ① 혼합 공기온도
$$t_3 = \frac{(1 \times 31) + (2 \times 25)}{1+2} = 27℃$$
② 코일 출구온도
$$BF = \frac{t_x - 14}{27 - 14} \text{에서 } t_x = \{0.16 \times (27-14)\} + 14 = 16℃$$

10 습공기 5000m³/h를 바이패스 팩터 0.2인 냉각코일에 의해 냉각시킬 때 냉각코일의 냉각열량(kW)은? (단, 코일 입구공기의 엔탈피는 64.5kJ/kg, 밀도는 1.2kg/m³, 냉각코일 표면온도는 10℃이며, 10℃의 포화습공기 엔탈피는 30kJ/kg이다.)

① 38　　② 46
③ 138　　④ 165

해설 냉각코일에서의 냉각열량
$$q_{cc} = \rho \cdot Q \cdot C \cdot \Delta t = \frac{1.2 \times 5{,}000 \times (64.5-30) \times 0.8}{3{,}600} = 46\text{kW}(\text{kJ/s})$$

11 저속덕트와 고속덕트의 분류기준이 되는 풍속은?

① 10m/s　　② 15m/s
③ 20m/s　　④ 30m/s

해설 고속덕트와 저속덕트의 구분 : 15m/s

답안 표기란				
08	①	②	③	④
09	①	②	③	④
10	①	②	③	④
11	①	②	③	④

[정답] 04.③　05.④
06.①　07.②
08.④　09.②
10.②　11.②

12. 냉방부하에 관한 설명으로 옳은 것은?

① 조명에서 발생하는 열량은 잠열로서 외기부하에 해당된다.
② 상당외기온도차는 방위, 시각 및 벽체 재료 등에 따라 값이 정해진다.
③ 유리창을 통해 들어오는 부하는 태양복사열만 계산한다.
④ 극간풍에 의한 부하는 실내외 온도차에 의한 현열만을 계산한다.

해설
① 조명에서 발생하는 열량은 현열로서 실내취득부하에 해당된다.
③ 유리창을 통해 들어오는 부하는 태양 복사열과 통과열량 모두 계산한다.
④ 극간풍 부하는 실내외 온도차와 현열부하와 습도차에 의한 잠열부하가 존재한다.

13. 20℃ 습공기의 대기압이 100kPa이고, 수증기의 분압이 1.5kPa이라면 주어진 습공기의 절대습도(kg/kg′)는?

① 0.0095
② 0.0112
③ 0.0129
④ 0.0133

해설
$x = 0.622 \dfrac{P_v}{P - P_v} = 0.622 \times \dfrac{1.5}{100 - 1.5} = 0.0095 \text{kg/kg}'$

14. 다음 송풍기 풍량제어법 중 축동력이 가장 많이 소요되는 것은? (단, 모든 조건은 동일하다.)

① 회전수제어
② 흡입베인제어
③ 흡입댐퍼제어
④ 토출댐퍼제어

해설 송풍기 풍량제어에 따른 소요동력이 적은 순서
회전수제어 < 베인제어 < 스크롤댐퍼제어 < 흡입댐퍼제어 < 토출댐퍼제어

15. 에어와셔(공기세정기) 속의 플러딩 노즐(flooding nozzle)의 역할은?

① 균일한 공기흐름 유지
② 분무수의 분무
③ 엘리미네이터 청소
④ 물방울의 기류에 혼입 방지

보충
절대습도(χ, kg/kg′)
건공기 1kg′ 중에 포함되어 있는 수증기 중량(kg)

해설 플러딩 노즐 : 엘리미네이터에 부착된 먼지를 세정하기 위해 상부에 설치하여 물을 분무하여 청소하는 노즐

16 덕트 계통의 열손실(취득)과 직접적인 관계로 가장 거리가 먼 것은?
① 덕트 주위온도
② 덕트 가공정도
③ 덕트 주위 소음
④ 덕트 속 공기압력

해설 덕트에서의 열손실 및 열취득은 덕트 주위 소음과 관계가 없다.

17 지역난방의 특징에 관한 설명으로 틀린 것은?
① 연료비는 절감되나 열효율이 낮고 인건비가 증가한다.
② 개별건물의 보일러실 및 굴뚝이 불필요하므로 건물이용의 효용이 높다.
③ 설비의 합리화로 대기오염이 적다.
④ 대규모 열원기기를 이용하므로 에너지를 효율적으로 이용할 수 있다.

해설 지역난방
일정지역의 밀집된 곳에 열원을 공급하여 난방하는 방식으로 열효율이 높아 연료비가 절감되고 관리가 용이하다.

18 대향류의 냉수코일 설계 시 일반적인 조건으로 틀린 것은?
① 냉수 입출구 온도차는 일반적으로 5~10℃로 한다.
② 관내 물의 속도는 5~15m/s로 한다.
③ 냉수 온도는 5~15℃로 한다.
④ 코일 통과 풍속은 2~3m/s로 한다.

해설 관 내 물의 속도는 1m/s 전후로 한다.

19 공기조화 시스템에서 난방을 할 때 보일러에 있는 온수를 목적지인 사용처로 보냈다가 다시 사용하기 위해 되돌아오는 관을 무엇이라고 하는가?
① 온수공급관 ② 온수환수관
③ 냉수공급관 ④ 냉수환수관

해설 온수환수관(HWR) : 온수 사용 후 다시 되돌아오는 관

보충
냉수코일의 설계 시 유의사항
① 공기와 물의 흐름을 대향류로 한다.
② 물과 공기의 대수평균온도차(MTD)를 크게 한다.
③ 코일에 유속은 1m/s 전후로 한다.
④ 코일의 통과풍속을 2~3m/s 정도로 한다.
⑤ 냉수의 입출구 온도차를 5℃ 전후로 한다.
⑥ 코일의 설치는 수평으로 한다.

[정답] 12. ② 13. ①
14. ④ 15. ③
16. ③ 17. ①
18. ② 19. ②

20 흡착식 감습장치의 흡착제로 적당하지 않은 것은?

① 실리카겔
② 염화리튬
③ 활성 알루미나
④ 합성 제올라이트

해설 감습장치
① 냉각식 : 습공기를 노점이하로 냉각하여 제습하는 방법
② 압축식 : 공기를 압축하여 감습시키므로 설비비가 비싸다.
③ 흡수식
  ㉠ 액체 제습 : 염화리튬, 트리에틸렌글리콜 등
  ㉡ 고체(흡착식) 제습 : 실리카겔, 활성 알루미나, 아드소올, 제올라이트 등

2과목 냉동냉장설비

21 흡입 관 내를 흐르는 냉매증기의 압력강하가 커지는 경우는?

① 관이 굵고 흡입관 길이가 짧은 경우
② 냉매증기의 비체적이 큰 경우
③ 냉매의 유량이 적은 경우
④ 냉매의 유속이 빠른 경우

해설 냉매의 유속이 빠를수록 압력강하는 증가한다.

22 다음 중 냉동장치의 압축기와 관계가 없는 효율은?

① 소음효율
② 압축효율
③ 기계효율
④ 체적효율

해설 압축기와 관계되는 효율
① 체적효율 ② 압축효율 ③ 기계효율

23 냉동사이클 중 P-h 선도(압력-엔탈피 선도)로 구할 수 없는 것은?

① 냉동능력
② 성적계수
③ 냉매순환량
④ 마찰계수

해설 몰리엘(P-h) 선도에서는 마찰계수를 계산할 수 없다.

보충
몰리엘 선도의 구성
등압선, 등온선, 등엔탈피선, 등건조도, 등비체적선, 등엔트로피선

24 이상기체의 압력이 0.5MPa, 온도가 150℃, 비체적이 0.4m³/kg일 때, 가스상수(J/kg·K)는 얼마인가?

① 11.3
② 47.28
③ 113
④ 472.8

해설 이상기체 상태방정식
$Pv = GRT$ 에서 $R = \dfrac{Pv}{GT} = \dfrac{0.5 \times 10^6 \times 0.4}{1 \times (150 + 273)} = 472.81 \text{J/kgK}$

25 가용전에 대한 설명으로 옳은 것은?

① 저압차단 스위치를 의미한다.
② 압축기 토출 측에 설치한다.
③ 수냉응축기 냉각수 출구측에 설치한다.
④ 응축기 또는 고압수액기의 액배관에 설치한다.

해설 가용전(Fusible plug)
프레온용 응축기나 수액기, 냉매용기의 상부에 설치하여 화재 등으로 인한 온도 상승 시 가용합금이 용융(68~75℃)되어 냉매가스를 분출한다.

보충
가용전

26 냉매가 구비해야 할 조건으로 틀린 것은?

① 증발 잠열이 클 것
② 응고점이 낮을 것
③ 전기 저항이 클 것
④ 증기의 비열비가 클 것

해설 냉매의 비열비는 작아야 한다.

27 몰리에르 선도에서 건도(x)에 관한 설명으로 옳은 것은?

① 몰리에르 선도의 포화액선상 건도는 1이다.
② 액체 70%, 증기 30%인 냉매의 건도는 0.7이다.
③ 건도는 습포화증기 구역 내에서만 존재한다.
④ 건도는 과열증기 중 증기에 대한 포화액체의 양을 말한다.

해설 ① 건조도는 포화액이 0, 포화증기가 1이다.
② 액체 70%, 증기 30%인 냉매의 건조도는 0.30이고, 습도는 0.70이다.
③ 건조도는 습포화증기 구역 내에서만 존재한다.
④ 건조도라 함은 습포화증기 중 포화증기의 양을 말한다.

정답
20. ② 21. ④
22. ① 23. ④
24. ④ 25. ④
26. ④ 27. ③

28 몰리에르 선도에 대한 설명이 틀린 것은?

① 과열구역에서 등엔탈피선은 등온선과 거의 직교한다.
② 습증기 구역에서 등온선과 등압선은 평행하다.
③ 포화 액체와 포화 증기의 상태가 동일한 점을 임계점이라고 한다.
④ 등비체적선은 과열 증기구역에서도 존재한다.

해설 과열 증기구역에서 등엔탈피선은 수직, 등온선은 우측으로 하향곡선을 그린다.

29 팽창밸브 직후 냉매의 건도가 0.2이다. 이 냉매의 증발열이 1884 kJ/kg이라 할 때, 냉동효과(kJ/kg)는 얼마인가?

① 376.8
② 1324.6
③ 1507.2
④ 1804.3

해설 냉동효과 $q_e = (1-x)r = (1-0.2) \times 1,884 = 1,507.2 \text{kJ/kg}$

30 평판을 통해서 표면으로 확산에 의해서 전달되는 열유속(heat flux)이 0.4kW/m²이다. 이 표면과 20℃ 공기흐름과의 대류전열계수가 0.01kW/m²·℃인 경우 평판의 표면온도(℃)는?

① 45
② 50
③ 55
④ 60

해설 $Q = \alpha \cdot A \cdot (t_2 - t_1)$
$t_2 = \dfrac{Q}{\alpha \cdot A} + t_1 = \dfrac{0.4}{0.01 \times 1} + 20 = 60℃$

31 이상적인 냉동사이클과 비교한 실제 냉동사이클에 대한 설명으로 틀린 것은?

① 냉매가 관내를 흐를 때 마찰에 의한 압력손실이 발생한다.
② 외부와 다소의 열 출입이 있다.
③ 냉매가 압축기의 밸브를 지날 때 약간의 교축작용이 이루어진다.
④ 압축기 입구에서의 냉매상태 값은 증발기 출구와 동일하다.

해설 실제 냉동 사이클에서는 압축기 입구 냉매상태 값과 증발기 출구 상태값은 틀리다.

보충
흡수식 냉동기의 특징
① 기기 내부가 진공에 가까우므로 파열의 위험이 적다.
② 용량제어의 범위가 넓어 폭넓은 용량제어가 가능하다.
③ 부분 부하에 대한 대응성이 좋다.
④ 압축식 냉동기에 비해 소음과 진동이 작다.
⑤ 흡수식 냉온수기 한 대로 냉방과 난방을 겸용할 수 있다.
⑥ 초기 운전 시 정격성능을 발휘할 때까지 도달속도가 느리다.
⑦ 일반적으로 증기 압축식 냉동기보다 성능계수가 낮다.
⑧ 냉각수 배관, 펌프, 냉각탑의 용량이 커져 보조기기 설비비가 증가한다.

32 흡수식 냉동기의 특징에 대한 설명으로 틀린 것은?
① 용량제어의 범위가 넓어 폭 넓은 용량제어가 가능하다.
② 터보 냉동기에 비하여 소음과 진동이 크다.
③ 부분 부하에 대한 대응성이 좋다.
④ 회전부가 적어 기계적인 마모가 적고 보수 관리가 용이하다.

해설 흡수식 냉동기는 압축기를 사용하는 압축식 냉동기나 터보 냉동기에 비하여 소음과 진동이 적다.

33 액분리기에 대한 설명으로 옳은 것은?
① 장치를 순환하고 남는 여분의 냉매를 저장하기 위해 설치하는 용기를 말한다.
② 액분리기는 흡입관 중의 가스와 액의 혼합물로부터 액을 분리하는 역할을 한다.
③ 액분리기는 암모니아 냉동장치에는 사용하지 않는다.
④ 팽창밸브와 증발기 사이에 설치하여 냉각효율을 상승시킨다.

해설 액분리기(Accumulator)
① 역할 : 압축기로의 액 유입을 방지하여 압축기에서의 액압축 방지
② 설치위치 : 압축기 흡입측에 설치(증발기와 압축기 사이)

34 암모니아의 증발잠열은 −15℃에서 1310.4kJ/kg이지만, 실제로 냉동능력은 1126.2kJ/kg으로 작아진다. 차이가 생기는 이유로 가장 적절한 것은?
① 체적효율 때문이다.
② 전열면의 효율 때문이다.
③ 실제 값과 이론 값의 차이 때문이다.
④ 교축팽창시 발생하는 플래시 가스 때문이다.

해설 교축팽창 시 플래시 가스가 발생하므로 증발잠열보다 냉동효과는 감소한다.

35 냉동장치 내에 불응축 가스가 혼입되었을 때 냉동장치의 운전에 미치는 영향으로 가장 거리가 먼 것은?
① 열교환 작용을 방해하므로 응축압력이 낮게 된다.
② 냉동능력이 감소한다.
③ 소비전력이 증가한다.
④ 실린더가 과열되고 윤활유가 열화 및 탄화된다.

해설 불응축 가스가 혼입되면 열교환 작용을 방해하므로 응축압력은 높게 된다.

36 냉동장치의 운전 중 저압이 낮아질 때 일어나는 현상이 아닌 것은?

① 흡입가스 과열 및 압축비 증대
② 증발온도 저하 및 냉동능력 증대
③ 흡입가스의 비체적 증가
④ 성적계수 저하 및 냉매순환량 감소

[해설] 저압이 낮아지면 증발온도가 저하하고 냉동능력은 감소한다.

[보충] 저압(증발압력)의 변화

구 분	저압 저하 시	저압 상승 시
압축비	증가	감소
냉동효과	감소	증가
압축일량	증가	감소
토출가스온도	상승	저하
성적계수	감소	증가

37 냉동장치에서 플래시 가스가 발생하지 않도록 하기 위한 방지대책으로 틀린 것은?

① 액관의 직경이 충분한 크기를 갖고 있도록 한다.
② 증발기의 위치를 응축기와 비교해서 너무 높게 설치하지 않는다.
③ 여과기나 필터의 점검 청소를 실시한다.
④ 액관 냉매액의 과냉도를 줄인다.

[해설] 액관에서의 냉매액의 과냉각도가 커지면 플래시 가스 발생이 줄어든다.

[보충] 플래시 가스(flash gas)의 발생원인
① 액관이 현저하게 입상되었거나 길 때
② 스트레이너, 드라이어 등이 막힌 경우
③ 액관 구경이 현저하게 가늘 경우
④ 전자밸브, 스톱밸브, 드라이어, 스트레이너 등의 구경이 적은 경우
⑤ 수액기나 액관이 직사광선에 노출된 경우
⑥ 액관을 보온없이 고온 장소에 통과시킨 경우
⑦ 과도하게 응축온도가 낮아진 경우

38 다음 중 고압가스 안전관리법에 적용되지 않는 것은?

① 스크류 냉동기
② 고속다기통 냉동기
③ 회전용적형 냉동기
④ 열전모듈 냉각기

[해설] 열전모듈 냉각기는 고압가스를 사용하지 않으므로 고압가스 안전관리법에 적용받지 않는다.

39 −20℃의 암모니아 포화액의 엔탈피가 314kJ/kg이며, 동일 온도에서 건조포화 증기의 엔탈피가 1687kJ/kg이다. 이 냉매액이 팽창밸브를 통과하여 증발기에 유입될 때의 냉매의 엔탈피가 670kJ/kg이었다면 중량비로 약 몇 %가 액체 상태인가?

① 16 ② 26
③ 74 ④ 84

해설 액체의 중량비(습도)

습도 $= \dfrac{1,687-670}{1,687-314} \times 100 = 74\%$

40 증발식 응축기에 관한 설명으로 옳은 것은?
① 증발식 응축기의 냉각수는 보충할 필요가 없다.
② 증발식 응축기는 물의 현열을 이용하여 냉각하는 것이다.
③ 내부에 냉매가 통하는 나관이 있고, 그 위에 노즐을 이용하여 물을 산포하는 형식이다.
④ 압력강하가 작으므로 고압측 배관에 적당하다.

해설 ① 증발식 응축기의 냉각수는 증발에 의한 물의 소비량과 비산수량, 드레인 수량만큼 보충하여야 한다.
② 증발식 응축기는 물의 잠열을 이용하여 냉각하는 것이다.
④ 압력강하가 크다.

3과목 공조냉동설치 · 운영

41 물은 가열하면 팽창하여 급탕탱크 등 밀폐가열장치 내의 압력이 상승한다. 이 압력을 도피시킬 목적으로 설치하는 관은?
① 배기관 ② 팽창관
③ 오버플로관 ④ 압축 공기관

해설 팽창관
급탕탱크 등 밀폐형 가열장치의 내 온수의 체적팽창에 따른 압력상승을 도피시키기 위하여 팽창탱크로 연결한 관

42 급수방식 중 고가탱크방식의 특징에 대한 설명으로 틀린 것은?
① 다른 방식에 비해 오염가능성이 적다.
② 저수량을 확보하여 일정 시간동안 급수가 가능하다.
③ 사용자의 수도꼭지에서 항상 일정한 수압을 유지한다.
④ 대규모 급수 설비에 적합하다.

해설 지하 저수조 및 고가수조에서 급수 오염 가능성이 가장 크다.

보충
- 고가수조방식의 특징
  ① 대규모에 급수 수요에 적합하다.
  ② 수압이 일정하다.
  ③ 급수오염의 우려가 있다.
  ④ 정전, 단수 시에도 일정량 급수가 가능하다.
- 고가수조방식의 급수경로
  수도 본관 → 지하 저수조 → 양수펌프 → 양수관 → 옥상 탱크 → 급수관 → 수도꼭지

정답 36.② 37.④
38.④ 39.③
40.③ 41.②
42.①

43 동관의 분류 중 가장 두꺼운 것은?
① K형 ② L형
③ M형 ④ N형

해설 동관의 두께별 종류
① K형 : 가장 두껍다.
② L형 : 두껍다.
③ M형 : 보통 두께
④ N형 : 얇은 두께(KS 규격은 없음)

44 고압배관과 저압배관의 사이에 설치하여 고압측 압력을 필요한 압력으로 낮추어 저압측 압력을 일정하게 유지시키는 밸브는?
① 체크밸브 ② 게이트밸브
③ 안전밸브 ④ 감압밸브

해설 감압밸브 : 증기의 압력을 낮추어 출구 저압측의 압력을 일정하게 유지하는 밸브

45 다음 중 증기난방설비 시공시 보온을 필요로 하는 배관은 어느 것인가?
① 관말 증기 트랩장치의 냉각관
② 방열기 주위배관
③ 증기공급관
④ 환수관

해설 증기공급관은 반드시 보온하여야 한다.

46 가스배관의 설치 방법에 관한 설명으로 틀린 것은?
① 최단거리로 할 것
② 구부러지거나 오르내림을 적게 할 것
③ 가능한 한 은폐하거나 매설할 것
④ 가능한 한 옥외에 할 것

해설 가능한 한 은폐하거나 매설하지 말고 노출 배관한다.

보충
가스배관의 원칙
① 직선 및 최단거리로 배관으로 할 것
② 옥외, 노출배관으로 할 것
③ 오르내림이 적을 것

47 다음 중 엘보를 용접이음으로 나타낸 기호는?

해설
① 턱걸이(소켓)이음
② 나사이음
③ 플랜지 이음
④ 용접이음

48 배관의 호칭 중 스케쥴 번호는 무엇을 기준으로 하여 부여하는가?
① 관의 안지름
② 관의 바깥지름
③ 관의 두께
④ 관의 길이

해설 스케쥴 번호(schedule No) : 관 두께를 표시

$$sch-No = \frac{P(kg/cm^2)}{S(kg/mm^2)} \times 10$$

49 온수난방에서 역귀환방식을 채택하는 주된 이유는?
① 순환펌프를 설치하기 위해
② 배관의 길이를 축소하기 위해
③ 열손실과 발생소음을 줄이기 위해
④ 건물 내 각 실의 온도를 균일하게 하기 위해

해설 역귀환방식(reverse return system)
공급관과 환수관의 관 길이(마찰지항)을 동일하게 하여 온수의 순환(유량)이 균등하도록 하여 각 실의 온도를 균일하게 하도록 한 배관

50 급수배관에서 수격작용 발생개소로 가장 거리가 먼 것은?
① 관내 유속이 빠른 곳
② 구배가 완만한 곳
③ 급격히 개폐되는 밸브
④ 굴곡개소가 있는 곳

해설 수격작용은 구배가 급격한 곳에서 발생한다.

답안 표기란
47	①	②	③	④
48	①	②	③	④
49	①	②	③	④
50	①	②	③	④

보충
① **프로세스제어** : 제어량이 온도, 압력, 유량, 레벨 등이며 플랜트나 생산 공정 중의 상태량을 제어량으로 하는 제어로 제어계에 가해지는 외란의 억제를 주목적으로 함.
② **자동조정** : 정전압 장치나 조속기 제어와 같이 전압, 전류, 주파수, 회전속도 등 전기적·기계적 양을 주로 제어하는 것으로 응답속도가 빠른 것이 특징이다.
③ **프로그램제어** : 목표치가 임의의 값으로 변화하는 추치제어 중 목표치의 변화의 상태를 미리알고 있는 경우의 제어

정답
43. ① 44. ④
45. ③ 46. ③
47. ④ 48. ③
49. ④ 50. ②

51. 제어된 제어대상의 양 즉, 제어계의 출력을 무엇이라고 하는가?

① 목표값
② 조작량
③ 동작신호
④ 제어량

해설 제어계의 출력 신호는 제어를 목표로 하는 값이므로 제어량이 된다.

52. 피드백제어계 중 물체의 위치, 방위, 자세 등의 기계적 변위를 제어량으로 하는 것은?

① 서보기구
② 프로세스제어
③ 자동조정
④ 프로그램제어

해설 서보제어(기구)
물체의 위치, 방위, 자세 등의 기계적 변위를 제어량으로 해서 목표값의 임의의 변화에 추종하도록 구성된 제어계

53. 발전기의 유기기전력의 방향과 관계가 있는 법칙은?

① 플레밍의 왼손법칙
② 플레밍의 오른손법칙
③ 패러데이의 법칙
④ 암페어의 법칙

해설 코일 내의 자속을 변동시키면 플레밍의 오른손 법칙에 기전력이 발생하는데 다음과 같은 식으로 전압이 유기되며 쇄교 자속수의 변화에 비례한다.

$$e[\text{V}] = N\frac{\Delta \Phi}{\Delta t} = N\frac{d\Phi}{dt}$$

여기서, $\Phi[\text{Wb}]$: 자속, N : 턴수, $t[\text{s}]$: 시간

54. 시퀀스제어에 관한 설명 중 틀린 것은?

① 조합논리회로로 사용된다.
② 미리 정해진 순서에 의해 제어된다.
③ 입력과 출력을 비교하는 장치가 필수적이다.
④ 일정한 논리에 의해 제어된다.

해설 시퀀스제어
정해진 순서에 따라 제어를 진행하는 제어로 제어결과를 체크하지 않는다. 따라서, 입력과 출력을 비교하는 장치는 불필요하다.

55 전원 전압을 일정 전압 이내로 유지하기 위해서 사용되는 소자는?

① 정전류 다이오드　　② 브리지 다이오드
③ 제너 다이오드　　　④ 터널 다이오드

해설 제너 다이오드(zener diode)
역방향 전압 특성을 이용하는 다이오드로 역방향으로 전압이 가해졌을 때 어떤 전압에서부터 전류가 흐르기 시작(다이오드가 동작)하는 성질을 이용하며 전압의 변화는 거의 없어 일정한 전압을 얻기 위해 사용된다. 즉, 정전압 발생기로 사용한다.

56 목표값이 미리 정해진 변화를 할 때의 제어로서, 열처리 노의 온도제어, 무인 운전 열차 등이 속하는 제어는?

① 추종제어　　　② 프로그램제어
③ 비율제어　　　④ 정치제어

해설 프로그램제어
목표치가 임의의 값으로 변화하는 추치제어 중 목표치의 변화의 상태를 미리 알고 있는 경우의 제어

57 3상 유도전동기의 회전방향을 바꾸기 위한 방법으로 옳은 것은?

① △-Y 결선으로 변경한다.
② 회전자를 수동으로 역회전시켜 기동한다.
③ 3선을 차례대로 바꾸어 연결한다.
④ 3상 전원 중 2선의 접속을 바꾼다.

해설 3상 유도전동기
고정자의 회전자속과 같은 방향으로 조금 늦게 회전하는 데 회전방향을 바꾸려면 고정자이 자속의 회전방향을 바꿔야 하며 이를 실현하는 방법은 전원의 3선 중 2선의 위치를 바꾸면 된다.

58 60Hz, 100V의 교류전압이 200Ω의 전구에 인가될 때 소비되는 전력은 몇 W인가?

① 50　　　② 100
③ 150　　　④ 200

해설 교류이지만 실효치 전압과 저항만 고려하므로 직류와 동일한 방법을 쓸 수 있다.
$$P = I^2 R = \frac{V^2}{R} = \frac{100^2}{200} = 50\text{W}$$

[정답] 51. ④　52. ①
53. ②　54. ③
55. ③　56. ②
57. ④　58. ①

59 그림과 같은 계전기 접점회로의 논리식은?

① XY
② $\overline{X}Y + X\overline{Y}$
③ $\overline{X}(X+Y)$
④ $(\overline{X}+Y)(X+\overline{Y})$

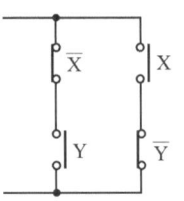

해설 릴레이시퀀스의 직렬 연결은 논리게이트의 AND에 해당하고 병렬은 OR에 해당한다. 또한 릴레이시퀀스의 b접점은 논리회로의 원래 신호에 반전기가 붙은 것이 되므로 다음과 같이 된다.
$\overline{X}Y + X\overline{Y}$

60 유도전동기의 역률을 개선하기 위하여 일반적으로 많이 사용되는 방법은?

① 조상기 병렬접속
② 콘덴서 병렬접속
③ 조상기 직렬접속
④ 콘덴서 직렬접속

해설 유도전동기는 인덕턴스 부하로 역률을 보상하기 위해서는 콘덴서를 병렬로 연결한다.

역률
전압과 전류의 위상차에 sin을 취한 값으로 전력을 얼마나 효율적으로 사용하는지를 보여주는 지표

정답 59. ② 60. ②

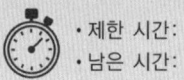

1과목 공기조화설비

01 지하철에 적용할 기계 환기 방식의 기능으로 틀린 것은?

① 피스톤효과로 유발된 열차풍으로 환기효과를 높인다.
② 화재 시 배연기능을 달성한다.
③ 터널 내의 고온의 공기를 외부로 배출한다.
④ 터널 내의 잔류 열을 배출하고 신선외기를 도입하여 토양의 발열효과를 상승시킨다.

해설 지하철에 적용할 기계 환기 방식의 기능
① 피스톤효과로 유발된 열차풍으로 환기효과를 높인다.
② 터널 내 고온의 공기를 외부로 배출한다.
③ 터널 내 잔류열을 배출하고 신선외기를 도입하여 토양의 흡열효과를 상승시킨다.
④ 화재 시 배연성능을 달성한다.
⑤ 화재 외의 교통장애로 열차 정지 시에 외기 급기운전을 하여 열차 내 승객들에게 신선외기를 공급한다.

02 증기트랩에 대한 설명으로 틀린 것은?

① 바이메탈 트랩은 내부에 열팽창계수가 다른 두 개의 금속이 접합된 바이메탈로 구성되며, 워터해머에 안전하고, 과열증기에도 사용 가능하다.
② 벨로즈 트랩은 금속제의 벨로즈 속에 휘발성 액체가 봉입되어 있어 주위에 증기가 있으면 팽창되고, 증기가 응축되면 온도에 의해 수축하는 원리를 이용한 트랩이다.
③ 플로트 트랩은 응축수의 온도차를 이용하여 플로트가 상하로 움직이며 밸브를 개폐한다.
④ 버킷 트랩은 응축수의 부력을 이용하여 밸브를 개폐하며 상향식과 하향식이 있다.

해설 플로트 트랩은 응축수의 부력을 이용하여 플로트가 상하로 움직여 밸브를 개폐한다.

03 두께 150mm, 면적 10m²인 콘크리트 내벽의 외부온도가 30℃, 내부온도가 20℃일 때 8시간동안 전달되는 열량(kJ)은? (단, 콘크리트 내벽의 열전도율은 1.5W/m·K이다.)

① 1350
② 8350
③ 13200
④ 28800

해설 열전도 열량
$$Q = \frac{\lambda \cdot A \cdot \Delta t}{l} = \frac{1.5 \times 10 \times (30-20)}{0.15} = 1000W \times 3.6 \times 8 = 28,800 kJ$$
여기서, 1W = 3.6kJ/h이다.

04 지역난방의 특징에 대한 설명으로 틀린 것은?

① 광범위한 지역의 대규모 난방에 적합하며, 열매는 고온수 또는 고압증기를 사용한다.
② 소비처에서 24시간 연속난방과 연속급탕이 가능하다.
③ 대규모화에 따라 고효율 운전 및 폐열을 이용하는 등 에너지 취득이 경제적이다.
④ 순환펌프 용량이 크며 열 수송배관에서의 열손실이 작다.

해설 지역난방 시 열 수송배관에서의 열손실이 커질 수 있으므로 단열을 철저히 하여야 한다.

05 주로 대형 덕트에서 덕트의 찌그러짐을 방지하기 위하여 덕트의 옆면 철판에 주름을 잡아주는 것을 무엇이라고 하는가?

① 다이아몬드 브레이크
② 가이드 베인
③ 보강앵글
④ 시임

해설 다이아몬드 브레이크 : 장변 450mm 이상의 덕트에 사용하여 보강

06 습공기의 상태변화에 관한 설명으로 옳은 것은?

① 습공기를 가습하면 상대습도가 내려간다.
② 습공기를 냉각감습하면 엔탈피는 증가한다.
③ 습공기를 가열하면 절대습도는 변하지 않는다.
④ 습공기를 노점온도 이하로 냉각하면 절대습도는 내려가고, 상대습도는 일정하다.

해설 ① 습공기를 가습하면 상대습도는 증가한다.
② 습공기를 냉각감습하면 엔탈피는 감소한다.
④ 습공기를 노점온도 이하로 냉각하면 절대습도는 내려가고, 상대습도는 증가한다.

답안 표기란

03	①	②	③	④
04	①	②	③	④
05	①	②	③	④
06	①	②	③	④

보충

지역난방
일정지역의 밀집된 곳에 열원을 공급하여 난방하는 방식으로 각 건물마다 보일러 시설 없이 일정 장소에서 여러 건물에 증기 또는 고온수 등을 보내어 난방하는 방식

정답 01. ④ 02. ③
03. ④ 04. ④
05. ① 06. ③

07 냉방부하 계산 시 유리창을 통한 취득열 부하를 줄이는 방법으로 가장 적절한 것은?

① 얇은 유리를 사용한다.
② 투명 유리를 사용한다.
③ 흡수율이 큰 재질의 유리를 사용한다.
④ 반사율이 큰 재질의 유리를 사용한다.

해설 유리창의 열 취득을 줄이기 위해서는 반사율이 큰 유리를 사용한다.

08 다음 중 수-공기 공기조화 방식에 해당하는 것은?

① 2중 덕트 방식
② 패키지 유닛 방식
③ 복사 냉난방 방식
④ 정풍량 단일 덕트 방식

해설
① 전공기 방식
② 냉매 방식
③ 수-공기 방식
④ 전공기 방식

09 복사난방에 대한 설명으로 틀린 것은?

① 다른 방식에 비해 쾌감도가 높다.
② 시설비가 적게 든다.
③ 실내에 유닛이 노출되지 않는다.
④ 열용량이 크기 때문에 방열량 조절에 시간이 다소 걸린다.

해설 복사난방은 바닥에 코일을 깔아야 하므로 시설비가 비싸다.

보충 복사난방 : 실내의 천장, 바닥, 벽 등에 가열 코일(패널)을 묻어 코일 내에 온수를 공급하여 복사열에 의해 난방하는 방식

장 점	단 점
① 인체에 대한 쾌감도가 좋다. ② 상하온도차가 적고 온도분포가 균등하다. ③ 천장이 높은 실의 난방효과가 있다. ④ 바닥의 이용도가 좋다. ⑤ 실내온도가 낮아도 난방효과가 있으며 손실열량이 적다.	① 외기온도 변화에 따른 방열량 조절이 어렵다. ② 매립배관으로 보수, 점검이 어렵다. ③ 방수층 및 단열층 시공으로 시설비가 비싸다.

10 다음 중 흡습성 물질이 도포된 엘리먼트를 적층시켜 원판형태로 만든 로터와 로터를 구동하는 장치 및 케이싱으로 구성되어 있는 전열교환기의 형태는?

① 고정형   ② 정지형
③ 회전형   ④ 원판형

해설 회전식 전열교환기 : 흡습성 물질이 도포된 엘리먼트를 적층시켜 원판형태로 만든 로터와 구동장치, 케이싱으로 구성되어 있는 전열교환기

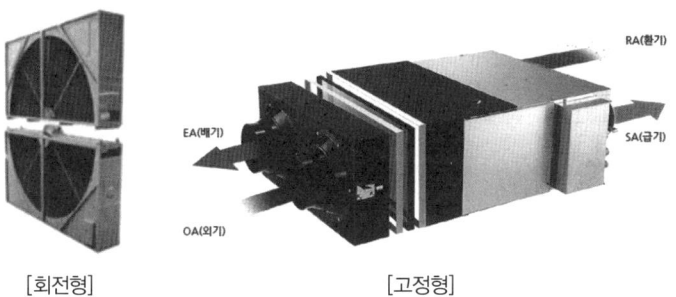

[회전형]   [고정형]

11 다음 난방방식 중 자연환기가 많이 일어나도 비교적 난방효율이 좋은 것은?

① 온수난방   ② 증기난방
③ 온풍난방   ④ 복사난방

해설 복사난방은 자연환기가 많이 일어나도 비교적 난방효율이 좋다.

12 공기조화의 조닝계획 시 부하패턴이 일정하고, 사용시간대가 동일하며, 중간기 외기냉방, 소음방지, CO_2 등의 실내환경을 고려해야 하는 곳은?

① 로비   ② 체육관
③ 사무실   ④ 식당 및 주방

해설 사무실은 부하패턴이 일정하고, 사용시간대가 동일하며, 중간기 외기냉방, 소음방지, CO_2 농도 등의 실내환경을 고려하여야 한다.

13 쉘 앤 튜브 열교환기에서 유체의 흐름에 의해 생기는 진동의 원인으로 가장 거리가 먼 것은?

① 층류 흐름   ② 음향 진동
③ 소용돌이 흐름   ④ 병류의 와류 형성

해설 층류 흐름 시 진동발생이 적다.

[정답] 07. ④ 08. ③ 09. ② 10. ③ 11. ④ 12. ③ 13. ①

14 콘크리트로 된 외벽의 실내측에 내장재를 부착했을 때 내장재의 실내측 표면에 결로가 일어나지 않도록 하기 위한 내장두께 L2(mm)는 최소 얼마이어야 하는가? (단, 외기온도 −5℃, 실내온도 20℃, 실내공기의 노점온도 12℃, 콘크리트의 벽두께 100mm, 콘크리트의 열전도율은 0.0016kW/m·K, 내장재의 열전도율은 0.00017kW/m·K, 실외측 열전달율은 0.023kW/m²·K, 실내측 열전달율은 0.009kW/m²·K이다.)

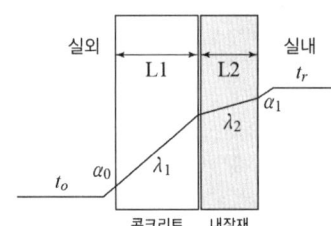

① 19.7
② 22.1
③ 25.3
④ 37.2

해설
① 결로방지를 위한 열통과율
$K \times A \times (t_i - t_o) = \alpha_i \times A \times (t_i - t_{dew})$ 에서
$K \times A \times \{20 - (-5)\} = 0.009 \times A \times (20 - 12)$
$K = 0.00288$

② 결로방지를 위한 단열재의 두께
$\dfrac{1}{K} = \dfrac{1}{\alpha_o} + \dfrac{L_1}{\lambda_1} + \dfrac{L_2}{\lambda_2} + \dfrac{1}{\alpha_i}$ 에서
$\dfrac{1}{0.00288} = \dfrac{1}{0.023} + \dfrac{0.1}{0.0016} + \dfrac{L_2}{0.00017} + \dfrac{1}{0.009}$
$L_2 = 0.0221\text{m} = 22.1\text{mm}$

15 냉·난방 설계 시 열부하에 관한 설명으로 옳은 것은?
① 인체에 대한 냉방부하는 현열만이다.
② 인체에 대한 난방부하는 현열과 잠열이다.
③ 조명에 대한 냉방부하는 현열만이다.
④ 조명에 대한 난방부하는 현열과 잠열이다.

해설 인체는 현열과 잠열부하가 있으나 조명부하는 현열부하만 있으며 난방부하 계산 시에는 고려하지 않는다.

16 보일러의 급수장치에 대한 설명으로 옳은 것은?

① 보일러 급수의 경도가 낮으면 관내 스케일이 부착되기 쉬우므로 가급적 경도가 높은 물을 급수로 사용한다.
② 보일러 내 물의 광물질이 농축되는 것을 방지하기 위하여 때때로 관수를 배출하여 소량씩 물을 바꾸어 넣는다.
③ 수질에 의한 영향을 받기 쉬운 보일러에서는 경수장치를 사용한다.
④ 증기보일러에서는 보일러내 수위를 일정하게 유지할 필요는 없다.

해설 보일러 관수의 농축을 방지하기 위하여 수면이나 수저의 분순물 등을 배출하도록 한다.

17 공기조화 계획을 진행하기 위한 순서로 옳은 것은?

① 기본계획 → 기본구상 → 실시계획 → 실시설계
② 기본구상 → 기본계획 → 실시설계 → 실시계획
③ 기본구상 → 기본계획 → 실시계획 → 실시설계
④ 기본계획 → 실시계획 → 기본구상 → 실시설계

해설 공조설비 설계 계획 순서 : 기본구상 → 기본계획 → 실시계획 → 실시설계

18 덕트에 설치하는 가이드 베인에 대한 설명으로 틀린 것은?

① 보통 곡률반지름이 덕트 장변의 1.5배 이내일 때 설치한다.
② 덕트를 작은 곡률로 구부릴 때 통풍저항을 줄이기 위해 설치한다.
③ 곡관부의 내측보다 외측에 설치하는 것이 좋다.
④ 곡관부의 기류를 세분하여 생기는 와류의 크기를 적게 한다.

해설 가이드 베인은 덕트 곡관부 내측에 설치하여 기류를 안정하게 한다.

19 열원방식의 분류는 일반 열원방식과 특수 열원방식으로 구분할 수 있다. 다음 중 일반 열원방식으로 가장 거리가 먼 것은?

① 빙축열 방식
② 흡수식 냉동기+보일러
③ 전동 냉동기+보일러
④ 흡수식 냉온수 발생기

해설 보일러, 냉동기, 흡수식 냉온수기는 일반 열원방식에 해당된다.

보충
특수 열원방식
열회수방식, 열병합발전방식, 축열방식, 태양열이용방식, 지역냉난방방식

[정답] 14. ② 15. ③ 16. ② 17. ③ 18. ③ 19. ①

20 90℃ 고온수 25kg을 100℃의 건조포화액으로 가열하는데 필요한 열량(kJ)은? (단, 물의 비열은 4.2kJ/kg · K이다.)

① 42
② 250
③ 525
④ 1050

해설 $q = G \cdot C \cdot \Delta t = 25 \times 4.2 \times (100 - 90) = 1,050 \, \text{kJ}$

2과목 냉동냉장설비

21 다음과 같은 [조건]에서 작동하는 냉동장치의 냉매순환량(kg/h)은? (단, 1RT는 3.9kW이다.)

[조건] (1) 냉동능력 : 5RT
(2) 증발기입구 냉매 엔탈피 : 240kJ/kg
(3) 증발기출구 냉매 엔탈피 : 400kJ/kg

① 325.2
② 438.8
③ 512.8
④ 617.3

해설 냉매순환량

$G = \dfrac{Q_e}{q_e} = \dfrac{5 \times 3,320 \times 4.2}{400 - 240} = 438.8 \, \text{kg/h}$

여기서, 1kcal = 4.2kJ이다.

또는, $G = \dfrac{Q_e}{q_e} = \dfrac{5 \times 3.9 \times 3,600}{400 - 240} = 438.8 \, \text{kg/h}$

여기서, 1kW = 3,600kJ/h이다.

22 냉동장치에서 액봉이 쉽게 발생되는 부분으로 가장 거리가 먼 것은?

① 액펌프 방식의 펌프출구와 증발기 사이의 배관
② 2단압축 냉동장치의 중간냉각기에서 과냉각된 액관
③ 압축기에서 응축기로의 배관
④ 수액기에서 증발기로의 배관

해설 압축기에서 응축기까지의 배관은 고온의 가스관으로 액봉이 발생하지 않는다.

보충 액봉발생 시 배관 내 압력이 상승하므로 안전밸브, 압력도피장치, 파열판 등을 안전장치로 사용한다.

23 냉동장치를 장기간 운전하지 않을 경우 조치방법으로 틀린 것은?

① 냉매의 누설이 없도록 밸브의 패킹을 잘 잠근다.
② 저압측의 냉매는 가능한 한 수액기로 회수한다.
③ 저압측의 냉매를 다른 용기로 회수하고 그 대신 공기를 넣어둔다.
④ 압축기의 워터재킷을 위한 물은 완전히 뺀다.

해설 냉동장치를 장시간 운전 정지 시 냉매를 모두 회수하고 그 대신 질소를 넣어둔다.

24 다음 중 냉동장치의 운전상태 점검 시 확인해야 할 사항으로 가장 거리가 먼 것은?

① 윤활유의 상태
② 운전 소음 상태
③ 냉동장치 각부의 온도 상태
④ 냉동장치 전원의 주파수 변동 상태

해설 냉동장치 운전 시 중요 점검사항 : 소음, 윤활유 상태, 각부 온도, 압력 등

보충
냉동장치 운전 시 전압은 ±10%의 변동에 대해서 운전에 지장이 없어야 하며 주파수 변동은 전동기 회전수에 영향을 준다.

25 암모니아 냉동기에서 유분리기의 설치위치로 가장 적당한 곳은?

① 압축기와 응축기 사이
② 응축기와 팽창밸브 사이
③ 증발기와 압축기 사이
④ 팽창밸브와 증발기 사이

해설 액분리기(Accumulator)
① 역할 : 압축기로의 액 유입을 방지하여 압축기에서의 액압축 방지
② 설치위치 : 압축기 흡입측에 설치(증발기와 압축기 사이)

보충
액분리기에서 분리된 냉매의 처리방법
① 증발기로 재순환시킨다.
② 열교환기에 의해 증발시켜 압축기로 회수시킨다.
③ 액회수 장치를 이용하여 고압측 수액기로 회수한다.

26 증발온도 −15℃, 응축온도 30℃인 이상적인 냉동기의 성적계수(COP)는?

① 5.73
② 6.41
③ 6.73
④ 7.34

해설 $COP = \dfrac{T_e}{T_c - T_e} = \dfrac{-15+273}{(30+273)-(-15+273)} = 5.73$

[정답] 20.④ 21.②
22.③ 23.③
24.④ 25.①
26.①

27 프레온 냉동기의 흡입배관에 이중 입상관을 설치하는 주된 목적은?

① 흡입가스의 과열을 방지하기 위하여
② 냉매액의 흡입을 방지하기 위하여
③ 오일의 회수를 용이하게 하기 위하여
④ 흡입관에서의 압력강하를 보상하기 위하여

해설 이중 입상관(2중 수직 상승관)을 사용하여 증발기의 오일을 압축기로 회수한다.

보충 이중 입상관은 사용 시 트랩과정은 되도록 작게 한다.

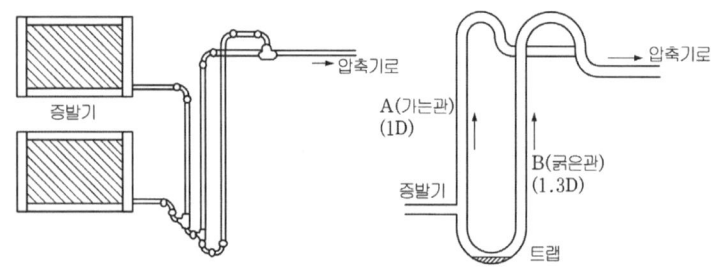

28 냉동효과가 1088kJ/kg인 냉동사이클에서 1냉동톤당 압축기 흡입증기의 체적(m^3/h)은? (단, 압축기 입구의 비체적은 0.5087m^3/kg이고, 1냉동톤은 3.9kW이다.)

① 15.5   ② 6.5
③ 0.258   ④ 0.002

해설 압축기 흡입증기 체적(압축기 흡입 증기량)

$$V_g = G \cdot v = \frac{Q_e}{q_e} \cdot v = \frac{1 \times 3.9 \times 3,600}{1,088} \times 0.5087 = 6.5 m^3/h$$

29 열전달에 대한 설명으로 틀린 것은?

① 열전도는 물체 내에서 온도가 높은 쪽에서 낮은 쪽으로 열이 이동하는 현상이다.
② 대류는 유체의 열이 유체와 함께 이동하는 현상이다.
③ 복사는 떨어져 있는 두 물체사이의 전열현상이다.
④ 전열에서는 전도, 대류, 복사가 각각 단독으로 일어나는 경우가 많다.

해설 전열은 전도, 대류, 복사가 복합적으로 일어나는 경우가 많다.

30 어떤 냉동기로 1시간당 얼음 1ton을 제조하는데 37kW의 동력을 필요로 한다. 이때 사용하는 물의 온도는 10℃이며 얼음은 −10℃이었다. 이 냉동기의 성적계수는? (단, 융해열은 335kJ/kg이고, 물의 비열은 4.19kJ/kg·K, 얼음의 비열은 2.09kJ/kg·K이다.)

① 2.0　　② 3.0
③ 4.0　　④ 5.0

해설 $\text{COP} = \dfrac{Q_e}{W} = \dfrac{(1,000 \times 2.09 \times 10) + (1,000 \times 335) + (1,000 \times 4.19 \times 10)}{37 \times 3,600} = 3.0$

보충 1kW = 3,600kJ/h

31 압축기의 클리어런스가 클 경우 상태 변화에 대한 설명으로 틀린 것은?

① 냉동능력이 감소한다.　② 체적효율이 저하한다.
③ 압축기가 과열한다.　④ 토출가스의 온도가 감소한다.

해설 압축기 틈새(clearance) 증가 시
① 체적효율 감소
② 토출가스의 온도 상승으로 윤활유 열화 및 탄화
③ 냉동능력, 성적계수 감소 등

32 압축기의 설치목적에 대한 설명으로 옳은 것은?

① 엔탈피 감소로 비체적을 증가시키기 위해
② 상온에서 응축 액화를 용이하게 하기 위한 목적으로 압력을 상승시키기 위해
③ 수냉식 및 공냉식 응축기의 사용을 위해
④ 압축 시 임계온도 상승으로 상온에서 응축액화를 용이하게 하기 위해

해설 압축기 설치 목적
① 냉매 순환　② 냉매가스의 액화 용이

33 브라인의 구비조건으로 틀린 것은?

① 비열이 크고 동결온도가 낮을 것
② 불연성이며 불활성일 것
③ 열전도율이 클 것
④ 점성이 클 것

해설 브라인은 점성이 크면 냉매 순환동력이 증가한다.

[정답] 27.③　28.②　29.④　30.②　31.④　32.②　33.④

19회 CBT 기출문제

34 다음 냉매 중 오존파괴지수(ODP)가 가장 낮은 것은?

① R11 ② R12
③ R22 ④ R134a

해설 오존파괴지수(ODP)
① R-11 : 1.0   ② R-12 : 1.0
③ R-22 : 0.05 ④ R-134a : 0

35 냉매에 대한 설명으로 틀린 것은?

① R-21은 화학식으로 $CHCl_2F$이고, $CClF_2-ClF_2$는 R-113이다.
② 냉매의 구비조건으로 응고점이 낮아야 한다.
③ 냉매의 구비조건으로 증발열과 열전도율이 커야 한다.
④ R-500은 R-12와 R-152를 합한 공비 혼합냉매라 한다.

해설 R-113의 냉매 분자식 : $C_2Cl_3F_3$

36 흡수식 냉동기의 특징에 대한 설명으로 틀린 것은?

① 부분 부하에 대한 대응성이 좋다.
② 용량제어의 범위가 넓어 폭넓은 용량제어가 가능하다.
③ 초기 운전 시 정격 성능을 발휘할 때까지의 도달 속도가 느리다.
④ 압축식 냉동기에 비해 소음과 진동이 크다.

해설 흡수식 냉동기는 압축기를 사용하는 압축식 냉동기나 터보 냉동기에 비하여 소음과 진동이 적다.

37 증발온도(압력)가 감소할 때, 장치에 발생되는 현상으로 가장 거리가 먼 것은? (단, 응축온도는 일정하다.)

① 성적계수(COP) 감소   ② 토출가스 온도 상승
③ 냉매 순환량 증가   ④ 냉동 효과 감소

해설 증발온도(증발압력)의 변화

구 분	증발압력 저하 시	증발압력 상승 시
압축비	증가	감소
냉동효과	감소	증가
압축일량	증가	감소
토출가스 온도	상승	저하
성적계수	감소	증가

보충

R-21의 냉매 분자식
$CHCl_2F$

보충

흡수식 냉동기의 특징
① 기기 내부가 진공에 가까우므로 파열의 위험이 적다.
② 용량제어의 범위가 넓어 폭넓은 용량제어가 가능하다.
③ 부분 부하에 대한 대응성이 좋다.
④ 압축식 냉동기에 비해 소음과 진동이 작다.
⑤ 흡수식 냉온수기 한 대로 냉방과 난방을 겸용할 수 있다.
⑥ 초기 운전 시 정격성능을 발휘할 때까지 도달속도가 느리다.
⑦ 일반적으로 증기 압축식 냉동기보다 성능계수가 낮다.
⑧ 냉각수 배관, 펌프, 냉각탑의 용량이 커져 보조기기 설비비가 증가한다.

38 다음 중 줄-톰슨 효과와 관련이 가장 깊은 냉동방법은?

① 압축기체의 팽창에 의한 냉동법
② 감열에 의한 냉동법
③ 흡수식 냉동법
④ 2원 냉동법

해설 줄-톰슨 효과
압축된 기체를 노즐과 같은 작은 구멍에 통과시키면 교축작용에 의해 온도가 강하하게 되며 이러한 과정을 반복하면 낮은 온도를 얻을 수 있는 데 이는 오래 전부터 공기를 액화(액체공기) 시키는 데 이용되어 왔다.

39 열 및 열펌프에 관한 설명으로 옳은 것은?

① 일의 열당량은 $\dfrac{1\text{kcal}}{427\text{kgf}\cdot\text{m}}$ 이다. 이것은 427kgf·m의 일이 열로 변할 때, 1kcal의 열량이 되는 것이다.
② 응축온도가 일정하고 증발온도가 내려가면 일반적으로 토출가스 온도가 높아지기 때문에 열펌프의 능력이 상승된다.
③ 비열 2.1kJ/kg·℃, 비중량 1.2kg/L의 액체 2L를 온도 1℃ 상승시키기 위해서는 2.27kJ의 열량을 필요로 한다.
④ 냉매에 대해서 열의 출입이 없는 과정을 등온 압축이라 한다.

해설
① 일의 열당량, $A=\dfrac{1}{427}\text{kcal/kg·m}(1\text{kcal}=427\text{kg·m})$
② 증발온도가 내려가면 압축기 소요동력이 증가하므로 열펌프의 능력은 떨어진다.
③ $Q=G\cdot C\cdot \Delta t=2\times 1.2\times 2.1\times 1=5.04\text{kJ}$
④ 열의 출입이 없는 과정을 단열 과정이라 한다.

40 표준냉동사이클에서 냉매 액이 팽창밸브를 지날 때 냉매의 온도, 압력, 엔탈피의 상태변화를 올바르게 나타낸 것은?

① 온도 : 일정, 압력 : 감소, 엔탈피 : 일정
② 온도 : 일정, 압력 : 감소, 엔탈피 : 감소
③ 온도 : 감소, 압력 : 일정, 엔탈피 : 일정
④ 온도 : 감소, 압력 : 감소, 엔탈피 : 일정

해설 팽창밸브를 통과후 냉매의 상태변화
온도 감소, 압력 감소, 엔탈피 일정, 엔트로피 증가, 부피 증가

정답 34. ④ 35. ① 36. ④ 37. ③ 38. ① 39. ① 40. ④

3과목 공조냉동설치 · 운영

41 강관을 재질 상으로 분류한 것이 아닌 것은?

① 탄소 강관
② 합금 강관
③ 전기 용접강관
④ 스테인리스 강관

해설 전기 용접강관은 제조방법에 의한 분류에 해당한다.

42 기수 혼합 급탕기에서 증기를 물에 직접 분사시켜 가열하면 압력차로 인해 소음이 발생한다. 이러한 소음을 줄이기 위해 사용하는 설비는?

① 스팀 사일렌서
② 응축수 트랩
③ 안전밸브
④ 가열코일

해설 스팀 사일렌서 : 저탕조에 증기를 직접 불어넣어 물을 가열하는 기수 혼합 방식에서 고압의 증기 사용에 따른 소음 발생을 줄이기 위하여 사용

43 냉매배관 설계 시 유의사항으로 틀린 것은?

① 2중 입상관 사용 시 트랩을 크게 한다.
② 과도한 압력강하를 방지한다.
③ 압축기로 액체 냉매의 유입을 방지한다.
④ 압축기를 떠난 윤활유가 일정비율로 다시 압축기로 되돌아오게 한다.

해설 프레온 냉동장치에서 오일 회수를 위한 2중 입상관 사용 시 트랩을 크게 하면 기능을 상실한다.

44 다음 특징은 어떤 포집기에 대한 설명인가?

> 영업용(호텔, 레스토랑) 주방 등의 배수 중 함유되어 있는 지방분을 포집하여 제거한다.

① 드럼 포집기
② 오일 포집기
③ 그리스 포집기
④ 플라스터 포집기

해설 그리스 포집기 : 주방 등의 배수 중 지방분을 포집하여 제거

보충

포집기(저집기)
① 그리스 포집기 : 식당, 주방에서 지방분 포집
② 가솔린 포집기 : 차고, 주차장, 주유소 등에서 오일 포집
③ 헤어 트랩 : 머리카락 분리
④ 샌드 트랩 : 모래 분리

45 증기난방 배관 시공법에 관한 설명으로 틀린 것은?

① 증기 주관에서 가지관을 분기할 때는 증기 주관에서 생성된 응축수가 가지관으로 들어가지 않도록 상향 분기한다.
② 증기 주관에서 가지관을 분기하는 경우에는 배관의 신축을 고려하여 3개 이상의 엘보를 사용한 스위블 이음으로 한다.
③ 증기 주관 말단에는 관말트랩을 설치한다.
④ 증기관이나 환수관이 보 또는 출입문 등 장애물과 교차할 때는 장애물을 관통하여 배관한다.

> **해설** 증기관과 환수관이 출입구나 보와 같은 장애물과 교차하는 경우 루프형 배관을 하여 상부는 공기, 하부는 응축수가 흐르도록 한다.

46 다음 중 건물의 급수량 산정의 기준과 가장 거리가 먼 것은?

① 건물의 높이 및 층수
② 건물의 사용 인원수
③ 설치될 기구의 수량
④ 건물의 유효면적

> **해설** 급수설비 설계 시 급수량의 산정방법
> ① 급수 인원수에 의한 방법
> ② 건물의 유효면적에 의한 방법
> ③ 위생 기구수에 의한 방법

47 암모니아 냉동설비의 배관으로 사용하기에 가장 부적절한 배관은?

① 이음매 없는 동관
② 저온 배관용 강관
③ 배관용 탄소강 강관
④ 배관용 스테인리스 강관

> **해설** 암모니아 냉매배관 : 농 및 동을 62% 이상 함유한 동합금을 부식시키므로 사용하지 않는다.

48 도시가스 배관에서 중압은 얼마의 압력을 의미하는가?

① 0.1MPa 이상 1MPa 미만
② 1MPa 이상 3MPa 미만
③ 3MPa 이상 10MPa 미만
④ 10MPa 이상 100MPa 미만

> **해설** 도시가스 배관의 압력구분
> ① 고압 : 1MPa 이상의 압력
> ② 중압 : 0.1MPa 이상 1MPa 미만의 압력
> ③ 저압 : 0.1MPa 미만의 압력

[정답] 41. ③ 42. ①
43. ① 44. ③
45. ④ 46. ①
47. ① 48. ①

49. 다음 중 통기관의 종류가 아닌 것은?

① 각개 통기관
② 루프 통기관
③ 신정 통기관
④ 분해 통기관

해설 통기관의 분류 : 각개 통기, 신정 통기, 루프 통기, 도피 통기, 결합 통기, 습윤 통기, 공용 통기 방식 등

50. 자동 2방향 밸브를 사용하는 냉온수 코일 배관법에서 바이패스관에 설치하기에 가장 적절한 밸브는?

① 게이트밸브
② 체크밸브
③ 글로브밸브
④ 감압밸브

해설 2방향 밸브는 유량을 제어하므로 바이패스배관에도 유량조절이 가능한 글로브밸브를 설치한다.

51. 피드백 제어계에서 제어요소에 대한 설명 중 옳은 것은?

① 목표값에 비례하는 신호를 발생하는 요소이다.
② 조절부와 검출부로 구성되어 있다.
③ 동작신호를 조작량으로 변화시키는 요소이다.
④ 조절부와 비교부로 구성되어 있다.

해설 제어요소는 목표치와 현재치를 비교한 오차, 즉 동작신호를 제어기에 입력하여 제어대상에 인가할 조작량으로 변환하는 조절부와 조작부로 구성된다.

52. 직류전동기의 속도제어방법이 아닌 것은?

① 계자제어법
② 직렬저항법
③ 병렬저항법
④ 전압제어법

해설 직류전동기의 속도제어법
① 저항제어법 ② 계자제어법 ③ 전압제어법

53. 제어시스템의 구성에서 서보전동기는 어디에 속하는가?

① 조절부
② 제어대상
③ 설정부
④ 검출부

해설 서보전동기는 제어장치인 드라이버로부터 조작량을 입력받고, 회전속도 및 회전자 각을 제어량으로 피드백하기 때문에 제어시스템의 구성에서 서보전동기는 보기 ②번의 제어대상이 될 수 있다.

54 자동연소 제어에서 연료의 유량과 공기의 유량 관계가 일정한 비율로 유지되도록 제어하는 방식은?

① 비율제어
② 시퀀스제어
③ 프로세스제어
④ 프로그램제어

해설 비율제어 : 목표값이 다른 것과 일정 비율 관계를 가지고 변화하는 제어

55 서보전동기에 대한 설명으로 틀린 것은?

① 정·역운전이 가능하다.
② 직류용은 없고 교류용만 있다.
③ 급가속 및 급감속이 용이하다.
④ 속응성이 대단히 높다.

해설 서보모터는 속응성, 정·역운전, 변속 등 신뢰도가 높고 제어성이 좋아 정밀기에 많이 사용되나 발열량이 많아 강제 냉각방식이 필요하며 서보모터는 DC서보모터와 AC서보모터로 나뉜다.

56 직류기의 브러시에 탄소를 사용하는 이유는?

① 접촉 저항이 크다.
② 접촉 저항이 작다.
③ 고유 저항이 동보다 작다.
④ 고유 저항이 동보다 크다.

해설 직류전동기의 전류 중에 브러시와 정류자간에 불꽃이 발생하는 데 불꽃의 발생으로 정류 불량의 원인이 되는 데 접촉저항이 크면 이러한 불꽃의 발생을 방지한다.

57 교류회로에서 역률은?

① $\dfrac{무효전력}{피상전력}$
② $\dfrac{유효전력}{피상전력}$
③ $\dfrac{무효전력}{유효전력}$
④ $\dfrac{유효전력}{무효전력}$

해설 역률 : 피상전력 중에서 유효전력으로 사용되는 비율
($\cos\theta = VI\cos\theta / VI = P/P_a$)

보충
① 피상전력 : 전원에서 공급되는 전력, $P_a = VI$ [VA]
② 유효전력 : 유효하게 이용되는 전력, $P = VI\cos\theta$ [W]
③ 무효전력 : 실제로 아무런 일도 할 수 없는 전력, $P_r = VI\sin\theta$ [Var]

답안 표기란

54	①	②	③	④
55	①	②	③	④
56	①	②	③	④
57	①	②	③	④

보충
① **프로세스제어** : 제어량이 온도, 압력, 유량, 레벨 등이며 플랜트나 생산공정 중의 상태량을 제어량으로 하는 제어로 제어계에 가해지는 외란의 억제를 주목적으로 함
② **프로그램제어** : 정해진 프로그램에 따라 제어량을 변화시키는 제어
③ **시퀀스제어** : 미리 정해진 순서에 따라 제어의 각 단계를 차례로 진행시키는 제어(컨베이어, 세탁기, 커피 자동판매기 등)

[정답]
49. ④ 50. ③
51. ③ 52. ③
53. ② 54. ①
55. ② 56. ①
57. ②

58 변압기 내부 고장 검출용 보호계전기는?

① 차동계전기 ② 과전류계전기
③ 역상계전기 ④ 부족전압계전기

해설 차동계전기 : 피보호 설비(또는 구간)에 유입하는 어떤 입력의 크기와 유출되는 출력의 크기의 차이가 일정치 이상이 되면 동작하는 계전기를 일괄하여 차동계전기라 하며 변압기의 고장 검출용으로 사용된다.

59 그림과 같은 유접점 회로의 논리식은?

① $x\bar{y}+\bar{x}\bar{y}$
② $(\bar{x}+\bar{y})+(x+y)$
③ $\bar{x}y+\bar{x}\bar{y}$
④ $xy+\bar{x}\bar{y}$

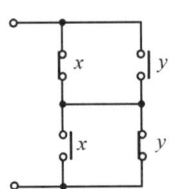

해설 유접점 회로의 병렬은 논리합(OR)을 직렬은 논리곱(AND)을 의미하고 b접점은 반전기(NOT)를 의미하므로 회로의 논리식은 $(\bar{x}+y)(x+\bar{y})$이 된다.
$(\bar{x}+y)(x+\bar{y})=\bar{x}(x+\bar{y})+y(x+\bar{y})=\bar{x}x+\bar{x}\bar{y}+xy+y\bar{y}=\bar{x}\bar{y}+xy$

60 저항 R에 100V의 전압을 인가하여 10A의 전류를 1분간 흘렸다면, 이때의 열량은 약 몇 kcal인가?

① 14.4 ② 28.8
③ 60   ④ 120

해설 $H[\text{cal}]=0.24Pt=0.24VIt$
$=\dfrac{0.24\times100\times10\times60}{1,000}=14.4\,\text{kcal}$

정답 58. ① 59. ④
60. ①

20회 CBT 기출문제

1과목 공기조화설비

01 증기난방에 관한 설명으로 틀린 것은?
① 열매온도가 높아 방열기의 방열면적이 작아진다.
② 예열 시간이 짧다.
③ 부하변동에 따른 방열량의 제어가 곤란하다.
④ 증기의 증발현열을 이용한다.

해설 증기난방은 증기의 증발잠열(응축잠열)을 이용한다.

02 온풍난방의 특징에 대한 설명으로 틀린 것은?
① 예열부하가 거의 없으므로 기동시간이 아주 짧다.
② 취급이 간단하고 취급자격자를 필요로 하지 않는다.
③ 방열기기나 배관 등의 시설이 필요 없으므로 설비비가 싸다.
④ 토출 공기온도가 높으므로 쾌적성이 좋다.

해설 온풍난방은 토출 공기온도가 높아 쾌적도는 떨어진다.

03 공조방식 중 변풍량 단일덕트 방식에 대한 설명으로 틀린 것은?
① 운전비의 절약이 가능하다.
② 동시 부하율을 고려하여 기기 용량을 결정하므로 설비용량을 적게 할 수 있다.
③ 시운전시 각 토출구의 풍량조정이 복잡하다.
④ 부하변동에 대하여 제어응답이 빠르기 때문에 거주성이 향상된다.

해설 변풍량 단일덕트 방식은 시운전시 토출구의 풍량조정이 간단하고, 덕트의 설계시공이 간단해진다.

보충 변풍량(VAV) 방식
각 실 또는 존마다 부하변동에 따른 송풍온도는 일정하게 유지하고, 부하변동에 따른 취출풍량을 조절하는 변풍량유닛(VAV)을 설치하여 공조하는 방식

정답 01. ④ 02. ④ 03. ③

04 풍량이 800m³/h인 공기를 건구온도 33℃, 습구온도 27℃(엔탈피(h_1)는 85.26kJ/kg)의 상태에서 건구온도 16℃, 상대습도 90%(엔탈피(h_2)는 42kJ/kg)상태까지 냉각할 경우 필요한 냉각열량(kW)은? (단, 건공기의 비체적은 0.83m³/kg이다.)

① 3.1 ② 5.4
③ 11.6 ④ 22.8

해설
$q_s = G \cdot \Delta h = \rho \cdot Q \cdot \Delta h = \dfrac{Q \cdot \Delta h}{v} = \dfrac{800 \times (85.26 - 42)}{0.83}$
$= 41,696 \text{kJ/h} ≒ 11.6 \text{kW}$
여기서, 1kW=3,600kJ/h이다.

05 겨울철 침입외기(틈새바람)에 의한 잠열부하(q_L, kJ/h)를 구하는 공식으로 옳은 것은? (단, Q는 극간풍량(m³/h), Δt는 실내·외 온도차(℃), Δx는 실내·외 절대 습도차(kg/kg')이다.)

① $1.212 \times Q \times \Delta t$ ② $539 \times Q \times \Delta x$
③ $2501 \times Q \times \Delta x$ ④ $3001.2 \times Q \times \Delta x$

해설 틈새바람 부하
① 현열부하 $q_s = \rho \cdot Q \cdot C \cdot \Delta t = 1.2 \times Q \times 1.01 \times \Delta t$
$= 1.21 \times Q \times \Delta t [\text{kJ/h}] = 0.34 \times Q \times \Delta t [\text{Watt}]$
② 잠열부하 $q_L = \rho \cdot Q \cdot r \cdot \Delta x = 1.2 \times Q \times 2,501 \times \Delta x$
$= 3,001.2 \times Q \times \Delta x [\text{kJ/h}] = 834 \times Q \times \Delta x [\text{Watt}]$

06 에어필터의 포집방법 중 무기질 섬유공간을 공기가 통과할 때 충돌, 차단, 확산에 의해 큰 분진입자를 포집하는 필터는 무엇인가?

① 정전식 필터 ② 여과식 필터
③ 점착식 필터 ④ 흡착식 필터

해설 여과식 필터 : 무기질 섬유 공간을 공기가 통과할 때 충돌, 차단, 확산에 의해 큰 분진입자를 포집하는 필터

07 다음 중 자연환기가 많이 일어나도 비교적 난방효율이 제일 좋은 것은?

① 대류난방 ② 증기난방
③ 온풍난방 ④ 복사난방

해설 복사난방은 자연환기가 많이 일어나도 복사열을 이용하므로 비교적 난방 효율이 좋다.

08 공기조화 부하의 종류 중 실내부하와 장치부하에 해당되지 않는 것은?
① 사무기기나 인체를 통해 실내에서 발생하는 열
② 유리 및 벽체를 통한 전도열
③ 급기덕트에서 실내로 유입되는 열
④ 외기로 실내 온·습도를 냉각시키는 열

해설 공기조화 냉방부하

구 분		부하의 발생요인	열의 구분
실내취득 부하	외부침입 열량	① 벽체를 통한 취득열량(외벽, 지붕, 내벽, 바닥, 문)	현열
		② 유리창을 통한 취득열량(복사열, 전도열)	현열
		③ 극간풍(틈새바람)에 의한 취득열량	현열, 잠열
	실내발생 부하	④ 인체의 발생열량	현열, 잠열
		⑤ 조명의 발생열량	현열
		⑥ 실내기구의 발생열량	현열, 잠열
장치(기기)취득부하		⑦ 송풍기에 의한 취득열량	현열
		⑧ 덕트로부터의 취득열량	현열
재열부하		⑨ 재열에 따른 취득열량	현열
외기부하		⑩ 외기의 도입에 의한 취득열량	현열, 잠열

09 열교환기 중 공조기 내부에 주로 설치되는 공기 가열기 또는 공기 냉각기를 흐르는 냉·온수의 통로수는 코일의 배열방식에 따라 나뉜다. 이 중 코일의 배열방식에 따른 종류가 아닌 것은?
① 풀 서킷   ② 하프 서킷
③ 더블 서킷   ④ 플로우 서킷

해설 코일의 배열방식
풀 서킷(full circuit), 더블 서킷(dlublel circuit), 하프 서킷(half circuit)

보충
① 더블 서킷(더블 플로우) : 수량이 많을 때
② 풀 서킷(싱글 플로우), 하프 서킷 : 수량이 적을 때

10 다음 가습기 방식 분류 중 기화식이 아닌 것은?
① 모세관식 가습기   ② 회전식 가습기
③ 적하식 가습기   ④ 원심식 가습기

해설 가습방식의 분류
① 수분무식 : 원심식, 초음파식, 분무식
② 증발식(기화식) : 회전식, 모세관식, 적하식
③ 증기식 : 증기 발생식, 증기 공급식

정답 04. ③ 05. ④
06. ② 07. ④
08. ④ 09. ④
10. ④

11 각 실마다 전기스토브나 기름난로 등을 설치하여 난방하는 방식을 무엇이라고 하는가?

① 온돌난방　　　② 중앙난방
③ 지역난방　　　④ 개별난방

해설 개별난방 : 각 실마다 전기스토브, 기름난로, 가스난로, 캐비넷 히터 등을 설치하여 난방하는 방식

12 송풍기 특성곡선에서 송풍기의 운전점은 어떤 곡선의 교차점을 의미하는가?

① 압력곡선과 저항곡선의 교차점
② 효율곡선과 압력곡선의 교차점
③ 축동력곡선과 효율곡선의 교차점
④ 저항곡선과 축동력곡선의 교차점

해설 송풍기의 운전점 : 압력(정압)곡선과 저항곡선의 교차점

13 방열량이 5.25kW인 방열기에 공급해야 할 온수량(m^3/h)은? (단, 방열기 입구온도는 80℃, 출구온도는 70℃이며, 물의 비열은 4.2kJ/kg·℃, 물의 밀도는 977.5kg/m^3이다.)

① 0.34　　　② 0.46
③ 0.66　　　④ 0.75

해설 $G = \dfrac{q}{C \cdot \Delta t} = \dfrac{5.25 \times 3,600}{4.2 \times (80-70)} = 450\text{kg/h} \times \dfrac{1}{977.5} = 0.46\text{m}^3/\text{h}$

14 압력 10000kPa, 온도 227℃인 공기의 밀도(kg/m^3)는 얼마인가? (단, 공기의 기체상수는 287.04J/kg·K이다.)

① 57.3　　　② 69.6
③ 73.2　　　④ 82.9

해설 이상기체상태방정식 $PV = GRT$에서
$\rho = \dfrac{G}{V} = \dfrac{P}{RT} = \dfrac{10,000 \times 1,000}{287.04 \times (227+273)} = 69.6\text{kg/m}^3$

15 다음 공조방식 중 중앙방식이 아닌 것은?

① 단일덕트 방식 ② 2중덕트 방식
③ 팬코일유닛 방식 ④ 룸 쿨러 방식

해설 룸 쿨러 방식은 냉매를 이용한 개별방식이다.

16 송풍기 번호에 의한 송풍기 크기를 나타내는 식으로 옳은 것은?

① 원심송풍기 : $\text{No}(\#) = \dfrac{\text{회전날개지름mm}}{100\text{mm}}$

축류송풍기 : $\text{No}(\#) = \dfrac{\text{회전날개지름mm}}{150\text{mm}}$

② 원심송풍기 : $\text{No}(\#) = \dfrac{\text{회전날개지름mm}}{150\text{mm}}$

축류송풍기 : $\text{No}(\#) = \dfrac{\text{회전날개지름mm}}{100\text{mm}}$

③ 원심송풍기 : $\text{No}(\#) = \dfrac{\text{회전날개지름mm}}{150\text{mm}}$

축류송풍기 : $\text{No}(\#) = \dfrac{\text{회전날개지름mm}}{150\text{mm}}$

④ 원심송풍기 : $\text{No}(\#) = \dfrac{\text{회전날개지름mm}}{100\text{mm}}$

축류송풍기 : $\text{No}(\#) = \dfrac{\text{회전날개지름mm}}{100\text{mm}}$

해설 송풍기 번호
① 원심형 송풍기, $\text{No} = \dfrac{\text{임펠러 지름(mm)}}{150}$
② 축류형 송풍기, $\text{No} = \dfrac{\text{임펠러 지름(mm)}}{100}$

17 외기와 배기 사이에서 현열과 잠열을 동시에 회수하는 방식으로 외기 도입량이 많고 운전시간이 긴 시설에서 효과가 큰 방식은?

① 전열교환기 방식 ② 히트 파이프 방식
③ 콘덴서 리히트 방식 ④ 런 어라운드 코일 방식

해설 전열교환기 방식 : 외기와 배기 사이에서 현열과 잠열을 동시에 회수하는 방식으로 외기 도입량이 많고 운전시간이 긴 시설에서 효과가 큰 방식

18 보일러를 안전하고 경제적으로 운전하기 위한 여러 가지 부속기기 중 급수관계 장치와 가장 거리가 먼 것은?

① 증기관 ② 급수 펌프
③ 급수 밸브 ④ 자동급수장치

해설 증기관은 증기를 공급하는 송기계통에 해당된다.

보충
전열교환기 방식의 특징
① 실내의 배기와 환기용 외기를 열교환하는 장치로 공대공 열교환기라고도 한다.
② 회전식과 고정식 전열교환기가 있다.
③ 배기와 외기의 열교환으로 온도 및 습도(현열, 잠열)을 교환한다.
④ 열교환기 설치로 설비비와 기계실 스페이스가 많이 든다.
⑤ 외기부하를 감소시켜 기기의 용량이 작게 설계되어 운전경비가 절약된다.

정답 11. ④ 12. ①
13. ② 14. ②
15. ④ 16. ②
17. ① 18. ①

19 다음 중 엔탈피가 0kJ/kg인 공기는 어느 것인가?
① 0℃ 습공기
② 0℃ 건공기
③ 0℃ 포화공기
④ 32℃ 습공기

해설 0℃ 건공기 엔탈피=0 kJ/kg

20 아래 습공기선도에서 습공기의 상태가 1지점에서 2지점을 거쳐 3지점으로 이동하였다. 이 습공기가 거친 과정은? (단, 1, 2의 엔탈피는 같다.)

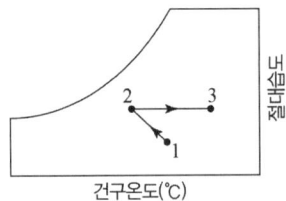

① 냉각 감습—가열
② 냉각—제습제를 이용한 제습
③ 순환수 가습—가열
④ 온수 감습—냉각

해설
① 1→2 : 순환수 가습($h_1 = h_2$)
② 2→3 : 가열

2과목 냉동냉장설비

21 다음의 냉매가스를 단열압축 하였을 때 온도상승률이 가장 큰 것부터 순서대로 나열된 것은? (단, 냉매가스는 이상기체로 가정한다.)

① 공기 > 암모니아 > 메틸클로라이드 > R-502
② 공기 > 메틸클로라이드 > 암모니아 > R-502
③ 공기 > R-502 > 메틸클로라이드 > 암모니아
④ R-502 > 공기 > 암모니아 > 메틸클로라이드

해설 비열비가 클수록 단열압축 시 온도상승률이 크다.
공기(1.4) > 암모니아(1.313) > 메틸클로라이드(1.2) > R-502(1.132)

22 몰리에르선도 상에서 압력이 증대함에 따라 포화액선과 건포화증기선이 만나는 일치점을 무엇이라 하는가?

① 한계점   ② 임계점
③ 상사점   ④ 비등점

해설 임계점 : 포화액선과 건포화증기선이 만나는 일치점

23 다음 중 냉동기의 압축기에서 일어나는 이상적인 압축과정은 어느 것인가?

① 등온변화   ② 등압변화
③ 등엔탈피변화   ④ 등엔트로피변화

해설 이상적인 단열 압축과정(압축기) : 등엔트로피변화

보충
이상적인 단열 팽창과정(팽창밸브) : 등엔탈피변화

24 다음 열에 대한 설명으로 틀린 것은?

① 냉동실이나 냉장실 벽체를 통해 실내로 들어오는 열은 감열과 잠열이다.
② 냉동실 출입문의 틈새로 공기가 갖고 들어오는 열은 감열과 잠열이다.
③ 하절기 냉장실에서 작업하는 인체의 발생열은 감열과 잠열이다.
④ 냉장실 내 백열등에서 발생하는 열은 감열이다.

해설 벽체를 통해 실내로 들어오는 열은 벽체 내외부 온도차에 따른 열의 이동으로 현열(감열)이다.

25 다음 중 펠티어(Peltier) 효과를 이용한 냉동법은?

① 기체팽창 냉동법   ② 열전 냉동법
③ 자기 냉동법   ④ 2원 냉동법

해설 전자(열전) 냉동법 : 펠티어(Peltier) 효과를 이용한 냉동법

26 온도식 팽창밸브(Thermostatic expansion valve)에 있어서 과열도란 무엇인가?

① 팽창밸브 입구와 증발기 출구 사이의 냉매 온도차
② 팽창밸브 입구와 팽창밸브 출구 사이의 냉매 온도차
③ 흡입관 내의 냉매가스 온도와 증발기내의 포화온도와의 온도차
④ 압축기 토출가스와 증발기 내 증발가스의 온도차

해설 과열도=흡입관 내의 냉매가스 온도−증발기 포화온도

정답
19. ② 20. ③
21. ① 22. ②
23. ④ 24. ①
25. ② 26. ③

27 수냉식 응축기를 사용하는 냉동장치에서 응축압력이 표준압력보다 높게 되는 원인으로 가장 거리가 먼 것은?

① 공기 또는 불응축가스의 혼입
② 응축수 입구온도의 저하
③ 냉각수량의 부족
④ 응축기의 냉각관에 스케일이 부착

해설 응축압력의 상승원인
① 공냉식일 경우 송풍량 부족 및 외기온도 상승 시
② 수냉식일 경우 냉각수량 부족 및 냉각수 온도 상승 시
③ 응축기 냉각관에 스케일 등의 부착 시
④ 냉매의 과충전이나 응축부하 과대 시
⑤ 공기 또는 불응축가스 혼입

28 흡수식 냉동기에 관한 설명으로 옳은 것은?

① 초저온용으로 사용된다.
② 비교적 소용량 보다는 대용량에 적합하다.
③ 열교환기를 설치하여도 효율은 변함없다.
④ 물-LiBr 식인 경우 물이 흡수제가 된다.

해설 ① 주로 냉방용으로 사용된다.
③ 열교환기를 설치하면 효율은 증가한다.
④ 물-LiBr 식인 경우 물이 흡수제가 된다.

29 증기 압축식 냉동법(A)과 전자 냉동법(B)의 역할을 비교한 것으로 틀린 것은?

① (A)압축기 : (B)소대자(P-N)
② (A)압축기 모터 : (B)전원
③ (A)냉매 : (B)전자
④ (A)응축기 : (B)저온측 접합부

해설 • (A)응축기 : (B)고온측 접합부
• (A)증발기 : (B)저온측 접합부

30 다음 냉동기의 종류와 원리의 연결로 틀린 것은?

① 증기압축식 — 냉매의 증발잠열

답안 표기란

27	①	②	③	④
28	①	②	③	④
29	①	②	③	④
30	①	②	③	④

보충
흡수식 냉동기의 특징
① 기기 내부가 진공에 가까우므로 파열의 위험이 적다.
② 용량제어의 범위가 넓어 폭넓은 용량제어가 가능하다.
③ 부분 부하에 대한 대응성이 좋다.
④ 압축식 냉동기에 비해 소음과 진동이 작다.
⑤ 흡수식 냉온수기 한 대로 냉방과 난방을 겸용할 수 있다.
⑥ 초기 운전 시 정격성능을 발휘할 때까지 도달속도가 느리다.
⑦ 일반적으로 증기 압축식 냉동기보다 성능계수가 낮다.
⑧ 냉각수 배관, 펌프, 냉각탑의 용량이 커져 보조기기 설비비가 증가한다.

보충
프레온 냉매의 증발잠열
증기 압축식

② 증기분사식 — 진공에 의한 물 냉각
③ 전자냉동법 — 전류흐름에 의한 흡열작용
④ 흡수식 — 프레온 냉매의 증발잠열

해설 흡수식은 프레온 냉매를 사용하지 않는다.

31 다음 중 가스엔진구동형 열펌프(GHP) 시스템의 설명으로 틀린 것은?

① 압축기를 구동하는데 전기에너지 대신 가스를 이용하는 내연기관을 이용한다.
② 하나의 실외기에 하나 또는 여러 개의 실내기가 장착된 형태로 이루어진다.
③ 구성요소로서 압축기를 제외한 엔진, 그리고 내·외부열교환기 등으로 구성된다.
④ 연료로는 천연가스, 프로판 등이 이용될 수 있다.

해설 가스엔진구동형 열펌프(GHP)의 구성요소로서 압축기를 포함한 엔진, 그리고 내·외부열교환기 등으로 구성된다.

32 다음 그림은 단효용 흡수식 냉동기에서 일어나는 과정을 나타낸 것이다. 각 과정에 대한 설명으로 틀린 것은?

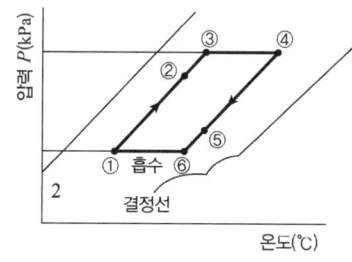

① ①→②과정 : 재생기에서 돌아오는 고온 농용액과 열교환에 의한 희용액의 온도상승
② ②→③과정 : 재생기 내에서의 가열에 의한 냉매 응축
③ ④→⑤과정 : 흡수기에서의 저온 희용액과 열교환기에 의한 농용액의 온도강하
④ ⑤→⑥ : 흡수기에서 외부로부터의 냉각에 의한 농용액의 온도강하

해설 ②→③과정 : 재생기 내에서의 가열에 의한 냉매 증발
③→④과정 : 재생기에서의 용액 농축
⑥→①과정 : 흡수기에서 흡수되어 용액 희석

33 다음 중 헬라이드 토치를 이용하여 누설검사를 하는 냉매는?

① R-134a ② R-717
③ R-744   ④ R-729

해설 프레온 냉매(R-134a 등) 누설 시 헬라이드 토치에서의 불꽃변화로 냉매 누설의 정도를 확인할 수 있다.
① R-134a(프레온) ② R-717(암모니아)
③ R-744(탄산가스) ④ R-729(공기)

34 냉동기 속 두 냉매가 아래 표의 조건으로 작동될 때, A 냉매를 이용한 압축기의 냉동능력을 Q_A, B 냉매를 이용한 압축기의 냉동능력을 Q_B인 경우 Q_A/Q_B의 비는? (단, 두 압축기의 피스톤 압출량은 동일하며, 체적효율도 75%로 동일하다.)

	A	B
냉동효과(kJ/kg)	1130	170
비체적(m³/kg)	0.509	0.077

① 1.5 ② 1.0
③ 0.8 ④ 0.5

해설 $Q_e = G \cdot q_e = \dfrac{V_a}{v} \times \eta^v \times q_e$ 에서 $\dfrac{Q_A}{Q_B} = \dfrac{\dfrac{V_a}{0.509} \times 0.75 \times 1,130}{\dfrac{V_a}{0.077} \times 0.75 \times 170} = 1.0$

여기서, 피스톤 압출량(V_a)을 일정하다.

35 두께 3cm인 석면판의 한 쪽면의 온도는 400℃, 다른 쪽 면의 온도는 100℃일 때, 이 판을 통해 일어나는 열전달량(W/m²)은? (단, 석면의 열전도율은 0.095W/m·℃이다.)

① 0.95 ② 95
③ 950   ④ 9500

해설 $Q = \dfrac{\lambda \cdot A \cdot \Delta t}{l} = \dfrac{0.095 \times 1 \times (400-100)}{0.03} = 950 \text{W/m}^2$

36 2단압축 사이클에서 증발압력이 계기압력으로 235kPa이고, 응축압력은 절대압력으로 1225kPa일 때 최적의 중간 절대압력(kPa)은? (단, 대기압은 101kPa이다.)

① 514.5　　② 536.06
③ 641.56　　④ 668.36

해설 $P_m = \sqrt{P_c \times P_e} = \sqrt{1,225 \times (235+101)} = 641.56\text{kPa}$

37 R-502를 사용하는 냉동장치의 몰리엘 선도가 다음과 같다. 이 장치의 실제 냉매순환량은 167kg/h이고, 전동기 출력이 3.5kW일 때, 실제 성적계수는?

① 1.3
② 1.4
③ 1.5
④ 1.6

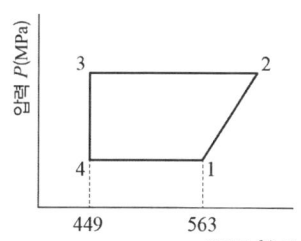

해설 냉동기의 성적계수

$$COP = \frac{Q_e}{AW} = \frac{G \cdot q_e}{AW} = \frac{167 \times (563-449)}{3.5 \times 3,600} = 1.51$$

38 냉매 충전용 매니폴드로 구성하는 주요밸브와 가장 거리가 먼 것은?

① 흡입밸브　　② 자동용량제어밸브
③ 펌프연결밸브　　④ 바이패스밸브

해설 매니폴드게이지에는 자동용량제어밸브는 없다.

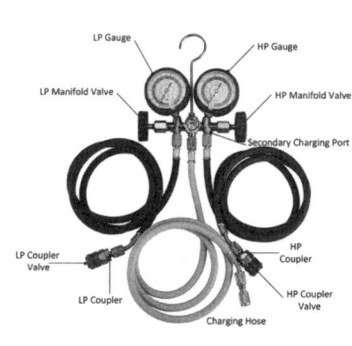 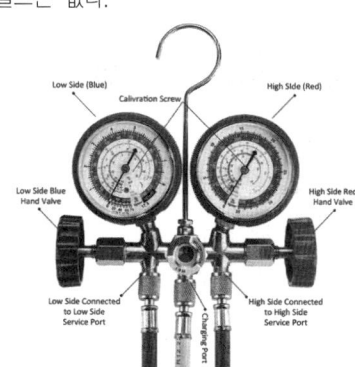

39 냉매와 배관재료의 선택을 바르게 나타낸 것은?

① NH₃ : Cu 합금
② 크롤메틸 : Al 합금
③ R-21 : Mg을 함유한 Al합금
④ 이산화탄소 : Fe 합금

해설 냉매에 따른 사용금지 재료
① NH₃ : 구리(Cu) 및 구리합금
② 크롤메틸 : 알루미늄(Al) 및 알루미늄 합금
③ R-21 : 2% 이상의 마그네슘(Mg)을 함유한 Al합금

40 30℃의 공기가 체적 1m³의 용기 내에 압력 600kPa인 상태로 들어 있을 때 용기 내의 공기 질량(kg)은? (단, 기체상수는 287J/kg·K 이다.)

① 5.9 ② 6.9
③ 7.9 ④ 4.9

해설 이상기체 상태 방정식

$PV = GRT$에서 질량 G는

$$G = \frac{PV}{RT} = \frac{600 \times 1,000 \times 1}{287 \times (30+273)} = 6.9 \text{kg}$$

3과목 공조냉동설치·운영

41 증기난방 배관에서 증기트랩을 사용하는 주된 목적은?

① 관 내의 온도를 조절하기 위해서
② 관 내의 압력을 조절하기 위해서
③ 배관의 신축을 흡수하기 위해서
④ 관 내의 증기와 응축수를 분리하기 위해서

해설 증기트랩(steam trap)
증기 중에서 발생하는 응축수를 분리하여 수격작용 및 배관의 부식을 방지한다.

42 증기배관내의 수격작용을 방지하기 위한 내용으로 가장 적당한 것은?

① 감압밸브를 설치한다.
② 가능한 배관에 굴곡부를 많이 둔다.
③ 가능한 배관의 관경을 크게 한다.
④ 배관내 증기의 유속을 빠르게 한다.

해설 가능한 관경을 크게 하여 수격작용을 방지한다.

43 다음 중 옥상 급수탱크의 부속장치에 해당하는 것은?

① 압력 스위치
② 압력계
③ 안전밸브
④ 오버플로우관

해설 옥상 급수탱크 : 오버플로우관(넘침방지관)

보충
압력탱크의 부속장치
압력 스위치, 압력계, 안전밸브 등

44 다음 중 온수온돌 난방의 바닥 매설배관으로 가장 적합한 것은?

① 주철관
② 강관
③ 동관
④ PVC관

해설 온수온돌 난방의 바닥 매설배관 : 동관, PPC, XL관 등

45 배관지지 철물이 갖추어야 할 조건으로 가장 거리가 먼 것은?

① 충격과 진동에 견딜 수 있는 재료일 것
② 배관시공에 있어서 구배조정이 용이할 것
③ 보온 및 방로를 위한 재료일 것
④ 온도변화에 따른 관의 팽창과 신축을 흡수할 수 있을 것

해설 배관지지 철물의 구비 조건으로서 보온 및 방로는 관계가 없다.

46 배관의 온도변화에 의한 수축과 팽창을 흡수하기 위한 이음쇠로 적절하지 못한 것은?

① 벨로즈
② 플렉시블
③ U밴드
④ 플랜지

해설 플랜지는 관을 분해, 수리, 교체하고자 할 때 사용하는 배관 부속품이다.

[정답] 39.④ 40.②
41.④ 42.③
43.④ 44.③
45.③ 46.④

47 개방식 팽창탱크 주변의 배관에서 팽창탱크의 수면 아래에 접속되는 관은?

① 팽창관
② 통기관
③ 안전관
④ 오버플로우관

[해설] 개방형 팽창탱크의 수면 아래에는 팽창관, 배수관이 접속된다.

[보충] 개방식 팽창탱크의 주변배관
팽창관, 급수관, 배수관, 오버플로우관, 배기관, 안전관

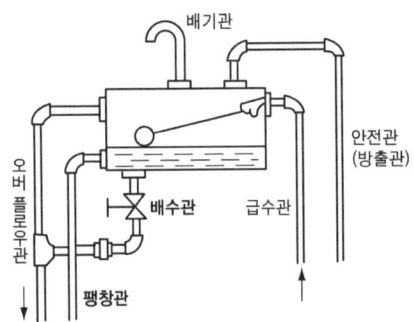

48 이음쇠 중 방진, 방음의 역할을 하는 것은?

① 플랙시블형 이음쇠
② 슬리브형 이음쇠
③ 스위블형 이음쇠
④ 루프형 이음쇠

[해설] 방진, 방음의 역할을 하는 이음쇠 : 플렉시블형 이음쇠(flexible joint)

49 관 이음쇠의 종류에 따른 용도의 연결로 틀린 것은?

① 와이(Y) — 분기할 때
② 벤드 — 방향을 바꿀 때
③ 플러그 — 직선으로 이을 때
④ 유니온 — 분해, 수리, 교체가 필요할 때

해설 배관 끝을 막고자 할 때 : 캡, 플러그, 막힘(맹) 플랜지

나사캡	플러그	막힘 플랜지

50 정압기의 부속설비에서 가스 수요량이 급격히 증가하여 압력이 필요한 경우 쓰이는 장치는?

① 정압기 ② 가스미터
③ 부스터 ④ 가스필터

해설 부스터 : 가스 수요량이 급격히 증가하여 압력이 필요한 경우 승압시키는 장치

51 회전중인 3상 유도전동기의 슬립이 1이 되면 전동기 속도는 어떻게 되는가?

① 불변이다. ② 정지한다.
③ 무부하 상태가 된다. ④ 동기속도와 같게 된다.

해설 유도전동기는 원리상 고정자에서 만들어지는 회전자속의 속도보다 회전자가 늦게 돌아가는데 그 차이를 나타내는 지표가 슬립이다. 슬립은 다음과 같은 식으로 계산한다.

$$S = \frac{N_S - N}{N_S}$$

위 식에서 N_S는 전원 주파수, N은 회전자 속도이다.
$S=1$인 경우는 N이 0인 경우이므로 전동기는 정지상태가 된다.

보충
$s=0$인 경우는 $N_S=N$인 경우이므로 회전자가 동기속도로 회전하는 상태이다.

52 전동기 정역회로를 구성할 때 기기의 보호와 조작자의 안전을 위하여 필수적으로 구성되어야 하는 회로는?

① 인터록회로 ② 플립플롭회로
③ 정지우선 자기유지회로 ④ 기동우선 자기유지회로

해설 인터록회로 : 동시에 동작하면 안 되는 기기 등의 보호회로에 주로 적용된다.

53 제어량을 어떤 일정한 목표값으로 유지하는 것을 목적으로 하는 제어는?

① 추종제어 ② 비율제어
③ 정치제어 ④ 프로그램제어

해설 정치제어 : 어떤 일정한 목표값을 시간에 관계없이 유지하는 제어로 물탱크의 수위제어나 전기로의 온도제어 등에 사용

보충
① 정지우선 자기유지회로
   일종의 기억회로로 MC 등이 자기의 접점을 이용하여 ON 상태를 유지하는 회로인데, 이 회로는 정지와 기동버튼을 동시에 누르면 정지한다. 보통은 기동회로로 이 회로가 주로 사용된다.
② 기동우선 자기유지회로
   일종의 기억회로로 MC 등이 자기의 접점을 이용하여 ON 상태를 유지하는 회로인데, 이 회로는 정지와 기동버튼을 동시에 누르면 기동한다.

정답 47. ① 48. ①
49. ③ 50. ③
51. ② 52. ①
53. ③

54. 회로시험기(Multi Meter)로 직접 측정할 수 없는 것은?

① 저항
② 교류전압
③ 직류전압
④ 교류전력

해설 회로시험기(Multi Meter)
교류전압, 교류전류와 직류전압, 직류전류, 저항 등을 측정할 수 있지만, 전력은 전력계로 측정하여야 한다.

55. 기계적 변위를 제어량으로 해서 목표값의 임의의 변화에 추종하도록 구성되어 있는 것은?

① 자동조정
② 서보기구
③ 정치제어
④ 프로세스제어

해설 서보기구
물체의 위치, 방위, 자세 등의 기계적 변위를 제어량으로 하여 목표값의 임의 변화에 추종하는 제어

보충
① **정치제어**: 언제나 일정한 값(목표치)을 유지하도록 제어하는 것을 목적으로 하는 제어
② **프로세스(공정)제어**: 온도, 압력, 유량 등을 제어량으로 하는 제어로 주로 화학플랜트에서 외란을 억제하는 데 사용
③ **자동조정**: 정전압 장치나 조속기 제어와 같이 전압, 전류, 주파수, 회전속도 등 전기적, 기계적 양을 주로 제어하는 것으로 응답속도가 빠르다.

56. 직류전동기의 속도제어방법 중 광범위한 속도제어가 가능하며 정토크 가변속도의 용도에 적합한 방법은?

① 계자제어
② 직렬저항제어
③ 병렬저항제어
④ 전압제어

해설 전압제어
전기자에 가해지는 전압을 변화시키는 방법으로 속도의 제어범위가 넓고, 정토크제어를 할 수 있으며 효율이 좋지만, 비용이 높아지는 단점이 있다. 이 방법으로 일그너 방식과 워드레오나드 방식이 있다.

보충
① **계자제어법**: 분권 권선에 직렬로 저항을 접속하여 계자 전류를 조정(정출력 제어)
② **전기자 저항제어법**: 전기자 회로에 직렬저항을 넣어 부하전류에 의한 전압강하를 증가시켜 속도를 조절할 수 있으나 효율이 저하된다.

57. 서보 전동기는 다음 중 어디에 속하는가?

① 검출기
② 증폭기
③ 변환기
④ 조작기기

해설 서보 전동기(서보모터)
명령에 따라 정확한 위치와 속도를 맞출 수 있는 모터로 제어대상을 조작하는 조작기기(프린터, DVD, 공작기계, CCTV 카메라, 캠코더, 로봇 등)

보충
조작기기: 제어장치에 있어서 조절부로부터의 조작량으로 바꾸어 제어대상에 작용하는 부분(솔레노이드 밸브, 전자개폐기, 서보모터 등)

58 다음 중 기동 토크가 가장 큰 단상 유도전동기는?

① 분상기동형　　② 반발기동형
③ 셰이딩코일형　　④ 콘덴서기동형

해설　단상 유도전동기의 기동 토크가 큰 순서
반발기동형 → 반발유도형 → 콘덴서기동형 → 콘덴서운전형 → 분상기동형 → 셰이딩코일형 → 모노사이클릭형

59 그림과 같은 회로에서 해당되는 램프의 식으로 옳은 것은?

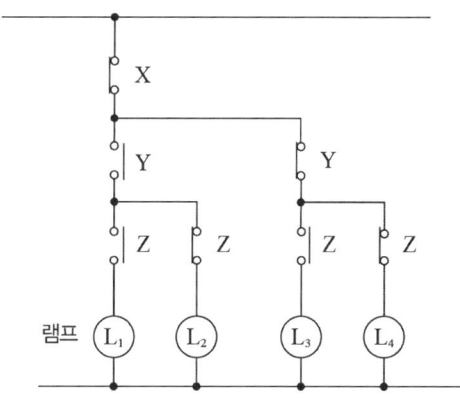

① $L_1 = \overline{X} \cdot Y \cdot Z$
② $L_2 = \overline{X} \cdot Y \cdot Z$
③ $L_3 = \overline{X} \cdot Y \cdot Z$
④ $L_4 = \overline{X} \cdot Y \cdot Z$

해설　각 램프의 부울식을 쓰면 다음과 같이 된다.
$L_1 = \overline{X}YZ$, $L_2 = \overline{X}Y\overline{Z}$, $L_3 = \overline{X}\overline{Y}Z$, $L_4 = \overline{X}\overline{Y}\overline{Z}$

60 목표값이 미리 정해진 변화량에 따라 제어량을 변화시키는 제어는?

① 정치 제어　　② 추종 제어
③ 비율 제어　　④ 프로그램 제어

해설　프로그램 제어
제어 목표값을 미리 정해진 프로그램에 따라 변화시키는 자동제어로 열차의 무인운전이나 열처리로의 온도제어에 적용

보충
① **비율제어** : 목표값이 다른 것과 일정 비율 관계를 가지고 변화하는 제어로 보일러의 연소제어 등에 이용
② **프로그램제어** : 정해진 프로그램에 따라 제어량을 변화시키는 제어로 무인열차 등에 사용
③ **추치제어(추종제어)** : 임의 시간적 변화를 하는 목표값에 제어량을 추종하는 제어로 서보제어 등과 같이 레이더, 조타장치 등에서 사용

정답　54. ④　55. ②　56. ④　57. ④　58. ②　59. ①　60. ④

21회 CBT 기출문제

1과목 공기조화설비

01 공기 중의 수증기 분압을 포화압력으로 하는 온도를 무엇이라고 하는가?

① 건구온도　　② 습구온도
③ 노점온도　　④ 글로브(globe)온도

해설 노점온도(DP)
수증기분압을 포화압력으로 하는 이슬이 맺히는 온도

02 외기의 온도가 −10℃이고 실내온도가 20℃이며 벽 면적이 25m²일 때, 실내의 열손실량(kW)은? (단, 벽체의 열관류율 10W/m²·K, 방위계수는 북향으로 1.2이다.)

① 7　　② 8
③ 9　　④ 10

해설 실내의 열손실량(외벽)
$q = K \cdot A \cdot (t_r - t_o) \times k$
$= 10 \times 25 \times (20 + 10) \times 1.2 = 9,000\text{W} = 9\text{kW}$

03 공조공간을 작업 공간과 비작업 공간으로 나누어 전체적으로는 기본적인 공조만 하고, 작업공간에서는 개인의 취향에 맞도록 개별공조하는 방식은?

① 바닥취출 공조방식　　② 테스크 앰비언트 공조방식
③ 저온공조방식　　④ 축열공조방식

해설 테스크 앰비언트 공조방식(Task/Ambient Air Conditioning System)
공조공간을 작업과 비작업 공간으로 나누어 전체적으로는 기본공조만 하고, 작업공간에서는 개별공조하는 방식

04 제습장치에 대한 설명으로 틀린 것은?

① 냉각식 제습장치는 처리공기를 노점온도 이하로 냉각시켜 수증기를 응축시킨다.

② 일반 공조에서는 공조기에 냉각코일을 채용하므로 별도의 제습 장치가 없다.
③ 제습방법은 냉각식, 압축식, 흡수식, 흡착식으로 구분된다.
④ 에어와셔 방식은 냉각식으로 소형이고 수처리가 편리하여 많이 채용된다.

해설 에어와셔는 미세한 물방울과 공기를 직접 접촉시켜 공기를 가습하고 냉각시키는 장치이다.

05 냉각코일의 용량결정 방법으로 옳은 것은?

① 실내취득열량+기기로부터의 취득열량+재열부하+외기부하
② 실내취득열량+기기로부터의 취득열량+재열부하+냉수펌프부하
③ 실내취득열량+기기로부터의 취득열량+재열부하+배관부하
④ 실내취득열량+기기로부터의 취득열량+재열부하+냉수펌프 및 배관부하

해설 냉각코일의 용량=실내취득열량+기기취득열량+재열부하+외기부하

06 온풍난방에 관한 설명으로 틀린 것은?

① 예열부하가 거의 없으므로 기동시간이 아주 짧다.
② 온풍을 이용하므로 쾌감도가 좋다.
③ 보수·취급이 간단하여 취급에 자격이 필요하지 않다.
④ 설치면적이 적으며 설치 장소도 제약을 받지 않는다.

해설 온풍난방은 토출 공기의 온도가 높아 쾌적도는 떨어진다.

보충 온풍난방 : 가열한 온풍을 덕트를 통해 실내에 공급하여 난방

장 점	단 점
① 열용량이 적어 예열시간이 짧다.	① 실내 상하 온도차가 커 쾌적성이 떨어진다.
② 즉시 난방이 가능하다.	② 소음이 발생한다.
③ 신선한 외기도입으로 환기가 가능하다.	
④ 설치가 간단하다.	

07 다음 중 흡수식 감습장치에 일반적으로 사용되는 액상흡수제로 가장 적절한 것은?

① 트리에틸렌글리콜
② 실리카겔
③ 활성알루미나
④ 탄산소다수용액

해설 흡수식 감습장치
① 액체 제습장치 : 염화리튬, 트리에틸렌글리콜 등
② 고체(흡착식) 제습장치 : 실리카겔, 활성알루미나, 아드소올 등

보충 냉동기 부하=냉각코일부하+배관부하+펌프부하

정답 01. ③ 02. ③
03. ② 04. ④
05. ① 06. ②
07. ①

08 실내 압력은 정압상태로 주로 작은 용적의 연소실 등과 같이 급기량을 확실하게 확보하기 어려운 장소에 적용하기에 가장 적합한 환기방식은?

① 압입 흡출 병용 환기
② 압입식 환기
③ 흡출식 환기
④ 풍력 환기

해설 압입식(제2종) 환기 : 급기팬을 사용하여 실내압력을 정압으로 유지(반도체 무균실, 소규모 변전실, 보일러실, 창고 등)

09 공기조화 부하계산을 위한 고려사항으로 가장 거리가 먼 것은?

① 열원방식
② 실내 온·습도의 설정조건
③ 지붕재료 및 치수
④ 실내 발열기구의 사용시간 및 발열량

해설 열원방식은 공기조화 부하계산 시 고려사항에 해당되지 않는다.

10 다음 중 표면 결로발생 방지조건으로 틀린 것은?

① 실내측에 방습막을 부착한다.
② 다습한 외기를 도입하지 않는다.
③ 실내에서 발생되는 수증기량을 억제한다.
④ 공기와의 접촉면 온도를 노점온도 이하로 유지한다.

해설 표면 결로방지를 위해서는 공기와의 접촉면 온도를 노점온도 이상으로 유지하여야 한다.

11 겨울철 외기조건이 2℃(DB), 50%(RH), 실내조건이 19℃(DB), 50%(RH)이다. 외기와 실내공기를 1:3으로 혼합할 경우 혼합공기의 최종온도(℃)는?

① 5.3
② 10.3
③ 14.8
④ 17.3

해설 혼합공기의 온도
$$t_3 = \frac{Q_1 t_1 + Q_2 t_2}{Q_1 + Q_2} = \frac{(1 \times 2) + (3 \times 19)}{1+3} = 14.8℃$$

12 다음의 공기선도상에 수분의 증가 없이 가열 또는 냉각되는 경우를 나타낸 것은?

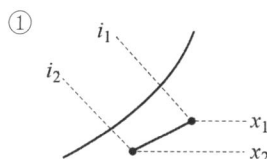
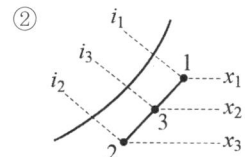
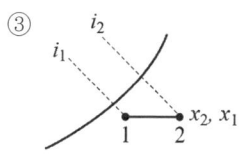
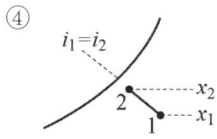

📝해설 ① 냉각감습 ② 실내공기와 실외공기와의 혼합
③ 가열 ④ 단열가습

13 다음 취득 열량 중 잠열이 포함되지 않는 것은?
① 인체의 발열 ② 조명기구의 발열
③ 외기의 취득열 ④ 증기 소독기의 발생열

📝해설 조명기구에 의한 발열은 현열만 발생한다.

14 온수난방 방식의 분류에 해당되지 않는 것은?
① 복관식 ② 건식
③ 상향식 ④ 중력식

📝해설 증기난방의 환수 배관방식 : 건식, 습식

15 다음과 같은 공기선도상의 상태에서 CF(Contact Factor)를 나타내고 있는 것은?

① $\dfrac{t_1 - t_2}{t_1 - t_s}$

② $\dfrac{t_1 - t_2}{t_2 - t_s}$

③ $\dfrac{t_2 - t_s}{t_1 - t_s}$

④ $\dfrac{t_2 - t_s}{t_1 - t_2}$

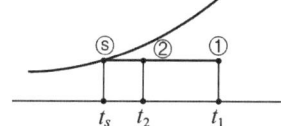

📝해설 콘텍트 팩터(CF) : 통과공기가 코일에 접촉하는 공기의 비율

$$CF = \dfrac{t_1 - t_2}{t_1 - t_s}$$

보충
현열 및 잠열부하 요소
① 극간풍(틈새바람) 부하
② 인체발생 부하
③ 실내기구 부하
④ 외기 부하

보충
온수난방의 구분
① 순환방식 : 자연 순환식(중력식), 강제 순환식(펌프식)
② 온수온도 : 고온수식, 보통 온수식, 저온수식
③ 배관방식 : 단관식, 복관식, 역환수관식
④ 공급방식 : 상향식, 하향식

보충
바이패스 팩터
$$BF = \dfrac{t_2 - t_s}{t_1 - t_s}$$

정답 08. ② 09. ①
10. ④ 11. ③
12. ③ 13. ②
14. ② 15. ①

16 대류난방과 비교하여 복사난방의 특징으로 틀린 것은?

① 환기 시에는 열손실이 크다.
② 실의 높이에 따른 온도편차가 크지 않다.
③ 하자가 발생하였을 때 위치확인이 곤란하다.
④ 열용량이 크므로 부하에 즉각적인 대응이 어렵다.

해설 복사난방 : 실내의 천장, 바닥, 벽 등에 가열 코일(패널)을 묻어 코일 내에 온수를 공급하여 복사열에 의해 난방하는 방식으로 환기 시에는 열손실이 비교적 작다.

장 점	단 점
① 인체에 대한 쾌감도가 좋다. ② 상하 온도차가 적고 온도분포가 균등하다. ③ 천장이 높은 실의 난방효과가 있다. ④ 바닥의 이용도가 좋다. ⑤ 실내온도가 낮아도 난방효과가 있으며 손실열량이 적다.	① 외기온도 변화에 따른 방열량 조절이 어렵다. ② 매립배관으로 보수, 점검이 어렵다. ③ 방수층 및 단열층 시공으로 시설비가 비싸다.

17 덕트의 설계순서로 옳은 것은?

① 송풍량 결정 → 취출구 및 흡입구의 위치 결정 → 덕트경로 결정 → 덕트치수 결정
② 취출구 및 흡입구의 위치 결정 → 덕트경로 결정 → 덕트치수 결정 → 송풍량 결정
③ 송풍량 결정 → 취출구 및 흡입구의 위치 결정 → 덕트치수 결정 → 덕트경로 결정
④ 취출구 및 흡입구의 위치 결정 → 덕트치수 결정 → 덕트경로 결정 → 송풍량 결정

해설 덕트의 설계순서 : 덕트 계획 → 송풍량 산출 → 흡입 · 취출구 위치결정 → 덕트 경로설정 → 덕트치수 및 저항 산출 → 송풍기 선정

18 난방설비에 관한 설명으로 옳은 것은?

① 온수난방은 온수의 현열과 잠열을 이용한 것이다.
② 온풍난방은 온풍의 현열과 잠열을 이용한 직접 난방 방식이다.
③ 증기난방은 증기의 현열을 이용한 대류난방이다.
④ 복사난방은 열원에서 나오는 복사에너지를 이용한 것이다.

해설 ① 온수난방 : 온수의 현열 이용 ② 온풍난방 : 온풍의 현열 이용
③ 증기난방 : 증기의 잠열 이용 ④ 복사난방 : 열원의 복사열 이용

19 다음 중 축류 취출구의 종류가 아닌 것은?
① 노즐형
② 펑커루버
③ 베인격자형
④ 팬형

해설 팬형은 복류형 취출구이다.

축류형 취출구
기류의 방향이 취출구에서 변화하지 않고 축방 향으로 토출하는 취출구(노즐형, 펑커루버형, 베인격자형 등)

20 다음 중 공기조화 설비와 가장 거리가 먼 것은?
① 냉각탑
② 보일러
③ 냉동기
④ 압력탱크

해설 압력탱크는 공기조화 설비에 해당하지 않는다.

공기조화 설비의 열원장치
보일러, 냉동기, 흡수식 냉온수기, 빙축열장치, 히트펌프, 냉각탑 등

2과목 냉동냉장설비

21 열 이동에 대한 설명으로 틀린 것은?
① 서로 접하고 있는 물질의 구성분자 사이에 정지상태에서 에너지가 이동하는 현상을 열전도라고 한다.
② 고온의 유체분자가 고체의 전열면까지 이동하여 열에너지를 전달하는 현상을 열대류라 한다.
③ 물체로부터 나오는 전자파 형태로 열이 전달되는 전열작용을 열복사라 한다.
④ 열관류율이 클수록 단열재로 적당하다.

해설 열관류율이 작을수록 단열재로 적당하다.

22 [조건]을 참고하여 흡수식 냉동기의 성적계수는 얼마인가?

[조건]
• 응축기 냉각열량 : 5.6kW
• 흡수기 냉각열량 : 7.0kW
• 재생기 가열량 : 5.8kW
• 증발기 냉동열량 : 6.7kW

① 0.88
② 1.16
③ 1.34
④ 1.52

해설 흡수식 냉동기의 성적계수(성적률, 열효율)
$$COP = \frac{증발기\ 냉동열량}{재생기\ 가열량} = \frac{6.7}{5.8} = 1.16$$

정답 16. ① 17. ① 18. ④ 19. ④ 20. ④ 21. ④ 22. ②

23 피스톤 압출량이 500m³/h인 암모니아 압축기가 그림과 같은 조건으로 운전되고 있을 때 냉동능력(kW)은 얼마인가? (단, 체적효율은 0.68이다.)

① 101.8
② 134.6
③ 158.4
④ 182.1

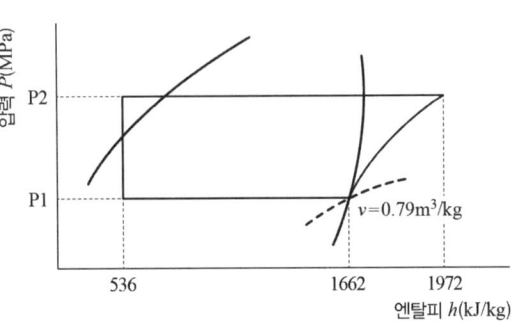

 $Q_e = G \cdot q_e = \dfrac{V_a \times \eta^v \times q_e}{v}$ 에서

$= \dfrac{500 \times 0.68 \times (1,662 - 536)}{0.79} = 484,608 \text{kJ/h} = 134.61 \text{kW}$

여기서, 1kW = 3,600kJ/h이다.

24 표준냉동사이클에 대한 설명으로 옳은 것은?

① 응축기에서 버리는 열량은 증발기에서 취하는 열량과 같다.
② 증기를 압축기에서 단열압축하면 압력과 온도가 높아진다.
③ 팽창밸브에서 팽창하는 냉매는 압력이 감소함과 동시에 열을 방출한다.
④ 증발기 내부에서의 냉매증발온도는 그 압력에 대한 포화온도보다 낮다.

 ① 응축기에서 버리는 열량은 증발기에서 취하는 열량과 압축열량과의 합과 같다.
③ 팽창밸브에서 팽창하는 냉매는 압력이 감소함과 동시에 열을 흡수하여 플래쉬가스가 발생한다.
④ 증발기에서의 냉매 증발온도는 그 압력에 대한 포화온도와 같다.

25 노즐에서 압력 1794kPa, 온도 300℃인 증기를 마찰이 없는 이상적인 단열 유동으로 압력 196kPa까지 팽창시킬 때 증기의 최종속도(m/s)는? (단, 최초 속도는 매우 작아 무시하고, 입출구의 높이는 같으며 단열 열낙차는 442.3kJ/kg로 한다.)

① 912.1
② 940.5
③ 946.5
④ 963.3

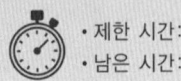

노즐 출구에서 분출속도
$V_2 = 91.5\sqrt{(h_1 - h_2)}$ (m/s)
여기서,
h_2 : 출구 엔탈피(kcal/kg)
h_1 : 입구 엔탈피(kcal/kg)

해설 증기의 최종속도

$$V_2 = 91.5\sqrt{(h_1-h_2)} = 91.5 \times \sqrt{\frac{442.3}{4.186}} = 940.5 \text{m/s}$$

26 방열벽을 통해 실외에서 실내로 열이 전달될 때, 실외측 열전달계수가 0.02093kW/m²·K, 실내측 열전달계수가 0.00814kW/m²·K, 방열벽 두께가 0.2m, 열전도도가 5.8×10^{-5}kW/m·K일 때 총괄열전달계수(kW/m²·K)는?

① 1.54×10^{-3}
② 2.77×10^{-4}
③ 4.82×10^{-4}
④ 5.04×10^{-3}

해설

$$K = \frac{1}{\frac{1}{\alpha_o}+\frac{l}{\lambda}+\frac{1}{\alpha_i}} = \frac{1}{\frac{1}{0.02093}+\frac{0.2}{5.8\times10^{-5}}+\frac{1}{0.00814}} = 2.77\times10^{-4}\text{kW/m}^2\cdot\text{K}$$

27 냉장고의 증발기에 서리가 생기면 나타나는 현상으로 옳은 것은?

① 압축비 감소
② 소요동력 감소
③ 증발압력 감소
④ 냉장고 내부온도 감소

해설 증발기 적상 시 영향
① 전열불량으로 냉장실 내 온도상승 및 액압축 초래
② 증발압력 저하로 압축비 상승
③ 증발온도 저하
④ 실린더 과열로 토출가스온도 상승
⑤ 윤활유의 열화 및 탄화 우려
⑥ 체적효율 저하 및 압축기 소요동력 증가
⑦ 성적계수 및 냉동능력 감소

28 다음 중 프레온계 냉동장치의 배관재료로 가장 적당한 것은?

① 철
② 강
③ 동
④ 마그네슘

해설 프레온 냉동장치의 배관재료 : 동관

29 일반적으로 대용량의 공조용 냉동기에 사용되는 터보식 냉동기의 냉동부하 변화에 따른 용량제어 방식으로 가장 거리가 먼 것은?

① 압축기 회전수 가감법
② 흡입 가이드 베인 조절법
③ 클리어런스 증대법
④ 흡입 댐퍼 조절법

해설 클리어런스 증대법은 왕복동 압축기의 용량제어방법이다.

보충
원심식(터보식) 냉동기의 용량 제어 방식
① 회전수 조정 및 바이패스법
② 흡입 가이드 베인(안내 익)의 각도 조절법
③ 흡입 및 토출 댐퍼 조절법
④ 냉각수량(응축압력) 조절법

[정답] 23.② 24.②
25.② 26.②
27.③ 28.③
29.③

30. 컴파운드(compound)형 압축기를 사용한 냉동방식에 대한 설명으로 옳은 것은?

① 증발기가 2개 이상 있어서 각 증발기에 압축기를 연결하여 필요에 따라 다른 온도에서 냉매를 증발시킬 수 있는 방식
② 냉매를 한 가지만 쓰지 않고 두 가지 이상을 써서 각 냉매에 압축기를 설치하여 낮은 온도를 얻을 수 있게 하는 방식
③ 한 쪽 냉동기의 증발기가 다른 쪽 냉동기의 응축기를 냉각시키도록 각각의 사이클에 독립된 압축기를 배열하는 방식
④ 동일한 냉매에 대해 1대의 압축기로 2단 압축을 하도록 하여 고압의 냉매를 사용하여 냉동을 수행하는 방식

해설 컴파운드형 압축기: 동일한 냉매를 1대 압축기로 2단 압축을 하는 압축기

31. 냉동효과에 관한 설명으로 옳은 것은?

① 냉동효과란 응축기에서 방출하는 열량을 말한다.
② 냉동효과란 압축기의 출구 엔탈피와 증발기의 입구 엔탈피 차를 이용하여 구할 수 있다.
③ 냉동효과란 팽창밸브 직전의 냉매 액온도가 높을수록 크며, 또 증발기에서 나오는 냉매증기의 온도가 낮을수록 크다.
④ 냉매의 과냉각도를 증가시키면 냉동효과는 커진다.

해설 팽창밸브 직전의 냉매의 과냉각도를 증가시키면 냉동효과는 커진다.

32. 냉매의 구비조건으로 틀린 것은?

① 동일한 냉동능력을 내는 경우에 소요동력이 적을 것
② 증발잠열이 크고 액체의 비열이 작을 것
③ 액상 및 기상의 점도는 낮고 열전도도는 높을 것
④ 임계온도가 낮고 응고온도는 높을 것

해설 임계온도는 높고, 응고점은 낮아야 한다.

33 다음 중 증발온도가 저하되었을 때 감소되지 않는 것은? (단, 응축온도는 일정하다.)

① 압축비
② 냉동능력
③ 성적계수
④ 냉동효과

해설 증발온도가 저하되면 압축비는 증가한다.

34 실제기체가 이상기체의 상태식을 근사적으로 만족하는 경우는?

① 압력이 높고 온도가 낮을수록
② 압력이 높고 온도가 높을수록
③ 압력이 낮고 온도가 높을수록
④ 압력이 낮고 온도가 낮을수록

해설 실제기체가 이상기체에 근사적으로 만족하는 경우
① 압력이 낮을 때
② 온도가 높을 때
③ 밀도가 작을수록 (비체적이 클수록)

35 터보 압축기에서 속도에너지를 압력으로 변화시키는 역할을 하는 것은?

① 디퓨져
② 베인
③ 증속기어
④ 스크류

해설 디퓨져 : 터보 압축기에서 속도에너지를 압력에너지로 변화시킴

36 다음 압축기의 종류 중 압축 방식이 다른 것은?

① 원심식 압축기
② 스크류 압축기
③ 스크롤 압축기
④ 왕복동식 압축기

해설 원심식 압축기는 터보 압축기로 용적형 압축기에 해당되지 않는다.

보충 용적형 압축기 : 왕복동식, 회전식, 스크류식, 스크롤 압축기

37 표준 냉동사이클에서 냉매액이 팽창밸브를 지날 때 상태량의 값이 일정한 것은?

① 엔트로피
② 엔탈피
③ 내부에너지
④ 온도

해설 팽창밸브 통과 후 냉매의 엔탈피는 변화없이 일정하다.

[정답] 30.④ 31.④ 32.④ 33.① 34.③ 35.① 36.① 37.②

38. 암모니아 냉동기에서 암모니아가 누설되는 곳에 페놀프탈레인 시험지를 대면 어떤 색으로 변하는가?

① 적색
② 청색
③ 갈색
④ 백색

해설 암모니아 냉매 누설 검사법
① 냄새(악취)
② 적색리트머스 시험지 → 청색
③ 페놀프탈레인지 → 적색(홍색)
④ 유황초 → 백색연기
⑤ 네슬러시약 → 황색(소량), 자색(다량)으로 변색

39. 1RT(냉동톤)에 대한 설명으로 옳은 것은??

① 0℃ 물 1kg을 0℃ 얼음으로 만드는데 24시간 동안 제거해야 할 열량
② 0℃ 물 1ton을 0℃ 얼음으로 만드는데 24시간 동안 제거해야 할 열량
③ 0℃ 물 1kg을 0℃ 얼음으로 만드는데 1시간 동안 제거해야 할 열량
④ 0℃ 물 1ton을 0℃ 얼음으로 만드는데 1시간 동안 제거해야 할 열량

해설 1RT(냉동톤)
① 0℃의 물 1톤을 24시간 동안에 0℃ 얼음으로 만드는 데 제거해야 할 열량
② 1한국 냉동톤, 1RT = 3,320kcal/h = 3.86kW

40. 압축기 직경이 100mm, 행정이 850mm, 회전수 2000rpm, 기통수 4일 때 피스톤 배출량(m³/h)은?

① 3204.4
② 3316.2
③ 3458.8
④ 3567.1

해설 피스톤 배출량

$$V_a = \frac{\pi}{4}D^2 \text{Ln}R \times 60 = \frac{\pi}{4} \times 0.1^2 \times 0.85 \times 4 \times 2{,}000 \times 60 = 3{,}204 \text{m}^3/\text{h}$$

3과목 공조냉동설치·운영

41 다음 그림에서 ㉠과 ㉡의 명칭으로 바르게 설명된 것은?

① ㉠ : 크로스, ㉡ : 트랩
② ㉠ : 소켓, ㉡ : 캡
③ ㉠ : 90°Y티, ㉡ : 트랩
④ ㉠ : 티, ㉡ : 캡

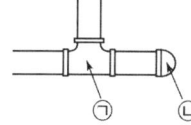

해설 ㉠ : 티, ㉡ : 캡(용접)

42 펌프에서 물을 압송하고 있을 때 발생하는 수격작용을 방지하기 위한 방법으로 틀린 것은?

① 급격한 밸브 개폐는 피한다.
② 관내의 유속을 빠르게 한다.
③ 기구류 부근에 공기실을 설치한다.
④ 펌프에 플라이 휠을 설치한다.

해설 수격작용 방지대책
① 밸브의 개폐를 서서히 함
② 관경을 크게 하고 유속을 느리게
③ 굴곡배관을 억제하고 직선 배관으로
④ 공기실(air chamber)를 설치
⑤ 수격방지기(WHC)를 설치
⑥ 워터햄머 흡수기(Arresters)의 설치

43 배관길이 200m, 관경 100mm의 배관 내 20℃의 물을 80℃로 상승시킬 경우 배관의 신축량(mm)은? (단, 강관의 선팽창계수는 11.5×10^{-6} m/m·℃이다.)

① 138
② 13.8
③ 104
④ 10.4

해설 배관 신축량(선팽창량)
$\Delta l = \alpha \cdot l \cdot \Delta t = 11.5 \times 10^{-6} \times 200 \times (80-20) = 0.138\text{m} = 138\text{mm}$

44 다음의 배관도시 기호 중 유체의 종류와 기호의 연결로 틀린 것은?

① 공기—A
② 수증기—W
③ 가스—G
④ 유류—O

해설 수증기—S, 물—W

[정답] 38.① 39.②
40.① 41.④
42.② 43.①
44.②

45 배관의 KS 도시기호 중 틀린 것은?
① 고압 배관용 탄소 강관 – SPPH
② 보일러 및 열교환기용 탄소 강관 – STBH
③ 기계 구조용 탄소 강관 – SPTW
④ 압력 배관용 탄소 강관 – SPPS

해설 기계 구조용 탄소 강관(STKM) : 기계, 자동차, 자건구 등 기계 부품에 사용

46 평면상의 변위 뿐만 아니라 입체적인 변위까지도 안전하게 흡수하므로 어떤 형상의 신축에도 배관이 안전하며 증기, 물, 기름 등의 2.9MPa 압력과 220℃ 정도까지 사용할 수 있는 신축이음쇠는?
① 스위블형 신축 이음쇠
② 슬리브형 신축 이음쇠
③ 볼조인트형 신축 이음쇠
④ 루프형 신축 이음쇠

해설 볼조인트 : 평면상의 변위 및 입체적인 변위까지 흡수할 수 있는 신축이음

47 배수 트랩의 봉수깊이로 가장 적당한 것은?
① 30~50mm
② 50~100mm
③ 100~150mm
④ 150~200mm

해설 배수 트랩의 봉수깊이 : 50~100mm

48 다음 중 공기 가열기나 열교환기 등에서 다량의 응축수를 처리하는 경우에 가장 적당한 트랩은?
① 버킷 트랩
② 플로트 트랩
③ 온도조절식 트랩
④ 열역학적 트랩

해설 플로트 트랩 : 응축수의 부력을 이용하며 다량의 응축수를 처리하는 증기트랩

49 동작 틈새가 가장 많은 조절계는?
① 비례 동작
② 2위치 동작
③ 비례 미분 동작
④ 비례 적분 동작

해설 2위치(on-off) 동작
제어 조작량은 0%와 100%이므로 조작량의 변화가 커서 목표치 부근에서 진동(사이클링)을 하는 제어가 된다. 진동을 한다는 것은 오차가 심하다는 것으로 볼 수 있어 이는 틈새가 많다는 것이다.

보충
① 비례동작(P동작) : 잔류편차(off-set) 발생
② 비례적분동작(PI동작) : 오차(정상편차) 개선
③ 비례적분미분동작(PID 동작) : 응답 속응성을 동시에 개선

50. 배관의 바닥이나 벽을 관통할 때 설치하는 슬리브(sleeve)에 관한 설명으로 틀린 것은?

① 슬리브의 구경은 관통배관의 지름보다 충분히 크게 한다.
② 방수층을 관통할 때는 누수 방지를 위해 슬리브를 설치하지 않는다.
③ 슬리브를 설치하여 관을 교체하거나 수리할 때 용이하게 한다.
④ 슬리브를 설치하여 관의 신축에 대응할 수 있다.

해설 슬리브(sleeve) : 관의 신축에 대비하고 배관 수리 및 교체를 용이하게 하기 위하여 배관이 바닥이나 벽을 관통하는 경우에 콘크리트 타설전에 설치한다.

51. 각개통기방식에서 트랩 위어(weir)로부터 통기관까지의 구배로 가장 적절한 것은?

① $\dfrac{1}{25} \sim \dfrac{1}{50}$
② $\dfrac{1}{50} \sim \dfrac{1}{100}$
③ $\dfrac{1}{100} \sim \dfrac{1}{150}$
④ $\dfrac{1}{150} \sim \dfrac{1}{200}$

해설 각개통기관에서의 트랩위어로부터 통기관까지의 구배는 1/50~1/100로 하며 A점이 트랩 위어에서 수평선 이하가 되지 않도록 한다.

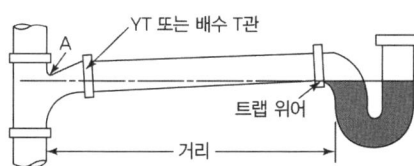

52 유도전동기의 고정손에 해당하지 않는 것은?

① 1차권선의 저항손　② 철손
③ 베어링 마찰손　　④ 풍손

해설 유도전동기의 손실
① 고정손 무부하손 : 부하에 관계없이 항상 일정한 손실
　㉠ 철손 : 히스테리시스손, 와류손
　㉡ 기계손 : 마찰손 풍손
② 가변손 부하손 : 부하에 따라 변화하는 손실
　㉠ 동손(저항손)
　㉡ 표유 부하손

53 목표값이 미리 정해진 시간적 변화를 하는 경우 제어량을 그것에 추종시키기 위한 제어는?

① 프로그램제어　② 정치제어
③ 추종제어　　　④ 비율제어

해설 프로그램제어 : 미리 정해진 프로그램에 따라 제어량을 변화시키는 제어

보충
② 정치제어 : 목표치가 시간과 관계없이 일정한 제어
③ 비율제어 : 목표값이 다른 것과 일정 비율관계를 가지고 변화하는 제어
④ 추종제어 : 임의의 시간적 변화를 하는 목표값에 제어량을 추종하는 제어

54 블록선도에서 요소의 신호전달 특성을 무엇이라고 하는가?

① 가합요소　② 전달요소
③ 동작요소　④ 인출요소

해설 블록선도에서 요소의 신호전달특성을 전달요소라 한다.

55 계전기 접점의 아크를 소거할 목적으로 사용되는 소자는?

① 바리스터(Varistor)　② 바렉터다이오드
③ 터널다이오드　　　　④ 서미스터

해설 바리스터(Variable resistor) : 인가되는 전압에 의해서 저항값이 변하는 비선형 2단자 반도체소자로 낙뢰 전압 등의 이상전압, 전기접점의 불꽃을 소거하는 등 반도체 정류기, 트랜지스터 등의 회로를 서지전압으로부터 보호하는 데 사용

보충 서미스터 : 온도에 따라 저항이 변하는 반도체소자로 온도가 상승하면 저항은 감소하는 부특성을 가지고 있으며 이러한 특성을 이용하여 온도를 측정(온도 → 전압)한다.

56 권선형 3상 유도전동기에서 2차 저항을 변화시켜 속도를 제어하는 경우, 최대 토크는 어떻게 되는가?

① 최대 토크가 생기는 점의 슬립에 비례한다.
② 최대 토크가 생기는 점의 슬립에 반비례한다.
③ 2차 저항에만 비례한다.
④ 항상 일정하다.

해설 권선형 유도전동기의 2차저항을 변화시켜 속도를 제어하는 경우 최대토크는 항상 일정하며 이를 비례추이라고 한다. 비례추이는 권선형 유도전동기의 특별한 속도제어법이다.

57 목표치가 정해져 있으며, 입·출력을 비교하여 신호전달 경로가 반드시 폐루프를 이루고 있는 제어는?

① 조건제어
② 시퀀스제어
③ 피드백제어
④ 프로그램제어

해설 피드백제어의 가장 중요한 특징은 입력목표치와 출력 결과치를 비교하여 두 개의 오차인 제어편차가 0이 되도록 조작량을 제어하므로 고정도의 제어가 가능하나 비용이 많이 든다.

58 피드백제어의 특성에 관한 설명으로 틀린 것은?

① 정확성이 증가한다.
② 대역폭이 증가한다.
③ 계의 특성변화에 대한 입력대 출력비의 감도가 증가한다.
④ 구조가 비교적 복잡하고 오픈루프에 비해 설치비가 많이 든다.

해설 피드백(되먹임) 제어
결과를 입력측으로 되돌려(feed back) 현재의 출력과 목표값을 비교하는 특징이 있으므로 개회로 제어에 비하여 오차가 감소, 이득의 증가, 안정성의 증가, 대역폭의 증가 등을 얻을 수 있다. 단 검출기 등을 필요로 하므로 시스템이 복잡하고 비용이 많이 든다.

59 그림과 같은 유접점 회로의 논리식과 논리회로 명칭으로 옳은 것은?

① $X = A + B + C$, OR회로
② $X = A \cdot B \cdot C$, AND회로
③ $X = \overline{A \cdot B \cdot C}$, NOT회로
④ $X = \overline{A + B + C}$, NOR회로

해설 스위치의 직렬연결은 논리곱(AND) 회로이므로 $X = A \cdot B \cdot C$

60 맥동 주파수가 가장 많고 맥동률이 가장 적은 정류방식은?

① 단상 반파정류
② 단상 브리지 정류회로
③ 3상 반파정류
④ 3상 전파정류

해설 맥동률은 정류된 직류에 포함된 교류성분을 평가하는 값으로 작을수록 좋은데, 3상전파정류가 가장 적다.

정답 60. ④

공조냉동기계산업기사 필기
7개년 과년도 1260제

정가 ▮ 23,000원

지은이 ▮ 이정근 · 이주석
  김영기 · 한덕수
펴낸이 ▮ 차 승 녀
펴낸곳 ▮ 도서출판 건기원

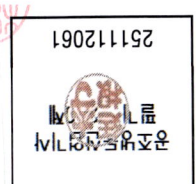

2023년 11월 15일 제1판 제1쇄 인쇄발행
2024년 2월 20일 제1판 제2쇄 인쇄발행
2024년 9월 10일 제2판 제1쇄 인쇄발행
2024년 11월 15일 제2판 제2쇄 인쇄발행
2025년 11월 25일 제3판 제1쇄 인쇄발행

주소 ▮ 경기도 파주시 연다산길 244(연다산동 186-16)
전화 ▮ (02)2662-1874~5
팩스 ▮ (02)2665-8281
등록 ▮ 제11-162호, 1998. 11. 24

• 건기원은 여러분을 책의 주인공으로 만들어 드리며 출판 윤리 강령을 준수합니다.
• 본 수험서를 복제·변형하여 판매·배포·전송하는 일체의 행위를 금하며, 이를 위반할 경우 저작권법 등에 따라 처벌받을 수 있습니다.

ISBN 979-11-5767-899-0   13550